自然科学概要

ZIRAN KEXUE GAIYAO

主 编／李 玲

副主编／卢 文

山东人民出版社·济南

国家一级出版社 全国百佳图书出版单位

编 委 会

主　　编：李　玲

副 主 编：卢　文

参　　编：袁聿军　张业兵　张晓燕

前 言

2006年3月，国务院颁布实施《全民科学素质行动计划纲要（2006—2010—2020年）》，指出：科学素质是公民素质的重要组成部分，到2020年，公民科学素质在整体上有大幅度的提高，达到世界主要发达国家21世纪初的水平。

提高公民科学素质的基础在教育，我国新一轮课程改革的目标之一是"提高全体学生的科学素养"，其前提是教师必须具备较高的科学素养。为了更好地提升未来小学教师的科学素养，我们在参考使用其他版本教材的基础上，按照前沿、适用、必需等原则，组织编写了面向小学教育专业学生、适应小学教育专业需要的《自然科学概要》教材。

本教材在编写过程中，紧密联系《小学教师专业标准（试行）》、小学教师资格证考试大纲、小学教师岗位职业需求等，立足小学教育专业人才培养目标，参考美国学者米勒教授对公众科学素养提出的三个维度，着眼于未来小学教师的科学素养培育，重构了教材体系和内容。本教材更加注重知识的系统性、基础性、综合性、时代性，充分考虑学生的知识储备和学习基础，注重与高中知识紧密衔接，注重培养学生的探究能力和创新精神，特别是强化服务基层意识，密切联系小学教学实际，依照教育部最新颁布的《义务教育小学科学课程标准》，对应相关的课程内容和目标要求，增加了"链接小学科学课程标准"栏目。

本教材内容主要包含宇宙与地球、物质化学、物质的运动、生命科学、自然科学研究综述及学生实验六大模块。通过对以上内容的学习，学生可以深入了解自然科学的基本知识，认识自然科学的基本研究方法，养成良好的科学思维习惯，具备从事科学教育和科普工作的相关专业素质。本书可供高等院校小学教育专业本科、专科学生和进修教师使用。

本书由李玲任主编。主要编写人员有：张晓燕（模块一、实验一和二）；卢文（模块二、实验三和四）；张业兵（模块三、实验五和六）；袁聿军（模块四、实验七和八）；李玲（绪论、模块五、全书统稿）。

本教材是在借鉴、参考国内外大量文献资料的基础上完成的，限于篇幅，我们在参考文献中只列出了部分参考书目，其他未能一一列出。教材的编写得到了众多专家的指导和帮助，得到学校领导和同事的鞭策和支持，在此一并表示由衷感谢。

由于我们水平有限，加之时间紧迫，书中若有疏漏和不妥之处，敬请各位专家和读者批评指正，以期再版时修正和完善。

《自然科学概要》编写组

2018年1月

目　录

绪　论

在现代科学知识体系构成中，自然科学与社会科学、综合科学共同构成了现代科学的三大门类。自然科学是以人类生产活动为基础而产生的，并通过明确自然界的规律而建立，它能进一步提高人类生产效率，扩大人类生产活动，但其发展又直接受到生产和技术状态的限制。

一、自然科学简介

（一）自然科学的概念

自然科学是研究无机自然界和包括人的生物属性在内的有机自然界的各门科学的总称。它包括数学、物理学、化学、生物学等基础科学和天文学、气象学、农学、医学、材料学等实用科学，是人类改造自然的实践经验即生产斗争经验的总结。认识的对象是整个自然界，认识的任务在于揭示自然界发生的现象以及自然现象发生过程的实质，进而把握这些现象和过程的规律性，以便解读它们，并预见新的现象和过程，为在社会实践中合理而有目的地利用自然界的规律开辟了新的途径。

（二）自然科学研究的对象

自然科学是研究自然界中各种自然现象或事物的结构、性质和运动规律的科学。因此，自然界中物质的形态、结构、性质和运动规律等都是自然科学的研究对象。

1. 物质的基本形态

人类对自然界的认识，首先是从认识物质的形态开始的，自然界物质多种多样，每种物质都有自己独特的形态。最基本的物质形态包括固态、液态、气态、等离子态、中子态、场和反物质态，这些基本形态按照内部结构特点可分为实物和场两种基本类型。

固态、液态、气态是常温状态下物质的三种普通形态。场是指物质间的相互作用场，它是存在于整个空间并具有传递相互作用能力的物质连续形态，例如天体之间的引力场、电荷周围的电场、运动电荷周围的磁场、原子核内质子和中子之间的介子场。

2. 物质的结构和性质

自然界中每一种物质都有自己的结构，由此决定其特有的性质。

所谓的结构是指组成物质的各要素之间相互联系和相互作用的形式。研究物质结构，主要是研究物质系统内各要素之间的排列顺序和组合方式等。物质结构多种多样，概括起来可分为空间结构和时间结构两种基本类型。不同的结构决定着物质不同的性质。自然科学在研究物质结构的同时，还要研究物质的性质。

3. 物质运动的形式和规律

恩格斯指出："自然科学的研究对象是运动着的物质、物体。物体和运动是不可分的，各种物体的形式和种类，只有在运动中才能认识。"所以物质的运动形式和运动规律，就成为自然科学的主要研究对象。

自然界物质存在的形态及物质结构层次的多样性和无限性，决定了物质运动形式的复杂性。同时各种物质运动形式又是相互联系、相互转化的。能量是对物质运动形式的一般度量，不同运动形式相应有不同的能量，如机械能、分子能、电能、化学能和原子能等。当物质运动形式发生转换时，能量形式也发生相应变化。

规律是物质运动过程的本质联系和必然趋势。规律是客观的，是物质运动本身固有的。各种运动形式都有自己的特殊运动规律。自然科学主要是研究特殊运动规律的，如牛顿力学揭示了机械运动规律，量子力学揭示了微观粒子运动的规律。

（三）自然科学的性质

自然科学作为反映自然物及其运动形式的本质和规律的一种知识体系，与人类其他类型的知识相比，具有自己特有的性质，主要表现在两个方面：

1. 自然科学是关于自然的系统化的知识

自然科学不是零星知识的简单堆砌，而是根据一定的原则，对实验数据、资料、经验公式进行整理，从而得到的一个有机的知识整体。从这个意义上讲，古代人们在生产实践中积累起来的实用知识，仅仅是经验知识，还不能称之为科学。真正的自然科学是在近代才产生和发展起来的，并形成了自身的理论体系。

2. 自然科学是认识自然的社会活动

作为认识自然的一种社会活动，自然科学包括了人类认识自然的思维活动和实验活动。与其他社会活动相比，主要有三个突出的特点：① 思维活动与实验活动紧密结合。自然科学是在人的理性思维与实验相互作用中产生和发展起来的，思维活动和实验活动的相互作用，推动自然科学的发展。例如相对论和量子理论的建立，就是"以太漂移"和"紫外突变"两个实验推动的结果。② 具有特定的研究方法。自然科学的发展，已形成一套系统的研究方法体系，即自然科学方法论，包括获取感性知识的观察和实验方法，进行理论思维的归纳与演绎、分析和综合方法，建立理论体系的公理化方法，以及系统方法、信息方法、控制方法和各种现代综合性方法。③ 具有特殊的组织形式。这是指对自然科学的研究形成了规模巨大的集体研究组织，包括具有强大技术基础的大型科学研究所和实验室，从而使科学活动成为现代化工业劳动，并需要雄厚的物质基础和昂贵的仪器设备支持。

（四）自然科学的作用

自然科学约400年前才开始取得独立地位，现代自然科学至今也只有百余年的历史，但它对人类社会的发展产生了十分巨大的影响，主要表现在以下几个方面：

1. 自然科学是知识形态的生产力

自然科学属于生产力，它能够极大地提高社会生产力的整体水平，推动社会的进步和发展，这是现代自然科学最基本的社会功能。

自然科学主要通过向生产力三要素的渗透，来体现出它的生产力属性：① 通过教育的途径，使劳动者掌握新的知识和技能，从而提高其劳动能力；② 通过技术发明的途径，使自然科学成果不断转化为新的生产工具，应用于生产过程；③ 通过新技术、新工艺，扩大劳动对象的范围，提高劳动对象的质量；④ 通过提供新的、合理的社会组织和管理方法，实现更广泛的协作。

自然科学作为生产力，是以知识形态出现和存在的，除具有渗透性外，还有明显的潜在性、馈赠性和储备性。

自然科学进入生产过程，增强了人类对自然界的利用、支配和改造能力，使传统生产方式不断更新，新的生产领域不断被开辟，社会生产力不断发展。自然科学作为生产力，越来越显示出巨大的作用。

2. 自然科学对现代经济的发展有巨大的推动作用

对于现代经济社会的每一项重大突破，自然科学技术的进步都起到了关键的作用。自然科学对经济的推动作用是通过多种途径实现的：首先是通过经济工作者的影响，为经济理论的形成和发展提供新思维方式和研究手段；其次，通过科学→技术→生产的过程，有力地促进经济的发展；第三，通过资源开发深度、广度的增加，经济管理的科学和产生的信息效果，改善经济发展的条件。

当今科学和技术的进步，使经济发展对其依赖程度大大增加。商品的技术密集程度越来越高，20世纪80年代以来，物化在产品、商品中的科技含量达到了高聚集的程度。现代科学技术已成为影响经济增长的决定性因素，激烈的经济竞争已成为科学技术的竞争。

3. 自然科学是促进社会发展的革命力量

自然科学的进步，必定形成巨大的生产力。生产力是人类社会发展中的决定因素，生产力的发展必将引起生产关系的变革和社会形态的变更。

生产工具是自然科学的"物化"，而生产工具的发展状况又是社会生产力水平高低的标志。从人类社会的发展史看，从原始社会发展到奴隶社会，再发展到封建社会和资本主义社会，都是由于科学技术的进步、生产工具的革新和社会生产力的发展，致使旧的生产关系不能适应生产力的发展需要，从而被新的生产关系所取代。如蒸汽机的广泛使用，实现了生产的机械化，从而使资本主义的工厂制度彻底取代了封建社会的工场生产制度，促进了资本主义制度的建立。

4. 自然科学对人类思想文明的进步起着巨大的推动作用

自然科学的不断发展，已成为人类不断更新观念、建立新的思维方式、形成正确世界观的重要基础和源泉。

（1）自然科学是人类一切思想的基础

自然科学是人类在认识自然和改造自然的长期实践中创造积累起来的精神成果，它帮助人类探索未知，创造新知，改变人类无知、愚昧、盲目的状态；为人类认识世界和改造世界提供科学的手段和方法；帮助人类解释和说明事物；提高人类对事物的预测能力。因此，自然科学的进步，也为社会科学对社会的认识、思维科学对思维的认识提供知识基础和方法。不同时代人类的哲学思想和思维方式之所以不同，主要原因之一就是不同时代有不同的科学，马克思说过，"自然科学是一切知识的基础"。

自然科学的思想方法已越来越广泛地渗透到自然科学以外的领域中去，并在这些领域获得了日益重要和卓有成效的应用。现代科学技术的进步，不仅为人类认识自然和改造自然提供更加有力的工具，也为一切科学认识提供越来越强大的研究手段。

（2）自然科学提高了人类认识世界的能力，是人类破除宗教迷信、摆脱无知状态的根本动力

当人类对自然规律还处于蒙昧状态时期，自然界主宰着人类。经过长期的劳动实践，人类不断地积累生产技能和经验。当人类把自己掌握的生产经验上升到理性知识的时候，才能逐渐摆脱愚昧，从而正确地去认识自然，并指导自己去改造自然。

自然科学的发展能够战胜宗教神学对人类思想的束缚，是破除宗教迷信的有力武

器。科学与宗教从根本上来说是完全对立的。宗教迷信是生产力低下的产物，自然科学以理性和实践为基础，其发展将加深人们对自然现象的规律性认识，从而使人们逐渐摆脱宗教得以滋生的温床——愚昧无知状态。

自然科学从一开始就向宗教神学发起了挑战。哥白尼的《天体运行论》成为自然科学从宗教神学中独立的宣言。康德的拉普拉斯星云说尖锐地批驳了"宇宙神创论"，地质渐变论取代了造物主的作用，能量守恒和转化定律、细胞学说以及达尔文进化论的建立，揭示了自然界辩证演化图景。自然科学的发展终于使神创论彻底破产。

二、自然科学的体系结构

自然科学的体系结构是指自然科学系统中各组成要素之间的有机结合方式。自然科学体系的形成以自然界的客观存在为基础，或者说自然界为自然科学体系提供了现实的原型，但客观存在的自然界不会自发地产生自然科学体系，自然科学体系的形成和发展不能脱离人们认识自然和改造自然的科学实践活动。因为自然界的存在为自然科学体系的形成提供了依据，提供了现象的可能性，要使这种可能性转变为现实，还得求助于科学和实践。只有在认识和改造自然的实践活动中，才能逐渐地了解自然事物的本质和发展规律，才能为自然科学体系的形成和发展提供日益丰富的信息和源源不断的动力。

自然科学体系结构是随着人们科学实践的长期演进而形成的，它经过了一个从低级到高级、从简单到复杂、从零散到系统的发展过程。

（一）自然科学结构的演化

自然科学结构是指自然科学的各个组成部分之间的结合方式，在科学体系中占据什么样的地位，以及它们决定科学整体功能的机制。它是在长期的社会实践中逐步演化形成。

人类社会的上古时期，实践上没有出现明显的产业分工，人们也尽量比较全面地认识客观世界，各种知识都包罗在统一的哲学当中。人们通过在哲学内部对各种知识做系统的排列，逐渐确立了自然科学在哲学中的位置。古代知识的排列中，已初步确立了自然科学的一部分知识，这些知识虽然是零乱的，带有经验和直观性，却为自然科学的建立奠定了基础。

从15世纪后半叶到17世纪，在文艺复兴运动的推动下，自然科学得到了繁荣，以哥白尼（Copernicus，1473—1543）的"日心说"为代表形成了新兴的科学体系，这是近代科学诞生的标志。这个时代，科学得到了空前的发展，科学知识大量涌现，一系列知识门类应运而生，并先后从哲学中独立出来，成为一门门独立的学科。

19世纪中叶，自然科学的发展进入了一个新的时期。化学的原子论和周期律、物理学的能量守恒和转换定律、生物学的细胞学说与进化论等成就进一步揭示了自然界普遍发展与普遍联系的规律，为科学地建立自然科学分类体系奠定了基础。

恩格斯（F.Engels，1820—1895）正是基于这样的现实，确立了科学的辩证唯物主义分类原则，建立了科学的"解剖分类"理论，揭示了近代自然科学的静态结构和动态发展，实现了客观性原则和发展性原则的统一，是研究自然科学体系结构及发展规律的指导思想。

进入20世纪，科学发生了很大的变化，以相对论和量子力学为代表的新理论辩证地否定了机械论的自然观和世界观，使人们由过去牛顿的三维观念转变为爱因斯坦的统一的四维时空连续观。这一根本的变革，导致了科学结构的改变，许多新的物质层次结构被揭露出来，并对已揭示出来的物质各层次的性质、规律开展了全面的研究；利用已揭示出来的规律去研究相邻科学，开辟了许多新领域；科学与社会的相互作用日益加强。所有这些都要求人们对科学做出新的概括和总结。

钱学森按照直接改造客观世界还是间接地联系到改造客观世界，将自然科学划分为三个层次，即基础科学、技术科学和工程技术。他认为马克思主义哲学是概括一切、指导一切的理论，它通过自然辩证法与社会辩证法（历史唯物主义）这两座桥梁把自然科学、数学和社会科学连接起来。

科学结构的划分将随着科学的发展而有所变化。事实上，已被人们接受而且正在发展的综合性科学（交叉科学）必将形成一组新兴学科，它包括管理科学、环境科学、城市科学、能源科学、材料科学、系统科学、信息科学、体育科学、预测科学、技术经济学等，从而使一个新的科学知识体系逐渐形成。这个知识体系的突出特点就是综合性科学的出现，并在整个科学体系中占有十分重要的地位。

（二）自然科学的层次结构

层次结构也叫门类结构，是科学的一级结构，主要说明各大门类的基本构成情况。现代自然科学一般可划分为三个层次，即基础科学、技术科学和生产科学。

基础科学是一般的基础理论，是研究自然界中物质的结构和运动的科学，它肩负着探索新领域、发展新元素、创造新化合物和发现新原理等重大任务，是现代科学与技术总体结构的基石，拥有巨大的潜在生产力、高水平的社会智力储备和超前的竞争力。基础科学包括力学、物理学、化学、生物学、天文学和地球科学等。

技术科学是将基础知识转向实践应用的中间环节，是研究通用性技术理论的科学，它一方面是基础科学的应用，另一方面又是生产科学的理论基础。技术科学集中研究如何把基础科学理论物化为生产技术，它研究的不是最普遍的规律，而是特殊范围的规律。技术科学具有多学科的综合性，因为它研究几个学科共有的规律，所以比基础学科具有更大的综合性，如岩石力学、土力学都是介于基础科学与生产科学之间的技术科学。

技术科学目前已发展成为众多的科学群。技术科学一方面按基础科学的应用可分为应用物理、应用化学、应用生物学、应用天文学、应用地学和应用数学；另一方面，按工程技术的通用理论可分为材料技术科学、能源技术科学、信息技术科学、计算机技术科学、自动化技术科学、环境技术科学、生物工程技术科学等。

生产科学也叫应用科学或工程科学，主要研究基础科学和技术科学的理论在生产过程中的具体运用，从而提供改造自然的方法和手段。技术科学解决比较远期的生产方向问题；基础科学储备知识、创造知识，离解决实际问题更远些、更间接些；而生产科学直接决定生产中需要解决的实际问题，这是生产科学区别于技术和基础科学之处。每一生产过程要涉及许多基础科学和技术科学领域，生产科学具有明显的综合性，如内燃机，研究它的工作过程，需要热力学、空气动力学和化学动力学等知识；研究它的结构强度，需要应用理论力学、材料力学、固体物理学等知识。

生产科学的研究对象是具体的技术原理、结构和工艺。日本学者星野芳郎将技术分为12个方面，即动力技术、采掘技术、材料技术、机械技术、建筑技术、通信技术、交通技术、控制技术、栽培技术、饲养技术、捕获技术和保健技术等。虽然不同领域的技术有各自不同的形态，但都包含了材料、能源、控制和工艺四个基本要素。

随着科学的发展，在自然科学和社会科学之间出现了一个新兴的学科群，这个学科群叫交叉科学或综合科学。交叉科学的兴起和发展，是科学进入一个全新历史阶段的标志，是历史发展的必然。交叉科学可分为四类：① 根据应用的目的和目标把有用的相关知识组合成一个新知识体系，如材料科学、空间科学、能源科学、环境科学、体育科学、城市科学等。② 根据科学在宏观总体上变化发展的事实，探索其规律和驾驭利用其规律的理论和方法的知识体系，如科学学、未来学、自然辩证法和科学技术发展史等。③ 根据科学各门类、各工作领域的共同需要所创造出来的方法知识体系，如控制论、系统论、信息论、协同论、混沌理论、管理科学、决策科学等。④ 根据社会科学与自然科学中相关的两个学科组合而成的新的知识体系，如技术经济学、管理心理学、经济生态学等。

自然科学分为不同的层次，各层次特点和功能各不相同，但各层次之间存在本质

的内在联系，从而形成了一个有机统一的整体。

（三）自然科学的学科结构

自然科学的基础科学包括力学、物理学、化学、生物学、天文学、地球科学和数学等，每门基础科学都包括若干分支学科，并由此形成各自学科的体系结构。

1. 数学的结构

数学是研究数量关系与空间形式的科学。数学在自然科学的体系结构中具有特殊的地位。马克思曾经说过，任何一门自然科学，当它正确地运用数学之后才能成为一门完整的学科。在现代科学技术中，如果不借助数学，不与数学发生关系，就不可能达到应用的准确度与可靠性。

经过长期的发展，现代数学学科已成为一个多层次、结构严密的庞大体系，大小分支学科科目已不下几百个，其中最基本的学科有12个，即数论、代数学、几何学、函数论、泛函数分析、微分方程、概率论、数理统计、运筹学、控制论、计算数学和数理逻辑。

从数学和现实生活的联系来看，大体可分为两大类，即纯数学和应用数学。纯数学研究从客观世界中抽象出来的数学规律的内在联系，也可以说是研究数学本身的规律，大体上可分为三类，即研究空间形式的几何学、研究离散系数的代数学和数论、研究连续的函数分析和函数方程，它们被称为整个数学的三大支柱。应用数学研究如何从现实问题中抽象出数学规律，以及如何把已知规律应用于现实问题，如概率论、数理统计、运筹学、控制论、计算数学和数理逻辑。

2. 力学的结构

力学是研究力与运动的科学，研究对象是物质的客观运动。力学是物理学中最早建立和发展起来的一门学科，由于其广泛的应用性，不断向综合、应用、系统方向发展，从而形成一个庞大的科学体系。力学是随着人类认识自然现象和解决工程技术问题的需要而发展起来的，在实践中又对人类认识自然和解决工程技术问题起到极为重要和关键的作用。

力学分为力学理论和应用力学两部分。力学理论包括理论力学、分析力学、统计力学、电动力学、相对论力学和量子力学，应用力学包括计算力学、固体力学、爆炸力学、流体力学、岩石力学、生物力学、物理力学和溶解力学。根据研究物体的性质可分为质点力学、质点组力学、刚体力学和连续介质力学等四大类，根据问题的性质又分为运动学、动力学和静力学三类。

研究机械运动规律及其应用的经典力学是力学研究的主要部分。19世纪是经典力学的黄金时代，形成了分析力学、统计力学、流体力学和电动力学四个主要分支。20世纪以来，出现了研究物体运动速度可与光速比较的相对论力学和研究微观粒子运动的量子力学，它们是现代力学的重要标志。

3. 物理学的结构

物理学是研究物质运动规律及其基本结构的科学。当代物理学经过科学本身的发展、壮大以及和现代技术的相互作用形成了庞大的学科体系，它以经典力学、经典电动力学与相对论、量子力学、热力学和统计物理为基础理论，形成了九门分支学科——凝聚态物理学、光物理学、声学、原子分子物理学、等离子物理学、核物理学、粒子物理学、计算物理学和理论物理学。

4. 化学的结构

化学是研究物质分子的组成、结构、性质及其变化规律的科学。化学成为学科已有约300年的历史。随着人们所研究的分子种类、研究手段和任务的不同，化学不断派生出不同层次的分支——无机化学、物理化学、有机化学、分析化学、高分子化学、环境化学和放射化学等。

第二次世界大战后，化学发展速度大大加快，一方面是高分子化学和元素有机化学理论的成熟以及化工发展的促进；另一方面是计算机技术、激光技术等先进研究手段的引入。到20世纪末期，化学在基本理论、研究经验的积累、研究手段和方法的应用、研究领域的广度、应用范围等方面都达到了较高的水平。化学与其他自然科学的相互渗透，产生了一系列边缘学科——计算化学、激光化学、固体化学、地球化学、材料化学、矿物化学、土壤化学、行星化学和星际分子天文学等。

5. 生命科学的结构

生命科学是研究生命现象以及生物与环境之间关系的科学。生物物种千差万别，但都具有新陈代谢、繁殖、遗传、发育和进化等共同的特征。生物学研究的中心就是一切生物所共有的这些基本生命现象。生物学的研究内容广泛、学科繁多，按研究对象的传统分类包括动物学、植物学和微生物学；按结构层次可分为宏观的群体生物学、系统生态学，以及微观的分子生物学、细胞生物学；按研究方向可分为形态学、解剖学、生理学、细胞学、遗传学、分类学、生态学、进化论等；与其他学科相互渗透，产生了生物数学、生物物理学、生物化学和生物地理学等交叉学科。

6. 天文学的结构

天文学是研究宇宙中各类天体和天文现象的科学。随着研究方法和观测手段的发展，先后创立了天体测量学、天体力学、天体物理学、光学天文学、射电天文学、空间天文学、天体演化学和宇宙学等分支学科。天文学与其他学科相互借鉴、相互渗透，又形成了天体生物学、宇宙化学、考古天文学以及天文地球动力学等。

天文学的发展依赖于观测手段的进步以及以物理学和数学为主的天文"理性工具"的发展。目前利用地面光学天文设备、地面射电天文设备、X射线天文设备、远红外线天文卫星、紫外天文设备和 γ 射线空间天文台可观测手段以及由物理学、数学提供的理论手段，已使"恒星演化理论"和"热大爆炸宇宙学理论"相互衔接形成一个整体，这是人类第一次能够科学地描述宇宙从诞生一直演化到今天的全过程。

7. 地球科学的结构

地球科学是研究地球以及太阳和其他外部因素对地球影响的科学。当代地球科学的基本任务是从整体上认识地球，包括它的过去、现在，并预测它的未来发展和行为。地球科学的应用性是基于人类对地球不断提高的认识，增强社会的功能，有效地探索、开拓和合理利用自然资源；避免或减轻自然灾害，避免和保护自然环境不受破坏和干扰；预测和调节环境变化和全球变化；从总体上协调人类社会和自然系统之间的关系，维护生物圈和人类社会生存、持续发展的地理环境。

地球科学按照地球的组成部分包括固体地球科学、海洋科学、大气科学和空间科学，按地球的物理和化学过程可分为地球物理学和地球化学，按各组成部分间的特定领域可分为地理学、环境科学、生态学、土壤学等。

（四）自然科学的知识结构

自然科学的知识结构是指一门学科所包含的要素之间的有机结合方式。一般来说，一门学科的知识体系是由科学的事实、概念、范畴、定律、逻辑形式构筑起来的。

1. 科学事实

事实是科学结论的基础和根据，没有事实的系统化和概括，没有事实的逻辑认识，任何科学都不能存在。但事实本身不是科学，事实只有在以系统的、概括的形式表现出来，并且作为现实规律的根据和证明时，才能成为科学知识的组成部分，即科学事实。科学事实大体包括经验事实、观测资料和实验数据等。

2. 科学的概念和范畴

科学的概念是构成科学理论的细胞，是科学研究的成果和经验的结晶。它由具体概念和抽象概念组成，前者直接反映某种现象的状态和表面性质；后者则由理性思维所把握，反映客观事物的规律和本质。它们之间的联系和转化，使科学概念在内容和形式的结合上构成一个体系结构。范畴是反映具体学科的对象、内容和方法特点的一般概念，是反映客观事物本质联系的思维方式，是各个知识体系的基本概念。

一个特殊的理论有其特有的概念。新理论的建立，或提出前所未有的新概念，或加深、扩展、限制已有的概念，或论证了概念之间的新联系。概念内容的新陈代谢和充实修正，乃是科学进步的表现。

从概念内容所反映的客观对象的性质和层次考虑，将概念分为实体概念、属性概念和关系概念三类。反映某种物质客体的概念称为实体概念，如原子、细胞、磁场等。反映对象所具有的特质的概念称为属性概念，如惯性、温度、抗腐蚀性等。反映对象之间关系和自然过程内部机制的概念称为关系概念，如电磁感应、熵、光合作用等。

从概念的内涵进行分类，依据概念是反映事物的固有属性，还是反映本质属性，可分为类概念和科学概念。概念的这种划分，反映了人们对自然的认识过程。如古代的自然哲学中就有原子的思想，认为世界上的一切事物都是由极小的和不能再分的微粒组成的。19世纪初，道尔顿提出原子论理论，初步揭示了原子的若干性质，原子概念才由类概念转化为科学概念。

3. 科学原理、定律和学说

科学原理、定律和学说是科学知识结构中的主要组成部分，它们运用概念揭示事物的本质联系，都属于规律性的知识，但它们之间又有某种差别。

原理所反映的是特定条件下的自然事实。对原理的了解必须注意到它是在什么条件下发生的事实。与原理近似的是定理，定理的提法在数学上用得较多，在自然科学中，用定理来表达某些原理时，着重反映一定条件下的数学必然性，即要加上数学表达式。

定律是对客观规律的一种表达形式，着重强调自然过程的必然性，如能量守恒定律。与定律近似的是定则，通常以假定方式来表达自然过程的必然性，如判断磁感线与对电流作用力的方向的"左手定则"。科学定律本身也是有结构的，它分为具体定律和抽象定律。前者是依靠仪器对客体进行观察并归纳所得资料的结果，如落体定律等；后者是运用抽象概念进行判断推理的结果，如万有引力定律等。它们之间相互联系，表明科学认识由一级本质到二级本质层次的推进过程。

学说是在自然科学中，对自然过程原因的解释，是为解释自然事物、自然属性、自然定律的原因而提出的见解。由于对因果关系的认识是复杂的，往往一时难以确凿

证实，学说常表现为假说的形式。

4.科学方法

科学方法是指研究事实与发现规律的方式。任何一种科学理论，在解释某些现实过程的性质时，总是与一定的研究方法相联系。

方法是人们发现客观规律的一种手段，是获得规律性知识的必要条件，是创造性思维的集中表现。科学方法在应用中一般分为三个层次：① 各学科特有的特殊方法，如物理学中的光谱分析法、化学中的催化方法；② 各门学科通用的科学方法，如观察法、实验法、系统方法等；③ 哲学的方法，是建立在一般科学规律的基础之上的，能够应用于知识的一切领域。

按照一个完整的科学认识过程，科学方法一般分为感性方法、理性方法和综合方法。感性方法是人类认识自然的起点，是获得自然信息的方法，包括观察法、实验法；理性方法是对观察实验所获得的成果进行分析，以达到新的科学认识高度的思考步骤，包括假说方法、数学方法、逻辑方法和非逻辑方法等；综合方法适用于科学认识的各个阶段，属于科学方法的理论，包括系统论方法、信息论方法和控制论方法等。

5.科学理论

科学理论是在大量经验知识积累的基础上，运用逻辑加工，建立科学的基本概念和基本关系，借助逻辑和数学方法而总结出来的科学认识的知识体系。

科学理论是客观过程和关系的反映，是由一系列概念、范畴、原理、定理、公式等组成的逻辑系统。

科学理论的基本特点和要求是，外部的证实和内在的完备。两个特点的相互作用和相互补充，意味着科学理论系统地反映了客观事物的本质。科学理论有两个重要的功能——解释功能和预见功能。前者揭示存在事物的本质，后者是从科学理论逻辑地推导出来的关于未知事实的结论。解释功能和预见功能是不可分的，它们的共同作用显示出科学理论在整个科学知识体系中占据核心地位。

思考题

1.简述自然科学的概念、研究对象、性质及作用。

2.简述自然科学的体系结构。

模块一
宇宙与地球

专题一 宇宙的组成和演化

衔接小学科学课程标准

13.4 太阳系是人类已经探测到的宇宙中很小的一部分，地球是太阳系中的一颗行星。

从古至今，人们对宇宙的认识走过了从神话到科学的道路。远古和现代的人类无不神往于宇宙天体的憧憬之中。《易·系辞传》中说："古者包牺氏之王天下也，仰则观象于天，俯则观法于地……始做八卦，以通神明之德，以类万物之情。"明代著名学者顾炎武曾说："三代以上，人人皆知天文。"考古学家1987年在河南发掘仰韶文化遗址时，发现了用蚌壳和人骨摆成的青龙、白虎、北斗的星象图案，经碳14测定年代为距今6 500年左右，这一发现证明中华民族的先民早就开始仰观天文了。

探索宇宙的动力源泉，不仅是人们的好奇心，更在于人类社会生活和生产实践的需要。创造尼罗河文化的古埃及人，在多年的农耕经验中发现，天上最亮的恒星天狼星一旦在黎明之前出现在东方地平线上，尼罗河水就要开始泛滥了。他们据此得出相当准确的"年"的周期概念，把天体出没的规律与河水涨落的关系以及农作物生长周期、所要采取的农业措施科学地结合在一起。

探索宇宙是人类与生俱来的永恒的愿望，这种求索贯穿古今，天文学家总是在前人成就的基础上进行更深层次、更广范围的宇宙探索。今天，我们国家的宇航员已经多次进入太空，航天领域的技术不断成熟。

一、天文学的基本研究方法——观察和测量

天文学是研究天体和宇宙的科学。它的研究对象都在遥不可及的宇宙空间，既不能取样分析化验，也不能亲临实地勘察，研究的主要方法就是观测——用肉眼及各种仪器观察和测量天体辐射出来的电磁波或少量高能微观粒子。

（一）天文观测的主要技术

望远镜是现代天文学探索宇宙的主要工具，它使人类观测宇宙的能力大大增强。

1609年，意大利科学家伽利略首先将望远镜用于天文观测，他发明了人类第一台天文望远镜。凭借这架望远镜，他发现了月面上的山谷和平原，又看到木星有四颗卫星绕转，金星也有盈亏，太阳上有黑子，还看到茫茫银河是由众多繁星组成的。这些人类天文学史上的惊人发现在伽利略的著作《星际使者》和《关于太阳黑子的书信》中都有记录。

1932年，美国年轻的工程师央斯基偶然发现从银河方向传来的在无线电中可以听到的噪音，经过耐心的观察和研究，确定这噪音是宇宙间传来的，由此诞生了一门崭新的科学——射电天文学。射电天文学专注于研究来自宇宙的射电波。射电窗口是在光学窗口以外另一个瞭望宇宙的窗口，它包括波长从0.3毫米到30米的射电波。射电天文学为现代天文学事业做出了重大贡献，银河系的漩涡结构就是依据射电观测而描绘的，20世纪60年代的四大发现——类星体、脉冲星、星际有机分子和宇宙微波背景，也是依据射电天文学得到的。

宇宙间的一切辐射，都以电磁波的形式传播。地面上的天文学家只能利用光学窗口和射电窗口，其他的波段由于被地球的大气所阻挡，无法到达地面。要想看到电磁波谱中各个窗口，像红外窗口、紫外窗口、X射线天窗等的宇宙景象，就必须把科学仪器送到天空和地球大气以外的太空中去。1957年，随着人造卫星的上天及空间技术的不断发展，天文学进入了全波段天文学的崭新时期，从波长最长的无线电波到波长最短的γ射线，天体发出的所有电磁波都成为天文学家的眼底之物。

（二）天文测量

天文测量与天文观察相伴发展，主要任务就是研究和精确测定天体的位置和运动，建立和维持基本参考坐标系，确定地面点的位置以及提供精准的时间服务。

对宇宙距离第一次进行科学测量，是公元前240年前后的事，亚历山大里亚图书馆的馆长埃拉托色尼计算出地球的周长和直径。公元前150年前后，古希腊的天文学家伊巴谷尝试探求地球和月球的距离，后来托勒密借助于三角学用视差法[①]测得了地球与月

---

① 视差法，可以用来计算宇宙距离的方法。视差这个词的含义是不难说明的。你伸出一个手指放在眼前大约8厘米的地方，先只用左眼看，然后只用右眼看，你就会觉得手指相对于远处的景物移动了位置，因为你两次去看时角度不同了。现在，你把手指放远些，譬如说伸直手臂，再按上述办法去看。这次你仍然会觉得手指相对于背景移动了，不过移动量没有那样大。因此，手指相对于背景移动的大小就可以用来确定手指到眼睛的距离。

球的距离。德国天文学家开普勒在1609年发现行星的轨道呈椭圆形（而不是圆形），从而为精确测定日地距离开辟了道路。从此，人们才第一次有可能精确地计算出行星的轨道，并绘出太阳系的比例图。1673年法国天文学家卡西尼开始用视差法测量比月亮更远的距离，他测出了火星的视差。在那以后，人们以不断提高的精确度对太阳系里的各种视差进行测量。1931年一个庞大的国际计划准备测定一颗名叫"爱神星"的小行星的视差。那时，除了月亮以外，它凑巧比所有的天体都更靠近地球，显示出较大的视差，因而可以测定得相当精确。到1900年，大约已用视差法测定出370颗恒星的距离，到1950年，已达6 000颗左右。

即使使用最好的仪器，能够以一定的精确度用视差法加以测量的距离也有一个极限，这大约是100光年，但在比这更远的地方还有着数不清的恒星。

由于恒星的距离极其遥远，恒星的周年视差很小，很难测定。观测不到周年视差一直是"日心说"反对者的有力证据。但哥白尼说："恒星没有这种现象（周年视差），说明它们的距离太大，以至地球轨道同它们相比可以忽略不计，从而不能看到这种现象。"（《天体运行论》P30，科学出版社1973年第1版）

科学终究经受住了时间的检验。1838—1839年，三位天文学家最先测定出了几颗恒星的周年视差，此时，距1543年哥白尼提出"日心说"已近300年了。

表1-1　　　　　　　　　　　　最先测定的几颗恒星的周年视差

观测者	测定恒星	测定年代	所得数值	现代测定值	观测地点
白塞尔	天鹅座61	1838	0.314″	0.30″	加里宁格勒
亨德逊	半人马座α（南门二）	1839	0.98″	0.76″	好望角
斯特鲁维	天琴座α（织女）	1839	0.261″	0.124″	塔尔多

二、宇宙的组成和结构

宇宙间物质存在的形式是多种多样的，有的聚集在一起形成凝聚态，如日月星辰；有的在广阔的星际空间形成弥漫态，称为星际物质。通常说的天体，指的是宇宙中各种星体和星际物质的总称。肉眼可见的天体有恒星、星云、行星、卫星、彗星、流星等。认识宇宙，主要是认识宇宙中各种天体的运动及变化。

在地球上看，天体都在天上，但是地球也是一个自然天体。在宇宙飞船和其他天体上看地球，地球也在天上。因此，研究地球的宇宙环境，剖析不同层次的天体系统，是为了更好地了解地球本身。

（一）恒星世界

恒星是由炽热气体（等离子体）构成的，能自行发光发热的球状或类球状天体。恒星质量巨大，在高温高压的条件下，内部不断发生热核反应，外部不断抛射物质，是宇宙中数量最多和最重要的天体。恒星的成分中，氢约占70%，氦约占28%，其余为碳、氮、氧、铁等元素。每颗恒星，都是一颗光芒四射的太阳，向宇宙空间输送着巨大能量。

1. 恒星的数量和命名

"天阶夜色凉如水，坐看牵牛织女星。"（唐·杜牧《秋夕》）每当夜幕降临，天气晴好时，闪烁的繁星格外引人瞩目。满天的繁星密密匝匝，数不胜数，除了少数几颗行星外，绝大多数是恒星。在最晴朗的夜晚，所有肉眼能见的恒星大约有6 000颗，实际仅银河系的恒星就有约2 000亿颗。这么多恒星，如何辨认呢？

现在国际通用的全天88个星座起源于古巴比伦和古希腊。大约3 000年前，巴比伦人为了观察行星在星空背景上的移动，首先注意了黄道附近的一些星区的形状，并依据它们的形状起了名字，逐渐完成了黄道12星座的建立，这种星座的划分传入希腊后，被赋予了神话传说，就更趋于完善，在公元2世纪托勒密编制的《天文集》中，共有48个星座。到17世纪，由于航海事业的发展，又增加了南天的37个星座，后来又把早期的南船星座分成船底、船尾和船帆，1928年国际天文学联合会吸纳了郝歇尔以赤经赤纬划分星座的思想，正式公布88个星座，其中黄道12座，北天28座，南天48座。星座的范围，有的很大，如长蛇座有1 300平方度；有的很小，如南十字座，只有68平方度。

星座中恒星的名字通常按照它们的亮度顺序，依次配上相应的希腊字母α、β、γ、δ、ε……并冠以星座的名称，如天狼星是大犬座中第一亮星，名为大犬座α，织女星叫天琴座α，参宿七叫猎户座β等。这种命名法，大约是在17世纪初提出的。当时仅靠肉眼估计星的亮度，后来用仪器精密测定，发现有的亮度顺序颠倒了，如大熊星座中的北斗七星，最亮的不是α，而是ε，这种历史性错误保留了下来。

希腊字母只有24个，这种命名法对于普通认星已是足够，但对于天文工作者远远不能满足需求。天文学家将所有观测到的恒星编上号码载名于表册中，这种表册称为星表。星表有多种，如德国波恩天图星表（BD）、美国总星表（GC）、法国梅西耶星表（M）、星云星团新总表（NGC）等，星表简称后面的数字是某星在该星表中的编号，如M31，NGC2632。

天文学家将所观测到的恒星画成星图，列成星表，并按亮度分成等级，再一一统

计其数目。

2. 恒星的运动和距离

恒星的"恒"字指的是星座或星官排列成的形象亘古不变。古代星图上画出的模样和现代人看到的没什么不同，好像是永恒不变的。恒星真的不动吗？不是的，恒星也同行星一样有自转和公转的运动。银河系恒星的公转是绕银河系核心的运动，以太阳为例，太阳带着它的家族成员绕银河系中心公转，公转速度为250 km/s。恒星与恒星之间也有很大的相对运动，之所以难以觉察，是因为恒星之间的距离实在太遥远了！

恒星之间的距离，用我们常见的测量距离的尺度来衡量是很难胜任的。天文学上常用的距离单位有三种。

天文单位：1天文单位即日地平均距离，约为14 960万km，适用于测定太阳系内天体的距离。

光年：光在真空中一年时间所走过的路程为1光年，1光年 ≈ 94 605亿km。

用光年做单位，一是形象直观，二是立即可以知道光从该天体到达地球需要多长时间。因为每颗恒星距离我们远近不一，它们的光到达地球的时间也不相同，因此我们在某一时刻所见的星空，其实是由恒星到地球的不同光行时间所组成的星空图像，反映的是不同恒星不同历史时期的面貌，这称为时空的不等时性。

秒差距：恒星的周年视差为1角秒时恒星的距离叫1秒差距，1秒差距 = 3.26光年。

恒星的周年视差与秒差距互为倒数关系。恒星周年视差的发现，是天文史上一项卓越的成果。有人对此作了形象的比喻：天文学家巧手抛下的"测深锤"，第一次到达了"海底"。

光年、秒差距与天文单位之间的换算关系为：

1光年 = 63 240天文单位

1秒差距 = 206 265天文单位

3. 恒星世界的多样性

恒星的化学组成基本一致，质量差异较小（相对于其他物理参数而言），可谓大同小异。但是，它们的存在形式是五彩斑斓、多种多样的。

（1）单星、双星和星团

一般的恒星是单个存在的，也有一些恒星是成双成对地出现，被称为双星。例如，天狼星就是双星，它的伴星光度很小，肉眼不可见。有的双星的子星本身也是一对双星，如半人马座α星（南门二）实际上是三合星，按目前的位置，丙星离我们最近，就是现在的比邻星。

　　在恒星世界里，还有很多恒星集中分布在一个较小的空间，彼此有物理联系，形成一个稠密的恒星集团，叫作星团。例如，金牛座的昴星团（俗称七姐妹星，事实上肉眼能看到六颗），一簇小星密集在月轮大小的天区里，成员多达280余个。

　　（2）变星、新星和超新星

　　大多数恒星的亮度是稳定的，但有些恒星的亮度在短时间内会发生明显的、特别是周期性的变化。变化的周期，长的可达几年到十几年，短的只有几日甚至几小时。这样的恒星称为变星。

　　变星又分为几何变星、脉动变星和爆发变星三类。几何变星是指两颗星由于相互绕转时发生交食现象即相互遮掩，从而引起亮度变化的变星，又叫食变星。脉动变星，是由于恒星的体积周期性地膨胀和收缩而引起光度变化的变星，约2/3的变星属此类。爆发变星，是因为恒星本身的爆发现象而引起光度突然变化的变星，如新星和超新星。

　　（3）主序星、红巨星和白矮星

　　恒星世界也分"巨人"和"侏儒"，它们的体积差别巨大。然而，恒星的大小是无法直接测定的。即使在最强大的望远镜视场里，恒星也不分大小，都是一个光点。它们的体积大小，具体反映在恒星的光谱型（或温度）和光度（或绝对星等）的关系上。

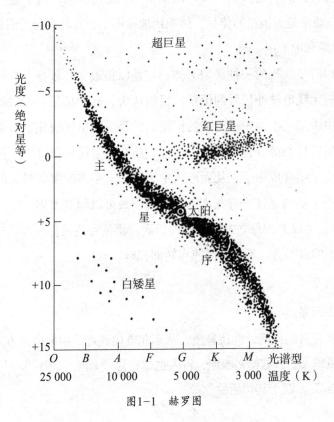

图1-1　赫罗图

20世纪初，丹麦天文学家赫兹普龙和美国天文学家罗素不约而同地创造了恒星的光谱型和光度的坐标关系图，简称光谱—光度图，通常也叫赫罗图。它以恒星的光谱型（温度）为横坐标，以它的光度（绝对星等）为纵坐标，每颗恒星按照各自的光谱型和光度，在图上占有一定的位置（图1-1）。

在图上，大多数（90%以上）恒星分布在图的左上方至右下方的一条窄带上，温度由高到低，光度由大到小，形成一个明显的序列。这条窄带叫主星序，位于主星序上的恒星，则被称为主序星。这个关系图表明，大多数恒星的光度决定于它们的温度，即恒星的温度越高，其光度就越大。

同主序星相比，赫罗图上有三部分恒星情况殊异。一部分集中在图的右上方，它们的温度不高，但光度很大。这等于说，一颗"冷"星，却又十分明亮，唯一的解释只能是它们的体积很大，增大了发光面积。这部分恒星叫红巨星。在红巨星的上方，一直延伸到图的左侧，是一些超巨星，为数不多，是恒星世界的"超级巨人"。目前已知的最大的恒星御夫座 ε 的直径约为太阳直径的2 500倍，相当于150亿个太阳。猎户座的红巨星参宿四的直径也比太阳大1 000倍，相当于10亿个太阳。红巨星和超巨星在恒星中所占比例不到1%。另一部分恒星分布在赫罗图的左下方，它们的温度相当高，但光度很小。这表明它们的发光面积不大，体积很小。这些小而热的恒星叫白矮星。最先被发现的一颗白矮星是天狼星的伴星，体积比地球还小，却具有与太阳相仿的质量。

（4）脉冲星和中子星

脉冲星是1967年发现的一种新型天体。它是以很短（几秒甚至百分之几秒）的周期发射出强烈的无线电脉冲信号的恒星。目前认为，脉冲星是具有强磁场的快速自转的中子星。而中子星是指由中子组成的恒星。它是由于恒星演化到后期，发生超新星爆发现象，爆发后核心部分急剧收缩，内部物质在高温高压条件下，把电子挤入原子核内，电子与质子结合成中子，从而形成中子星。金牛座的蟹状星云的核心就是一颗中子星。一般中子星的直径只有几十千米，而质量可以超过太阳。中子星的密度比白矮星还要高出1亿倍以上，每立方厘米这种物质，质量可达几亿吨！这样超高密度的天体，有足够强大的自引力，不致因高速自转而瓦解。

（二）银河系

1. 银河和银河系

在夏秋晴朗无月的夜晚，仰望星空，从东北方向越过头顶向西南方向延伸，有一条乳白色的光带横跨天空，这就是银河，古人也称它为"天河""银汉"等。西方人则把它称为"Milky Way"，赋予其神话的色彩。

恒星天文学的创始人、英国天文学家赫歇尔系统地研究了恒星的分布后发现，愈近银河，恒星分布愈密集；离银河愈远，恒星的分布愈稀疏。他由此悟出，密集在银河中的无数恒星，连同散布在天空各方的点点繁星，包括我们的太阳系在内，都属于一个庞大无比的恒星系统，并把它称为银河系。如果把银河系比作一片茂密的森林，那么从地球上看，满天的繁星好比是它周围可辨的单株树木，而银河则是远处模糊的密林。

银河与银河系不能混淆。银河是指我们在地球上看到的一条光带，是银河系在天球上的投影，是肉眼能见到的部分银河系。银河系是指太阳所在的整个星系，是比太阳系更高层次的庞大天体系统。我们置身于银河系内，无法看清它的全貌。

2. 银河系的结构、大小和形状

银河系是由大量恒星、星云和星际物质组成的庞大的星系级的天体系统。它拥有一两千亿颗恒星，总质量约为太阳质量的1 400亿倍。银河系的直径约10万光年，其恒星的分布是不均匀的。中心区域恒星较密集，距中心越远，恒星越稀疏。银河系的结构分银盘、核球和银晕三部分。银盘直径约10万光年，中心厚约1万光年，太阳位于距银河系中心3万光年处。核球是银盘中隆起部分，近似球形，直径1万多光年。核球中心恒星更加密集的区域叫银心。银晕在银盘以外，由稀疏地分布在一个圆球状空间范围内的恒星和星云组成（图1-2）。

俯视银河系，它是一个漩涡状结构的星系，是由于恒星围绕中心旋转形成的。银河系物质分布不均匀，在银盘上由核心向外延伸出4条旋臂，它们是恒星密集区，分别为猎户臂、英仙臂、人马臂和三千秒差距臂。太阳位于其中的猎户臂中。

侧视银河系，像一个中部较厚，边缘很薄的铁饼。银河之所以成为周天环带，就是因为银河系具有圆而扁的形状。由于观测者不在银心位置，所以各个方向的恒星投影到天球上就呈现出不均匀的光带，银河系中心在人马座方向，那里的恒星显得十分密集。

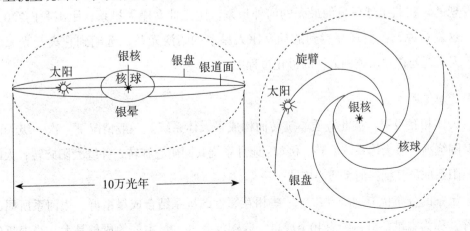

图1-2 银河系结构图（左为侧视图，右为俯视图）

3. 银河系的运动

整个银河系绕中心轴线不停地旋转，称为银河系的自转。银河系所有的恒星除各自运动外，都有围绕着银河系中心的旋转运动。这种运动称为银河系的自转运动。整个银河系在宇宙空间朝麒麟座方向以214 km/s的速度运动着，就好像一个车轮自身旋转的同时又不停地前进。

太阳以3万光年为半径绕银心做圆周运动，旋转速度约250 km/s，周期约2.5亿年，称为一个宇宙年。已知地球年龄约46亿年，那么地球随太阳系一起绕转银心已18圈多。此外，还可以观测到太阳以20 km/s的速度向武仙座方向运动。

（三）总星系

1. 河外星系

银河系中除了大量恒星外，还有很多模糊不清的云雾状天体，过去把它们统称为星云。进一步的研究认为，这些星云中有些是由银河系内的气体和尘埃物质组成的，称为河内星云，简称星云，如猎户座星云等。星云的物质密度非常稀薄，尺度很大但质量很小。另一些看似星云的天体，实际远在银河系以外，是类似银河系的庞大的恒星集团，称为星系。由于它们距离太遥远，看上去也是云雾状天体，称为河外星云或河外星系，如仙女座大星系和大、小麦哲伦星系等。每个星系和银河系一样包含着数十亿至数千亿颗恒星，直径从几千光年到几十万光年。外观多种多样，大部分具有漩涡状结构，还有椭圆星系、棒旋星系和不规则星系等类型。银河系只是众多星系中很普通的一员。

目前已经发现的河外星系约10亿个，其中离银河系最近的有大、小麦哲伦星系和仙女座大星系。大麦哲伦星系离我们约16万光年，小麦哲伦星系离我们约19万光年。这两个星系在南半球可见，它们是航海家麦哲伦做环球旅行时，于1520年在南美洲南部发现的。在北半球可见的最亮的河外星系，则是仙女座大星系，距离我们220万光年。这就是说，我们现在看到的仙女座大星系的暗淡光芒，远溯到它离开光源的时候，人类还处在"从猿到人"的进化过程中。

2. 总星系

天体相互吸引、彼此绕质心旋转而构成了天体系统。一般情况下，次一级天体系统又围绕高一级天体系统旋转。例如：地月系绕共同质心旋转，并绕太阳旋转；太阳携带太阳系成员又绕银河系质心旋转……

星系的分布也有结群现象。一些相互邻近的星系结合成星系群。银河系所属的星系群，称为本星系群，约有40个成员，除银河系外，最主要的成员是大、小麦哲伦星系。本星系群的尺度约为400万光年。比星系群更加庞大的天体系统称为星系团。星系团和星系群是同级天体系统，只是成员数目不同。一个星系团包含几百甚至几千个星系。在星系团所在的天空区域，星系分布特别密集。已经发现的星系团有上万个，其中离我们最近、最著名的是室女座星系团，距离为6 000万光年，包含2 500余个星系。室女座星系团与其他一些星系团和星系群，包括本星系群在内，约50个成员，又组成了一个更高一级的天体系统——本超星系团。本超星系团的尺度约为1亿光年。本超星系团不是唯一的，在它的外面约3亿光年处，还发现了一个超星系团——后发超星系团。在已知的可观测的宇宙中约有3 000个以上的超星系团，组成更为庞大的天体系统，称为总星系。目前我们观测到的最远距离根据哈勃望远镜测定的数字推算为150亿光年。在这个以150亿光年为半径的空间范围内所有星系的总称叫作总星系。

总星系是我们目前观测所及的宇宙范围，是目前人类认识到的最高级别的天体系统，是现代宇宙学研究的对象。

现代天文学已观测到的宇宙，从星系开始，共分为四级天体系统，如图1-3。

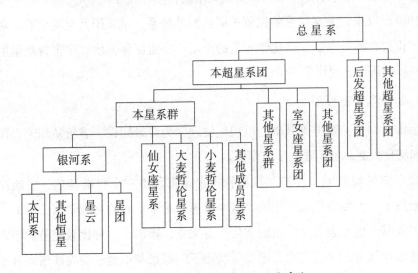

图1-3　星系以上的四级天体系统

三、宇宙的形成假说

宇宙是天地万物的总称，即客观存在的物质世界，也就是广漠的空间和存在于其中的天体。哲学上所说的宇宙或物理宇宙是无限的，即空间上的无限性和时间上的无限性。战国时代的尸佼在《尸子》中有"四方上下曰宇，往古来今曰宙"之语，可见我国古代就把宇宙看成时间和空间的统一。

现代宇宙学所研究的宇宙或科学上的宇宙，是指"观测到的宇宙"，就是总星系。这样的宇宙是物理宇宙的一部分，是有限的，在空间上有它的边界，在时间上有它的起源。

（一）关于宇宙的认识

中国古代关于宇宙的结构主要有三种学说："盖天说""浑天说"和"宣夜说"。"盖天说"主张"天圆如张盖，地方如棋局"。"浑天说"认为天是蛋壳，地是蛋黄，天地是双层球状结构。"宣夜说"认为根本不存在有形质的天，日月星辰自然飘浮在太空之中，天色苍苍，高远无极。

古希腊和古罗马关于宇宙的构造也有过很多学说，如泰勒斯认为水是宇宙万物本源；毕达哥拉斯的宇宙最外层是永不熄灭的天火；亚里士多德认为宇宙像个多层水晶球。进入中世纪后，托勒密的"地球中心说"占据正统地位，并与宗教政治结合起来，桎梏科学的发展1 000余年。

文艺复兴时期哥白尼的"太阳中心说"推翻了地球居宇宙中心的观念。布鲁诺更进一步认为太阳也不是宇宙的中心，宇宙是无限的，不存在任何中心。

进入20世纪以来，天文学家的视野扩展到河外星系、星系团乃至总星系，对宇宙的年龄、宇宙的物质分布、宇宙化学元素的丰度、宇宙膨胀速度、宇宙背景辐射等情况有了进一步的认识，现代宇宙学开始建立。

（二）大爆炸宇宙模型

现代宇宙学以观测数据为基础，以现代物理学为背景知识，着重从理论上研究宇宙的运动和演化机制，进而建立宇宙模型。

在膨胀宇宙的观念下，1932年勒梅特提出宇宙是由一个极端高热、极端压缩状态的"原始原子"突发膨胀而产生的。这一思想启示了年轻的物理学家伽莫夫。1948年，伽莫夫及其学生发表了《宇宙的演化》等文章，提出了一种比较完整的宇宙创生新理论。该理论认为，宇宙是由高温高压状态下的原始基本粒子突发膨胀而开始创生的，这些基本粒子开始时几乎全部都是中子，由膨胀导致的温度下降使中子按照放射性衰变过程自由地转化为质子、电子等，逐渐产生由轻到重的各种化学元素。随着整个宇宙的膨胀和降温，各种粒子进一步形成星系、恒星等宇宙中的天体，然后沿着天体演化的阶梯一直延续到现在。该理论还预言：宇宙演变到现在应当残留下温度约为5 K—10 K的背景辐射。

持反对意见的人为伽莫夫的理论模型冠以一个含有嘲讽意味的名字——"大爆炸"（Big-bang model）。1965年，在微波波段上发现了3K的微波辐射，在定性与定量上与大爆炸理论相符，被认为是宇宙大爆炸遗留下余热的最有力的证据，大爆炸宇宙模型也因此成为举世公认的标准宇宙模型被载入科学发展的史册。

随着基本粒子物理学的进展和天文观测证据的获得，大爆炸宇宙模型呈现出崭新的面貌，为大多数宇宙学家普遍接受，也逐渐为广大群众所了解。

1. 大爆炸的宇宙进程

宇宙早期，物质密度趋于无限大，温度极高，在100亿K以上，当时宇宙只存在质子、中子、电子、光子和中微子等基本粒子。随着宇宙的绝热膨胀，温度下降得很快。当温度下降至10亿K时，中子失去自由存在的条件，质子和中子结合成氢、氦，各种化学元素开始形成。当温度下降到100万K时，早期形成的各化学元素告一段落。宇宙继续膨胀和冷却，直到约1 000万年以后，温度下降到3 000K时，电子和质子才组成稳定的原子。辐射减退，宇宙间主要是气态物质，并逐渐凝聚成星云，再进一步形成各种星系和恒星，成为今天观测到的具有各种类型天体的宇宙。

值得注意的是，不能理解为一团物质在业已存在的空间某处碎裂散开形成宇宙，而应理解为空间是与物质联系在一起的。"爆炸"的含义实际上就是空间本身的迅速膨胀，因膨胀而降温是全宇宙各处正在进行的持续过程。在膨胀开始以前，没有时间也没有空间。时间起始于斯，宇宙演化就是指时间开始之后宇宙中的物质和能量的分布、状态随时间而变化的过程。

2. 主要观测证据

大爆炸宇宙模型的成功之处在于它比其他宇宙模型能说明较多的天文观测事实。第一，观测得知，多数河外星系的谱线红移，星系距离愈远，红移现象愈大，符合哈勃定律，是宇宙膨胀的反映。第二，大爆炸宇宙模型认为所有天体都是温度下降后的产物。理论上，任何天体的年龄都应短于大爆炸温度下降至今的150亿年时间。观测事实是，现今天体的年龄都不超过150亿年。第三，宇宙中各种天体氦元素丰度约占30%，如银河系氦元素丰度约29%，大麦哲伦星系氦丰度约25%，小麦哲伦星系氦丰度约29%。第四，大爆炸宇宙模型认为宇宙间存在各向同性的微波段背景辐射，相当于3K的热辐射，这已被射电天文学的研究发现。

宇宙大爆炸模型描绘了一个演化的宇宙，能很好地说明一些观测事实，但仍存在不少问题，它还不是科学上的定论。

（三）宇宙的未来

宇宙大爆炸是否还会再次发生？结论主要取决于宇宙中是否存在有足够的物质形成足够大的引力，来把退行的星系拉回来。如果宇宙中不存在足够多的物质，它们的引力不足以把退行的星系吸引回来，那宇宙就会永远膨胀下去，这样的宇宙称为开宇宙。如果宇宙中物质的密度超过了一个临界值，退行的星系就可以被吸引回来，这时的宇宙就有一个边界，被称为闭宇宙。宇宙究竟是开是闭，要确定这一点需要测定非常遥远的星系的退行速度（即红移量）和距离，目前的观测技术还无法做到。

哥白尼的《天体运行论》1543年在纽伦堡出版，标志着人类认识宇宙的第一次飞跃；但哥白尼的时代还不知道天王星及其以外的世界。时间流逝不到500年，人类的认识已经达到了总星系的层次。正如雪莱的诗句："人类已揭开面纱，一切都显露无遗。"人类用科学的思维了解了宇宙的尺度和总体分层结构，我们不得不惊叹：宇宙是多么宏大，而人类是多么渺小。但真正令人惊叹的是渺小的人类居然可以探测如此宏大的宇宙，追寻历史的踪迹，询问宇宙如何产生，如何演化，并且还将继续找寻着令人满意的答案，这才是真正的奇迹。

思考题

1. 举例说明天文学主要的研究方法有哪些。
2. 列举天文学上常用的距离测量单位。
3. 在赫罗图上恒星的分布有什么特点？
4. 绘图说明天体系统的层次。

专题二 太阳和太阳系

13.4 太阳系是人类已经探测到的宇宙中很小的一部分，地球是太阳系中的一颗行星。

26

一、太阳

太阳是一颗恒星，具有极大的质量和很高的温度。它的质量相当于地球质量的33万余倍。巨大的质量使太阳具有很高的中心温度（约1 500万K），因而进行着热核反应，成为自身发光的天体。在浩瀚的银河系的千百亿颗恒星中，按天文学标准，太阳只是其中的普通一员。它的各种物理参数，诸如质量、体积、密度、温度和光度等，都没有什么与众不同的地方。

但是，在太阳系的范畴内，在地球与太阳的关系上，太阳就不是一颗普通的恒星了。太阳是太阳系的中心天体，因而有别于其他恒星。首先，太阳是地球绕转的恒星，因此，它有周年巡天运动。其次，相比较其他恒星，太阳离地球最近。太阳光到达地球，只需要8分多钟。距离上的悬殊，使得其他恒星在天球上都成为光点，唯有太阳具有视直径约半度的日轮，因而显得异常明亮。此外，由于距离上的接近，太阳赋予地球的热量多，是地球光热和生命之源。

在天文学上，太阳的重要性还在于，它是认识宇宙中亿万颗恒星的标本。人们利用从太阳得到的知识，来验证关于恒星的一般理论。

（一）太阳的距离、大小和质量

日地平均距离约14 960万km，称为一个"天文单位"。日地距离的测定原理，是用视差法或雷达测距法先测出近地行星或小行星距日的距离，再测出行星和地球的绕日公转周期，依据开普勒行星运动第三定律，即可求出日地距离。

在地球上看到的光亮的太阳圆面叫太阳视圆面。太阳视圆面对地球所张的角度叫太阳的视直径，平均值约为32′，太阳的视半径约为16′，据图2-1可计算太阳的半径及体积。

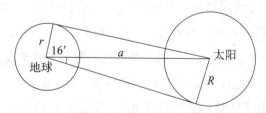

图2-1　太阳大小的测定

太阳的巨大质量产生巨大引力，从而制约着行星、彗星等较小天体的公转运动。太阳的质量可以通过行星（如地球）的运动来测定。按牛顿的万有引力定律，引力的大小与两物体的质量乘积成正比，与两者的距离平方成反比。如以m和M分别表示地球和太阳的质量，R为日地距离，那么，太阳与地球间的引力F为

$$F = G\frac{Mm}{R^2}$$

太阳质量的测定，依据太阳对地球的引力正好是地球绕太阳运动所需的向心力，列算式：

$$\frac{mV^2}{R} = \frac{GMm}{R^2}$$

得太阳质量

$$M = \frac{RV^2}{G}$$

将已知或测定的数据代入，便得太阳的质量为

$$M = 1.989 \times 10^{30} \text{ kg}$$

求得了太阳的质量，就可以根据太阳的大小推算它的平均密度和重力。太阳的平均密度为1.41 g/cm³，各部分密度差异悬殊，外部密度很低，核心密度则可以达到160 g/cm³，是钢锭密度的20倍。

（二）太阳的外部构造

太阳物质处于高度电离状态，氢和氦原子在高温高压条件下，离解为带正电荷的质子和带负电荷的电子。因为正负两种离子所带电荷的总量相等，所以称为等离子体。太阳是个炽热的等离子气态球体，其分层无明显的界限。为了研究方便，将太阳大致分为内三层（核反应区、辐射区和对流区）和外三层（光球、色球和日冕）。太阳内层由于无法直接观测，只是理论模式，因此主要研究太阳外部的大气层。

1. 光球

为肉眼所见光亮夺目的太阳表面，是太阳大气的最底层，厚度约500 km。光球的平均温度为5 770 K。光球表面分布有米粒组织、黑子和光斑。米粒组织是对流区上升气流所致，像煮开锅的米粥。米粒直径约1 000 km，其平均温度比光球高出300—400 K，平均寿命为7—8 min。黑子是强磁场形成的漩涡，多半成对或成群出现，大小不一，大的直径可达20万km，小的直径仅1 000 km。黑子温度约4 500 K，在明亮的光球背景下显得黯黑。黑子是明显的太阳活动区，消长周期约11年。光斑比光球温度高100 K，平均寿命为15天。

2. 色球

位于光球之上，厚度2 000 km以上的大气中层。色球的亮度仅及光球的千分之一，平时肉眼不可见，可通过色球仪观测。在日全食时，当耀眼的太阳光球全部被月轮遮蔽时，在日轮周围呈现出犬齿状的玫瑰色环状物，色彩鲜艳，故称色球。色球层上有

日珥、耀斑等。日珥是色球上部火舌状物，寿命为5—10 min，喷发高度由3 400千米至10 000多千米。耀斑是色球突然爆发、表现为特别明亮的斑块，可以在短时间内释放出巨大能量。耀斑是太阳活动的重要标志，当黑子增多时，易触发耀斑的爆发。绝大多数的耀斑出现在黑子群的周围。

3. 日冕

在色球层之外，是极稀薄的太阳最外层大气，由高温低密度的等离子体组成，延伸范围很广，可达太阳半径的几倍甚至十几倍。日全食时在日轮周围呈现出乳白色光辉，形状不规则，太阳活动激烈时接近圆形，太阳活动平静时接近椭圆形。在太空中拍摄的X光照片中发现日冕中有大片的长条形暗区，叫作冕洞。冕洞的能源被认为用来产生和加速太阳风，是强太阳风的源泉，是太阳磁场开放的区域。那里的磁力线向行星张开，大量带电粒子顺着太阳磁力线向外运动，形成太阳风。携带高能粒子流的太阳风，一直吹向冥王星以外，充满整个太阳系的广阔空间。

（三）太阳的能量和热源

太阳是太阳系光热的主要源泉，是地球能量的主要供给者。太阳辐射的总能量到底有多少？可以用太阳常数来计算。太阳常数就是地球大气层外，单位面积上的日照功率，可以用仪器直接测量。目前的测定值为8.16 J/（$cm^2 \cdot min$），据此可以计算出太阳辐射的总功率为3.826×10^{26} J/s。在这个巨大的能量中，地球得到的数量仅占太阳辐射总量的22亿分之一，大气层还要反射、吸收一半，剩下的部分才传到地面。这极小部分的太阳能，足以维持着地表各种自然现象过程的进行，尤其是赖以生存的生命得以繁衍。

太阳源源不断释放巨大的辐射能量，是以消耗自身的质量为代价换来的。太阳能量来源于内部的热核聚变反应。在反应过程中，不断地消耗氢核燃料，每秒钟有430亿吨物质在聚变中消失，转化为巨大能量。因此，太阳不停地发光发热，不断地耗减质量，当核燃料耗尽，太阳也将趋于消亡，不过这将是50亿年后的事情了。

二、太阳系

太阳系是一个以太阳为中心天体，包括受太阳引力作用而环绕其运转的其他天体在内的天体系统。太阳位于该系统的中心，其质量占整个太阳系总质量的99.8%。除太阳以外，还有行星、卫星、小行星、彗星、流星体和星际物质。

（一）八大行星

八大行星的轨道参数及物理性质参阅表2-1：

表2-1 太阳系行星表

行星	赤道半径（km）	质量（地球为1）	密度（g/cm³）	轨道半长轴（Au）	轨道倾角	公转周期	自转周期	卫星数
水星	2 440	0.055 4	5.46	0.387	7°.0	88日	58.6日	0
金星	6 050	0.815	5.26	0.723	3°.4	225日	243日	0
地球	6 378	1.00	5.52	1.000	0°	1年	23时56分	1
火星	3 395	0.107 5	3.96	1.524	1°.9	1.88年	24时37分	2
木星	71 400	317.94	1.33	5.205	1°.3	11.9年	9时50分	16
土星	60 000	95.18	0.70	9.576	2°.5	29.5年	10时14分	23
天王星	25 900	14.63	1.24	19.28	0°.8	84年	（243）时	15
海王星	24 750	17.22	1.66	30.13	1°.8	165年	（244）时	8

八大行星有多种分类法。若以地球为界，可将行星分为地内行星和地外行星，两者相对于太阳的会合运动，表现得"内外有别"。若以小行星带为界，可将行星分为内行星和外行星。若根据理化性质的主要差异划分，则可以将行星分为类地行星和类木行星。类地行星包括水星、金星、地球、火星，其特征与地球相似：质量小，体积小，平均密度大，距太阳近，卫星较少等。类木行星包括木星、土星、天王星、海王星，其特征类似于木星：质量大，体积大，平均密度小，距太阳远，具有较多的卫星。

接近太阳的行星，包括水星、金星、火星、木星和土星，是在地球上能用肉眼看见的，它们在天空中游荡，故而被命名为行星。古人把它们同众列星宿区别开，最终导致了太阳系的发现。水星因为离太阳很近，总是追随着太阳，与太阳同升同落，难得看见。金星在天空中异常明亮，几乎超过所有的恒星，古人把它称为"太白金星"，通常黄昏时出现在西方，或者黎明时出现在东方。火星颜色发红，木星表面有美丽的大红斑，土星的光环则令人过目难忘。在天空中，行星分布在黄道附近，离太阳运行的轨道不远。

八大行星的分布内密外疏，是构成太阳系的骨干天体。近圆形、同向性和共面性是八大行星运动的重要特征。

（二）太阳系的小天体

1. 小行星

小行星带主要分布在火星轨道和木星轨道之间，小行星的质量总和约为地球质量的万分之四。发现小行星是非常费神的事情，照相巡天观测发现大于照相星等21.2等的小行星达50万颗。目前编号的有近5 000颗，最大的四颗为谷神星（直径770 km）、智神星、灶神星和婚神星。多数人认为在太阳系诞生初期，原始弥漫物质未能凝聚成大行星，而形成了小行星。小行星带则可能是一颗大行星破碎后形成的。

探测和研究小行星，主要有以下四方面意义：一是太阳系演化研究。小行星质量小，不论何种起源，其没有能力改变自身的形态和物理特征，因而保存着太阳系早期历史的大量信息，是研究太阳系演化的太空标本。二是宇宙安全或宇航中间站。穿过小行星带的行星际航行，要避开小行星的撞击，必须预知它们的轨道；有些较大的小行星可考虑利用它的宇宙速度作搭载或作中间站停靠之用。三是资源价值。有的小行星富含对人类有用而地球上稀少的矿物，可以考虑开采利用。四是避开撞击地球的可能性。绝大多数的小行星都在小行星带内绕太阳运行，不会和地球相撞，但是也有少数运行轨道特殊的小行星，它们的轨道近日点深入到火星、地球、金星甚至水星轨道以内，在运行中可能与地球相撞。20世纪90年代，资源卫星探测到墨西哥南部海域有直径160 km—180 km的陨石坑，并经地质钻探找到撞击时形成的玻璃陨石，由此推知6 500万年前发生过小行星撞击事件。科学家认为，这样激烈的撞击事件，发生概率为大约每1亿年发生一次，而直径100米级的小行星撞击，概率为1万年一次。

2. 彗星

彗星，俗称扫帚星，天空中不常见，古人因其外貌奇特而心生畏惧。彗星是在扁长轨道上绕太阳运行的一种体积庞大、质量较小、呈云雾状的天体。彗星的轨道偏心率很大，大多数彗星的轨道几乎接近抛物线，这样的彗星称为非周期性彗星，只过一次近日点，就一去不复返了。有些彗星则能如期回归，绕日运行，这样的彗星称为周期性彗星。其中周期短于200年的叫短周期彗星，如著名的哈雷彗星。彗星的外貌和亮度，随着它离太阳的远近而发生显著变化：当它远离太阳时，呈现为朦胧的星状小暗斑；当它靠近太阳时，质量较大的彗星会产生各种形状的彗尾，且亮度增大。

彗星质量很小，中心部分称为彗核，主要是冰块和尘埃冻结成一团的"脏雪球"，其中30%是水，其他含复杂的有机物、硅酸盐、一氧化碳、二氧化碳等。在大部分时间里，彗核在远离太阳的寒冷空间运行，以致它们的物质总是处于冰冻状态。而当它的轨道接近近日点时，太阳的热力使彗核中一部分冻结的气体蒸发或升华，形成云雾状的包层，称为彗发。当彗星接近太阳时，彗发中一部分气体和尘埃被太阳风和光压推向一旁，飘向远方，就形成了长长的彗尾，这时候彗星就成为非常壮观的天体。

我国是世界上最早记录彗星的国家。《春秋》记载鲁文公十四年（公元前613年），"秋七月，有星孛入于北斗"。这是世界上第一次关于哈雷彗星的确切记载。1682年，当这颗彗星出现时，英国的天文学家哈雷注意到它的轨道与1607和1531年出现的彗星轨道相似，他认定这是同一颗彗星的三次出现，并预言1758年年底或1759年年初它将再次出现。哈雷于1742年去世，但是他预言的彗星果然于1759年年初再次出现！最近一次哈雷彗星的回归是1986年，下次回归的时间约在2061年。

3. 流星体

流星体是存在于太阳系中的微小颗粒，环绕太阳运动。在经过地球附近时，流星体受地球引力的作用而改变轨道，向地球靠近。当它们闯入地球大气层时因猛烈摩擦而发热发光，这就是流星现象。流星体来源于原始星云的残存颗粒、小行星互相碰撞的产物、彗星瓦解碎片、行星和大卫星的喷发物等。

大块的流星体穿过地球大气层时尚未燃尽，其剩余部分落到地面上就成为陨石。陨石按其化学组成可分为石陨石、铁陨石和石铁陨石。所有陨石中，石陨石约占92%。1976年降落在我国吉林境内的石陨石最大的一块重达1 770 kg，是目前世界上最大的石陨石。世界最大的铁陨石是在非洲纳米比亚的戈巴陨铁，重达60 t。此外，还有一种由天然玻璃物质组成的玻璃陨石，早在1 000多年前，在我国雷州半岛就有发现，被称为"雷公墨"，一般仅几厘米大小，颜色为深褐、墨黑或绿色。

小行星、彗星、流星体等小天体，被认为是太阳系"考古"的标本。这些天外来客，保存了太阳系天体物质的最原始、最直接和最丰富的信息，为研究太阳系的起源和演化、生命早期的化学演变过程和促进空间技术的发展，均具有重大科学价值。值得一提的是，陨石撞击地球相对集中的时期与地球上的造陆运动、造山运动相吻合，也就是说，大规模的陨石袭击也是地球自然地理环境沧桑巨变的外因之一。

思考题

1. 简要说明太阳的外部大气结构以及主要太阳活动的表现。

2. 利用合适的时间观测太阳系内的金星、木星、火星、土星，并能说出其主要观测特点。

3. 太阳系主要有哪些类型的小天体？

4. 阐述研究小行星的意义。

专题三 地球的天然卫星——月球

13.3 月球围绕地球运动，月相每月有规律地变化。

月球，是地球唯一的天然卫星。它在天空中与太阳有同样的视圆面，所以自古以来，日月并提，月球也被称为"太阴"。从"嫦娥奔月"的神话传说到"阿波罗"登月计划，人类对地球的研究已有几千年的历史了。相信不久的将来，月球将会成为人类开发宇宙的重要基地。

一、月球概况

（一）月地距离、月球的质量和大小

月球是距离地球最近的天体。月地距离的测定，最早是用三角视差法。20世纪60年代，雷达天文学的发展提高了天体测量的精度。在激光问世后，人们利用宇航员在月面上安置的激光反射镜来测月地距离，使测距精度大大提高。现在国际上采用的月地平均距离为384 401 km。

月球质量的测定比较困难。目前是采用测定地月系的质心位置，以此来推算出月地的质量比为1：81.3，再根据地球质量算出月球质量为7.36×10^{22} t。

月球的大小测定则先用测角仪测出月球的视半径为15′ 33″，再根据月地距离求得月球的线半径为1 738 km，约为地球的1/4。

（二）月球的自然状况

月面的重力加速度只及地球的1/6。月球的微弱重力不能保住大气，因此在望远镜中可以看到清晰的月面。没有大气，声音就不能传播，月球世界万籁俱寂，听不到一点儿声音。没有大气，也没有大气对阳光的散射作用，月球上见不到蔚蓝的天空，也没有晨昏蒙影。白天，除了太阳异常明亮，天空一片漆黑。星星不分昼夜地挂在天上，但不会闪烁。没有大气，就无法保持水分，月球上没有风云变幻，没有雨露霜雪，也不

会出现雷电和彩虹。由于月球没有大气干扰，清晰度极佳，适宜用作天文观测基地。

缺少了大气和水分的调节，再加上月球上昼夜漫长，月壤的热容量和导热率小，使得月球上昼夜温度变化十分剧烈，白天温度可达127℃，黎明前可降到-173℃。到目前为止，没有任何证据表明月球上存在有生命能力的有机体。

（三）月球表面

在地球上用肉眼观察月球，可以看到月面明暗不均的现象，这反映了月面对光的反射特性差异。当用望远镜观察月面时，则可清楚地看到高低起伏的外貌。月面上比较明亮的部分是高地，统称月陆。月面上比较阴暗的地方称为月海，其实是广阔的平原。在月陆和月海遍布一种四周凸起、中间低凹的环形隆起，叫作环形山。环形山绝大多数是陨石撞击而成的，少数是火山喷发造成的。月面上还有类似地球上的山脉，高度达7 000—8 000 m，且借用地球上的山脉名字来命名，如最长的亚平宁山脉。月谷则是类似地球上的大裂谷。

月球背面也有同正面一样的地形，只是月海的面积小而环形山很多。

二、月球的运动

月球绕地球的运动，称为月球的公转运动。严格地讲，是月球和地球绕其公共质心的运动，只因其公共质心仍在地球内部，故可简单地把月球的公转看成绕地球的运动。但是，月球在绕地球旋转的同时，还随地球绕太阳运转，两者又存在着速度的差异，因此从地球上看，月球相对于太阳也产生相对运动，称之为日月会合运动。日月会合运动使日、地、月三者的相对位置时刻都在发生变化。由于月球本身不发光，只是反射太阳光才被地球上的人们看见，所以当月球与太阳处于不同的相对位置时，从地球上看来，月球的视形状就会发生周期性的圆缺变化，称为月相变化（图3-1）。月相的变化取决于两方面的因素：一是太阳照射月球的方向，二是地球上观测月球的方向。

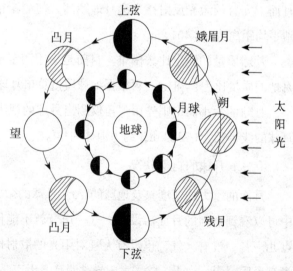

图3-1　月相的变化

月球与太阳的相对位置，是以它们之间的角距离（或黄经差）来表示的，故不同月相的变化，就是日月角距离（或黄经差）的变化。由图3-1可推出各种月相出没的时刻（表3-1）。

表3-1　　　　　　　　　　　月球的出没情况

月相	农历日期	日月角距离（黄经差）	月出	中天	月没	明亮部位	夜晚可见情况
朔	初一	0° 日月相合	晨	午	昏	无	不可见
上弦	初七、八	90° 东方照	午	昏	夜	西半亮	上半夜见于西天
望	十五、六	180° 日月相冲	昏	夜	晨	全亮	整夜可见
下弦	二十二、三	270° 西方照	夜	晨	午	东半亮	下半夜见于东天

月球在绕转地球的同时，也有自转。月球的自转与它绕地球的公转，有相同的方向（自西向东）和周期（恒星月）。这样的自转称为同步自转。正因为这个原因，地球上所见到的月球，大体上是相同的半个球面，即月球的"正面"；而在月球的天空中，地球始终盘踞在天之一方，岿然不动。

三、月食和日食

在日月会合运动中，当月球运行到太阳和地球之间，且日、月、地三个天体恰好或几乎在一条直线上时，月球遮住了太阳，在地球尚处于月影区域的观察者，看不见或者看不全太阳的现象称为日食；在日月会合运动中，当月球运行到和太阳相对的方向，且日、月、地三个天体恰好或几乎在一条直线上时，月球进入地球的影子，在地球上处于夜半球的观察者，看不见或者看不全月球的现象称为月食。日食和月食都是一种普通的天文现象。

月球公转的方向和地球公转的方向都是自西向东，但二者速度不同。日食的过程，是指月球自西向东赶超并遮蔽太阳的过程。因此，日食的过程总是从日轮西缘开始，于东缘结束。同理，月食的过程，是指月球在天球上自西向东赶超地球的本影，从而被遮蔽的过程。因此，月食总是在月轮东缘开始，于西缘结束。

在月球赶超太阳和地影截面的过程中，两个圆面要发生两次外切和内切，分别为五种食相。以日全食为例：

初亏——月轮东缘同日轮西缘相外切，日偏食开始。

食既——月轮东缘同日轮东缘相内切，日全食开始。

食甚——月轮中心与日轮中心最接近的时刻。

生光——月轮西缘同日轮西缘相内切，日全食终了。

复圆——月轮西缘同日轮东缘相外切，日偏食终了。

月全食是月轮通过地球本影的过程，其过程与食相与上述相同。

如图3-2所示，日食可分为日全食、日偏食和日环食三类。

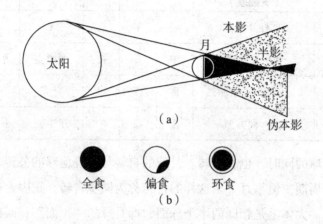

图3-2　月影结构和日食类型

日食的类型，取决于地球所处的月影区。处于月球本影区域的观察者，看到月球全部遮住太阳，这叫日全食；处于月球半影区域的观察者，看到月球遮住部分太阳，这叫日偏食；处于月球伪本影区域的观察者，看到太阳中心部分被月球遮住，而太阳边缘依然光芒四射，这就是日环食。从图上看，当月球的本影或伪本影落到地面时，其半影必然同时到达。因此，在全食或者环食地区的四周有一个环形的半影区，在那里看到的是日偏食。这就意味着在同一时间，中心食和偏食发生在地球上不同的地区；而在同一地区，发生中心食的前后，必伴有偏食阶段。由于月球绕地球的公转和地球本身的自转，日食区在地面上移动而形成日食带。

如图3-3所示，月食可分为月全食和月偏食两种，没有月环食之说。

月食的类型，取决于月球是否全部或者部分进入地球的本影。当月球全部进入地球本影时，月轮整个变暗，这是月全食。当月球部分进入地球本影时，月轮部分被遮，这是月偏食。当月球进入地球半影时，其亮度有所减弱，但肉眼不易觉察，故月半影食一般不算月食。

只要发生月食，处于地球夜半球的各地点，都可以同时见到月食现象。月全食发生时，月面并非漆黑一片，由于地球大气的折射作用，通常呈现古铜色。

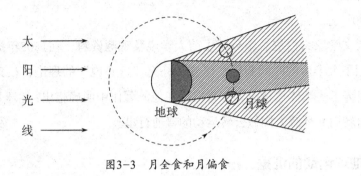

图3-3　月全食和月偏食

思考题

1. 描述月球表面的自然状况。

2. 连续观察农历一个月内月相的变化，至少绘出四天观察到的月相，并注明观测日期和时刻。

3. 简要说明日、月食发生的基本原理和主要食相。

专题四　地球在太阳系中的运动

13.1　地球每天自西向东绕地轴自转，形成昼夜交替等有规律的自然现象。

13.2　地球每年自西向东围绕太阳公转，形成四季等有规律的自然现象。

生活在地球上的人们，无法直接感觉到地球的运动，却能直接观察到日月星辰绕地球旋转的现象。在很漫长的时间里，源于这样的直观认识，人们误认为地球居于世界中心静止不动。柏拉图曾明确提出"地心说"，后经其门生欧多克斯和亚里士多德的倡导，以及托勒密的系统完善，形成了完整的学说。这一观点在政教合一的欧洲统治了近1 500年。

波兰天文学家哥白尼总结分析了前人学说及观测资料，在1505年提出"日心说"理论，并用了大半生的时间验证、修改和补充"日心说"的理论，在其临终前（1543年）公开发表了《天体运行论》。哥白尼在他的著作中明确指出：地球是运动的，它是一颗既有自转而又环绕太阳做公转运动的普通行星。

一、地球运动的证据

（一）地球自转运动的证据

地球的自转，有许多理论和实验上的证据，其中，最雄辩和直观的证据，当推法国物理学家傅科在巴黎进行的单摆实验。后人为纪念傅科的功绩，称这种摆为"傅科摆"。众所周知，由于惯性摆总是力图保持其摆动面的方向不变，以不变的摆动面为标记，人们就可以目睹脚下的地球无声无息地旋转了。

傅科摆偏转的方向，因南北半球而不同：北半球右偏，南半球左偏。傅科摆偏转的角速度与所在地的纬度的正弦成正比，因此这个实验宜在高纬度地带进行。在两极，傅科摆偏转速度最大，等于地球自转的角速度。在赤道上，傅科摆不偏转。

（二）地球公转运动的证据

地球公转有多方面的物理证据。它们是：恒星周年视差、光行差和多普勒效应。恒星的周年视差是地球在轨道上的位移对于恒星视位置的影响；恒星的光行差，是地球轨道速度对于光行方向的影响；多普勒效应则是地球轨道速度对于星光频率的影响。它们从不同侧面证明了地球公转运动的存在。

光行差是由英国学者布拉德雷发现的。他的初衷是测定恒星的周年视差，却于失败中意外发现了光行差。1725年，他测出天龙座 ν 有以一年为周期的20″ 的微小位移，位移的方向与预期的视差位移不同，他解释为光的传播速度对恒星视位置的影响，并命名为光行差。

设想地球连同观测者以 $v = 30$ km/s的速度沿轨道运动，远处恒星的星光投向地球的速度是 $V = 300\ 000$ km/s。由于地球轨道速度的影响，使观测者接收到的星光方向稍微倾斜了一点，这个倾角的值是：

$$tg\theta = \frac{v}{V}$$

将数值带入，

$$tg\theta = \frac{30}{300\ 000} = 0.000\ 1$$

$$\theta = 20.47''$$

这个角度被称为光行差常数，它与恒星的距离无关。

此外，地球公转还使恒星谱线以一年为周期，交替发生红移和紫移，这是多普勒效应在地球公转中的表现，也是地球公转的证据之一。

二、地球运动的规律

（一）地球自转的方向、周期和速度

地球上的东西方向是以地球的自转方向来确定的。事实上，无论是地球上的东西方向还是天球上的东西方向都是从地球的自转方向引申出来的：人们把顺地球自转的方向定义为自西向东方向，逆地球自转方向定义为自东向西方向。由于天球的视运动方向与地球自转方向相反，因此日月星辰视运动的方向为自东向西方向。

地球自转的周期称为一日。地球自转周期的度量，需要在地球以外的天空选择超然于地球自转的参考点。按参考点的不同，天文上日的长度有三种，它们是恒星日、太阳日和太阴日，分别以某一恒星、太阳和月球为参考点。通常所说的一日（一昼夜）是指一太阳日。

地球自转可视为刚体自转，在无外力作用的情况下，地球自转的角速度是均匀的，既不随纬度变化，也不随高度变化，平均为每小时15°。

地球自转的线速度因纬度和高度而不同，这是由于不同地点纬度、高度不同，其绕地轴旋转的半径也不同所导致的。在同一高度，如海平面，地球自转的线速度随纬度增大而减小。赤道上，自转的线速度最大，因为赤道是纬线中唯一的大圆。已知地球的赤道半径（R）为6 378.140 km，可知赤道海平面上自转的线速度为：

$$V_0 = \frac{2\pi R}{T} = \frac{2\times3.14\times6\,378\,140\ m}{86\,164\ s} = 465\ m/s$$

与赤道上的自转的线速度相比，其他纬度自转的线速度大小唯一决定于纬线的半径r，因此，任意纬度的自转的线速度为

$$V\varphi = V_0\cos\varphi = 465\ m/s \cdot \cos\varphi$$

由上式可知，在南北纬60°的地方，地球自转的线速度减为赤道的一半；至南北两极减小为零。

在同一纬度，地球自转的线速度随高度增加而增大。

（二）地球公转的轨道、周期和速度

如果不考虑地球和太阳的其他运动，仅就日地间的相对关系而言，地球绕太阳

（确切说是日地共同质心）公转所经过的路线，是一种封闭曲线，叫作地球公转轨道。这个轨道是一个椭圆，大小有如下数据：

半长轴（a）——149 600 000 km；

半短轴（b）——149 580 000 km；

半焦距（c）——2 500 000 km；

周长（l）——940 000 000 km。

椭圆形状通常用偏心率或扁率表示。地球轨道的偏心率和扁率分别是：

偏心率（e）——0.016或1/60；

扁率（f）——1/7 000。

地球公转的周期，笼统地说是一年。同样，由于参考点的不同，天文上的年的长度有四种：恒星年、回归年、近点年和交点年，它们分别以恒星、春分点、近日点和黄白交点为度量年长的参考点，其中恒星年是地球公转的真正周期，回归年是季节更替的周期。

根据地球公转的恒星周期（恒星年），即得公转的平均角速度为每日59′，平均线速度为29.78 km/s。由于日地距离的变化，造成地球公转的角速度和线速度有微小变化。

三、地球运动的结果

（一）天体的周日运动

地球自西向东自转，在地球上的观测者看来，地外的天空以相反的方向和相同的周期旋转。人们把天球上的日月星辰自东向西的系统性视运动叫作天体的周日运动。我国古代文献中就有"天左旋，地右动"（《春秋纬元命苞》）的记载，天旋是地动的反映。

周日运动的方式因天体而异，还因地点而不同。

一般来说，恒星作为天球上的定点（不考虑其自行），其周日运动是地球自转的单纯反映。具体来说，恒星周日运动的路线（周日圈），都以南北天极为不动的中心，如实反映了地轴在天空中的位置；恒星周日运动的方向与地球自转方向相反，每日恒星的东升西落，如实反映了地球是自西向东自转的；恒星周日运动的周期（恒星日，长约23时56分4秒）和（角）速度，如实反映了地球自转的真正周期和角速度。

太阳和月球除参与整个天球的周日运动之外，还有自身的巡天运动，因而它们的周日运动不是地球自转的单纯反映。由于地球绕太阳公转造成每日从地球看太阳有大约1°的东行视动，太阳的周日运动周期比恒星日长约4分钟，因而每日恒星中天时刻比前一天提前4分钟，这就造成了四季星空的变化。月球的巡天运动则是因为它本身绕地球旋转，方向为向东，周期为一月，平均每天有13°10′的东行视动，月球的周日运动周期比恒星日长约54分钟，因而月球中天时刻逐太阳日推迟50分钟，这就造成了月球既以每小时15°的速度向西随天球周日运动，又以每天13°10′的速度东行，既有前进，又有后退，我国古代的文人学士形象地称之为"徘徊"。

我们观察天体出没升降的状况都是相对于当地地平面而言的。人们把地平面无限扩大后与天球相交的大圆，称为地平圈。天体周日视运动的轨迹（即周日圈）与地平圈的相对关系，就是我们观察到的天体周日运动的状况。因为周日圈总是平行于天赤道（即地球赤道平面无限扩大与天球相交的大圆），在不同纬度，地平圈与天赤道的交角不同，所以看到的天体周日运动的状况就不同。

（二）昼夜的交替

地球是不透明的，在太阳的照射下，向着太阳的半球，处于白昼状态，称为昼半球；背着太阳的半球，处于黑夜状态，称为夜半球。昼夜半球的分界线称为晨昏线。

由于地球不停地自西向东旋转，使得昼夜半球和晨昏线也不断地自东向西移动，这样就形成了昼夜交替。有了昼夜的交替，太阳可以更均匀地加热地球，创造了较好的生存环境，也使地球上一切生命的活动和各种物理化学过程都有了明显的昼夜节律。

（三）太阳的周年运动

地球自转的同时，还绕太阳公转。地球公转的方向与其自转方向相同，都是自西向东，这种运动同样不能被感觉到。在地球上的观测者看来，像太阳在绕地球运动。地球公转一周，太阳则以相同的方向（向东）和周期（1年），在众星间巡天一周，这叫太阳的周年运动，其视行路线叫作黄道。

太阳的周年运动无法直接观测到，因为太阳炫目的光辉掩蔽了星空背景。因此，古代天文学家从观测夜半中星（即夜半中天的星宿）的变化，间接推出太阳的周年运动。夜半中星与太阳在天球上的位置相对，夜半中星不断改变，证明太阳在恒星间不断移动。如，北半球的观测者在每年春分夜半，看到狮子座中天，可推测太阳此时正位于飞马座方向；在夏至夜半，看到天蝎座中天，可推测太阳此时正处在猎户座方向，如图4-1所示。

如此看来，天空中的太阳同时参与两种相反的运动：一种是由于地球自转，随同整个天球以一日为周期向西运动；另一种是由于地球公转，表现为相对于恒星的运动，以一年为周期向东运动。后一种运动使太阳周日运动的速度比恒星每日延缓约1°，周期延长4分钟，也就是说，昼夜以24小时交替，星空以23小时56分轮转，造就了四季星空的变化。

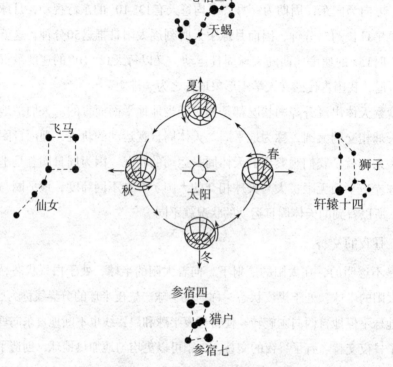

图4-1　夜半中星随季节的变化

（四）四季的变化和五带的划分

由于黄赤交角的存在，太阳在周年运动的同时，还表现为相对于天赤道的往返运动。具体地说，天球上的太阳，半年在天赤道以北，半年在天赤道以南。太阳的这种运动，是其周年运动的另一种表现，称为太阳的回归运动。

太阳相对于天赤道的回归运动，也表现为太阳直射点对于地球赤道的往返运动：半年直射北半球，半年直射南半球；半年向北运动，半年向南运动。地球上南北回归线的概念，是相对于太阳回归运动而言的。

由于地球上太阳直射点的回归运动，进而引起太阳高度和昼夜长短两大天文因素的周年变化，最终导致四季的形成和五带的划分。

对于四季的划分，我国与西方略有不同。我国天文四季是以四立为季节的起点，以二分二至为季节的中点。因而，夏季是一年中白昼最长、正午太阳高度最大的季节，冬季是一年中白昼最短、正午太阳高度最小的季节，春秋两季的昼长与正午太阳高度均介于冬夏两季之间。我国四季的天文特征十分显著。

西方天文四季的划分，更强调与气候四季的对应，以二分二至为季节的起点，四立为季节的中点。

五带的划分情况如下：在南北回归线之间，有阳光直射现象，此为热带；在南、北极圈之内，有极昼极夜现象，分别为南、北寒带；在南、北半球的极圈与回归线之间，既无阳光直射现象又无极昼极夜现象，分别为南、北温带。

思考题

1. 试列举地球自转运动和公转运动的证据。
2. 简述地球自转运动的方向、速度和周期。
3. 简述地球公转运动的方向、速度和周期。
4. 什么是天体的周日运动？什么是太阳的周年运动？

专题五　地球的概貌

14.1　地球被一层大气圈包围着。

14.2　地球表面有由各种水体组成的水圈。

14.5　地球内部可以划分为地壳、地幔和地核三个圈层。

人类生活在地球上，以地球为栖身之地，从地球上获取生存和发展所必需的各种自然资源，与地球发生了密切的联系。

一、地球的形状和大小

地球表面崎岖不平，它的真实形状是非常不规则的。但比起地球的大小来，地面起伏的差异又是微不足道的。通常，地球的形状不是指地球自然表面的真实形状，而是指大地水准面的形状，也就是全球静止海面的形状。它是假设占地表四分之三的海洋表面完全处于静止的平衡状态，并把它延伸通过陆地内部所得到的全球性的连续的封闭曲面，曲面上处处与铅垂线垂直，是陆地上海拔的起算面。

（一）地球是一个球体

人类对地球形状的认识，经历了漫长的岁月。由于大地本身庞大无比，而人们的视野范围十分有限，凭直观的感觉不能认识大地的形状。一个人站在平地上，大约只能看到4.6 km远的地方。这一小部分大地，看起来是一个平面，所以古人有"天圆似张盖，地方如棋局"的说法。

然而，许多迹象表明，地面不是平面，而是曲面。如登高可以望远。人眼离地面约1.5 m，只能看到4.6 km远的地方；若升高到1 000 m的地方，便能看到121 km远的地方。又如，人们在岸边观看远方驶近的船只，总是先看到船桅，后见船体；船只离港远去时则相反。大地若是平面，那么不论距离远近，船体和船桅应同时可见。再如，北极星的地平高度因纬度而有差异，愈往北方，它的地平高度愈大。我国南方各地能见到的南天的老人星，生活在北方的人们永远看不到。如此说来，不同的地点有不同的地平，地面本身应该是曲面。若地面是平面的话，遥远的恒星应同地面各部分构成相同的高度角。

上述各种现象都证明大地是个曲面。然而曲面不一定是个球面，只有具有相同曲率的曲面，才构成球面。近代测量证明，地面各部分有大致相同的曲率，每度大约在111 km左右。由此可见，球形大地的结论，是以严密的推论和精确的测量为依据的。麦哲伦的环球旅行，只是用事实证明大地是一个封闭的曲面而已。在进入空间探测的今天，宇航员在宇宙飞船中或登临月球时，真切地看到地球是一个球体。

（二）地球大小的测定

当人们意识到脚下的地球是个圆球体后，自然会生出这样的疑问：地球有多大？

测定地球大小是比较简单的，只需要测定经线的一段弧长及它对地心的张角，就可以求知经圈的长度，从而计算地球的半径及其他数据。测定一段经线的弧长对于地心的张角，只需比较一下同一经线上的两地在同一日期的正午太阳高度差，即可得到两地的纬度差，这个纬度差即所求的张角。

历史上第一个粗略地测定地球大小的人是古希腊的学者埃拉托色尼。公元前240年前后，亚历山大里亚图书馆的馆长埃拉托色尼认真思考了这样一个事实：在6月21日这一天，中午的太阳在埃及城市塞恩正当头顶，而在塞恩城以北约800 km的亚历山大里亚城，中午的太阳并不正好在天顶。埃拉托色尼认定，发生这种情况的原因一定是由于地面弯曲，使亚历山大里亚偏离了太阳。在亚历山大里亚城测出夏至这一天正午太阳高度下影子的长度，便能用几何学方法求出从塞恩到亚历山大里亚这800 km的距离内地面弯曲了多少。假定大地是球形的（这一事实对当时的希腊天文学家来说是不难接受的），人们就可以根据这个数据计算出地球的周长和直径来。

埃拉托色尼测定地球大小的工作，实际上只做了一半，即测定两地的纬度差；而两地间的距离是估算的，并非实测。最早实测子午线长度的人，是我国唐代天文学家僧一行（本名张遂）。公元724年，在他的主持下，太史监南宫说率领一支测量队，在今天河南省黄河南北的平原地带，分别测定了大体上位于同一经线上的滑县、开封、扶沟和上蔡四地的分至日正午影长和北极高（即纬度），同时丈量了上述各地间的水平距离，从而得出"大率三百五十一里八十步，而极差一度"的结论。很遗憾，一行没有球形大地的概念，并不理解他所做的就是地球子午线长度的测定，只是根据实测否定了当时"日影千里而差一寸"的说法。

严格来说，地球是一个不规则的扁球体。关于地球形状和大小的数据，有一个不断提高精确度的过程。1975年9月，由国际大地测量学和地球物理学联合会举行的第十八届全会，决定自1984年起采用如下数据：

赤道半径 = 6 378.140 km

极半径 = 6 356.755 km

扁率 = 1/298.275

为了具体表示地球形状的不规则性，可设想一个参考扁球体。它具有扁球体的严格规则，而其形状和大小又十分接近大地水准面。上述地球的各项数据，实际上就是参考扁球体的数据（图5-1）。

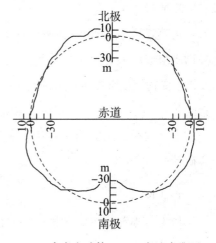

----- 参考扁球体 ——— 大地水准面

图5-1 大地水准面（实线）相对于参考扁球体（虚线）的偏离

二、地球的圈层结构

地球本身是个非均质的球体。它在长期运动和物质分异过程中，按照密度的大小，分离成若干由不同状态和不同物质组成的同心圈层。地球物质呈同心圈层分布是地球结构的重要特点。

（一）地球的内部圈层

一般认为，地球在形成之初是个冷的、接近均质的球体，在其收缩演化过程中，内部能量积累，温度不断升高，物质出现可塑性，在不停地自转中发生重力分异，从而呈现同心圈层结构。

地球物理学家根据地震波在地球内部不同深度下传播特征的变化情况，分析地球内部的物理结构和物质分布特征。地震波速度变化明显的深度，反映出该深度上下的地球物质在成分上或物态上有改变，这个深度称为不连续面。根据地内不连续面，可把地球内部分成三个圈层。

1. 地壳

指地表至第一个不连续面（莫霍面）之间的圈层。地壳的厚度很不均匀。大陆部分地壳较厚，平均约为30 km；海洋部分地壳较薄，平均为11 km，太平洋底最薄处仅为8 km。

2. 地幔

指莫霍面至2 900 km深处的第二个不连续面（古登堡面）之间的圈层。根据地幔物质组成的差异，又可分为上地幔和下地幔。莫霍面到1 000 km深处的范围为上地幔，主要物质是橄榄岩，所以上地幔又称为橄榄岩带。其中70 km—350 km范围的温度可能接近岩石的熔点，局部物质呈熔融态，这一层次称为软流圈。1 000 km—2 900 km的范围，为下地幔，组成物质为镁、铁及金属氧化物，硫化物增多，所以下地幔又称为金属矿带。

3. 地核

指古登堡面以下直到地球中心的圈层。约在5 150 km深处存在一个次级不连续面（莱曼面），这个界面将地核分为内核和外核。据推测外核的物质可能是液态的，内核的物质可能是固态的。组成地核的主要物质是以铁、镍为主的金属。

（二）地球的外部圈层

地球的外部圈层，主要是大气圈、水圈和生物圈。

1. 大气圈

在原始地球的物质分化过程中，地球内部的气体经过"脱气"形成了大气圈。地球原始大气的主要成分是二氧化碳、一氧化碳、甲烷和氨。绿色植物出现后，通过光合作用释放出游离氧，原始大气发生缓慢的氧化作用，最终形成了以氮和氧为主要成分的现代大气。

大气圈是环绕地球最外部的气体圈层，由于大气密度随高度的增加而减小，大气上界也是相对而言的，大气圈与星际空间之间很难用一个"分界面"把它们截然分开。目前只能通过物理分析，确定一个最大高度来说明大气圈的垂直范围。这一最大高度的划定，由于着眼点不同，所得的结论也不同。通常有两种方法：一是着眼于大气中出现的某些物理现象。根据观测资料，在大气中极光是出现高度最高的现象，它可以出现在1 200 km的高度上，因此可以把大气上界定为1 200 km。另一种着眼于大气密度，用接近于星际的气体密度的高度来估计大气的上界。按照人造卫星探测资料推算，这个上界在2 000 km—3 000 km高度上。

观测证明，大气在垂直方向上的物理性质是有显著差异的。根据温度、成分、电荷等物理性质，同时考虑到大气的垂直运动等情况，可将大气分为五层：对流层、平流层、中间层、热层以及散逸层。

大气是由多种气体组成的混合物，还包含一些悬浮着的固体杂质及液体颗粒。在环境科学中，有时把颗粒物称为气溶胶粒子。气溶胶多集中于低层大气中。烟粒主要来源于生产、生活方面物质的燃烧，尘埃主要来源于地面扬尘及火山爆发后产生的火山灰、流星燃烧的灰烬，盐粒则主要是海洋波浪飞溅进入大气的水滴被蒸发形成的。

2. 水圈

随着地内温度的升高，地球内部岩石中的结晶水变成水汽，这些水汽通过火山活动逸出地球内部，进入大气圈，在一定条件下成云致雨，降落回地面，逐步形成由河流、湖泊、地下水、冰川和海洋水组成的连续而不规则的圈层。

在地理环境要素中，水是活跃的因子，在其循环过程中，与大气圈、岩石圈、生物圈之间，处于相互联系、相互作用之中，这使其水量与水质不断发生变化。水循环是指地球上各种形态的水，在太阳辐射和重力作用下，通过蒸发、水汽输送、凝结降水、下渗以及径流等环节，不断发生相态变化和周而复始运动的过程。

从全球角度看，可以设想这个循环过程从海洋的蒸发开始，蒸发的水汽大部分留在海洋上空，少部分被气流输送至大陆上空，在适当条件下这些水汽凝结成降水。海洋上空的水汽凝结后降落回海洋，陆地上空的水汽凝结后降落至地表，除重新蒸发升入空中的水汽外，一部分成为地表径流补给江河、湖泊，另一部分渗入岩土层中，转化为壤中流和地下径流。地表径流、壤中流与地下径流最后也流入海洋，构成全球性的连续有序的动态大系统，如图5-2。

地球上的水循环，根据其规模和路径的不同，可分为大循环和小循环两种类型。发生在全球海洋与陆地之间的水分交换过程称为大循环，也叫海陆间循环；发生在海洋与大气之间，或陆地与大气之间的水分交换过程称为小循环，前者又称海洋小循环，后者又称陆地小循环。

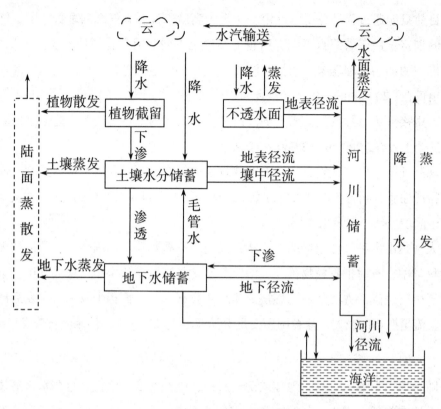

图5-2　全球海陆水循环过程概化图

水循环的发生，使得水圈成为一个动态系统。在水循环的过程中，各种水体的水不断得到更新。水体在参与水循环过程中全部水量被更新一次所需的时间称为水体的更新周期（表5-1）。水体的更新周期是反映水循环强度的重要指标，也是反映水体水资源可利用率的基本参数。

表5-1　　　　　　　　　　　　地球上各种水体的更新周期

水体	周期	水体	周期
极地冰川	10 000年	湖泊水	17年
永冻地带地下冰	9 700年	沼泽水	5年
世界大洋	2 500年	土壤水	1年
高山冰川	1 600年	河水	16天
深层地下水	1 400年	大气水	8天

水循环作为地球上最基本的物质大循环和最活跃的自然现象，它深刻地影响到全球地理环境，影响生态平衡，影响水资源的开发利用。对自然界的水文过程来说，水

循环是千变万化的水文现象的根源。

3.生物圈

在原始地壳、大气圈和水圈中，早就存在着碳氢化合物，最终导致了生命的出现，形成了生物圈。生物圈是地球生物及其活动区域构成的极其特殊又极其重要的圈层。生物圈的边界并不明显，而是渗透于水圈、大气圈下层和岩石圈的表层，其中绝大部分生物集中在地表上下100 m的空间范围。生物圈内生物的种类繁多，质量很小，扮演着促进太阳能的转化、改变大气圈和水圈的组成、参与风化作用和成土过程、改造地表形态等方面的重要角色，并被视为各类自然景观的标志。生物是地球环境系统中最活跃的因素。

三、地球的表面结构

（一）海陆分布

陆地和海洋构成了地球表面的基本轮廓。也就是说，海陆分布是地球表面结构的基本形态。海陆分布状况对自然地理环境有着重要的影响。

在5.1×10^8 km^2的地球表面积中，陆地面积为1.49×10^8 km^2，占地球表面积的29.2%；海洋面积为3.61×10^8 km^2，占地球表面积的70.8%。海陆面积之比约为2.5∶1。海陆有别，以海为主，这是地表结构的最大特点。

海洋不仅面积广大，而且相互连通，组成统一的世界大洋，而陆地相互隔离，被海洋包围、分割，没有统一的世界大陆。

陆地和海洋在地球表面的分布极不均匀，陆地多集中在北半球，占全球陆地总面积的67.5%，而南半球陆地面积仅占全球陆地面积的32.5%。由于海洋和陆地面积相差悬殊，因此，在任何地球大圆划分的两半球，其海洋面积都超过陆地面积。如果以（38°N，0°）和（38°S，0°）这两点为两极，把地球分为两个半球，那么前一个半球是地球上陆地最集中的半球，叫陆半球；后一个半球海洋面积多于任何一个半球，是水半球。这样在水半球中，海洋占89%，陆地仅占11%；在陆半球中，海洋仍然多于陆地，占53%，陆地占47%。

（二）陆地

地球上的陆地，被海洋包围。按照面积大小，可分为大陆和岛屿：大块的陆地叫大陆，小块的陆地叫岛屿。最小的大陆是澳大利亚大陆，最大的岛屿是格陵兰岛。

世界大陆共分为六块：亚欧大陆、非洲大陆、澳大利亚大陆、北美大陆、南美大陆和南极大陆。澳大利亚大陆和南极大陆四周被海洋包围，成为独立的大陆，而亚欧大陆和非洲大陆、南美大陆和北美大陆实际上是相连的。通常把苏伊士运河作为亚欧大陆和非洲大陆的分界线，把巴拿马运河作为北美大陆和南美大陆的分界线。

岛屿按成因可分为大陆岛和海洋岛两类。大陆岛原是大陆的一部分，经过地壳运动，一部分陆地下沉被海水淹没，形成与大陆脱离的岛屿。海洋岛与大陆没有直接联系，海洋岛根据成因可分为火山岛和珊瑚岛两类。习惯上，一个大陆及其周围的岛屿合在一起称为大洲。亚欧大陆以乌拉尔山—乌拉尔河—里海—高加索山脉—黑海—博斯普鲁斯海峡—达达尼尔海峡为界，分为亚、欧两大洲。因此，一般说地球上有六块大陆，七个大洲。

陆地表面地形十分复杂，按照高程和起伏变化，陆地地形可分为山地、高原、丘陵、平原、盆地等类型。

（三）世界大洋

地球上的海洋彼此连通成为一个整体，称为世界大洋。依据地理位置和自然条件的差异，可把世界大洋划分为四大洋，即太平洋、大西洋、印度洋和北冰洋。

太平洋是世界第一大洋，面积达1.8亿km^2，约占世界大洋面积的一半。它北以白令海峡为界与北冰洋为邻；东以南美洲的合恩角向南沿西经67° 经线至南极洲为界限与大西洋分隔；西以通过塔斯马尼亚的东经147° 经线与印度洋为界。太平洋是世界上最深的大洋，平均深度达到3 940 m，特别是它的西部岛弧附近，排列着一系列世界上最深的海沟。

大西洋为世界第二大洋，面积约9 400万km^2，北与北冰洋直接相通，大致以北极圈为界，东南以通过非洲南部厄加勒斯角的东经20° 经线与印度洋为界。大西洋外形最大的特征是东西狭窄，南北延伸，略成"S"形。在大洋底的中部有巨大海岭，也称大洋中脊，它占据了大西洋宽度的1/3，是世界大洋中最典型的大洋中脊。

印度洋为世界第三大洋，面积约为7 400万km^2。它的北部被亚洲、非洲和澳大利亚大陆所包围呈封闭状，南部敞开，东与太平洋、西与印度洋贯通。

北冰洋是世界大洋中最小、最浅的大洋。面积仅约为1 200万km^2，平均深度为1 117 m。它位于北极圈内，被亚欧大陆和北美大陆所环抱。

世界大洋的边缘部分通常称为海。海的性质既受大洋的影响，也受所临近的大陆的影响。根据其位置特征，海又分为边缘海、陆间海和内海。边缘海位于大陆边缘，中间或间隔着一些岛屿，如日本海、黄海等；陆间海位于大陆之间，有狭窄的海峡与大洋相通，如地中海、加勒比海等；内海是深入大陆内部的海，以狭窄的水道与大洋相通，如渤海、黑海等。

大洋底部的形态有大陆架、大陆坡、海盆、海沟、海脊等。

思考题

1. 绘图说明地球内部的圈层构造。

2. 大气主要由哪些成分组成？

3. 水循环有哪些主要环节？

4. 什么是水体更新？

专题六 岩石圈的组成和变动

14.4 地球表面覆盖着岩石。

15.3 人类生存需要防御各种灾害，人类活动会影响自然环境。

岩石圈一般是指地壳和上地幔顶部坚硬岩石所组成的地球圈层之一，厚约 70 km—100 km。虽然岩石圈的厚度相对于地球的其他圈层来说相当薄，但它是同地球外部各个圈层（大气圈、水圈、生物圈）关系最紧密、反映地球内外力作用最明显的圈层，也是人类和其他生物立足的基础。因此，认识岩石圈的物质组成、运动、变化现象以及它们对自然环境的影响，对于研究地球环境，全面理解地球环境各要素之间的相互作用、相互联系是十分重要的。

一、岩石圈的物质组成

岩石圈分为两层，即地壳和上地幔顶部。地壳由硅铝层和硅镁层组成。关于上地幔的情况现在还不是很清楚，倾向于认为它的成分主要是由镁铁含量很高的硅酸盐类矿物组成的橄榄岩，即超基性岩层。因此，可以认为岩石圈是由硅铝层、硅镁层和超基性岩层组成的。

由于目前对岩石圈物质组成的研究比较深入的是对地壳的研究，因此这里主要介绍地壳的物质组成。地壳的物质组成可以从元素、矿物和岩石三方面说明。在地壳

中，元素以矿物的形式存在于岩石中，它们彼此相关又各有差异。

（一）地壳的化学元素组成

地壳同自然界其他所有物质一样，是由化学元素组成的。地壳中自然存在的90多种化学元素的含量极不均匀，以氧、硅、铝、铁、钙、钠、钾、镁、氢、钛、磷、碳、锰为主，其总量占地壳总重量的99%以上。元素在地壳中的平均重量百分比称克拉克值，也称元素丰度。由表6-1可看出：

表6-1　　　　　　　　　地壳中若干元素的克拉克值

元素	氧	硅	铝	铁	钙	钠	钾	镁	钛	氢	磷	锰
重量/%	46.60	27.72	8.13	5.00	3.63	2.83	2.59	2.09	0.44	0.14	0.12	0.10

地壳中含量最多的是氧元素，几乎占地壳总重量的一半，其次是硅元素，另外六种较丰富的元素是铝、铁、钙、钠、钾和镁。其余的80多种元素仅占地壳总重量的不到百分之二，而且这些元素的含量差别也十分悬殊。元素是组成地壳的物质基础，元素的丰度在一定程度上影响着元素参加许多化学过程的浓度，从而支配着元素的地球化学行为。

（二）矿物

地壳中的化学元素，除少数以自然元素状态存在外，大部分是以两种或多种元素组成的化合物形态出现。由地质作用形成的具有一定化学成分和物理性质的天然单质（如金刚石、自然金等）和化合物（如方解石、石英等），称为矿物。矿物是构成岩石的基本单位，除少数呈气态或液态外，绝大多数矿物呈固态。目前在自然界中已经发现的矿物有三千多种，其中构成岩石的常见矿物仅存三四十种。各种矿物的表面形态、物理和化学性质可作为鉴定矿物的依据。

（三）岩石

岩石是矿物的集合体，是地壳发展过程中各种地质作用的自然产物，由一种或多种矿物有规律地组合而成。不同的岩石其化学成分、矿物组成、内部结构和构造等都不同。根据岩石的成因可将其分为岩浆岩、沉积岩和变质岩三大类。

1.岩浆岩

岩浆岩又称火成岩，是地下深处的岩浆侵入地壳或喷出地表冷凝而成的岩石。岩浆是来自上地幔软流层及地壳局部地段富含挥发性成分的高温黏稠的硅酸盐熔融体，是形成各种岩浆岩和岩浆矿床的母体。由于岩浆处于地壳深处，那里压力很大，岩浆总是力图冲破岩层的阻挡，向压力小的方向（一般是地壳上层）流动，即产生岩浆活动。岩浆活动分两种方式：其一是上升到一定位置，由于上覆岩层的外压力大于岩浆的内压力，使之停滞在地壳中，其冷凝结晶而成的岩石称侵入岩，如花岗岩等；其二是岩浆冲破上覆岩层喷出地表，这就是火山活动，喷发物冷凝而成的岩石称喷出岩，如玄武岩、安山岩等。

2. 沉积岩

沉积岩又称水成岩，是在地壳发展过程中，在地表或近地表常温常压条件下，风化作用、生物作用和某些火山作用的产物经搬运、沉积和固结成岩作用而形成的岩石，如石灰岩、砂岩、砾岩等。从地表分布的三大类岩石看，沉积岩约占地表面积的四分之三，是构成地壳表层的主要岩石。沉积岩最显著的特征是具有层理构造和各种层面构造。沉积岩中常存在有古代生物的遗体或遗迹，即化石，这也是沉积岩的重要特征。根据化石可以确定沉积岩形成的年代，了解当时的沉积环境，研究生物的演化规律等。

3. 变质岩

地壳中原有岩石，无论是岩浆岩、沉积岩还是变质岩，由于地壳运动、岩浆活动或地壳内的热流变化等的影响，其物理化学条件发生变化，导致岩石的矿物成分、结构、构造发生不同程度的变化，这种促使岩石性质发生变化的作用称为变质作用。由变质作用形成的新岩石称为变质岩，如大理岩、片麻岩等。变质作用基本上是在固态岩石中进行的，因而在本质上有别于岩浆作用。变质岩既继承了原岩的某些特点，也具有自己的特点，如含有变质矿物，常见的变质矿物有石榴子石、金云母、红柱石、滑石、透闪石、硅灰石、石墨、蛇纹石等。

二、内力作用下的地壳构造运动

（一）地壳构造运动概说

地球内力是因地球的内能而产生的力。地球的内部能源主要包括热能、重力能、地球自转产生的旋转能等，其中最重要的是放射性元素衰变时产生的放射性热能。由于放射性元素在地球历史上是不断减少的，因此地质历史时期内单位时间产生的热能比第四纪以来产生的要多得多。地球的内力主要作用于地球上地幔软流层之上的岩石圈，导致岩石圈构造运动、岩浆活动、变质作用和地震作用的发生，引起地球物质的不均匀性。在垂直方向上表现为分层，在水平方向上表现为分区。大陆与海洋、山脉与海沟、高原与盆地等地表形态的巨大差异，是地球内力活动的结果。

构造运动是指在地球内力作用下引起岩石圈的岩石发生变形、变位的机械运动，它反映在地表，表现为地形高低起伏的变化，海洋陆地范围的变化，岩石产状的改变以及地震等。

构造运动的主要表现形式有两种：水平运动和垂直运动。地壳物质大致平行于地球表面，沿着大地水准面切线方向进行的运动称水平运动，常表现为地壳岩层的水平移动。岩层在水平方向受力（挤压力、张力），形成巨大的褶皱和断裂构造。因此，水平运动又称"造山运动"。昆仑山、祁连山、秦岭、喜马拉雅山等，以及世界上其他许多高大山脉都是由水平运动形成的。地壳物质沿地球半径方向进行的缓慢升降运动称垂直运动，又称"造陆运动"，常表现为大规模隆起和凹陷，引起地势高低的变化和海陆变迁。

日益增多的证据证明，水平和近水平运动是主导，垂直运动是派生的。这两种运动是分析地形形成的基础，常常相伴发生，相互联系，相互影响。

（二）地壳构造运动的表现

从地球形成之日起，构造运动一直在进行中。新构造运动可以通过直接观察地貌特征变化，或通过精密仪器测量反映出来。地质历史时期发生的地壳构造运动，距今久远，无法通过直接测量来了解，但可以根据古构造运动遗留的各种形迹来恢复地壳在漫长的地质年代中的各种运动。具体说来，保留在岩石地层中的构造形迹，以及地质剖面中的岩相、岩层厚度和层间接触关系能间接地反映出古构造运动的历史。

1. 岩石变形

岩石变形是古构造运动的明显标志。它可以是不均匀的升降运动造成的，也可以是水平运动造成的，主要表现为褶皱构造和断裂构造。

2. 岩相变化

岩相是岩层形成环境的物质表现，是沉积物的特征及其生成环境的总和。沉积岩的岩相反映了沉积物的岩石特征、生物化石特征以及它们所代表的沉积环境。地质剖面中沉积相在垂向上的变化反映了古地理环境的变化，而古地理环境的变化则主要取决于地壳的升降运动。例如，根据沉积岩的形成环境，其岩相可分为陆相、海相和海陆过渡相三大类，若一个地区由早期的海相沉积转变为后期的陆相沉积，便反映了该地区的地壳由下降转变为上升、海洋转变为陆地的历史。

3. 沉积厚度的变化

沉积厚度是地壳下降幅度的标志。在地壳稳定的情况下，一定环境下形成的沉积物，其厚度是有限的。例如，浅海沉积物平均厚度极大值小于200 m，河流沉积物最大厚度不超过洪水期深水区的深度。但是在许多地区都发现了岩相类型不变，而沉积物厚度大大超过沉积极大值的地层，如燕山震旦纪浅海沉积厚达10 000 m以上，表明它是在地壳下降的同时不断接受沉积而形成的。由于岩相没有变化，说明了地壳下降幅度与沉积物堆积厚度大致相等。

4. 岩层接触关系

地壳运动在岩层中保留了各种不同的接触关系，这为了解古地壳构造运动及古地理环境概况提供了又一方面的证据。常见岩层的接触关系有整合接触和不整合接触。

整合接触指岩层的新老关系递变十分清楚，即老岩层在下，新岩层在上，不缺失岩层，而且岩层之间基本互相平行。这种整合接触关系反映当时地壳处于相对稳定的下降过程，古地理环境也没有明显的变化。

不整合接触指岩层的时代不连续，有明显的岩层缺失现象。两套岩层中存在着不连续面——不整合面。在不整合面上有明显的侵蚀面存在，侵蚀面上往往有底砾岩或古风化壳等；不整合面上下的岩性、古生物等有明显的差异。

（三）地壳构造运动的产物

沉积岩、火山岩等岩层除了在大沉积盆地、岛屿边缘或火山锥附近等局部地区及陆相沉积具有原始的倾斜以外，基本上是水平产出的，而且在一定范围内是连续的。经过地壳的构造运动，岩层或岩体的原有空间位置和形态发生改变，称为构造变形。构造变形的产物称为地质构造，主要包括褶皱和断层。

1. 褶皱

褶皱是岩层在侧方挤压力的作用下发生波状弯曲的塑性变形。岩层只发生一个弯曲，称为褶曲；两个或两个以上褶曲的组合，叫作褶皱。它们是由岩层发生连续性的移动而形成的构造形迹。

褶皱的基本形态有背斜和向斜两种。背斜是指岩层向上拱起弯曲，特点是中心岩层时代较老且向上隆起，而倾斜向外的岩层时代较新。向斜是岩层向下凹的弯曲，特点是核心部分的岩层时代较新且向下凹陷，两翼向中心倾斜，为老岩层。

判断向斜和背斜不能仅根据岩层的下凹形态和上拱形态，还要根据岩层时代自核心部分向两翼的变化情况。

褶皱存在的根本标志是在沿岩层倾向方向上相同年代的地层做对称的重复排列。褶皱的规模有大有小，有时可能产生几厘米大小的褶皱，有时可形成一系列高大的山系。世界上大部分山脉是褶皱山，如乌拉尔山、天山、阿巴拉契亚山、喜马拉雅山和阿尔卑斯山等。

2. 断层

是指岩层或岩体在构造应力作用下，当作用强度超过岩层或岩体的强度时，岩层的连续性和完整性受到破坏所发生的构造变形。虽破裂而破裂面两侧岩块未发生明显滑动者叫作节理，破裂而又发生明显位移的叫作断层。节理是地壳上部岩石中发育最广的一种构造，几乎在所有岩石中都可以找到。在重力和风化作用下，节理可逐渐扩大。风景名胜区的所谓"试剑石""一线天"等，绝大多数是张开的节理。

断层是指地壳表层中岩层破裂并沿破裂面发生明显相对位移的断裂构造。断层发育广泛，它是断裂构造最主要的类型。断层的研究对找矿和寻找地下水以及工程建设、水利建设等方面有重要意义。若干断层常常构成巨大的断裂带，其中断层的组合形式非常复杂。

断裂构造与地震、褶皱、岩浆活动等常有成因上的联系，其分布也常与地震带、褶皱带、岩浆活动带相接近。

（四）地壳运动学说

岩石圈在地球内力作用下运动并产生各种形态变化。关于全球性岩石圈运动的原因、规律和表现形式，目前有多种理论加以解释，但没有一种假说全面完满。实际上，这是一个需要多学科共同研究的问题。近代地学的发展表明，地球物理、地球化学、地球生物学、天体物理学、古磁学以及古生物、古气候、地震、地质年代等方面的研究都有助于为上述问题的解释提供资料或提供某些证据。目前最有代表性的学说是板块构造学说。

板块构造学说产生于20世纪60年代后期，法国地质学家勒皮雄把海底扩张、大陆漂移、地震与火山活动等地质现象纳入一个统一的理论体系之中，用统一的动力学模式解释全球构造运动过程及其相互关系，是海底扩张学说的具体延伸。

板块学说的立论依据在于，地表岩石圈并非浑然一体，而是由被诸如大洋中脊、岛弧、海沟、深大断裂等构造活动带所割裂的几个不连续独立单元即板块构成的。几大板块的相互作用是大地构造活动的根本原因。由于板块的强度很大，主要的变形只能发生在其边缘部分。换言之，板块内部比较稳定，各板块间的接合部才是活动带。目前认为，对全球构造的基本格局起控制作用的有六大板块，即太平洋板块、亚欧板块、美洲板块、非洲板块、印度洋板块和南极洲板块（图6-1）。板块的分界不受海陆限制，板块的表面可以全部是海洋，也可以全部是陆地，或者海陆兼而有之。六大板块中，太平洋板块表面几乎全部是海洋，其余五个板块则兼有海洋和陆地。板块通常以大洋中脊、转换断层、海沟和地缝合线为界。

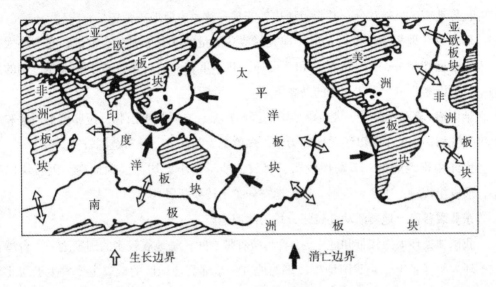

图6-1　全球六大板块示意图

板块构造学说能对众多地质现象做出解释。板块构造学说认为，大洋板块与大陆板块碰撞，大洋板块俯冲于大陆板块之下，俯冲带即形成海沟和岛弧。同时，在俯冲带上常常发生地震。这同海沟是地震分布带的规律相符合。板块俯冲时，由于地内温度较高，摩擦又生热，因而使俯冲板块部分熔融、分异，形成火山喷出岩。这就是太平洋沿岸成为火山带的原因。板块的碰撞，还可能发生挤压作用而形成褶皱。据考察，喜马拉雅山和青藏高原的形成，就是由于印度洋洋底扩张，使欧亚次大陆逐渐北移，与亚欧板块相撞的结果。

板块构造学说能用统一的观点解释地球科学上一系列重大问题，使人们对地球的认识前进了一大步，因此这一假说被认为是重大突破。然而，板块构造学说也有不完善的地方，有不少问题尚未清楚，其中最重要的就是运动驱动力的问题。虽然有人用地幔对流解释，但还没有找到直接而确凿的证据。因此，板块运动驱动力的问题仍在持续探讨中。

（五）地壳运动引发的自然灾害

地壳运动引起的自然灾害主要有地震、火山爆发、滑坡等。这些自然灾害的发生不仅给人类生活带来巨大的影响，还是引起岩石圈表面生态环境变化的最主要的自然因素。

1.地震

地震是构造运动的一种特殊形式，即大地的快速震动。当地球聚集的应力超过岩层或岩体所能承受的限度时，地壳发生断裂、错动，地球急剧地释放能量，能量以弹性波的形式向四周传播，引起地表震动。

世界地震区呈带状分布并与板块边界非常一致，主要地震带包括：

环太平洋地震活动带　全世界地震释放总能量的80%集中在这个带，它与环太平洋火山带密切相关，但"火环"和"震环"并不重合。地震多分布于靠大洋一侧的海沟中，火山多分布于靠陆一侧的岛弧上。

地中海-喜马拉雅带　大致沿地中海经高加索、喜马拉雅山脉，至印度尼西亚和环太平洋带相接。这个带以浅源地震为主，多位于大陆部分，分布范围较宽。

大洋中脊地震带　活动性较弱，释放的能量很小，均为浅源地震。因板块厚度小，形成年代新，故多为小震。较大地震分布于转换断层处。

东非裂谷带　地震活动性较强，均为浅源地震。

我国地处环太平洋带和地中海-喜马拉雅带之间，是地震较多的国家之一。台湾省位于环太平洋带上，是我国地震最多的地方。东部其他地区的地震主要发生于河北平原、汾渭地堑、郯城—庐江大断裂等地。我国西部属于或接近地中海—喜马拉雅地震带，地震活动性较东部强烈，主要分布于青藏高原四周、横断山脉、天山南北、祁连山地以及银川—昆明构造线一带。深源地震仅见于黑龙江、吉林一带，中源地震只见于台湾东部、雅鲁藏布江以南和新疆西南部，其余地方均为浅源地震。

2. 火山

岩浆喷出地表是地球内部物质和能量的一种快速猛烈的释放形式，也称为火山喷发。

火山几乎无例外地分布在大小板块边界上。目前全世界有2 000余座死火山，500余座活火山。它们在地球上呈有规律的带状分布，主要集中在：

环太平洋火山带　从南美西岸的安第斯山脉起，经科迪勒拉山脉，阿拉斯加、阿留申群岛，再经堪察加半岛、日本、我国台湾、新加坡、印尼、新西兰岛，直到南极洲。环太平洋火山带活火山占世界活火山总数的62%，故有"火环"之称。著名的日本富士山分布在此带。

地中海-喜马拉雅火山带　横亘于亚欧大陆南部，西起伊比利亚半岛，东至喜马拉雅山以东与太平洋沿岸火山带相会合。维苏威火山、克拉克托火山分布于此带。

大西洋海底隆起带　北起格陵兰岛，经冰岛、亚速尔群岛，至圣赫勒拿岛。

东非火山带　沿着东非大断裂带分布。

此外，在太平洋广大地区，还有很多星罗棋布的火山岛。我国的活火山不多，除新疆、台湾、西藏等地尚有现代火山活动外，其余地方尚未发现火山活动，而火山地形保存完好的死火山则有广泛分布。

3. 滑坡

滑坡一般表示在重力作用下坡体的快速下滑运动，大规模的滑坡往往与地震、火山活动有一定联系。

滑坡是一种顺坡而下的分离运动，它区别于沉陷、塌陷、沉降这类垂向变化的重力运动。滑坡是在含土石的块体的重力作用下，突破某一极限状态而突然失稳的结果，因此断裂面和岩石之间不连续面的类型和数量，以及土石的组成和成岩程度对斜坡稳定性有重要影响。此外，山坡的坡度、植被类型、植被密度和土岩含水程度等也都是控制斜坡稳定性的重要因素。

三、外力作用下的岩石圈物质运动

岩石圈同时受到内力和外力的作用。外力作用是受太阳能和重力的驱动而发生的，并通过大气、水及生物作用和运动实现，主要表现为风化作用，地表水和地下水的作用，冰川、风的作用，波浪作用等。外力作用对岩石圈表面不断进行侵蚀、剥蚀，并把破坏的物质带到低地和海洋中堆积起来，总的趋势是夷平高地，填平低地。

（一）风化作用

岩石圈深部形成的物质（岩石和矿石）接近或出露地表后，由于物理化学条件发生巨变，失去了原有的平衡，在太阳辐射、大气、水和生物作用下，岩石和矿物在原地发生崩解、破碎、分解等一系列物理和化学过程，这个过程称为风化作用。风化作用包括岩石圈表层所有的岩石和矿物的改造过程，同时又是岩石圈同水圈、大气圈及生物圈互相作用、进行物质交换的过程。风化作用能为其他的外力作用创造有利条件，加速地貌的发生、发展和堆积物的形成。

（二）水力作用

作用于岩石圈的水力包括三个方面：一是水在流动过程中产生的机械动力，属水的物理作用力，如河水对河床的冲刷力；二是水作为溶剂的溶解力，属水的化学动力，在石灰岩地区，水对岩石的溶解力最明显；三是含沙砾水流在运动过程中的磨蚀力。这三种力在水对岩石作用过程中是同时存在、相互作用和相互影响的，水力对岩石圈的作用是三种力共同作用的结果，对于不同的水体和不同岩性的岩石，三种力的作用会有差异。

1. 流水作用和流水地貌

流水有三种作用，即侵蚀、搬运和堆积。这三种作用主要受流速、流量和含沙量的控制。一定的流速、流量只能挟运一定数量的泥沙，因此，当流速、流量增加时，流水就产生侵蚀作用，并将侵蚀下来的物质运走；反之，就发生堆积。流水作用不停地以侵蚀、搬运和堆积三种方式进行，并相应地塑造流水地貌。

2. 岩溶作用和喀斯特地貌

水圈中的水具有不同程度的溶解力，而岩石圈上部的岩石又有程度不同、规模大小不等的可溶性。在不同的时空条件下，具有溶解力的水与可溶性的岩石相遇，导致在这些地段产生以化学过程（溶蚀和沉淀）为主、机械过程为辅的破坏和改造作用，称为岩溶作用，国际上统称其为喀斯特作用。这种作用形成的一系列地貌，也称喀斯特地貌，我国曾称之为岩溶地貌。

3. 冰川作用及冰川地貌

极地高纬和高山地区，气候寒冷，大气降水以固体降水为主，在年平均气温0℃以下的地面，终年积雪，往往形成冰川及冰川地貌。

冰川在运动过程中以其巨大的机械能破坏冰床岩石，并将破坏产物携带至其他地方堆积，这种作用称为冰川作用，包括侵蚀、搬运和堆积三种形式。冰川作用的地貌有两大类，即冰蚀地貌和冰碛地貌，此外还有与冰川有关的冰水地貌。冰蚀地貌包括冰斗、角峰、槽谷、峡湾等；冰碛地貌包括冰碛丘陵、侧碛堤、终碛堤、鼓丘等；冰川融水具有侵蚀和搬运能力，在冰川内部及边缘地区形成冰水堆积地貌，主要有冰水扇、蛇形丘等。

4. 海水对海岸的作用及海岸地貌

海岸是海洋与陆地相互作用的地带，海水对海岸的作用包括波浪、潮汐和沿岸流等对海岸带的动力作用和海水对海岸的溶蚀作用。

变形波浪及其形成的拍岸浪对海岸进行撞击、冲刷，波浪携带的碎屑物质的研磨，以及海水对海岸基岩的溶蚀，统称为海蚀作用。海蚀作用在海岸带形成各种海蚀地貌，包括海蚀穴、海蚀柱、海蚀崖等。

海岸带的松散物质，如波浪侵袭陆地造成的海蚀产物、河流冲积物、海生生物的贝壳、残骸等，在波浪变形作用力推动下移动，并进一步被研磨和分选，便形成海滨沉积物。由于地形、气候等影响而使波浪力量减弱，海滨沉积物就会堆积下来，形成各种海积地貌，包括海滩、离岸堤、潟湖等。

（三）风力作用

在降水稀少的干燥地区，塑造岩石圈表面形态的主要营力是风力，风力作用的对象为沙，由风携带着沙对地表松散碎屑物吹蚀、磨蚀、搬运和沉积，并形成风成地貌。

1. 风沙作用

风及风携带的沙（风沙流）对地表松散碎屑物的侵蚀、搬运和堆积过程，统称为风沙作用，包括风沙的侵蚀作用、搬运作用和堆积作用。

2. 风成地貌

风沙作用形成的地貌可分为风蚀地貌和风积地貌两类。

风的吹蚀和磨蚀作用限于一定高度，风携带的沙集中在近地面10 cm的高度，跃移的沙粒最高也不会超过地面2 m，这说明风蚀地貌大多集中在离地面不高的部位。风蚀地貌受地面岩性、岩层产状等因素的影响，形成石窝、风蚀蘑菇、风蚀柱、雅丹、风蚀残丘、风蚀洼地等。

风沙在一定条件下发生堆积，可形成各种沙丘，受风向、含沙量及气流运动方式的影响，形成各种风积地貌。风积地貌有三种基本类型，即沙纹、沙丘及巨型沙丘。

3. 黄土和黄土地貌

黄土是一种呈灰黄色、棕黄色或棕红色的土状沉积物，形成于第四纪不同时期。黄土广泛分布在中纬度的半干旱地带，以我国的黄土为最深厚而又广阔，面积达630 000 km^2，占全国面积的6.6%，主要分布于陕西北部、甘肃中部和东部、宁夏南部、山西的西部和南部。我国黄土的厚度大部分在50 m—150 m，六盘山以西厚度超过200 m。世界其他各地的黄土均不及我国深厚。

黄土的成因有风成说、水成说和风化残积说三大观点，但以风成说为主。以我国西北黄土为例，有如下证据：黄土颗粒由西北向东南变细，厚度逐渐减薄；黄土的矿物成分具有高度的一致性，与当地的下覆基岩成分无关；黄土披覆在高度不一的各种地貌上，在同一地区均保持相近的厚度；黄土中含陆生草原动物和植物化石。

从理论上讲，风成黄土堆积后若无后期的水力作用，本身不构成什么大的形态，只是对下覆地貌的地势起数量上的增高作用，代表了当时以风力堆积为主要的外力塑造而成的地表形态。然而黄土沉积后，由于气候转为湿暖，进入以流水侵蚀为主地貌作用时期，黄土地貌由此形成。

思考题

1. 简要介绍地壳化学元素组成，主要造岩矿物和三大类岩石的特征。

2. 简要说明地壳构造运动的表现。

3. 结合本地现状分析地壳运动引发的环境灾害有哪些。

4. 外力作用雕琢了哪些地貌形态？

专题七　天气和气候

14.1　地球被一层大气圈包围着。

15.3　人类生存需要防御各种灾害，人类活动会影响自然环境。

一、主要气象要素

用来描述大气状况和现象变化的物理量，称为气象要素，如气温、气压、湿度、风向、风速、云量、降水量、能见度等。

（一）气温

表示空气冷热程度的物理量，称为气温。在一定的容积内，一定质量的空气，其温度的高低只与气体分子运动的平均动能有关，即这一动能与绝对温度T成正比。因此空气冷热的程度，实质上是空气分子平均动能的表现。

气温的单位：目前我国规定用摄氏度（℃）温标，以气压为1 013.25 hPa时纯水的冰点为0 ℃，沸点为100 ℃，其间等分100等份中的一份即为1℃。在理论研究上常用绝对温标，以K表示，这种温标中1 ℃的间隔和摄氏度相同，但其零度称为"绝对零度"，规定等于-273.15℃。因此水的冰点为273.15K，沸点为373.15K。两种温标之间的换算关系如下：

$$T = t + 273.5 \approx t + 273$$

大气中的温度一般以百叶箱中干球温度为代表。

（二）气压

空气是有重量的，它施加于地面的压力称为气压。气象学中规定，把温度为0℃、纬度为45°的海平面的气压作为标准情况时的气压，称为一个大气压，其值1 013.25 hPa。

气压随高度升高而降低，在没有垂直加速度的大气中，某高度上的气压就是某高度向上直到大气上界单位截面积空气柱的重量，因此，随着海拔高度的上升，大气柱的重量减小，气压降低。

（三）湿度

表示大气中水汽量多少的物理量称大气湿度。大气湿度状况与云、雾、降水等关系密切。大气湿度常用水汽压、相对湿度、露点温度等表示。

（四）降水

降水是指从天空降落到地面的液态或固态水，包括雨、雪、雨夹雪、霰、冰粒和冰雹等。降水量指降水落至地面后（固态降水须经融化后），未经蒸发、渗透、流失而在水平面上积聚的深度，降水量以毫米（mm）为单位。在中高纬度地区冬季降雪多，还需测量雪深和雪压。雪深是从积雪表面到地面的垂直深度，以厘米（cm）为单位。当雪深超过5 cm时，则需观测雪压。雪压是单位面积上的积雪重量，以g/ cm^{2}为单位。

降水量是表征某地气候干湿状态的重要要素，雪深和雪压还反映当地的寒冷程度。

（五）风

空气的水平运动称为风。风为矢量，因此风的观测包括风向和风速。风向指的是风的来向，地面气象观测常用16方位表示，高空风向则常用方位度数表示，即以0°（或360°）表示正北，顺时针方向旋转，90°表示东风，180°表示南风，270°表示西风。

风速单位常用m/s、knot（海里/时，又称"节"）和km/h表示，其换算关系如下：

1 m/s = 3.6 km/h

1 km/h = 0.28 m/s

1 knot = 0.5 m/s

1 knot = 1.852 km/h

风级也常用来表示风速的大小。表7-1为国际上通用的蒲福风力等级表。它是根据陆地征象折算成相当于m/s，蒲福风力自静风到飓风分为13个等级。

表7-1 蒲福风力等级表

风力等级	陆地上面物体征象	相当风速（m/s）	
		范围	中数
0级	静，烟直上	0.0—0.2	0.1
1级	烟能表示风向，树叶略有摇动	0.3—1.5	0.9
2级	人面感觉有风，树叶有微响	1.6—3.3	2.5
3级	树叶及小枝摇动不息，旗子展开	3.4—5.4	4.1
4级	能吹起地面灰尘和纸张，树的小枝摇动	5.5—7.9	6.7
5级	有叶的小树摇摆，内陆的水面有小波	8.0—10.7	9.4
6级	大树枝摇动，电线呼呼有声，撑伞困难	10.8—13.8	12.3
7级	大树摇动，大树枝弯下来，迎风步行感觉不便	13.9—17.1	15.5
8级	可折毁树枝，人向前感到阻力甚大	17.2—20.7	19.0
9级	烟囱及平房屋顶受到损坏，小屋遭到破坏	20.8—24.4	22.6
10级	树木可被吹倒，一般建筑物遭破坏	24.5—28.4	26.5
11级	大树可被吹倒，一般建筑物遭到严重破坏	28.5—32.6	30.6
12级	陆上少见，摧毁力极大	>32.6	

（六）云量

云是悬浮在大气中的小水滴、冰晶颗粒或二者混合物的可见聚合群体，底部不接触地面，且具有一定厚度。云量是指云遮蔽天空视野的成数。将地平以上全部天空划分为十份，为云遮蔽的份数即为云量。碧空无云，云量为0；天空一半为云遮蔽，云量为5。

（七）能见度

能见度指视力正常的人在当时天空条件下，能够从天空背景下看到和辨出目标物的最大水平距离。单位为米（m）或千米（km）。

二、常见天气系统及其天气特征

天气是指大气中冷热、阴晴、风雨等气象要素和天气现象短时间内的综合状况。

　　造成天气变化的原因是大气中存在着一个个不断发展的天气系统。天气系统通常是指引起天气变化的高压、低压和高压脊、低压槽等具有典型特征的大气运动系统。各种天气系统都具有一定的空间尺度和时间尺度，而且各种尺度系统间相互交织、相互作用。许多天气系统的组合，构成大范围的天气形势，构成半球甚至全球的大气环流。

　　天气系统总是处在不断新生、发展和消亡过程中，在不同发展阶段有其相应的天气现象。因而一个地区的天气和天气变化是同天气系统及其发展阶段相联系的，是大气的动力过程和热力过程的综合结果。

表7-2　　　　　　　　　　　　　　常见的各种尺度的天气系统

	大尺度 （>2 000 km）	中间尺度 （2 000—200 km）	中尺度 （200—2 km）	小尺度 （<2 km）
温带	超长波、长波	气旋、锋	背风波	雷暴
副热带	副热带高压	副热带低压切变线	飑线	龙卷风
热带	赤道辐合带季风	台风	热带风暴对流群	对流单体

　　各类天气系统都是在一定的大气环流和地理环境中形成、发展和演变的，都反映着一定地区的环境特性，并且对污染物的散布有一定的影响。一般情况下，在低气压控制时，空气有上升运动，云量较多，假若风速稍大，大气多为中性和不稳定状态，有利于污染物的扩散。相反，在高气压控制下，一般天气晴朗，风速较小，并伴有空气的下沉运动，往往在几百米或一两千米的高度上形成逆温，抑制湍流向上发展。夜间有利于形成辐射逆温，阻止污染物的扩散，容易造成雾霾天气，形成空气污染。

（一）气团

　　气团是指气象要素（主要指温度、湿度、大气稳定度）在水平分布上比较均匀的大范围空气团。其水平范围从几百千米到几千千米，垂直范围可达几千米到十几千米。同一气团内的温度水平梯度一般小于1—2℃/100 km，垂直稳定度及天气现象也都变化不大。

　　气团形成的区域称为气团源地。气团的形成必须具有大范围性质比较均匀的下垫面和比较静稳的环流条件。大气中的热量和水分主要来自下垫面，因而气团属性是由下垫面决定的。例如，在水汽充沛的热带海洋上常常形成暖而湿的气团，在冰雪覆盖的地区往往形成冷而干的气团，在沙漠或干燥大陆上则形成干而热的气团。比较静稳的环流条件是使大范围的空气能在较长时间内停留或缓慢移行，并通过辐射、湍流和对流作用、蒸发和凝结作用以及大规模垂直运动的作用，使空气获得与下垫面相适应的比较均匀的物理性质。在地球上，广阔的海洋、大片的沙漠以及冰雪覆盖的地区通常是气团的源地。

当环流条件发生变化时，气团就会从其源地移出。在气团移动过程中，由于下垫面性质的改变和大范围空气垂直运动状况的变化，气团的物理属性及其天气特点也随之改变。这种改变，称为气团的变性。例如：从海洋移入大陆的气团，性质会逐渐变干；反之，从陆地移入海洋的气团，性质会逐渐变湿。一般来说，干气团容易变湿，湿气团不易变干。因为干气团只要通过海洋或潮湿下垫面的蒸发作用就可增加水汽而变湿，而湿气团则要通过大气中水汽凝结和降水过程才能把水分除去而变干，显然变干的过程要比变湿的过程缓慢。

为了分析气团的特性、分布、移动规律，常常对地球上的气团进行分类，气团的分类方法大多采用地理分类法和热力分类法两种。

地理分类法：根据气团源地的地理位置和下垫面性质进行分类。先按源地的纬度位置分为冰洋（北极、南极）气团、极地（中纬度）气团、热带气团和赤道气团；再按源地的海陆位置，把前三种区分为海洋型和大陆型。赤道气团的源地主要是海洋，就不再区分（表7-3）。

表7-3 气团的地理分类

名称	符号	主要天气特征	主要分布地区
冰洋（北极、南极）大陆气团	A_c	气温低、水汽少、气层非常稳定，冬季入侵大陆会带来暴风雪天气	南极大陆、65° N以北极地区
冰洋（北极、南极）海洋气团	A_m	性质与冰洋大陆气团相似，夏季从海洋获得热量和水汽	北极圈内海洋上，南极大陆周围海洋
极地（中纬度或温带）大陆气团	P_c	低温干燥、天气晴朗、气团低层有逆温层，气层稳定、冬季多霜、雾	北半球中纬度大陆上的西伯利亚、蒙古、加拿大、阿拉斯加一带
极地（中纬度或温带）海洋气团	P_m	夏季同极地大陆气团相近，冬季比之气温高、湿度大，可能出现云和降水	主要在南半球中纬度海洋上，以及北太平洋、北大西洋中纬度海面上
热带大陆气团	T_c	高温干燥、晴朗少云，低层不稳定	北非、西南亚、澳大利亚和南美一部分的副热带沙漠地区
热带海洋气团	T_m	低层温暖湿润且不稳定，中层常有逆温层	副热带高压控制的洋面上
赤道气团	E	湿热不稳定，天气闷热，多暴雨	在南北纬10° 之间的范围内

　　地理分类的优点是能够直接从气团源地了解气团的主要特征，但它不易区分相邻两个气团的属性，也无法表示气团离开源地后的属性变化。

　　热力分类法： 以气团与流经地区下垫面的热力性质对比作为分类的基础。凡是气团温度高于流经地区下垫面温度的，称暖气团；相反，气团温度低于流经地区下垫面温度的，称冷气团。实际上，冷、暖气团是相对的，并没有绝对的温度界限。日常天气分析中还常依据气团与相邻气团间的温度对比划分冷、暖气团，温度相对高的称暖气团，温度相对低的称冷气团。暖气团一般含有丰富水汽，容易造成云雨天气。冷气团一般形成干冷天气。

　　冷、暖气团的天气特征在不同季节、不同下垫面可能有所差别。例如，夏季的暖气团水汽丰富，如被地形或外力抬升时，可以出现不稳定天气。冬季的冷气团不仅水汽含量少而且气层非常稳定，可能出现稳定性天气。同时，冷、暖气团在不同纬度所产生的天气也是不一样的。

　　我国大部分地区处于中纬度，冷暖气流交绥频繁，缺少气团形成的环流条件。同时，地表性质复杂，没有大范围均匀的下垫面作为气团源地。因而，活动在我国境内的气团，大多是从其他地区移来的变性气团，其中主要是极地大陆气团和热带海洋气团。

（二）锋

　　锋是冷、暖气团相交绥的地带。该地带冷、暖空气异常活跃，常常形成广阔的云系和降水天气，有时还出现大风、降温和雷暴等剧烈天气现象。因此，锋是温带地区重要的天气系统。

　　锋是占据三维空间的天气系统，水平方向延伸范围与气团尺度相当，长达几百到几千千米。锋区宽度不大，近地面层一般只有几十千米，空中宽度可达200 km—400 km，甚至更宽些。锋的宽度同气团宽度相比显得很狭窄，因而常把锋区看成一个几何面，称为锋面。锋面与地面的交线称为锋线，锋面和锋线统称锋（图7-1）。

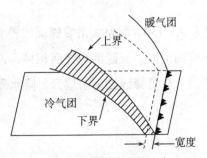

图7-1　锋在空间的状态

根据锋面两侧冷暖气团的移动方向，可以把锋分为冷锋、暖锋、准静止锋和锢囚锋。冷锋是冷气团前缘的锋。冷锋在移动过程中，锋后冷气团占主导地位，推动着锋面向暖气团一侧移动。冷锋又因移动速度快慢不同，分为一型（慢速）冷锋和二型（快速）冷锋。暖锋是暖气团前沿的锋。暖锋在移动过程中，锋后暖气团起主导作用，推动着锋面向冷气团一侧移动。准静止锋是冷、暖气团势力相当或有时冷气团占主导地位，有时暖气团又占主导地位，锋面很少移动或处于来回摆动状态的锋。锢囚锋是当冷锋赶上暖锋，两锋间暖空气被抬离地面锢囚到高空，冷锋后的冷气团与暖锋前的冷气团相接触形成的锋。

不同类型的锋有不同的天气状况。锋面天气主要指锋附近的云系、降水、风、能见度等气象要素的分布和演变状况。

1. 冷锋天气

一型冷锋移动缓慢，锋面坡度较小（在1/100左右）。当暖气团比较稳定、水汽比较充沛时，产生与暖锋相似的层状云系，且云系和雨区主要位于地面锋后，多稳定性降水。但当锋前暖气团不稳定时，在地面锋线附近也常出现积雨云和雷阵雨天气。这类冷锋是影响中国天气的重要天气系统之一，一般由西北向东南移动。

二型冷锋移动快、坡度大（1/40—1/80）。冷锋后的冷气团势力强，移速快，猛烈地冲击着暖空气，使暖空气急剧上升，形成范围较窄、沿锋线排列很长的积状云带，产生对流性降水天气。夏季时，空气受热不均，对流旺盛，冷锋移来时常常狂风骤起、乌云满天、暴雨倾盆、雷电交加，气象要素发生剧变。但这种天气历时短暂，锋线过后气温急降，天气晴朗。在冬季，由于暖气团湿度较小、气温较低，不可能发展成强烈不稳定天气，只在锋前方出现卷云、卷层云、高层云、雨层云等云系。当水汽充足时，地面锋线附近可能有很厚、很低的云层和宽度不大的连续性降水。锋线一过，云消雨散，出现晴朗、大风、降温天气。

2. 暖锋天气

暖风的坡度较小，通常为1/150，暖空气沿着锋面缓慢上升，可达到很高的高度。主要云系和天气常发生在锋面上面，云底部与锋面相接，顶部则近于水平。暖锋上云系为卷云、卷层云、高层云，靠近锋线处为雨层云。降水发生在雨层云内，多为连续性降水。

3. 准静止锋天气

由于准静止锋的坡度比暖锋还小，沿锋面上滑的暖空气可以伸展到离锋线很远的地方，所以其云区和降水区比暖锋更为宽广，但降水强度小，持续时间长，可造成细雨绵绵的连阴雨天气。

（三）气旋

气旋是占据三维空间的中心气压比周围低的水平空气漩涡。气旋是和低压区紧密联系的，其中气压一般在1 010 hPa—970 hPa，最低值可低至887 hPa。气旋的水平尺度一般为1 000 km，大者可达2 000 km—3 000 km，小者也有200 km—300 km，在北半球气旋内的空气作逆时针方向旋转。

气旋是由于锋面上或密度不同的空气分界面上发生波动，进一步发展形成的。根据地理位置可将气旋分为温带气旋和热带气旋。气旋，特别是锋面气旋的天气是比较复杂的。锋面气旋的天气是由其中的流场、气团属性和锋的结构特征决定的。从流场来看，在锋面气旋中有强烈的上升气流，有利于云和降水的形成，气旋前部的天气更坏。从气团属性来说，气团湿度大就易发生降水，若气团层结稳定，会有系统性上升，可产生层状云系和系统性降水。如果气团层结不稳定，则有利于对流发展，产生积状云和阵性降水。从锋的结构看，气旋区如果有冷暖峰，则一般有冷暖锋云系对应的降水。

（四）反气旋

反气旋是占有三维空间的中心气压比周围高的水平空气漩涡。反气旋是与高压系统紧密联系、相伴而生的。地面反气旋中心气压一般为1 020 hPa—1 030 hPa，最高可达1 083.8 hPa。反气旋范围一般比气旋大得多，规模小的反气旋直径达数百千米，发展强盛时，往往可与大陆或海洋相比拟。在北半球反气旋内空气作顺时针方向旋转，南半球相反。

如果某一地区上空出现以辐合气流占优势的情况，就会出现地面高气压。在中高纬度地区，冬季严寒，积累了大量冷空气，有利于冷性反气旋的形成与发展。特别在亚洲大陆冷高压更为发达。在北半球的副热带，如北太平洋、北大西洋、北非大陆，常年处于西风带下沉气流区，形成常年存在的高压区，这里形成的反气旋，称为暖性的反气旋。

在反气旋中气流下沉，空气绝热下沉的过程中要增温，从而降低了相对湿度。在中高纬度地区的反气旋内，由于气团干冷，低层大气稳定，云雨不易形成，故多出现晴朗天气。暖性反气旋中有明显的下沉气流，因而通常出现稳定少变的晴朗天气。夏季，大陆上暖性反气旋控制下的天气往往是晴朗炎热的。

（五）对流性天气系统

在暖季，当大气层结处于不稳定状态，空气中有丰沛水汽，并有足够对流冲击力的作用下，大气中对流运动得以强劲发展，其所形成的天气系统统称对流性天气系统，如雷暴、龙卷、飑线、冰雹等。这些天气系统不仅尺度小、生命期短，而且气象要素水平梯度很大、天气现象剧烈，具有很大的破坏力，往往是一种灾害性的天气系统。

1. 雷暴

雷暴是由旺盛积雨云所引起的伴有闪电、雷鸣和强阵雨的局地风暴。没有降水的闪电、雷鸣现象，称干雷暴。雷暴过境时，气象要素和天气现象会发生剧烈变化，如气压猛升，风向急转，风速大增，气温突降，随后大雨倾盆。强烈的雷暴甚至带来冰雹、龙卷风等严重灾害。

2. 飑线

飑线是带状雷暴群所构成的风向、风速突变的狭窄的强对流天气带。飑线过境时，风向突变、风速急增、气压骤升、气温剧降，同时伴有雷暴、暴雨，甚至冰雹、龙卷风等天气现象。因而飑线是一种破坏力极强的严重灾害性天气。

飑线的水平范围很小，长度一般为150 km—300 km，宽度从数百米到几千米。垂直范围只有3 km左右。维持时间多为4 h—10 h，短的只有几十分钟。

3. 龙卷

龙卷是由积雨云底部伸出来的漏斗状的漩涡云柱。龙卷伸展到地面时所引起的强烈旋风，称龙卷风。龙卷的水平尺度很小，近地面直径一般几米到几百米，空中直径可到达3 km—4 km，垂直范围达3 km—15 km。生存时间为几分钟到几十分钟。

三、气候和气候的变化

气候是指在太阳辐射、下垫面性质、大气环流和人类活动长时间相互作用下，在某一时期内大量天气过程的综合。它不仅包括该地多年来经常发生的天气状况，也包括某些年份偶尔出现的极端天气状况。

气候是复杂的自然地理现象，导致气候形成和变化的因子主要有太阳辐射、大气环流、下垫面、人类活动的影响等。

（一）气候的形成因子

1. 辐射因子

太阳辐射是大气、陆地和海洋增温的主要能源，也是大气中一切物理过程和物理现象形成的基本动力。因此，太阳辐射是气候形成的基本因素。不同地区的气候差异及各地气候的季节交替，主要是由于太阳辐射在地球表面分布不均以及随时间变化的结果，而太阳辐射在大气上界的分布是由地球的天文位置决定的，太阳辐射又称天文辐射。由于天文辐射的时空分布的变化，导致了地球上天文气候具有因纬度而变化的地带性分布和各地气候的季节性变化。

2. 环流因子

大气环流促进高低纬度之间和海陆之间发生热量交换和水分交换，使各地气候不仅受本地的太阳辐射和地理条件的作用，还受其他地方的影响。在不同的环流形势下，形成不同的气候类型。

大气环流的基本形势是以纬向环流为主，表现在各盛行风系及高、低气压带大致沿纬圈分布。大气环流对同一纬度内气候形成的作用是相类似的，因而使同纬度带内各地气候具有一般的共同特点。

当环流形势趋向于其长期的平均状况时，各地的气候也是正常的；当环流形势在个别年份或个别季节出现异常时，也会导致某一时期内的天气和气候出现异常。近年来频繁出现的厄尔尼诺就是一个显著的实例。

3. 下垫面因子

下垫面是大气的主要热源和水源，又是低层空气运动的边界面，它对气候的影响十分显著。大陆上地面起伏不平，高大山地对气流产生影响。森林、草原、裸露地面、水体等，对气候也都有一定影响。

4. 人类活动因子

人类活动对气候的影响有两种：一种是无意识的影响，即在人类活动中对气候产生的副作用；一种是为了某种目的，采取一定的措施，有意识地改变气候条件。在现阶段，第一种影响占绝对优势，而这种影响在以下三个方面表现最为显著：工农业生产中排放至大气中的温室气体和各种污染物，改变大气的化学组成；在农牧业发展和其他活动中改变下垫面的性质，如破坏森林和草地、海洋石油污染等；在城市中的城市气候效应。

自工业革命后的200年间，随着人口的剧增，科学技术的发展和生产规模的迅速扩大，人类活动对气候的不利影响越来越大。

（二）气候的变化

表7-4　　　　　　　　　　　　　我国近5 000年的寒暖变化

第一次温暖时期 公元前3500—1000年左右 （仰韶文化到河南安阳殷墟时代）	黄河流域有象、水牛和竹等。估计大部分时间年平均气温比现在高2℃，年降水量比现在多200毫米以上，是我国近5 000年来最温暖的时代
第一次寒冷时期 公元前1000—公元前850年 （西周时期）	《竹书纪年》中记载有公元前903年和公元前897年汉水两次结冰，紧接着大旱，气候寒冷干燥
第二次温暖时期 公元前770—公元初（秦汉时期）	气候温暖湿润，《春秋》中提到鲁国（今山东）冬天没有冰，《史记》写到当时竹、梅等亚热带植物分布界限偏北，表明当时气候比现在暖湿
第二次寒冷时期 公元初—6世纪（东汉、三国到六朝）	据史书记载公元225年淮河结冰，在公元366年前后渤海海面连续三年结冰，物候比现在晚15—28天
第三次温暖时期 7—9世纪（隋唐时期）	公元650、669和678年的冬季，当时长安（现西安）无冰雪，梅和柑橘都能在关中地区生长。9世纪初西安还种梅花
第三次寒冷时期 10—12世纪（宋代）	华北已无野生梅树。公元1111年太湖全部冻结。公元1153—1155年苏州附近南运河经常结冰。福建的荔枝两次冻死，气候比现在寒冷得多
第四次温暖时期 13世纪（元代）	短时间回暖。公元1200年、1213年、1216年杭州无任何冰雪。元初西安等地重设竹监司衙门管理竹类，显示气候转暖
第四次寒冷时期 15世纪—19世纪末（明清时期）	长达500年。当时极端初霜日期平均比现在提早25—30天，极端终霜日期平均比现在推迟1个月。北京附近的运河封冻期比现在长50天左右，估计17世纪的冬温要比现在低2℃左右

气候变迁可分为地质时期、历史时期和近代三个不同时间尺度。地质时期气候变化的时间跨度最大，距今22亿年—1万年，其最大特点是冰期与间冰期交替出现。历史时期气候一般指一万年左右以来的气候。近代气候是指最近一二百年有气象观测记录时期的气候。

关于气候变化的原因，概括地说是在一定的外部条件（地球轨道因素、太阳活动、火山活动等）下，气候系统内各要素之间相互作用而形成的。第四纪大冰期中的冰期与间冰期交替的原因可能是地球轨道因素变化所致，而现代气候变化则是由太阳活动、火山活动与人类活动等引起的。可见，气候形成因素与气候变化原因虽有联系，但也有重大区别，是两个概念。

思考题

1. 列举主要气象要素。
2. 列举本地常见天气系统并分析说明其天气特征。
3. 结合本地气候特点分析影响气候形成的因子。

专题八　地球环境的演化和人地关系

15.3　人类生存需要防御各种灾害，人类活动会影响自然环境。

地球环境是指人类在其中生存与发展的地球表层，即自然地理环境。地球环境是由地质、地貌、气候、水文、植被、动物界和土壤等组成的一个整体，这些要素并非简单地汇集在一起，或偶然地在空间上结合起来，而是在相互制约和相互关联中形成一个特殊的自然综合体。各自然要素也不是孤立地存在和发展，而是作为整体的一部分在发展变化。

自然地理环境作为一个整体，其发展演化方向是具有方向性特征的一个十分复杂的过程。这种复杂性主要表现在新的组成成分或要素的出现，以及由此导致的结构复杂化，沉积过程加强，岩石圈厚度增加，水圈含盐量增加和离子成分发生有规律的变化，大气成分发生质的变化，地貌复杂化和气候多样化，生物从低级形式向高级形式发展，新物种的产生和一些旧物种的灭绝，地域分异越来越显著，等等。

一、地壳的演化及形成的古地理概貌

自地球形成以来，已有46亿年历史。在这漫长的时间里，地球曾经历了许多重大和复杂的变化,表现为留存在地壳中的地层、古生物化石和各种各样的构造变动遗迹。因此根据地层层序、生物化石和放射性元素等就可以确定地层的形成年代和先后顺序,进而确定先后发生在地壳中的各种地质事件和自然地理系统的发展演变过程。

（一）地质年代

用来表示地壳演变中各类地质事件发生的时间和顺序的测度称为地质年代,它包括绝对年代和相对年代。根据岩石中放射性同位素衰变规律所测定出的岩石生成的具体年龄称绝对年代,通常用年表示。绝对年代是确定地层新老关系的最精确、最基本的方法。根据生物界发展演化顺序和地层形成的先后顺序,将地壳演化史分为若干相应的历史阶段称相对年代。它仅表示地质事件发生或地层形成的相对先后顺序,并不能确切地知道它们的绝对年代。相对年代的划分依据是地层层序和生物化石类群的进化程度。如果地层没有被扰动,那么越往下的地层其年代肯定越古老,越往上的地层其年代越新。生物进化是从无到有、从低级到高级、从简单到复杂分阶段进行的,所以不同年代的地层含有不同的生物化石,并且出现复杂生物类群化石的地层肯定要比出现简单生物类群化石的地层年代要新。

根据生物进化顺序可把地质历史划分为不同阶段,其单位(地质年代单位)从高级到低级依次记为宙、代、纪、世、期。在每一地质年代单位内形成的相应地层用另一套地层单位来命名。地层单位与年代单位一一对应,依次为宇、界、系、统、阶。同一宙时期内形成的地层为同一宇,同一代时期内形成的地层为同一界,其余以此类推。需要说明的是,上述地层单位主要是以时间为准对地层进行划分,具有时间上的对比性,是最常用的地层单位。除此之外,地层还有以其他特征为依据的划分方法,并采用不同的地层单位。例如,通常采用的地方性地层单位——群、组、阶、层等,是根据地层岩性的变化特征来对地层进行划分的,所以这种地层单位又称为岩性地层单位。这种地方性地层单位只能用在小范围的生产实践中,在大范围内没有对比性。

根据上述相对年代和绝对年代的方法把地壳发展历史从古到今划分为不同阶段,各阶段的主要地质事件和生物进化情况如表8-1所示。

（二）古地貌的演变

1.地球初期发展阶段

地球的天文演化时期,是地壳形成的最原始的阶段,地壳中没有这一阶段的任何地质记录,只有用比较行星学的方法以及凝聚理论进行推测,间接地了解地球初期的地质事件。例如,人们根据月壳、火星外壳和陨石的性质等类比推测,这一阶段的原

表 8-1　　　　　　　　　　　　　　　　　　　　　地质年代表

地质年代、地层单位及其代号				同位素年龄（百万年）		构造运动	构造阶段	生物界开始繁殖的时代	
宙（宇）	代（界）	纪（系）	世（统）	距今年龄	延续时间			植物	动物
显生宙（宇）	新生代（界）Kz	第四纪（系）Q	全新世（统）Q₄ 更新世（统）Q₁,Q₂,Q₃	0.01 2—3	2—3	喜马拉雅运动	喜马拉雅阶段		←现代人
		第三纪（系）R	晚第三纪（上第三系）N	上新世（统）N₂ 中新世（统）N₁	9 26	23—24				←古　猿
			早第三纪（下第三系）E	渐新世（统）E₃ 始新世（统）E₂ 古新世（统）E₁	38 60 70	44				
	中生代（界）Mz	白垩纪（系）K	晚白垩世（上白垩统）K₂ 早白垩世（下白垩统）K₁	140	70	燕山运动三幕 燕山运动二幕 燕山运动一幕	太平洋阶段	←被子植物	←哺乳类 ←鸟　类
		侏罗纪（系）J	晚侏罗世（上侏罗统）J₃ 中侏罗世（中侏罗统）J₂ 早侏罗世（下侏罗统）J₁	195	55	印支运动			
		三叠纪（系）T	晚三叠世（上三叠统）T₃ 中三叠世（中三叠统）T₂ 早三叠世（下三叠统）T₁	250	55	海西运动			
	古生代（界）Pz	晚古生代（界）Pz₂	二叠纪（系）P	晚二叠世（上二叠统）P₂ 早二叠世（下二叠统）P₁	285	35		海西阶段	←裸子植物	←爬行动物
			石炭纪（系）C	晚石炭世（上石炭统）C₃ 中石炭世（中石炭统）C₂ 早石炭世（下石炭统）C₁	330	45			←蕨类植物	
			泥盆纪（系）D	晚泥盆世（上泥盆统）D₃ 中泥盆世（中泥盆统）D₂ 早泥盆世（下泥盆统）D₁	400	70	加里东运动			
		早古生代（界）Pz₁	志留纪（系）S	晚志留世（上志留统）S₃ 中志留世（中志留统）S₂ 早志留世（下志留统）S₁	440	40		加里东阶段	←裸蕨植物	←两栖类 ←鱼　类
			奥陶纪（系）O	晚奥陶世（上奥陶统）O₃ 中奥陶世（中奥陶统）O₂ 早奥陶世（下奥陶统）O₁	520	80				
			寒武纪（系）∈	晚寒武世（上寒武统）∈₃ 中寒武世（中寒武统）∈₂ 早寒武世（下寒武统）∈₁	615	95				
隐生宙（宇）	元古代（界）Pt	晚元古代	震旦纪（系）Z		800	185	蓟县运动		←海生藻类植物	←无脊椎动物
		中元古代			1 700	900	晋宁运动			
		早元古代			2 400	700	吕梁运动			
	太古代（界）Ar				3 800	1 400	五台运动 阜平运动		←原始菌藻类植物	
	地球初期发展阶段				4 600					

始地壳是由基性岩类构成的，地壳薄而脆弱，后期有原始的陨石撞击作用，地表有高地和低地的分异，水圈没有出现。另据宇宙探测推测，当时的大气圈尤其在初期是以氢、氦为主体，以碳氢化合物、氨、二氧化碳和水蒸气等为次要成分的还原性大气。

2. 太古代

太古代是地壳形成以来有大量确实资料可考的最古老的时代，它经历了10多亿年的时间。太古代地层中生物化石十分贫乏，仅在其上部发现有极为原始的、没有真正细胞核的菌藻类微生物化石。根据太古代地层特征可以大致推测当时的地壳及其自然地理特征。太古代时期地壳比较薄弱，岩浆和火山活动特别频繁。当时的原始大气圈和水圈已经形成。由于当时还没有绿色植物出现，又受长期火山喷发的影响，大气中二氧化碳的含量高，而氧和氮的含量极低。海洋面积广大，而陆地面积很小，呈岛状零星分散在原始海洋中。海水化学组成与现代海洋不同，含盐量比现在低得多。陆地是荒芜的，在相当长的一段时间里没有任何生命，到处是荒凉死寂的世界。在太古代末期，浅海环境中的某些无机物经过复杂的化学变化跃变为蛋白质和核酸，进而演变为原核细胞，出现了极为简单的无真正细胞核的细菌和蓝藻。太古代是原始生命萌芽的阶段。

3. 元古代

太古代末期发生了一次全球性构造运动，在我国称阜平运动。这次运动后，地壳进入一个新的发展时期，即元古代。元古代地层陆地面积增大，稳定性增强，但还是以海洋占绝对优势。元古代时期构造运动相当强烈，曾发生大规模的造山运动，这些造山运动形成的褶皱带使原有的小陆块逐渐合并成面积较大的古陆，并且稳定性增强。浅海面积广大而稳定，为生物演化提供了有利条件。原核生物逐渐演化为真核生物，种类数量明显增多，海生藻类得到大发展。元古代晚期的浅海中第一次出现原始动物，如海绵、水母、软体珊瑚等。随着藻类植物的大量出现，光合作用吸收了大气圈中的大量二氧化碳并放出大量氧气，使得大气圈中二氧化碳浓度下降，氧气浓度上升，逐渐改变了大气的组成。在元古代末期，地球上出现了第一次冰期——震旦纪冰期，各古陆高地上冰川广布，遗留下许多冰碛物。

4. 古生代

古生代历时37 000万年，根据地层和古生物情况又分为早古生代和晚古生代两个亚代，由六个纪组成，不同时期的自然地理环境具有不同特点。在古生代，世界大陆几经分离。元古代末期，古陆面积不断扩大而合并在一起构成了泛大陆。古生代寒武纪时，地壳开始下沉，海水侵入泛大陆使其开始分裂，在南部形成冈瓦纳大陆，北部分离出北美洲、欧洲和亚洲三个古大陆。从奥陶纪开始，全球范围又发生一次构造运动，称加里东运动。这次运动使欧洲与北美洲合并在一起形成了一块大陆。石炭纪末期发生了海西运动，使冈瓦纳古陆与欧美古陆合并在一起。这次运动一直持续到二叠纪末，使亚洲大陆与欧美大陆合并在一起，形成一个新的泛大陆。

在大陆合并、海陆变迁的过程中，生物圈也发生了巨大变化。在早古生代，动物界第一次得到大发展，被称为海生无脊椎动物时代。化石中最多的是三叶虫化石，所以早古生代又称为三叶虫时代。志留纪末期，半陆生的裸蕨植物首次出现。晚古生代，植物界第一次获得大发展，动物界也出现从无脊椎到脊椎、从水生到陆生的两次飞跃。加里东运动之后，大陆上出现了大面积低平的沼泽和湖泊湿地，这为以海生藻类为主的植物界向陆生植物发展提供了有利条件。在植物适应陆地环境的过程中，不适应陆地生活的植物被淘汰，蕨类植物保存下来并在泥盆纪得到空前的大发展，使大陆第一次披上了绿装。石炭纪、二叠纪使蕨类植物发展达到了鼎盛时期，陆地上出现了万木参天、密林成海的景观，因此晚古生代被称为蕨类植物时代。这些高大蕨类林木在地壳运动时被埋在地下，形成了许多煤层，所以石炭纪、二叠纪是地史上最重要的成煤时期之一。此时海生无脊椎动物经过漫长的演化，分化出有脊椎的较高级的动物。泥盆纪时出现了大量鱼类，所以泥盆纪又被称为鱼类时代。晚古生代末期出现了两栖动物，实现了动物从水到陆的又一次飞跃，并在石炭纪、二叠纪得到了空前繁盛，因此石炭、二叠纪又称为两栖类时代。晚古生代的气候逐渐变冷，石炭纪末期和二叠纪早期全球出现了第二次大冰期，南半球有广泛的冰川。

5. 中生代

古生代末期由于海西运动合并而成的泛大陆，在中生代初期因全球性大规模强烈的旧阿尔卑斯运动而开始分裂。在三叠纪时，北美洲与欧洲分离产生了大西洋，并逐渐扩张。在侏罗纪时，南美洲与非洲分离，产生了南大西洋，同时印度洋板块也脱离泛大陆产生印度洋。在白垩纪时，世界各地都发生了一次构造运动，这次构造运动在中国称燕山运动。它使大西洋和印度洋逐渐形成，古地中海的面积逐渐缩小。至此，各大洲的分布形势已初具规模。我国大陆的基本轮廓也是这时候确定下来的。

中生代陆地上的气候复杂多变，喜湿热的蕨类植物因不适应干湿冷热多变的大陆环境而逐渐衰退，适应性较强的靠种子繁殖的以苏铁、银杏、松柏类植物为典型代表的裸子植物成为当时植物界的主宰，所以中生代又被称为裸子植物时代。这些裸子植物在一定的地质条件下被埋藏在地下而逐渐形成煤层，所以中生代也是一个重要的成煤期。中生代爬行动物逐渐得到了发展，并逐渐取代了两栖类动物，成为当时动物界的主宰，所以中生代又被称为爬行动物时代。此时的爬行动物以恐龙为主，中生代也称恐龙时代。但是，到了中生代末期，曾称霸一时的恐龙在地球上突然绝迹了。关于恐龙绝迹的原因至今仍是未解之谜。

6. 新生代

第三纪时全球普遍发生了一次构造运动，在欧洲称为新阿尔卑斯运动，在我国称喜马拉雅运动。这次地壳运动使澳大利亚大陆与南极大陆分离，印度洋板块向东北漂移并和亚欧板块碰撞到了一起，基本上形成了今天的海陆分布大势和地表起伏形态。第三纪初期的气候仍然比较温暖湿润，但经过多次造山运动之后，随着陆地地势增高和面积扩大，气候逐渐趋于干冷。进入第四纪后，气候进一步变冷，波动增大，在中、高纬地区和低纬的高山地带发育了大规模冰川，这个时期称为第四纪大冰期。

进入第三纪后，植物界以被子植物大发展为特征，动物界以哺乳动物空前繁盛为特点，因此新生代又被称为被子植物时代和哺乳动物时代。气候趋于干冷以后，许多地方的植物出现旱生化特征。在第三纪初期出现了草原，第四纪又出现了苔原，从而逐渐形成了现今多种多样的植被类型。新生代除哺乳动物得到大发展以外，其他动物物种也逐渐增多，如昆虫和鸟类数量大大增加。在第四系堆积层的上部除了含有其他生物化石之外，还含有古人类化石和古人类活动遗迹、遗物。这说明在第四纪完成了从猿到人的转化，人类社会开始出现。人类出现是新生代的一件大事，也是地球演变历史上最重大的事件，从此，开始了人类利用自然和改造自然的崭新时代。

二、人类与地理环境

人类是自然地理环境演化到一定阶段的产物。人类自出现以来，就通过生产劳动与周围环境发生联系。自然地理环境为人类生存和发展提供必要的物质基础，同时人类的各种生产活动又不同程度地影响着自然地理环境。人类活动的影响，随着人口不断增加和社会生产力不断提高而日益强化。人类一方面通过积极的改造自然的活动创造了更有利于人类生活和生产的环境条件；另一方面却由于盲目的自然资源开发活动导致了环境的恶化，遭到了大自然的惩罚。正是这一原因，促使人们迫切地去研究人地关系，探讨人类社会与自然地理环境协同进化的正确方向和可持续发展的有效途径。

（一）人类与地理环境的相互作用

1. 自然地理环境对人类发展的影响

（1）人类是自然地理环境的产物

人类社会的进化与自然地理环境密切相关。第三纪晚期是古猿的繁盛阶段，同时草原植物开始向森林进逼，夺得了广大空间。自然条件的变化迫使古猿开始适应新的、较为不利的生活环境。由于自然选择的作用，森林古猿中衍生出一支地栖性的草原古猿，对它们来说，求生存的斗争大大复杂化。

草原环境生活促使它们直立行走和利用前肢抓取物体，并不得不以草原动物作为食物（草原灵长类的杂食性）。这便引起身体器官功能的改变，尤其是大脑发达起来。正是由于在不同的自然环境中生活，草原古猿才按照与森林古猿不同的道路发展。当在地面生活的古猿不仅学会使用工具，而且学会制造工具时，人类就诞生了。爪哇猿人是最古老的、生理结构最原始的人类之一，已经能用石头制造工具。北京猿人比爪哇猿人进化程度更高，他们已经开始用火。以后人类的发展又经历了古人和新人的阶段，大约在5万年前开始逐渐进化成现代世界的各式人种。

在第四纪人类的进化过程中，自然地理环境发生了剧烈的节奏性演变，冰期和间冰期、海侵和海退、地壳上升和下降等自然地理过程和现象交替发生。自然界的这种节奏变化深刻地影响了人类的进化。原始的人类一方面改造着自己的形体和大脑，以适应变化的环境，另一方面又不断扩展到世界各地，以寻求各种适于生存的环境。自然因素加上社会因素的共同作用，人类便产生了体质特征不同的各种人种类型，形成不同的地理分布特点。

（2）人种形成的自然地理因素

人类的起源是统一的，在生物学上同属一个物种，有着共同的祖先。然而，人类的各个群体在相当长的一段时期内彼此隔离地生活在不同的自然地理区域之中，人的身上便留下了各自居住环境的烙印。在第四纪，非洲、欧洲和亚洲是全球范围内的三大人种活动中心。对于人类活动来说，这三个地理区域由于存在严重的天然屏障而彼此相对孤立起来。广阔的干旱沙漠带把非洲和欧洲分割开来，高峻的大高原、大山脉以及遥远的距离使亚洲与欧洲、非洲分开。尽管期间冰川多次进退，人类活动范围多次收缩或扩张，在一定程度上改变了这些屏障的影响，并引起人类群体的迁徙和混杂，但是三大人种活动中心从人类形成的早期直至旧石器时代仍然存在，因而有足够的时间使人类在地理环境的自然选择作用下不断演变。

人类的三个基本种族正是在这样一种分化的地理环境中形成的。在若干万年的时间内，生活在不同区域的人群通过遗传和突变产生出一系列人体外部形态变异，这种变异具有明显的适应环境的意义。

尼格罗人种形成于热带炎热的草原旷野上，那里日照强烈，色素较深的黑色皮肤和浓密卷发对身体和头部有保护作用，宽阔的口裂与外黏膜发达的厚唇以及宽大的鼻腔也有助于冷却吸入的空气。

欧罗巴人种主要形成于欧洲的中部和北部，那里气候寒冷，云量多而日照弱，因此人体的肤色、发色和睛色都较为浅淡。人的鼻子高耸、鼻道狭长使鼻腔黏膜面积增大，这有利于寒冷空气被吸入肺部时变得温暖。

蒙古人种形成的环境没有非洲炎热也没有欧洲寒冷，故蒙古人形成较为适中的体质形态特征。典型的蒙古人种具有内眦褶，这可能与草原和半沙漠的环境有关。这样的结构能保护眼睛免受风沙尘土的侵袭，并能防止冬雪反光对眼睛的损害。

人类的群体在历史上曾经多次往复迁徙，又经过人种的混杂过程。混杂产生的种族类型之后又可能长期处于隔离状态，受新的环境影响而产生新的类型，其过程是极为复杂的。因而要说明某一种族特征的形成原因，必须追溯其发展历史。

自然条件在人种分化的早期阶段起着某种选择作用，这是不可否认的。但人类与动物有本质区别，人类有生产劳动和创造文化的能力，物质生产随着生产力的发展在改变着人类的生存条件，人类通过劳动又使环境逐渐适合自己的需要，而不是改变自己的器官适应环境。因而自然地理环境对人种形成的作用随着社会生产力的发展而减弱，人类的种族特征越来越失去其适应生存环境的意义。

由此可见，人类种族差别仅限于外部的若干体质特征，无论从生理或社会的特点来看，各个种族之间的共同点都是本质的和大量的，而差异则是次要的和少量的，因此种族没有优劣之分，任何种族都可以创造出灿烂的文化。

（3）人口分布和人口质量的自然地理因素

人口地域分布的差异是人类发展过程中在空间上的表现形式，深受自然因素的影响。经过几百万年的增殖和迁移，人类的居住范围早已遍及除两极地区以外的六大洲，但具体分析，人口分布是很不平衡的。

目前地球陆地上尚有35%—40%面积基本无人居住，全球人口的1/3集中分布在1/7的土地上，其中亚洲、欧洲人口最多，占世界总人口的3/4以上，人口密度也最大。在古代社会，生产力水平低下，人类的生活和人口的分布受自然环境的极大制约。到了现代，人类虽已在相当程度上按照自己的意志利用和改造自然，抵御那些危及自己生存的自然因素，但并不意味着人类可以完全摆脱自然的制约。自然环境和自然资源始终是人类生产和生活的物质基础。自然环境的地区差异、自然条件的优劣，以及自然资源的多寡等自然因素，必然要影响各地区的经济发展，进而影响人口分布。举凡气候适宜、水源可靠、土地平坦肥沃的地方，人口就繁殖起来。故在温带地区（除干旱内陆和高寒山区）人口都十分稠密。在自然条件恶劣的地区，人们纵然能适应下来，也不可能有高的劳动生产率，人口也是难以增殖的。

自然资源开发对人口分布的影响也是十分明显的。某些地区矿产资源的开发往往成为影响人口分布的决定性因素。许多荒无人烟的地方，一旦其自然资源得以大规模开发，便可吸引千千万万的劳动大军，建设起一座又一座工矿新城。

值得说明的是，自然地理环境对人口分布的影响只是一个方面，人口的分布主要还是受社会经济因素的影响。因此，人们的物质生产方式的发展水平及其生产布局特点，才是影响人口分布的决定性因素。

自然地理环境对人口质量的影响，主要表现在对人口健康的影响方面。人类是自然地理环境的产物，通过新陈代谢与周围环境不断地进行物质和能量的交换，从环境中摄取空气、水、食物等生命必需物质，以维持机体的正常生长和发育。因为人类与自然地理环境在物质构成上有密切相关性，所以环境中的某些化学元素的含量多少必然会影响到人体的生理功能，甚至可能对健康造成影响，引起疾病。在一定区域某些化学元素富集或贫乏时，导致当地居民体内相应的化学元素过多或过少，当体内的化学元素含量超过人体生理功能调节范围时，就破坏了人体与环境之间的平衡，甚至诱发某种地方病和流行病。

（4）人类社会发展的自然地理因素

人类社会的发展不可能脱离自然界而孤立地进行。自然地理环境是社会发展的经常的、必要的条件之一，起着加速或延缓社会发展进程的作用。

在社会发展早期阶段，当人类生产力还十分原始的时候，自然地理环境对社会发展的影响表现得特别强烈。人类早期的社会大分工，便是以自然条件为基础的。在那些水草丰足适于放牧的地区，逐渐出现了专门从事畜牧业的部落；而在那些土地肥沃易于垦殖的地区，逐渐出现了专门从事农业的部落，这就是人类历史上第一次社会大分工。社会的分工，促进了生产力的发展，而构成这种社会分工的自然基础，正是自然地理环境的地域差异性。

地表自然界的千差万别，自然资源分布的不平衡，造成了生产条件的差异。一般来说，优越的自然环境有助于加快社会发展的进程，恶劣的自然环境则会阻碍社会的发展。

还应指出，自然地理环境对人类社会发展的影响，还因处于生产力发展的不同历史阶段而有所不同。

总之，自然地理环境对社会发展起着促进或阻延的作用。这种作用，在社会发展的早期尤为深刻和重要。随着生产力不断提高和自然资源不断开发，社会与周围自然界的联系便日益加深，而同时人类对自然界的影响也日益加强。

2. 人类发展对自然地理环境的影响

（1）人类主观能动作用的发展

人类能够进行思维活动、制造工具和从事生产劳动，并通过劳动不断认识自然、掌握自然规律，从而有目的、有计划地改造自然和有意识地协调人类与自然地理环境之间的关系，这就是人类主观能动性的体现。

总的来说，人类对自然地理环境施加的种种作用和影响，既有建设性的一面，也有破坏性的一面。由于人类对大范围、长时间的自然过程还缺乏预测能力，因此人类对自然的改造难免陷入某种程度的盲目。人类对自然的改造和利用不能单凭主观意志，而应遵循自然规律和法则。否则，即便可能取得某些暂时的效益，最终也会受到大自然的惩罚。

（2）人类活动的自然地理效应

人类对自然界的影响，只是与自然地理环境长期演变中的最近时期有关，它仅仅意味着只是修饰经过漫长地质年代所塑造的地表环境而已。由于人类活动具有主观能动性，因此为了求生存、得发展，人类从未停止过改造周围环境的活动，以致现在地球上几乎不存在不受人类影响的原始状态的自然环境。人类活动对自然地理环境的影响表现为许多方面，概括起来包括以下五类：

① 对于地表状态的改变

目前，人类已经开拓陆地表面的50%左右，其中强烈开拓区占全球的15%。人类的各项活动，可以把相当数量的岩石、砂土、水、植物等地表组成物质从一个地方迁移到另一个地方，或从低处搬运到高处。人类的这些活动大大改变了原有地表状态，并建造了一系列人为景观。例如城市的建造、水库的修筑、矿山的开采、森林的砍伐等。地表状态的改变及其过程，也引起了自然环境中物质循环及能量转换的改变。

② 对于物质循环的改变

人类改变物质循环的作用是多方面的，对水的控制则是其中一个重要方面。很久以来，人类为改变地表水分布不均的状况，做出了不懈的努力，其主要措施是：用储水排灌的方法改变一个流域的水平衡；采取大型调水工程改变一个或一个以上流域的水平衡；地表水的人为汇集，引起水分蒸发加强和降水量的增加，从而改变了局部的水分循环。此外，人类活动不断向自然环境排放污水和废气，也是改变物质循环的一种形式。

③ 对于热量平衡的改变

一定区域的热量收支，毫无例外受其下垫面状态的影响。人类活动改变了地表状态，也就相应地改变了地表面的反射率和其他热力性质，从而改变了区域的热量平衡。此外，人类大规模的生产活动又会向周围大气散发各种化学物质和微粒，尤其是二氧化碳气体的不断增加，可造成显著的温室效应。有人计算，大气中二氧化碳含量达到今天的两倍时，气温将平均上升3℃。倘若如此，气候的变化将相当惊人，将因极地的融冰而导致全球性自然地理环境的改观。

④ 对生态平衡的改变

自然生态系统由于人类活动而处于变化状态，只要有人类聚居的地方就会有人类活动的干扰。在中纬度大陆表面的许多地方，精耕细作的农业、牧业或都市，几乎完全处于人类的支配之下。应该看到，人类改变原有的生态平衡，代之以新的平衡，是一种进步的趋势。这不仅是由于人类建立的人工生态系统所提供的产品数量、质量及品种，可以远比自然生态系统提供的为上，而且还由于人工生态系统并不总是带来危害。例如，人们在广大平原地区按照生物圈的组织原理建立的农田生态系统，并没有使自然界的平衡遭受破坏。当然，人类对自然地理环境的改造和利用中失败的案例也比比皆是。例如，山区大规模毁林开荒，引起严重的水土流失；大规模毁草开荒和在半草原半荒漠地区过度放牧，引起土地沙化或沙漠化等。

⑤ 对自然地理过程速率的改变

人类大规模的经济活动打破了原有的自然生态平衡，迫使自然地理过程朝着新的方向发展，同时，也促使自然地理过程的速率发生变化。有人做过计算，在土壤侵蚀过程中，由于人类的作用，全球每年每平方千米的土地上平均损失掉的土壤为1 500 m³—85 000 m³；而天然侵蚀背景下只有12 m³—1 500 m³，前者是后者的125—170倍。也就是说，由于人类活动，使得土壤侵蚀过程加快了150倍左右。

总之，人类无论从哪一方面触动自然，都可能引起环境的整体改变。

（3）人口增长对自然地理环境的压力

20世纪以来，世界人口增长呈现史无前例的高峰状态。人口的急剧增长给自然地理环境带来了极大的压力，使人类生存空间越来越拥挤。这种压力，首先表现为人类对自然资源消耗量的激增，其次是加剧了环境的恶化。

随着人口的增长，自然资源消耗量剧增以及环境质量严重恶化的事实，正日益危及人类赖以生存的自然地理环境。各国经济持续发展和各国人民物质和文化生活水平逐步提高的趋势，决定了人类向自然界索取的资源将越来越多，如不高度重视此问题，采取合理措施，必将进一步加大对自然地理环境的压力。

（二）人地关系协调与可持续发展

1. 人类与自然地理环境的对立统一

自然地理环境是人类赖以生存的物质基础，同时两者又按各自固有的规律发生和发展，两者之间存在着对立统一的相互关系。从对立的方面看，自然地理环境总是作为人类的对立面而存在，按照自然规律不断发展。人类的主观要求与自然地理环境的客观属性之间、人类有目的的活动与自然地理过程之间，都不可避免地存在着矛盾。从统一的方面看，自然地理环境总是作为人类生存的特定环境而存在。人类与其周围的自然地理环境是相互作用、相互制约的。人类既是自然地理环境的产物，在一定意义上讲，也是它的塑造者。如果人类认识到自然地理环境的客观属性及其演变规律，在利用自然和改造自然的过程中，就能趋利避害，引导自然地理环境向有利于人类生存的方向发展。反之，如果违背自然规律，或迟或早要受到大自然的惩罚，产生危害人类生存的环境问题。

2. 促进人类与自然地理环境协调发展的途径

以现代人地关系协调论为指导的可持续发展思想，其核心是人与自然的和谐，发展与资源、环境相协调，即人口、资源、环境与发展的协调。实现人与自然地理环境关系协调发展的途径如下：

（1）控制人口数量，提高人口素质。

（2）振兴经济发展，改进增长方式。

（3）改善自然地理环境质量，有效利用自然资源。

（4）大力开展自然地理环境建设。

从现在起，我们应改变以往那种对自然环境无目的、无计划改造的旧观念，代之以对自然环境的积极建设。人类作为地球上唯一具有智慧生命的成员，面临着把自己的生存环境作为统一整体而积极建设的任务，唯此，才能真正实现人类与自然环境的协调发展。

思考题

1. 什么是地质年代？地质年代是怎样划分的？

2. 简述古地貌的演化史。

3. 简述自然环境对人类发展的影响。

4. 讨论人类如何实现与地理环境的协调发展。

模块二

物质化学

专题一 化学反应的实质及物质微观结构

1.1 物体具有质量、体积等特征。

1.3 物质一般有三种状态：固态、液态和气态。

1.5 物体在变化时，构成物体的物质可能改变，也可能不改变。

3.1 空气具有质量并占有一定的空间，形状随容器而变，没有固定的体积。

3.2 空气是由氮气、氧气、二氧化碳等组成的混合物质。

人类生活在浩瀚的物质世界中，天然的或化学反应中生成的数万种物质由几十种常见的元素组成，它们之间的差别，仅仅是元素的种类、原子的数目与原子结合成分子的方式不同，但造就了物质世界的千变万化、千差万别。数万种化合物构成的多样性物质世界使我们的生活五彩缤纷。化学作为研究物质变化的一门科学，实用性很强，与人类的衣食住行、健康长寿息息相关，与社会的发展、人类的进步密切相连。例如公元前2000年，埃及人就十分精通防腐剂。公元前2200年，中国已有人造酒，公元前2000年葡萄酒已经问世，公元前1800年已能制啤酒。诸如此类的物质的发现和利用，为人类创造了生存发展的基本物质条件，而现代的例证更是不胜枚举。

一、化学与物质

（一）物质的分类

目前已发现的化学元素有110多种，宇宙万物都是由这些元素的原子构成的，组成了丰富多彩的物质世界。物质首先可分为纯净物和混合物两大类，而纯净物又可分为单质和化合物两种类型。

1.纯净物和混合物

纯净物指由一种单质或化合物组成的物质，混合物则指由两种或两种以上的单质或化合物混合而成的物质。例如，氢气、二氧化碳是纯净物；空气、硫酸溶液等是混合物。

2. 单质

由同种元素的原子组成的纯净物称为单质。如氢气、氧气、氯气、铁、银、铜等。

3. 化合物

由不同种元素组成的纯净物称为化合物。如氧化钠、小苏打、干冰等。

（二）物质的物理性质与化学性质

不同的物质所具有的不同用途是由它们的性质所决定的，性质是一事物区别于其他事物的本质属性。在化学科学中将物质的性质分为两大类：一类是物理性质，如物质的存在状态、颜色、气味、熔点、沸点、密度等都属于物质的物理性质。物质发生变化但没有生成新的物质，这种变化称为物理变化，如水的三态变化就属于物理变化，物质在物理变化中所表现的性质叫作物理性质。另一类是化学性质，如铁能在潮湿的空气中生锈，碳能在空气中燃烧等。改变外界条件，产生了新物质的变化称为化学变化，如氢气与氧气在点燃的条件下生成水，物质在化学变化中所表现的性质叫作化学性质。

（三）道尔顿原子论

道尔顿原子论是英国科学家道尔顿在19世纪初提出来的。道尔顿原子论认为，物质世界的最小单位是原子，原子是单一的，独立的，不可被分割的，在化学变化中保持着稳定的状态，同类原子的属性也是一致的。道尔顿原子论，是人类第一次依据科学实验系统地阐述了微观物质世界，是人类对认识物质世界的一次深刻的、具有飞跃性的成就。

经过近20年的研究，道尔顿原子论在1803年基本定型。1808年，这一理论的基本观点在他的《化学哲学新体系》中发表，主要观点是：

（1）元素（单质）的最终粒子称为简单原子，它们极其微小，是看不见的，是既不能创造，也不能毁灭和不可再分割的。它们在一切化学反应中保持其本性不变。

（2）同一种元素的原子，其形状、质量和各种性质都是相同的；不同元素的原子在形状、质量和各种性质上则各不相同。每一种元素以其原子的质量为最基本的特征。

（3）不同元素的原子以简单整数比相结合，形成化学中的化合现象。化合物原子称为复杂原子。复杂原子的质量为所含各种元素原子质量的总和。同一化合物的复杂原子，其组成、形状、质量和性质必然相同。

由于道尔顿的原子论简明深刻地说明了物质内在的各种定律的联系，从微观物质结构的角度揭示了化学现象的本质，所以得到化学界的承认和重视。同时原子论引入了相对原子量的概念，开始了测定相对原子量的工作，相对原子量的测定为元素周期律的发现打下了基础。恩格斯在《自然辩证法》中这样评价道尔顿的工作："道尔顿的发现是能给整个科学创造一个中心并给其他工作打下巩固基础的发现。"道尔顿的原子论，标志着近代化学的开端，道尔顿被称为"近代化学之父"。

（四）分子理论

1. 分子论的提出

道尔顿的原子论使人们对物质微粒性的认识提高到了原子的层次，是对化学的一大贡献。但是，物质的微粒性是多样的，除了原子以外，还有分子、离子等，原子以外的层次当时尚未被人认识，这些微粒之间是什么关系就更不清楚，这就需要科学家去继续探索，以发现其他的微粒或层次。

1804—1808年，法国化学家、物理学家盖·吕萨克与德国科学家洪堡德合作科研时就发现，将氢气和氧气的混合气体通过电火花点燃后生成水，100体积的氧气和200体积的氢气相化合。1808年，他把实验结果加以总结，概括出气体反应体积简比定律：在同温同压下，气体反应时气体体积互成简单整数比。

盖·吕萨克的定律是物质呈现分子微粒性的表现。道尔顿原子学说解释不通实验结果，并不是原子论不正确，而是机械地搬用了原子论的必然结果。

道尔顿与盖·吕萨克的学术争论引起了意大利科学家阿伏伽德罗的极大兴趣，他仔细地分析了辩论双方的论点论据，终于找出了问题的症结，提出了分子论的假说，既解释了气体化合体积定律，又对原子论做了继承和发展，使我们发现了一个新的物质微粒层次——分子，极大地推动了化学的发现。

2. 阿伏伽德罗的分子论

阿伏伽德罗通过大量实验归纳事实后发现，他所研究过的众多的化学物质中，从来没有找到比半个分子还小的粒子。从而使他认识到半个分子就是化学反应中不再发生变化的量（原子）。同时，他也认为分子肯定可以一分为二的，就是二分为四、四分为八也有可能。从而说明了分子、原子之间的关系和内在联系。所以，他相信原子论，但他补充发展原子论，从而建立起统一的原子分子学说。

阿伏伽德罗假说的主要内容如下：

（1）提出了分子是物质的一个层次，是保持物质特性和组成的最小微粒。

（2）认为"在同温同压下同体积的气体都具有相同数目的分子"。（假说完全正确）

（3）假定单质气体由双原子组成。（指明了分子与原子的关系）

（4）正确计算出了氢、氧、氮、氯等气体的分子量。（证明了分子的微粒性的存在）

这是阿伏伽德罗于1811年6月在法国《物理杂志》发表的论文的主要内容。此后他又在1814年、1821年发表了两篇关于分子假说的论文。但是化学界反应冷淡，然而，这并未使阿伏伽德罗丧失信心，他写道："我预言，假说终将成为整个化学的基础和使化学日益完善的源泉。"事实证明了他的预言的正确性，由于化学界不承认分子的存在，在以后的50年里，化合物的原子组成难以确定，结果原子量的测定混乱不堪。50年后意大利化学家总结了50年化学发展的曲折经历，找到了混乱的根源，证实了假说的正确性，分子论才终于为世人所接受，化学界才认识到阿伏伽德罗是个了不起的伟人。原子—分子学说成了19世纪化学发展史上最重要的里程碑。

二、化学反应的实质

化学反应的实质是原子的重新组合，原子间只有通过强烈的相互作用才能进行重新组合。化学上把原子彼此结合时，相邻原子间强烈的相互作用叫作化学键。最基本的化学键类型有三种：离子键、共价键、金属键。

（一）离子键

金属钠在氯气中燃烧会生成白色氯化钠。金属钠与氯气是如何形成氯化钠的？

钠原子最外层有1个电子，在反应中特别容易失去最外层的一个电子变成带一个单位正电荷的阳离子Na^+，氯原子最外层有7个电子，反应中得到钠失去的一个电子变成带一个单位负电荷的阴离子Cl^-，阳离子Na^+与阴离子Cl^-通过静电作用相互吸引，同时，Na^+与Cl^-两个原子核之间及核外电子之间产生排斥作用，当离子间的吸引力与排斥力达到平衡时，则形成稳定的氯化钠。可表示为：

$$Na - e \rightarrow Na^+ \qquad Cl + e \rightarrow Cl^- \qquad Na^+ + Cl^- \rightarrow NaCl$$

像这种阴、阳离子之间通过静电作用所形成的化学键叫作离子键。由离子键结合形成的化合物叫作离子化合物。一般来说活泼的金属元素与活泼的非金属元素之间是以离子键的形式形成稳定的化合物。

（二）共价键

对于一些原子，最外层电子数目是4至8个，得失最外层电子的能力基本相同，通过电子得失形成离子的可能性较小，如H、O、C、N等原子，如何形成新的物质？如氢分子的形成，两氢原子之间通过共用电子对形成稳定的氢气分子，用电子式表示为：

$H \cdot + H \cdot \rightarrow H : H$。

化学上将原子间通过共用电子对形成的化学键叫作共价键。由共价键结合形成的化合物叫作共价化合物。一般相同的非金属元素之间或不同的非金属元素之间是通过共价键结合形成稳定物质的。

自然界的许多元素就是通过化学键的相互作用形成了种类繁多、性质各异的化学物质，为人类的生活提供基本的物质保证。

三、化学反应类型

化学反应可按两种形式进行分类。

（一）从物质形式上的变化可将化学反应分为四种基本类型（见表1-1）

表1-1　　　　　　　　　　　化学反应的四种基本类型

反应类型	举例	表示式
化合反应	$S + O_2 \xrightarrow{\text{点燃}} SO_2$	$A + B == AB$
分解反应	$2KMnO_4 \xrightarrow{\triangle} K_2MnO_4 + MnO_2 + O_2 \uparrow$	$AB == A + B$
置换反应	$2CuO + C \xrightarrow{\text{高温}} 2Cu + CO_2 \uparrow$	$A + BC == AC + B$
复分解反应	$Fe_2O_3 + 6HCl == 2FeCl_3 + 3H_2O$	$AB + CD == CB + AD$

（二）在化学反应中从形成物质的原子有无电子得失与电子对偏移来分类，可以分为氧化还原反应和非氧化还原反应

1. 非氧化还原反应

指参加反应的物质在反应前后其组成元素的化合价没有发生变化，即原子间没有发生电子得失与电子对偏移的化学反应。如复分解反应。

2. 氧化还原反应

指参加反应的物质在反应前后元素的化合价发生了变化，原子间发生了电子的得失与电子对偏移的化学反应。如置换反应。

失去电子的物质是还原剂，在反应中被氧化，表现为化合价升高；得到电子的物质是氧化剂，在反应中被还原，表现为化合价降低。对于给定的氧化还原反应，氧化反应和还原反应必然同时发生。

在四种基本反应类型中，化合反应与分解反应部分属于氧化还原反应，置换反应

全部属于氧化还原反应，复分解反应全部属于非氧化还原反应。

四、物质的微观结构

直到19世纪末期，原子一直都被认为是构成物质的不可再分割的最小微粒，原子的大门一直被禁锢着，谁也不知道，原子的内部世界，究竟是个什么样子。

人们常说，19世纪末的三大发现（X射线、放射性、电子）揭开了现代科学革命的序幕。1895年德国的伦琴发现了X射线，1896年法国的贝克勒尔发现了放射性，1897年英国的汤姆孙发现了电子。这些发现揭示了原子存在内部结构，从此人们开始真正步入了对原子微观世界的研究。

汤姆孙由于发现了电子，于1906年荣获诺贝尔物理学奖。电子的发现打破了认为原子是组成物质的最小单元的传统观念。汤姆孙被称为是"最先打开通向基本粒子物理学大门的伟人"。

人们在确认电子是原子的一个组成部分之后自然就想到，既然原子可分，那么它就存在着内部结构的问题，电子是怎样"安置"在原子里面的呢？在20世纪初，人们对原子结构的探讨是利用假说模型形式进行的。

（一）汤姆孙的葡萄干蛋糕模型

1903年，也就是发现电子6年以后，汤姆孙总结已经发现的事实，第一个提出了原子结构的理论。他给原子王国描绘了这样一幅图像：原子是一个均匀的带正电的球，在这个球里面，飘浮着许多电子。这些电子带的负电，正好和这个球所带的正电相等，所以整个原子是中性的。如果失掉了几个电子，这个原子的正电荷就过多了，形成阳离子；如果多了几个电子，这个原子的负电荷就过多了，形成阴离子。在汤姆孙提出

图1-1　汤姆孙葡萄干蛋糕模型

的这种原子模型中，电子镶嵌在正电荷液体中，就像葡萄干点缀在一块蛋糕里一样，如图1-1所示，所以又被人们称为"葡萄干蛋糕模型"。

从经典物理学的角度看，汤姆孙的模型是很成功的。它不仅能解释原子为什么是电中性的，电子在原子里是怎样分布的，还能估计出原子的大小约为一亿分之一（10^{-8}）厘米，这也是一项惊人的成就。并且，汤姆孙还得出一个结论：原子中电子的数目等于门捷列夫元素周期表中的原子序数。这个结论是正确的，因此，在一段时间里，汤姆孙的原子模型得到了广泛的承认。然而葡萄干蛋糕模型存在理论上的困难，如对多电子原子要找到它们的平衡位置是极不容易的。因而在十多年后，终于被他的

学生卢瑟福的有核原子模型所代替。

（二）卢瑟福的原子有核结构模型

卢瑟福是英籍新西兰物理学家，1895年他来到英国成为剑桥大学的一名研究生。由于在放射性研究方面的出色成果，于1908年获得了诺贝尔化学奖。

1909年，卢瑟福指导他的学生盖革、马斯登等进行了著名的α粒子散射的研究，如图1-2所示。他们用α粒子去轰击很薄的金箔做的靶子实验时，从大量的观察记录中发现，绝大多数α粒子直接穿过了金箔，居然约有八千分之一的α粒子偏转90°，甚至有少数被弹回来（约占总数的1/20 000）。卢瑟福为此苦想了好几个星期，他说："这是我一生中从未有过的最难以置信的事件，它的难以置信好比你对一张白纸射出一发15英寸的炮弹，结果炮弹却被顶回来打在自己身上。"

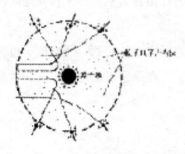
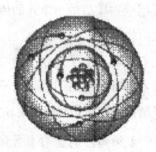

图1-2　α粒子的散射图像　　　　图1-3　卢瑟福的有核结构模型

经过严谨的理论推导，卢瑟福于1911年提出了原子的"有核结构模型"，如图1-3所示。卢瑟福所设想的原子模型是这样的：原子内部并非是均匀的，它的大部分空间是空的，它的中心有一个体积很小、质量较大、带正电的核，原子的全部正电荷都集中在这个核上；带负电的电子则以某种方式分布于核外的空间中。

从汤姆孙模型发展到卢瑟福模型，标志着人类对原子结构的认识又迈出了一大步，尤其是原子具有带正电的核心这个结论被其后所有的实验所证实。

（三）质子、中子的发现

随着量子力学的确立，原子的结构就彻底地弄清楚了。原子是由一个尺度非常小的原子核和核外的绕核旋转的电子组成。从1920年起，物理学家开始对原子核的结构进行了探索。当时人们已经从各方面的实验数据推算出，核的尺度约为10^{-14} m。

1. 质子的发现

元素的放射现象表明，原子核也是可以发生变化的。但是除了少数放射性元素，一般原子核并不发生变化。那么，能否用人工的方法使原子核发生变化，以便了解它的组成和规律呢?

　　1919年，卢瑟福首先做了用α粒子轰击氮原子核的实验，实验装置如图1-4所示，容器C里有放射性物质A，从A射出的α粒子射到铝箔F上，在F后面放一荧光屏S，用显微镜M来观察荧光屏上是否出现闪光。适当选取铝箔的厚度，使容器C抽成真空后，α粒子恰好被F吸收而不能透过，于是在显微镜M中看不到荧光屏上的闪光。然后通过阀门T往容器C里通入某种气

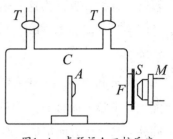

图1-4　卢瑟福人工核反应
实验装置图

体，看看α粒子能不能从气体的原子核中打出什么粒子。卢瑟福曾用不同的气体做了实验，当容器C里通入氮气后，卢瑟福从荧光屏S上观察到了闪光，他断定这闪光一定是α粒子击中氮核后从核中飞出的新粒子透过铝箔打到荧光屏上引起的。卢瑟福把这种粒子引进电场和磁场中，根据它在电场和磁场中的偏转，测出了它的质量和电量，确定它就是氢原子核。他们改装了仪器，又做了不少实验。结果发现，用α粒子射击氟、镁、硅、硫、氯、氩和钾，都会打出高速的氢原子核。

　　实验证明了在各种元素的原子核里面，都打出了氢原子核。这说明氢原子核是各种元素的原子核的重要组成部分。卢瑟福给氢原子核起了一个专门名字——质子，用符号 $_1^1H$ 表示。

　　α粒子射中氮原子核，放出质子，那么氮原子核变成什么了呢? α粒子又到哪里去了呢? 这些问题，在当时人们还不太清楚。又过了几年才通过科学实验证明：α粒子打到氮原子核里去了，在放出高速质子的同时，氮原子核变成了氧原子核。核反应方程为：

$$_7^{14}N + _2^4He \longrightarrow _8^{17}O + _1^1H$$

　　这是第一次实现的人工核反应，卢瑟福成了质子的发现者。

　　人们猜测原子核是由质子和电子这两种"基本"粒子组成，电子被紧密束缚在原子核内部。根据量子力学的理论，电子是不能被束缚在直径为 10^{-14} m这样小的空间范围内的。因此，必须寻找别的解释原子核结构的模型。卢瑟福在晚年曾猜测还有一种"基本"粒子，它是由质子和电子组成。他的这一想法，在当时被认为是胡思乱想。

（四）中子的发现

　　1930年，约里奥·居里夫妇用高速α粒子轰击Be核，发现了一种新的中性射线，这种中性射线的穿透本领极大。1932年1月18日他们发表了这一实验结果，把这种新射线解释为重（高能）光子，但这种光子的能量高到无法令人相信。与此同时，卢瑟

福的学生英国物理学家查德威克证实了铀核还放射一种类似 γ 射线，但贯穿力更强的辐射。查德威克认为这是由一种新的中性微粒组成的射线，他称这种新的中性微粒为"中子"（因为不带电，是中性的粒子）。查德威克因发现中子而荣获1935年诺贝尔物理学奖。

质子和中子的发现表明，原子核也有组成和结构。从而使人类对物质结构的认识深入到了核子阶段，人们确认原子核由质子和中子组成。质子和中子除了所带电荷不同外，其他各方面都很相像，因此物理学家把它们统称为核子。

虽然原子的大门被打开只有几十年，它引起的变化却胜过了人类历史的几千年，它标志着科学技术的发展进入了新的时代。

自从掌握了电子运动规律，人类生活发生了巨大的变化。没有电子管就不会有无线电广播、电视、电子计算机、自动控制、宇宙导航……这都是1897年发现电子以后的丰硕果实。因此，人们常说，20世纪是电子时代。

原子核被打开了，在原子的心脏里取得了更为宝贵的财富——原子核能。这将是取用不竭的新能源，所以人们又说，20世纪是原子能时代。

事物是不断发展的，认识是无止境的，对构成物质结构的最小单位的了解是不断深化的。这些认识直接影响着整个科学界，大大丰富了人们对物质世界的认识，因此衍生出许多学科和推动了技术的发展。

思考题

1. 原子—分子论在化学科学的发展过程中起到了什么作用？在日常生活中有哪些现象使我们感觉到原子、分子的运动？

2. 分析四大反应类型是不是氧化还原反应，并用图表示出来。

专题二 化学元素周期律

自然界的物质各种各样，不同的物质有不同的性质。人们常常通过一些有代表性的物质，运用从典型到一般的方法、从量变到质变的规律，来认识物质之间存在着的内在联系、认识物质结构和性质之间的关系、掌握物质变化的一些规律性。

一、元素

（一）元素

元素就是具有相同质子数（即核电荷数）的同一类原子的总称。

我们周围的世界里，物质的种类非常多，已达几千万种。但是，组成这些物质的元素并不多。到目前为止，已发现的元素只有一百多种，这几千万种的物质都是由这一百多种元素组成的。

通常状况下元素可以分为金属和非金属两类。元素中约有五分之一是非金属，包括所有的气体、一种液体（溴）和数种固体（如碘）；五分之四是金属，金属单质除了汞（Hg）以外，全部都是固体。

不同的物质，组成不同。地壳是由沙、黏土、岩石等组成，其中含量最多的元素是氧，其他元素含量从高到低依次是硅、铝、铁、钙等。

海洋面积占地球表面积的70.8%，其中含量最多的元素也是氧，其次是氢，这两种元素约占海水总量的96.5%。

水占人体体重的70%左右。组成人体的元素中含量最多的是氧，其次是碳、氢、氮。人体的元素组成与海水很接近，这也许是"海是一切生命的发源地"的一种证明。

太阳中最丰富的元素是氢，其次是氦，还有碳、氮、氧和多种金属元素。

人体中化学元素含量的多少直接影响人体健康。对健康的生命所必需的元素称为生命必需元素，这些元素在人体中的功能往往不能由别的元素来代替。大量的研究表明，人体必需的元素有30多种，除了含量较高的元素碳（C）、氢（H）、氧（O）、钙（Ca）等外，还有铁（Fe）、铜（Cu）、锰（Mn）、锌（Zn）、钴（Co）、碘（I）等微量元素。

人体中缺少某些元素，会影响健康，甚至引起疾病。例如，缺钙可能导致骨骼疏松、畸形，易得佝偻病；缺锌，会使儿童发育停滞，智力低下，严重时会得侏儒症；缺铁，易得贫血症；缺碘会得甲状腺疾病等。但某些元素过量，也会导致疾病。例如，钙吸收过多，容易引起白内障、动脉硬化等；微量的硒可以防癌，但过量时则可能引发癌症。

人体里有这么多化学元素，就好像是一座化学工厂。这些元素主要是从食物中获得，所以，我们平时要注意饮食多样化、不挑食、不偏食，才能保持身体健康。

（二）人类发现元素的途径

在化学元素周期律发现之前，发现了63种元素，按其发现方法，可以分为以下几个阶段：

1. 直观方法发现的元素有：金、银、铜、铁、锡、锌、铅、汞、碳、硫、砷、铋、磷。

2. 古典化学分析方法发现的元素有：钴、锰、镍、铂、氢、氮、氧、氯、铬、钼、钨、铀、碲。

3. 电解法发现的元素有：钾、钠、锂、钡、铍、铝、铱、镁等。

4. 通过光谱分析法发现的元素有：铷、铯、铊、铟、氦、氖、氩、氪、氙。

化学元素在生产、生活和科学研究中逐步被人们认识。

二、同位素

人们把质子数相同而中子数不同的同一元素的不同原子互称为同位素。如氢元素有 ^1_1H、^2_1H、^3_1H 三种同位素，这里的"同位"是指这几种原子的质子数（核电荷数）相同，在元素周期表中占据同一个位置的意思。

许多元素都具有多种同位素。同位素有的是自然存在的，有的是人工制造的。氧元素有 $^{16}_8O$、$^{17}_8O$、$^{18}_8O$ 三种同位素；碳元素有 $^{12}_6C$、$^{13}_6C$、$^{14}_6C$ 三种同位素；铀元素有 $^{234}_{92}U$、$^{235}_{92}U$、$^{236}_{92}U$ 等多种同位素等等。许多同位素在日常生活、工农业生产和科学研究中具有很重要的用途。例如，^2_1H、^3_1H 可制造氢弹；$^{235}_{92}U$ 是制造原子弹的原料，也是核反应堆的燃料；放射性同位素还用于金属制品探伤，抑制马铃薯和洋葱发芽，延长贮存保鲜期等；在医疗上，可以利用某些核素放出的射线治疗癌症等。

用同位素测定发掘物的年代是考古研究中的一种重要方法。如怎样才能知道古埃及木乃伊的年龄呢？可以根据碳-14的半衰期以及它在发掘物中的残留量，推算出这种发掘物的年代。碳-14是碳的一种放射性同位素，它的半衰期为5 730年，即每过5 730年碳-14的一半就转化为别的物质。

科学家在研究化学反应时，常常利用同位素示踪的方法，确定反应的步骤。例如，磷是植物正常生长必需的营养元素。一种植物在吸收非放射性磷的同时也能吸收土壤中的放射性磷-32，利用磷-32发出的射线，生物学家就能知道磷作用在植物的什么部位和怎样利用磷。

同一元素的各种同位素虽然质量数不同，但它们的化学性质基本相同。在天然存在的某种元素里，不论是游离态还是化合态，各种同位素所占的原子百分比一般是不变的。我们平常所说的某种元素的相对原子质量，是按各种天然同位素原子所占的一定百分比算出来的平均值，这也是元素周期表中相对原子质量不是整数的原因。例如，氯元素有$^{35}_{17}Cl$、$^{37}_{17}Cl$两种同位素，且各占75%和25%，所以氯的相对原子质量为：
$35 \times 75\% + 37 \times 25\% = 35.5$。

三、元素周期律

到19世纪60年代，化学家已经发现了63种元素，并积累了一些关于这些元素的物理、化学性质的资料。元素之间的联系是什么？有没有统一的逻辑规律？自从道尔顿原子理论问世以来，化学家对于元素的性质与原子量间的关系就不断予以注意。1829年，德国人德贝莱纳根据元素性质的相似性提出了"三元素组"学说，如锂、钠和钾一组，钙、锶和钡一组，硫、硒和碲一组，氯、溴和碘一组等5个"三元素组"。

在每个"三元素组"中，中间元素的相对原子质量大致等于其他两种元素相对原子质量的平均值，有些性质也介于其他两种元素之间。但是，在当时已经知道的54种元素中，他却只能把15种元素归入"三元素组"，因此，不能揭示出其他大部分元素间的关系，但这却是探求元素性质和相对原子质量之间关系的一次富有启发性的尝试。

1864年，德国人迈尔发表了《六元素表》。在表中，他根据相对原子质量递增的顺序把性质相似的元素六种六种地进行分组。但《六元素表》包括的元素并不多，不及当时已经知道的元素的一半。

1865年，英国人纽兰兹把当时已知的元素按相对原子质量由小到大的顺序排列，发现从任意一种元素算起，每到第八种元素就和第一种元素的性质相似，犹如八度音阶一样，他把这个规律叫作"八音律"。但是，由于他没有充分估计到当时的相对原子质量测定值可能有错误，而是机械地按相对原子质量由小到大排列，也没有考虑到还有未被发现的元素，没有为这些元素留下空位。因此，他按"八音律"排的元素表在很多地方是混乱的，没能正确地揭示出元素间内在联系的规律。

1869年，俄国的门捷列夫在继承和分析了前人工作的基础上，对大量实验事实进行了订正、分析和概括，成功地对元素进行了科学分类。他依据元素的性质和与其他元素的关系修正了某些元素的相对原子质量，还在根据性质排列元素时留下了几个空位，这样，元素性质随原子量递增而周期性变化的规律就非常清晰了。由此，他总结了"元素性质随着相对原子质量的递增而呈周期性变化"的规律，这就是元素周期律。他还根据元素周期律编制了第一张元素周期表，把已经发现的63种元素全部列入表里。他预言了和硼、铝、硅相似的未知元素（门捷列夫称它们为类硼、类铝和类硅元素，即以后发现的钪、镓、锗）的性质，并为这些元素在表中留下了空位。他指出当时测定的某些元素的相对原子质量数值可能有错误，根据周期律修正了铟（In）、铀（U）、钍（Th）、铯（Cs）等九种元素的相对原子质量。若干年后，他的预言和推测都得到了证实。门捷列夫的成功，引起了科学界的震动。人们为了纪念他的功绩，就把元素周期律和周期表称为门捷列夫元素周期律和门捷列夫元素周期表。

由于时代的局限，门捷列夫未认识到形成元素周期律的根本原因。20世纪以来，随着科学技术的发展，人们对原子的结构有了更深刻的认识。人们发现，引起元素性质周期性变化的本质原因不是相对原子质量的递增，而是核电荷数的递增，也就是核外电子排布的周期性变化。这样才把元素周期律修正为现在的形式，对于元素周期表也作了许多改进，如增加了0族等。

元素的性质随原子序数的递增而呈周期性变化的规律叫作元素周期律。

根据元素周期律，把电子层数目相同的各种元素，按原子序数递增的顺序从左到右排成横行，再把不同横行中最外层电子数相同的元素，按电子层数目递增的顺序由上而下排成纵行，就可以得到一个表，这个表就是元素周期表。

具有相同的电子层数的元素按照原子序数递增的顺序排列的一个横行称为一个周期，周期的序数就是该周期元素具有的电子层数。元素周期表有7个横行，也就是7个周期。除第一周期只包括氢和氦，第七周期尚未填满外，每一个周期的元素都是从最外层电子数为1的碱金属元素开始，逐渐过渡到最外层电子数为7的卤族元素，最后以最外层电子数为8的稀有气体元素结束。前三周期含有的元素较少，称为短周期；第四、五、六周期含有的元素较多，称为长周期；最后一个周期还没排满，称为不完全周期。

第六周期中，57号元素镧（La）到71号元素镥（Lu），共15种元素，它们原子的电子层结构和性质十分相似，称为镧系元素。第七周期中，89号元素锕（Ac）到103号元素铹（Lr），共15种元素，它们原子的电子层结构和性质也十分相似，称为锕系元素。为了使周期表的结构紧凑，将全体镧系元素和锕系元素分别按周期各放在同一个格内，并按原子序数递增的顺序，把它们分两行另列在表的下方。在锕系元素中92号元素铀（U）以后的各种元素，多数是人工核反应制得的元素，这些元素又叫作超铀元素。

周期表中有18个纵行。除第8、9、10三个纵行叫作第Ⅷ族外，其余15个纵行，每个纵行称为一族。族有主族和副族之分，由短周期元素和长周期元素共同构成的族，叫作主族；完全由长周期元素构成的族，叫作副族。主族元素在族序数（习惯用罗马数字表示）后标一个字母A，如ⅠA，ⅡA，……副族元素在族序数后标一个字母B，如ⅠB，ⅡB，……

稀有气体在周期表中最右方的第18纵行，除氦外，其他元素的原子最外层都是8

个电子的稳定结构，化学性质非常不活泼，在通常情况下难以与其他物质发生化学反应，故称为稀有气体或惰性气体，它们常以单质形式存在，化合价为0，因而叫作零族。

虽然稀有气体不活泼，但是它们的用途非常广。氦气的比重比空气小，可被填充在飞船和气球中。氦气、氖气、氩气可被用在激光器里，氩气还可以用在电弧焊接上。深海潜水员呼吸的气体是氦气和氧气的混合气体，可防止呼吸压缩空气的深海潜水员经常发生的"潜水病"，即血液中出现氮气的小气泡的现象。灯泡内充入惰性气体，可防止灯丝氧化烧断，广泛用于彩灯、广告牌、灯塔、相机的闪光灯等。炼钢炉内充入惰性气体，能避免钢水被氧化，炼出优质钢。

元素周期表是元素周期律的具体表现形式，它反映了元素之间相互联系的规律，是对元素的一种很好的自然分类，是我们学习和研究化学的一种工具。我们可以利用元素的性质，及它在周期表中的位置和它的原子结构三者之间的密切关系，来指导我们对化学的学习和研究。

思考题

1. 同位素的发现给人类带来了哪些福音？化学元素与人体健康有什么联系？试举例加以说明。

2. 分析元素周期表中，同周期、同主族元素性质的递变规律。

专题三　水和溶液

2.1　水在自然状态下有三种存在状态。

2.2　有些物质在水里能够溶解，而有些物质在水里很难溶解。

地球表面积的70.8%被水覆盖着，这就是地表的江、河、湖、海。总量大约有14亿立方千米，其中96.5%是海水。各种生物体内都含有大量的水，人体内含水量占体重的2/3，鱼体内含水量达3/4，某些蔬菜含水量高达9/10。这说明：水是维持生命存在的要素。哪里有水，哪里就有生命，生命离不开水。

水更是国民经济的命脉。工业要用水洗涤、溶解、加热或冷却物质。例如，采1吨煤需水1—1.5吨，生产1吨钢需水20—40吨，造1吨纸需水200—250吨，生产1吨化肥需水500—600吨，制造1吨人造纤维需水2 000—3 000吨。农业要用大量的水灌溉农田，它的用量占人类消耗淡水总量的2/3。生活更是离不开水，人们用水洗涤、烹饪、解渴和美化庭园。没有水，将没有人类的社会生活和家庭生活。

一、水的特性

（一）水的分子结构

纯水是无色、无臭、清澈透明的液体，在温度为4℃时，水的密度最大，为$1 \text{ g}/\text{cm}^3$。水的凝固点为0℃，即当水温降到0℃以下时水就会结成冰，变成固体状态。当把水加热到100℃时，水沸腾汽化变成气态。

水之所以具有上述性质，和其分子结构密切相关。一个水分子由一个氧原子和两个氢原子组成，不论是液态、气态或固态都是如此，它们的分子式都是H_2O。水中的氢、氧原子在空间的排列方式如图3-1所示，氧原子与两个氢原子之间的键角大约是105°。

由于水分子中氢氧原子吸引电子的能力不同，共用电子对偏向吸引电子能力较强的氧原子，所以氢氧原子间形成的是极性共价键，水分子属极性分子。水分子的极性给水带来了一些重要特性，和它差不多同样大小的气体分子，在标准气压（760 mmHg）和室温下都是气体，而水是液体。原因是水中除了包含简单的水分子外，还含有由简单水分子结合而成的复杂水分子$(H_2O)_x$，$x = 1$、2、3……它们通常处于平衡状态，即$xH_2O \Longrightarrow (H_2O)_x$，由简单的水分子结合成比较复杂水分子的现象叫作水分子的缔合。水分子缔合现象的发生是因为氢原子只带有一个电子，当它和氧原子结合时，氧的电负性很大，水分子中氢、氧两原子间的共用电子对会强烈地移向氧原子，从而使氢原子几乎变成一个没有电子的半径极小的核。这样，一个水分子的负电端（氧）吸引着另一个水分子的正电端（氢），这种程序的多次反复，就会建立起一个网状的、体积很大的水分子，在正常条件下，就可以防止水变成像二氧化碳、氧气那样的气体。

如图3-1所示，用实线连接的部分表示一个水分子中包含一个氧原子和两个氢原子，由共价键相连接；用虚线连接的部分表示这些单个水分子在常温下由氢键结合在一起，一个氢键的强度大约是共价键的1/15—1/10。

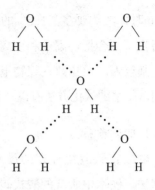

图3-1　水分子的氢键结构

破坏水分子间的氢键，单个的水分子便成为气体而离开水面。通常只要给液态水稍稍增加能量（例如加热、搅拌）就可以破坏氢键。如在常压下把水温加热到100℃，就可以把氢键全部破坏，于是液态的水全部变成了水蒸气。洗过的衣服在阳光下曝晒要比放在阴影下晾干快得多，就是这个道理。把水加热时，能量不仅消耗于使水的温度升高，也消耗于使缔合水分子离解成简单水分子，因此水的比热最大。

自然界里有少数物质，在变成固态时要膨胀，水就是其中之一。当液态水冷却时，水分子只有很少的能量，运动趋于缓慢，当冷却到0℃时，所有的水分子开始和相邻的分子结合在一起，最后组成一个很大的分子网，它使水分子的结构拉开，由于结构扩张了，形成氢键结合的水分子，密度反而变小了，所以冰的密度要比水小（冰的密度为0.9 g/cm³，而水的密度为1 g/cm³）。因此，水结成冰以后不沉到水底，反而漂在水面上。

（二）硬水和软水

为了区分自然水体中矿物质（特别是钙盐和镁盐）含量的多少，我们把含有较多钙离子和镁离子等矿物质的水叫作硬水，反之，把含有较少钙离子和镁离子等矿物质的水叫作软水，其衡量单位叫作硬度。硬度是水质的重要指标之一，它反映自然水体中含盐（矿物质）的多少和含盐的特性，其值为水中钙、镁、铁、锰、铝、锶等可溶性盐的总量。一般天然水中钙、镁离子的含量远比其他几种金属离子高，所以，通常所谓硬度，是以钙、镁离子的含量来计算的。

世界各国对水的硬度有多种表示方法，较常用的计量单位是德国度，一度相当于1L水中含10 mg氧化钙。天然水硬度小于3度的称"极软水"，3度至8度的水称"软水"，8度至16度的水称"中等硬水"，16度至30度的水称"硬水"，30度以上的水称"极硬水"。

硬度高的水不适用于锅炉。如果锅炉使用硬水，当加热蒸发时，溶解在水里的钙离子和镁离子就会逐渐沉积出来，在锅炉内壁上结成一层不传热的锅垢，当锅垢厚达

1 mm时，大约要多消耗5%的燃料，甚至发生锅炉爆炸事故。化学工业上如果用硬水进行生产，会把钙离子和镁离子等带进产品而影响质量。用硬水洗衣会增加洗涤剂消耗，甚至因沉淀物留在织物上而损坏衣服。所以，硬水应该经过处理才能供人们正常利用。硬水的软化方法有以下几种：

1. 加热煮沸法

以酸式碳酸盐存在的硬水软化比较简单，常用的方法有两种。第一种是加热煮沸法。硬水中所含的酸式碳酸盐不稳定，加热煮沸后生成难溶的钙、镁碳酸盐沉淀下来：

$$Ca(HCO_3)_2 \overset{\triangle}{=\!=\!=} CaCO_3\downarrow + CO_2\uparrow + H_2O$$

$$Mg(HCO_3)_2 \overset{\triangle}{=\!=\!=} MgCO_3\downarrow + CO_2\uparrow + H_2O$$

这样水里的钙离子和镁离子就会减少或者除去，硬水也就变成了软水。这个方法处理少量硬水是简单可行的，但处理大量水时，要消耗很多燃料，因此很不经济。另一种暂时硬水的软化方法是加碱沉淀法，可在暂时硬水中加入适量碱，使水中的酸式盐通过化学反应变成难溶的碳酸盐沉淀，工业上常用消石灰来软化暂时硬水。

2. 纯碱软化法

由钙、镁硫酸盐或氯化物引起的硬水的硬度不能用煮沸法除去，通常用纯碱使之软化。纯碱在水溶液中能电离生成大量的碳酸根离子，与硬水中的钙离子和镁离子结合生成难溶的碳酸钙和碳酸镁沉淀而使之软化。

3. 离子交换树脂软化法

在天然水中暂时硬度和永久硬度往往并存，用纯碱软化硬水可以使两种硬度一起降低。在工业上还用沸石或各种型号的离子交换树脂来软化硬水，操作简便，费用也较低。

二、溶液

（一）分散系

将一种或几种物质以较小的颗粒分散在另一种物质中所形成的体系，称为分散系。在分散系中被分散的物质，称为分散质或分散相，通常分散质在分散系中含量较少，是不连续的；另一种在分散质周围的物质，称为分散剂或分散介质，通常分散剂在分散系中含量较多，是连续的。分散系的类型如表3-1所示。

表3-1   分散系的类型

	分散系		
	粗分散系（浊液）	胶体分散系	分子分散系（溶液）
颗粒大小	>100 nm	1—100 nm	<1 nm
主要性质	分散质不能透过滤纸，不透明、不均一、不稳定、易分层，可能有丁达尔现象	分散质能透过滤纸，透明、均一、较稳定、不分层，有丁达尔现象、电泳现象、胶体聚沉	分散质能透过滤纸，透明、均一、稳定、不分层，无丁达尔现象
实例	泥浆水（悬浊液）、牛奶（乳浊液）。乳浊液稳定方法：剧烈振荡使油滴粒子变小和加乳化剂	氢氧化铁胶体、淀粉胶体	蔗糖水溶液（分子）、食盐水溶液（离子）

（二）溶液中的化学平衡

日常生活、工农业生产和科学研究中，很多反应是在溶液中进行的，溶液中常发生一种特殊的化学平衡，这就是电离平衡。

1. 电解质

在水溶液里或熔融状态下能导电的化合物称为电解质，在水溶液里和熔融状态下都不能导电的化合物称为非电解质。

电解质的水溶液能够导电，靠的是在水溶液里能够电离出自由移动的带电粒子。以氯化钠为例，溶解在水中的氯化钠能产生自由移动的钠离子和氯离子，这样的过程就叫作电离，可以用电离方程式表示：

$$NaCl =\!=\!= Na^+ + Cl^-$$

当在氯化钠溶液中插入电极并连接直流电源时，带正电的钠离子向阴极移动，带负电的氯离子向阳极移动，因而氯化钠的水溶液能够导电。酸、碱和盐都是电解质。

2. 弱电解质的电离平衡

根据电解质在水溶液里电离能力的大小，可以把电解质分为强电解质和弱电解质。强电解质是指在水溶液里能完全电离的电解质，通常强酸、强碱、活泼金属氧化物及大多数盐是强电解质。如盐酸、氢氧化钠、氧化钾、氯化钠等。弱电解质是指在水溶液中只能部分电离成离子的电解质，弱酸、弱碱及少部分盐属于弱电解质。如碳酸、一水合氨、醋酸铅等。另外，水是极弱电解质。

弱电解质溶于水时，在水分子的作用下，弱电解质分子电离出离子，而离子又可以重新结合成分子，因此，弱电解质的电离过程是可逆的。这个可逆的电离过程与可逆的化学反应是一样的，它有相反的两种反应趋向，最终将达到平衡。在一定的条件下，当弱电解质分子电离成离子的速率和离子重新结合生成分子的速率相等时，电离过程就达到了平衡状态，这就是电离平衡。

电离平衡与其他的化学平衡一样，也是动态平衡。平衡时，单位时间里电离的分子数和离子重新结合成的分子数相等，在溶液里离子的浓度和分子的浓度都保持不变。

3. 溶液的酸碱性

在研究电解质溶液时，往往涉及溶液的酸碱性。电解质溶液的酸碱性跟水的电离有着密切的关系。精确的实验证明，水是一种极弱的电解质，它能发生微弱的电离，生成H^+和OH^-：

$$H_2O \rightleftharpoons H^+ + OH^-$$

实验测得25℃时，1 L纯水中只有1×10^{-7} mol水电离，因此纯水中H^+和OH^-的浓度各等于1×10^{-7} mol/L。在一定温度时，水跟其他弱电解质一样，也会达到电离平衡状态。

常温下，由于水的电离平衡的存在，不仅是纯水，就是在酸性或碱性溶液里，H^+浓度和OH^-浓度的乘积总是一个常数——1×10^{-14}。在中性溶液里，H^+浓度和OH^-浓度相等，都是1×10^{-7} mol/L；在酸性溶液中不是没有OH^-，而是其中的H^+浓度比OH^-浓度大；在碱性溶液中不是没有H^+，而是其中的OH^-浓度比H^+浓度大。在常温下，溶液的酸碱性与$c(H^+)$和$c(OH^-)$的关系可以表示为：

中性溶液：$c(H^+) = c(OH^-)$ $c(H^+) = 1 \times 10^{-7}$ mol/L

酸性溶液：$c(H^+) > c(OH^-)$ $c(H^+) > 1 \times 10^{-7}$ mol/L

碱性溶液：$c(H^+) < c(OH^-)$ $c(H^+) < 1 \times 10^{-7}$ mol/L

$c(H^+)$越大，溶液的酸性越强，碱性越弱；$c(H^+)$越小，溶液的酸性越弱，碱性越强。

我们经常要用到一些$c(H^+)$值很小的溶液，例如，$c(H^+) = 1 \times 10^{-7}$ mol/L的溶液，$c(H^+) = 2.1 \times 10^{-11}$ mol/L的溶液等等。用这样的量来表示溶液的酸碱性的强弱很不方便。为此，化学上常用pH来表示溶液酸碱性的强弱：

$$pH = -\lg c(H^+)$$

例如，纯水的$c(H^+) = 1 \times 10^{-7}$ mol/L，其pH $= -\lg 1 \times 10^{-7} = 7$。由此可知：中性溶液的pH $= 7$，酸性溶液的pH < 7，碱性溶液的pH > 7。且溶液的酸性越强，pH越小；溶液的碱性越强，pH越大。但是当溶液的$c(H^+)$或$c(OH^-)$大于1 mol/L时，一般不用pH来表示溶液的酸碱性，而是直接用$c(H^+)$来表示。

4. 盐的水解

我们知道，酸溶液呈现酸性，碱溶液呈现碱性。盐的水溶液是否呈现中性呢？实验结果表明：乙酸钠、碳酸氢钠、碳酸钾等的水溶液呈碱性，氯化铵、硫酸铁、硝酸铜等的水溶液呈酸性，氯化钠、硝酸钾、硫酸钠等的水溶液呈中性。

实验证明：强碱弱酸所生成盐的水溶液呈碱性，强酸弱碱所生成盐的水溶液呈酸性，强酸强碱所生成正盐的水溶液呈中性。

以乙酸钠为例，我们知道水是很弱的电解质，能微弱地电离出 H^+ 和 OH^-，二者的浓度相等，并处于动态平衡状态。乙酸钠是由强碱氢氧化钠与弱酸乙酸中和所生成的盐，它是强电解质，在它的水溶液中存在着下列几种电离平衡：

$$H_2O \rightleftharpoons H^+ + OH^-$$
$$+$$
$$CH_3COONa \rightleftharpoons CH_3COO^- + Na^+$$
$$\Updownarrow$$
$$CH_3COOH$$

由于乙酸根与水电离的氢离子结合生成了弱电解质乙酸，消耗了溶液中的氢离子，从而破坏了水的电离平衡，随着溶液里氢离子浓度的减小，水的电离平衡向右移动，于是氢氧根离子的浓度增大，直到建立新的平衡。电离平衡移动的结果是溶液里 $c(H^+) < c(OH^-)$，从而使溶液呈现碱性。

这种溶液中盐电离出来的离子跟水电离出来的离子结合生成弱电解质的反应，叫作盐类的水解。盐类的水解反应是酸碱中和反应的逆反应，酸碱中和反应是放热反应，盐类的水解反应是吸热反应，因此升高温度可以促进盐类的水解反应。

在化工生产和科学实验中，有时要利用盐类的水解反应，有时又要防止盐类的水解反应发生。

例如，泡沫灭火器中盛装的两种溶液分别是硫酸铝和碳酸氢钠溶液，使用时倒置泡沫灭火器，可使两种溶液混合发生强烈水解反应，产生大量的二氧化碳气体用于灭火。利用盐的水解反应还可以净化水，用三氯化铁或明矾做净水剂，就是因为铁离子或铝离子与水电离出来的氢氧根离子结合生成氢氧化铁或氢氧化铝胶体，这些胶体能吸附水中悬浮的微粒而沉积水底，使水变澄清。

有时需要防止盐类的水解。例如，配制某些金属盐溶液时要加入少量的酸，抑制水解的产生，以获得澄清的盐溶液。此外，长期使用硫酸铵化肥会因其水解而使土壤呈现酸性，故施用化肥也要科学合理。

思考题

1. 溶液的沸点和凝固点与纯溶剂有什么不同？为什么？

2. 简述硬水软化的意义及方法。

3. 举例说明盐类的水解在日常生活中的应用。

4. 指出下列盐的溶液呈酸性、碱性还是中性？

CH₃COOK   NaNO₃   NH₄Br   Na₂S

专题四　有机物与有机化学

1.2　材料具有一定的性能。

1.4　利用物体的特征或材料的性能，把混合在一起的物体分离。

　　"有机化学"这一名词于1806年首次由贝采里乌斯提出，当时是作为"无机化学"的对立物而命名的。

一、"生命力"学说的争议

　　19世纪初，许多化学家相信，在生物体内由于存在所谓"生命力"，才能产生有机化合物，而在实验室里是不能由无机化合物合成的。

　　在对生命力论的突破过程中，德国化学家维勒（1800—1882）的工作起了决定性的作用。

　　1824年，德国化学家维勒由氰的水解制得草酸；1825年，维勒在进行氰化物研究过程中，意外地得到一种白色晶体，经过研究发现是尿素，1828年维勒发表了"论尿素的人工合成"，说明有机化合物同样可以人工合成。维勒的实验结果给予"生命力"学说第一次冲击。此后，乙酸等有机化合物相继由碳、氢等元素合成，"生命力"学说才逐渐被人们抛弃。

由于合成方法的改进和发展，越来越多的有机化合物不断地在实验室中合成出来，其中，绝大部分是在与生物体内迥然不同的条件下合成出来的。"生命力"学说渐渐被抛弃了，"有机化学"这一名词却沿用至今。

二、有机元素定量分析法建立

从19世纪初到1858年提出价键概念之前是有机化学的萌芽时期。在这个时期，已经分离出许多有机化合物，制备了一些衍生物，并对它们作了定性描述。

法国化学家拉瓦锡发现，有机化合物燃烧后，产生二氧化碳和水，他的研究工作为有机化合物元素定量分析奠定了基础。1831年，德国化学家李比希采用有机物与氧化铜一起燃烧，精确测定生成的二氧化碳和水来确定元素含量的方法，研究了大量的有机物，确定了它们的分子式，这种定量分析的方法大大推进了有机化学的发展。因此，李比希被称为"有机化学之父"。1833年法国化学家杜马首创了一种测定有机物氮元素的方法，1883年，丹麦化学家基耶达发明了新的定氮法。这些有机定量分析法的建立使化学家能够求得一个化合物的实验式。

三、有机化合物的结构特点

有机化合物和无机化合物之间没有绝对的分界。有机化学之所以成为化学中的一个独立学科，是因为有机化合物确有其内在的联系和特性。

有机化合物结构复杂、种类繁多的原因：

（1）碳原子最外电子层上有4个电子，可形成4个共价键。

（2）在有机化合物中，碳原子不仅可以与其他原子成键，而且碳碳原子之间也可以成键。

（3）碳与碳原子之间的结合方式多种多样，可形成单键、双键或叁键，可形成链状化合物，也可形成环状化合物。

（4）相同组成的分子，结构可能多种多样。

有机化合物的特性：

（1）大多数难溶于水，易溶于有机溶剂。

（2）绝大多数是非电解质，不易导电，熔点也较低。

（3）绝大多数可以燃烧。

（4）绝大多数热稳定性较差，受热容易分解。

（5）有机反应一般比较缓慢，且过程比较复杂，常伴有副反应发生。

四、有机化学反应的类型

基本的重要有机化学反应类型有以下几种：

（一）取代反应

有机化合物分子中的某些原子或原子团被其它原子或原子团所代替的反应称为取代反应。根据共价键断裂的方式，有两种情况：一种是自由基取代反应，如烷烃中的氢原子被氯原子取代是在光照的条件下引发的自由基取代反应：

如：$CH_4 + Cl_2 \xrightarrow{\text{光}} CH_3Cl + HCl$

另一种是离子取代反应，如苯的取代反应是在酸及催化剂的存在下发生的离子取代反应：

如：$\bigcirc + Br_2 \xrightarrow{\text{催化剂}} \bigcirc^{Br} + HBr$

（二）氧化还原反应

有机化学中常把有机物与氧结合或失去氢的反应叫作氧化反应；常把与氢结合或失去氧的反应叫作还原反应。常用的氧化剂有氧气、臭氧、双氧水、高锰酸钾等。

氧化反应：$CH_2 = CH_2 + 3O_2 \xrightarrow{\text{点燃}} 2CO_2 + 2H_2O$

还原反应：用催化加氢的方法把烯烃、炔烃还原为烷烃，醛、酮还原为醇。

如：$CH_2 = CH_2 + H_2 \xrightarrow[\triangle]{\text{催化剂}} CH_3—CH_3$

（三）加成反应和加聚反应

含有不饱和键的有机物，在试剂作用下，不饱和键断裂形成新的共价单键的反应叫作加成反应。如烯烃与氢气、卤素单质、氯化氢、硫酸、水等发生加成反应，生成烷烃、卤化烃和醇等有机化合物。

如：$CH_2 = CH_2 + Br_2 \longrightarrow CH_2Br - CH_2Br$

这类反应属于离子型反应。

在催化剂和引发剂的作用下，烯烃的不饱和键断开，自身相互加成，生成长链高分子化合物，像这种含有不饱和键（双键、叁键、共轭双键）的化合物或环状分子化合物，在催化剂、引发剂或辐射等外加条件作用下，同种单体间相互加成形成新的共价键相连大分子的反应叫作加成聚合反应，简称加聚反应。在加聚反应中，发生反应的相对分子质量低的化合物称为单体，生成的相对分子质量高的化合物称为聚合物或高聚物。

如：$nCH_2 = CH_2 \xrightarrow{\text{催化剂}} \{CH_2 - CH_2\}_n$
　　　　　　　　　　　　　聚乙烯

利用加聚反应，新得到的高聚物有很多优良性能，如聚乙烯可耐酸碱、耐腐蚀、有优良的电绝缘性，聚丙烯可制薄膜、聚丙烯纤维。

（四）缩合反应和缩聚反应

由相同或不同的有机化合物分子中除去小分子化合物（如HX、H_2O、NH_3等）的反应叫作缩合反应。

如：$CH_3COOH + H-O-C_2H_5 \xrightarrow[\triangle]{\text{浓硫酸}} CH_3CO-OC_2H_5 + H_2O$
　　　　　　　　　　　　　　　　　　（酯化反应）

由一种或多种含有两个或两个以上的官能团化合物分子间进行缩合而生成高分子化合物的反应称为缩聚反应。由缩聚反应得到的高分子化合物称为缩聚物。如尼龙-66就是以酰胺基连接起来的高聚物，是一种合成纤维，有强韧、耐磨、耐碱和抗有机溶剂的性质，可制降落伞、渔网、衣袜等，具有弹性好、拉力强、比天然纤维经久耐用的特点。

五、合成高分子材料

人工方法合成的有机高分子材料中，人们广泛应用的是塑料、合成纤维、合成橡胶等，塑料、合成纤维、合成橡胶被人们称为"三大合成材料"。

（一）塑料

目前，全世界投产的塑料品种多达300余种。塑料比重轻，强度高，化学性能稳定，电绝缘性好，耐摩擦，在一定的条件下，容易加工成型，制成各种成品。塑料的主要成分是合成树脂，合成树脂的基本原料是乙烯、丙烯、丁二烯、乙炔、苯、甲苯、二甲苯等低分子有机物，它们主要来源于石油、天然气、煤、电石、海盐等自然资源。合成树脂占塑料总量的40%—100%。人们为了改善塑料的某些性能，常在树脂中加一些辅助剂，例如，加入填充剂（如石棉、碳酸钙等）来提高塑料的强度和使用温度；加入增塑剂（如膦酸酯类）来增加树脂的可塑性；加入稳定剂（如炭黑、钛粉等）来延长使用寿命；加入润滑剂（如硬脂酸及盐类）使塑料表面光滑；添加颜料和染料使塑料制品外观漂亮。添加不同的辅助剂，产生不同性能的塑料，满足人们不同

的需求。常用塑料种类及其用途如表4-1所示。

表4-1　　　　　　　　　　　　　　常用塑料种类及其用途

塑料种类	用途
聚乙烯（PE）	食品袋、薄膜、塑料、油桶等
聚苯乙烯（PS）	玩具、开关、容器、发泡材料等
聚氯乙烯（PVC）	电线外壳、雨衣、桌布、农用薄膜等
酚醛树脂	绝缘材料、日用品、纽扣等
聚四氟乙烯（PTFE）	塑料王、耐酸碱盛器、不粘底涂层等
有机玻璃（聚甲基丙烯酸甲酯）	眼镜片、灯具、有机玻璃片等

（二）合成纤维

用天然气、石油、煤、农副产品为原料制成单体，再聚合得到的可以纺织的纤维叫合成纤维。天然纤维常受自然条件限制，而合成纤维却可随人类需要生产，因而具有更多的主动性。常见合成纤维种类、性能及其用途如表4-2所示。

表4-2　　　　　　　　　　　常见合成纤维种类、性能及其用途

合成纤维	俗称	性能	用途
聚酯（涤纶）	的确良	优点：高强度、耐磨、耐光、耐蛀、快干 缺点：吸湿性差、导电性差、易产生静电	衣料、滤布、绝缘服，不宜做内衣
聚酰胺	尼龙、锦纶	优点：强度大、弹性好、耐摩擦、耐腐蚀 缺点：耐光差、保型差	衣料、弹力袜、渔网、降落伞，不宜做内衣
聚烯类	聚丙烯腈（腈纶）	优点：柔软、保暖、不易发霉 缺点：弹性差、易皱	膨体绒线、帐篷、布蓬
	聚乙烯醇缩甲醛（维尼纶）	优点：吸湿性好、价格低 缺点：染色差、易起球、弹性差	衣料、工业用布
	聚丙烯（丙纶）	优点：强度好、绝缘 缺点：不吸湿、染色差、易老化	绳索、网具、军用蚊帐
	聚氯乙烯（氯纶）	优点：难燃、保暖、耐酸、耐磨、弹性好 缺点：染色差、热收缩性大	针织品、工作服、毛毯、帐篷、对风湿性关节炎有疗效

（三）合成橡胶

橡胶是指具有显著高弹性的一类高分子化合物，有天然橡胶和合成橡胶两类。天然橡胶可以从一些植物中获取，如橡胶树。合成橡胶是以从天然气、石油气中得到的

丁二烯、异戊二烯、氯丁二烯等为单体，在一定的条件下聚合，并经硫化和加入填料后制成的成品。合成橡胶与天然橡胶具有同样的特性，因为天然橡胶的产量有限，远远满足不了现代社会的需求，必须大力发展人工合成橡胶。目前，世界上合成橡胶的产量已大大超过了天然橡胶的产量。合成橡胶有丁苯橡胶、氯丁橡胶、丁腈橡胶和丁基橡胶等多种，其中丁苯橡胶是产量最高、用途最广的一种合成橡胶，它的产量占整个合成橡胶的60%左右，它以丁二烯和苯乙烯为单体，在一定条件下合成。

丁苯橡胶耐水、耐磨、耐自然老化和气密性好，被大量用于制造汽车外胎和各种橡胶制品。其他的合成橡胶制品各有不同的用途，如氯丁橡胶多用于制造运输带、防毒面具、电缆外皮等；丁基橡胶是制造轮胎内胎和充气气球的材料，但它不宜做外胎，因为它的弹性和耐磨性不佳。

思考题

1. 在我们的日常生活中哪些是有机化合物？哪些是高分子化合物？各起到了什么作用？对环境又带来了什么影响？
2. 举例说明有机化学反应类型。
3. 合成橡胶的主要单体有哪几种？举例说出三种常用塑料及其用途。

专题五　地球上的能源

15.2　人类生存需要不同形式的能源。

资源和能源是维持人类生存和发展的重要物质基础。随着人口和经济活动的增长，人类社会面临的自然资源和能源的压力越来越大，全球资源日显紧缺。如何合理利用地球资源和能源的问题已严峻地摆在人类面前。

一、能源概述

（一）能源的概念

能源是一种资源。通常，人们认为能源是能够向人们提供能量的自然资源。能源是人类社会发展的基础，因而对它的利用和研究，已受到人们的普遍关注。如煤炭、石油、天然气、水能、风能、太阳能、核能等都是能源。

翻开人类社会发展史，可以发现能源与人类社会的进步结下了不解之缘。人类的文明始于火的使用，燃烧现象是人类最早使用的能源之一。根据各个历史阶段所使用的主要能源，可以分为柴草时期、煤炭时期、石油时期。

能源经常以光、热、电、磁等形式表现出它的威力。能源可以是固体、液体、气体，也可以以电子、光子和基本粒子的形式出现。能源可以是无机物、有机物、无生命体、有生命体。

能源广布于天上、地表、地下。煤炭、石油、天然气、水能、太阳能、风能、潮汐能、波浪能、海洋热能、地热能、生物质能都是人们所熟悉的能源。

能源与人类生活休戚相关，人们的衣、食、住、行都离不开它。如果没有必需的足够的能源，人类就会失去最起码的生存条件，地球上的生命就要终止。物质生活离不开能源，精神生活也不例外。人们看电影、听广播、看电视，需要电能，即使看的书籍、报刊，也都需要有能源来印制。而且，人们的生活越是向现代化方向发展，能源的消费也就越多。

（二）能源的分类

为便于了解能源的形成、特点和相互关系，我们可以从不同角度进行分类。

1. 按能源的来源可分为三类

第一类是来自地球以外天体的能源，如太阳能、水能、风能、波浪动能等。第二类是来自地球自身的能源，其中一种是地球内部蕴藏着的地热能，常见的地下蒸汽、温泉、火山爆发的能量都属于地热能；另一种是地球上存在的铀、钍、锂等核燃料所蕴有的核能。第三类是太阳和月亮对大海的引潮力所产生的涨潮和落潮所拥有的巨大潮汐能。

2. 按能否从自然界中得到补充，能源分为可再生和不可再生两类

太阳辐射能、水能、生物质能、风能、潮汐能、海洋热能和波浪能等都是能不断地再生和得到补充的能源，所以被称为可再生能源。而煤炭、石油、天然气等化石

燃料和铀、钍等核燃料，都是亿万年前遗留下来的，用掉一点就少一点，无法得到补充，总有一天会枯竭的，它们被称为不可再生能源。

3. 根据利用能源的形态不同，能源分为一次能源和二次能源两类

一次能源是指直接取自自然界、而不改变它的形态的能源。例如，煤炭、石油、天然气、柴草、地热、风力、太阳辐射能等都属于一次能源。二次能源是指一次能源经人为加工成另一种形态的能源。例如，电能、热水、蒸汽、煤气、焦炭以及各种石油制品（如汽油、煤油、柴油、重油等），还有生产中的余能和余热等也都属于二次能源。

4. 根据应用范围、技术成熟程度及经济与否，能源分成常规能源和新能源两类

煤炭、石油、天然气、核能等都已得到大规模经济开发和利用，被称为常规能源。而太阳辐射能、地热能、风能、海洋热能、波浪能、潮汐能等都是开发研究中的能源，尚未得到经济开采利用，被称为非常规能源，亦称为新能源。

实际上，新能源和常规能源是相对而言的，现在的常规能源在过去也曾是新能源，而今天的新能源在将来肯定也会成为常规能源。例如，核能在许多第三世界和不发达国家中还被称为新能源，但在某些工业发达国家中，核能的使用已经非常普遍，已经变成了一种常规能源。

除此之外，能源还可分为燃料能源和非燃料能源、清洁能源和非清洁能源、污染能源和非污染能源等。

（三）能源概况

现在全球能源处于危机状态，其原因是：一方面能源的日益短缺，另一方面社会对能源的需求不断增长；再就是能源利用存在误区。解决能源问题的出路是开源和节流。开源就是加紧研究开发可再生能源，如太阳能、水能、风能等，使之逐步代替非再生的矿物能源。节流就是把节约能源作为一项战略措施，特别要重视节约矿物燃料，一方面要提高矿物能源的利用率，另一方面还要从控制人口增长速度着手，节制矿物能源的消费量。

二、主要的常规能源

常规能源包括煤炭、石油、天然气及核能，它们在目前能源结构中占主要地位。煤炭、石油、天然气均属化石燃料，它们分别是古代植物和低等动物的遗体在缺氧条件下，经高温高压作用及漫长的地质年代演变而成的。

（一）煤炭

煤炭被人们誉为黑色的金子，工业的食粮，它是18世纪以来人类世界使用的主要能源之一。虽然它的重要位置已被石油所代替，但在今后相当长的一段时间内，由于石油资源的日渐枯竭，而煤炭因为储量巨大，加之科学技术的飞速发展，煤炭汽化等新技术的日趋成熟，煤炭必将成为人类生产生活中无法替代的能源之一。

煤炭的化学成分主要是碳，还含有少量的氢、氧、氮、硫、磷等。可作为燃料和化工原料，素有"乌金"之称。

应用高新技术进行煤炭的加工转化，提高煤炭的利用效率，减少煤炭燃烧的环境污染，是解决能源缺乏、加速国民经济发展的重要途径之一。目前，比较成熟的有煤的干馏、煤的气化和煤的液化等加工方法。

1. 煤的干馏

在隔绝空气的条件下，加强热使煤进行热分解的过程，称为煤的干馏。干馏的目的在于更合理地利用煤中所含的有机质，从中得到有价值的燃料和化工原料。

干馏可分高温干馏和低温干馏，二者区别如图5-1所示。

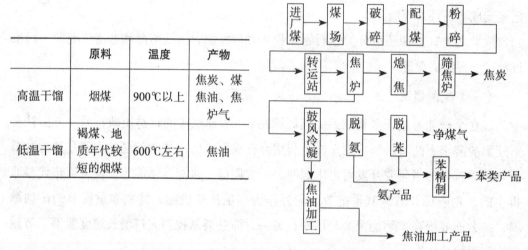

	原料	温度	产物
高温干馏	烟煤	900℃以上	焦炭、煤焦油、焦炉气
低温干馏	褐煤、地质年代较短的烟煤	600℃左右	焦油

图5-1 煤的高温干馏和低温干馏的区别

2. 煤的气化

在气化剂存在下，煤的热加工的过程称为煤的气化。气化过程在气化炉内进行，见图5-2。

$$C \xrightarrow[\text{高温}]{H_2O(g),\ O_2\text{气化剂}} H_2 \quad CO \quad CH_4$$

$$1）C + O_2 \xrightarrow{\text{高温}} CO_2$$

$$2）C + 1/2\,O_2 \xrightarrow{\text{高温}} CO$$

$$3）C + CO_2 \xrightarrow{\text{高温}} 2CO$$

$$4）C + H_2O \xrightarrow{\text{高温}} CO + H_2$$

$$5）C + 2H_2O \xrightarrow{\text{高温}} CO_2 + 2H_2$$

$$6）CO + H_2O \xrightarrow{\text{高温}} CO_2 + H_2$$

$$7）C + 2H_2 \xrightarrow{\text{高温}} CH_4$$

$$8）CO + 3H_2 \xrightarrow{\text{高温}} CH_4 + H_2O$$

$$9）CO + 2H_2 \xrightarrow{\text{高温}} CH_3OH$$

$$10）CO_2 + 4H_2 \xrightarrow{\text{高温}} CH_4 + 2H_2O$$

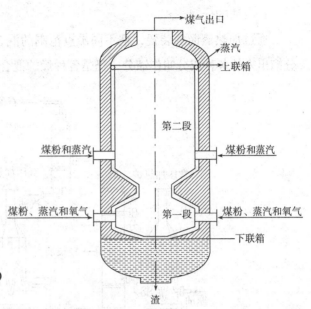

图5-2 煤的气化过程示意图

3. 煤的液化

把煤炭转变成液体燃料的过程称为液化，产品是人造石油。煤是固体燃料，它与液体的主要差别在于碳、氢两种元素含量不同，煤中氢原子数与碳原子数之比是0.4—0.8，石油中是1.5—1.8。为了由煤制得液体燃料，必须设法向煤里加入氢元素或夺走部分碳元素。研制煤液化的技术这里简单介绍两种：

（1）间接液化法。煤在气化炉中与汽化剂（水和氧气）反应得到一氧化碳和氢气，然后在较高温度、压力和催化剂存在的条件下反应，生成液态烃。这个方法生产步骤繁多，产率也不高，每吨原料煤只能制得大约1.5吨液体燃料。

（2）直接加氢液化法。借助催化剂，使氢直接与煤反应制取液体燃料。这个方法投产的关键是改革用昂贵的催化剂和降低氢气的单耗。每吨原料煤大约可生产3吨液化燃料，但同时要消耗600立方米的氢气。

（二）石油和天然气

石油又称原油，是一种黏稠的深褐色液体。地壳上层部分有石油储存，它是古代海洋或湖泊中的生物经过漫长的演化形成，属于化石燃料。

石油主要含碳、氢两种元素，还含有少量的硫、氮、氧等元素，其主要成分是各种烷烃、环烷烃、芳香烃的混合物。石油不仅是一种优质的燃料，还是现代化学工业的重要支柱。石油加工的方法有分馏、裂化和裂解、催化重整。

1. 石油的分馏

通过加热蒸馏的装置，把不同沸点范围的混合物分离开的方法称为石油的分馏。分馏出来的各种成分叫作馏分，仍是各种烃的混合物，具体过程如图5-3所示。

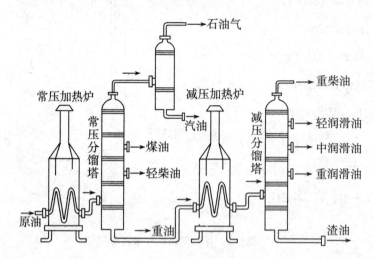

图5-3　石油常压、减压分馏工艺流程示意图

2. 石油的裂化和裂解

在一定条件下，将分子量较大、沸点较高的烃断裂为分子量较小、沸点较低的烃的过程称为石油的裂化。裂化是在500℃以下进行的，目的是提高汽油的产量和质量。裂解温度较高，一般在700℃—1 000℃，石油中的烃类深度分解，主要产物是低级不饱和烃，用作化工原料。

3. 石油的催化重整

汽油在催化剂存在下，发生脱氢环化和芳构化，生成芳香烃等化合物的过程称为石油的催化重整。通过催化重整可以改变汽油的成分，增强汽油的抗震性，提高汽油质量。

如：C_6H_{14} $\xrightarrow[\text{脱氢（环化）}]{-H_2}$ ⬡ $\xrightarrow[\text{脱氢（芳构化）}]{-3H_2}$ ⬡

　　　己烷　　　　　　　　环己烷　　　　　　　　苯

我国原油加工能力仅次于美国、俄罗斯、日本，居世界第四位。原油经过加工，形成汽油、煤油、柴油、润滑油、化工轻油和石脑油六大类产品。

我国原油加工利用的深度和世界发达国家相比，仍有较大的差距，主要表现为轻质油收率偏低。由于我国原油普遍偏重，近几年来重质油比例不断增加，为了合理利用资源，迫切需要发展石油深度加工技术。

石油产品的范围从液化石油气开始，中间是石油化工原料、燃料和润滑油料，一直到沥青。原油在加工过程中还会释放出大量的石油气。石油加工后，可以得到利用率高、经济、合理的各种液体燃料，主要为内燃机燃料、锅炉燃料和灯油三类。其他的石油产品主要有润滑油、蜡、沥青以及石油化工产品，如石油溶剂、乙烯、丙烯和聚乙烯等。

天然气是一种混合气体，其主要成分为甲烷，其次是乙烷、丙烷和丁烷等。

天然气作为燃料容易燃烧、清洁无灰渣、不产生粉尘、热值高、生成的二氧化碳也很少，因而对环境污染也小。用天然气加热锅炉生产蒸汽节约成本，且热效率高，能够适应突然的负荷变化。

天然气和石油都是非常重要的基本有机化工原料。从天然气中分离出来及从石油炼厂气中回收和分离的许多物质是最基本的化工原料，并可进一步制造转化出五千多种化工产品，如合成纤维、合成橡胶、合成塑料和化肥等产品。天然气化工产品具有用途广、成本低、产值高和发展快等优点，因此天然气的转化利用对国民经济建设和人民生活都十分重要。

（三）核能

核能俗称原子能或原子核能，它是指原子核里的核子（中子或质子）重新分配和组合时释放出来的能量。核能分为两类，一类叫核裂变能，它是指重元素（铀或钍等）的原子核发生裂变时释放出来的能量。现在各国所建造的核电站，就是采用这种核裂变反应的；用于军事上的原子弹爆炸，也是核裂变反应产生的结果。另一类叫核聚变能，它是指轻元素（氘和氚）的原子核在发生聚变反应时释放出来的能量。氢弹爆炸就属于这种核反应，不过它是在极短的一瞬间完成的，人们无法控制。近年来，受控核聚变反应的研究已经使核聚变能的利用显露出希望的曙光。

1. 核裂变

核裂变又称核分裂，是指一个重原子核分裂成两个或多个质量较小的原子核的变化。

如U-235原子核受高能中子轰击时，分裂为质量相差不多的两种核素，同时产生二或三个中子，这种中子称再生中子，还释放大量的能量。反应式为：

$$\,_0^1n + \,_{92}^{235}U \longrightarrow \,_{38}^{94}Sr + \,_{54}^{139}Xe + 3\,_0^1n + 能量$$

U-235裂变过程中，每消耗1个中子，能产生多个中子，它又能使其他U-235发生裂变，同时再产生多个中子，再有U-235裂变，这就形成了链式反应。

这个过程如果不加以控制的话，巨大的核能将在几万分之一秒的瞬间被激发出来，原子弹就是应用这一原理。1千克铀原子核全部裂变释放出的能量，约等于2 500吨标准煤完全燃烧时所放出的能量。

2. 核聚变

核聚变又称核融合，是指质量小的两个原子核聚合成一个较重的原子核的变化。

如将氘核和氚核放在一起，加热到几百万度（由裂变反应提供），就能结合成氦核，放出比裂变更巨大的能量。反应式为：

$$\ce{^2_1H + ^3_1H -> ^4_2He + ^1_0n} + 能量$$

放出的能量是一个铀核裂变放出能量的17.6倍。有人做过生动的比喻：1千克煤只能使一列火车开动8米，1千克铀可使一列火车开动4万千米；而1千克氘化锂和氚化锂的混合物，可使一列火车从地球开到月球，行程近40万千米。

地球上的海水有1.37×10^{18}吨，每千克海水中平均约含3毫克氘，每毫克氘放出的能量相当于100升汽油燃烧时放出的能量。因此可通过科学研究从海水中提取氘作为核动力，使海水里的氘的核能释放出来，这些能量足以供人们用上百亿年，而且聚变反应取得的核能不会产生环境污染问题，因此它是一种理想的新能源。

三、新能源的开发利用

（一）太阳能

太阳是一个炽热的气体球，蕴藏着无比巨大的能量。地球上除了地热能和核能以外，所有能源都来源于太阳能，因此可以说太阳能是人类的"能源之母"。太阳一刻不停地向宇宙空间中发送着大量的能量。据计算，仅一秒钟发出的能量就相当于1.3亿亿吨标准煤燃烧时所放出的热量，其中二十二亿分之一传到地球上，即每秒钟照射到地球上的能量相当于500万吨标准煤完全燃烧时放出的热量。

太阳能的优点：

（1）普遍：太阳光普照大地，没有地域的限制，无论陆地或海洋，高山或岛屿，处处皆有，可直接开发和利用，且无须开采和运输。

（2）无害：开发利用太阳能不会污染环境，它是最清洁的能源之一，在环境污染越来越严重的今天，这一点是极其宝贵的。

（3）巨大：每年到达地球表面上的太阳辐射能约相当于130万亿吨标准煤，其总量属现今世界上可以开发的最大能源。

（4）长久：根据目前太阳产生的核能速率估算，氢的贮量足够维持上百亿年，而地球的寿命也约为几十亿年，从这个意义上讲，可以说太阳的能量是用之不竭的。

太阳能的缺点：

（1）分散性：到达地球表面的太阳辐射的总量尽管很大，但是能流密度很低。在利用太阳能时，想要得到一定的转换功率，往往需要面积相当大的一套收集和转换设备，造价较高。

（2）不稳定性：由于受到昼夜、季节、地理纬度和海拔高度等自然条件的限制以及晴、阴、云、雨等随机因素的影响，到达某一地面的太阳辐照度既是间断的，又是极不稳定的，这给太阳能的大规模应用增加了难度。

（3）效率低和成本高：目前太阳能利用的发展水平，有些方面在理论上是可行的，技术上也是成熟的。但有的太阳能利用装置，因为效率偏低，成本较高，总的来说，经济性还不能与常规能源相竞争。在今后相当长一段时期内，太阳能利用的进一步发展，主要受到经济性的制约。

人们利用太阳能的方法主要有三种：光热转换使太阳能直接转变成热能，如太阳能热水器等；光电转换使太阳能直接转换成电能，如太阳能电池等；光化学转换使太阳能直接转变成化学能，如太阳能制氢等。

（二）水能

水能是天然水流的位能和动能。地球上的水在太阳辐射下受热蒸发，水汽上升到高空成为云，在一定条件下凝成雨、雪落到地面，汇集成江、河，形成循环不息的无污染的可再生能源。

人类开发利用水能历史已久，水轮机是最早使用的机械发动机。但水能利用长期发展缓慢，一方面是受煤炭大量使用的冲击，另一方面是只能在河流旁边使用，限制了它的发展。

随着水轮机技术的改进，尤其是发电机和输电技术的发展，水力发电已成为电力能源的重要组成。水力发电是让水冲击水轮机旋转，带动发电机发电。1878年法国建成世界上第一座水力发电站，装机25千瓦。迄今为止，全世界水电装机容量已超过7.6亿千瓦，年发电量达3万亿千瓦时。

我国是世界上水能资源最丰富的国家之一。根据最新的水能资源普查结果，我国江河水能理论蕴藏量6.94亿千瓦、年理论发电量6.08万亿千瓦时，水能理论蕴藏量居世界第一位；我国水能资源的技术可开发量5.42亿千瓦、年发电量2.47万亿千瓦时，经济可开发量4.02亿千瓦、年发电量1.75万亿千瓦时，均名列世界第一。

水能的优点是可再生能源，成本低，无污染；缺点是分布受水文、气候、地貌等自然条件的限制大。

（三）风能

风能是太阳能的一种转换形式，地球接收到的太阳辐射能约有2%转化为风能。据估计，全球的风能总量有274万亿千瓦，其中可利用的约为200亿千瓦。风能是一个巨大的潜在能源宝库，尚未得到大力开发利用。随着全球气候变暖和能源危机，各国都在加紧对风力的开发和利用，尽量减少二氧化碳等温室气体的排放，保护我们赖以生存的地球。

人类利用风能的历史悠久，中国、埃及和荷兰是世界上最早普遍利用风能的国家。19世纪末，人们开始研究风能发电。1891年，丹麦建造了世界上第一座试验性的风能发电站。到了20世纪初，一些欧洲国家如荷兰、法国等，纷纷开展风能发电的研究。二战期间，开始使用小型螺旋桨式风能发电。70年代中期以来，由于能源供应紧张，加之石油、煤炭对环境的污染日益严重，所以很多国家对风能发电的研究重视起来，而且近年来还广泛开展了风能在海水淡化、航运、提水、供暖、制冷等方面的研究，使风能的利用范围得到了进一步扩大。

利用风力发电，以丹麦应用最早，而且使用较普遍。丹麦虽只有500多万人口，却是世界风能发电大国和发电风轮生产大国。世界10大风轮生产厂家有5家在丹麦，世界60%以上的风轮制造厂都在使用丹麦的技术，丹麦是名副其实的"风车大国"。

我国地域辽阔，蕴藏着非常丰富的风能资源。据计算，全国风能资源总量约为每年16亿千瓦，其中可开发约为每年1.6亿千瓦。风能资源受地形的影响较大，我国东南沿海岛屿以及西北牧区、西南山区严重缺电，但风能资源较大，有着发展风力发电的优良条件。因此，在我国因地制宜地开发利用风能，不仅可以扩大能源，而且有助于解决边远地区用电需要，有着现实的重要意义。

风能的优点是取之不尽，可再生，无污染；缺点是受气候、地貌等自然条件的限制大。

思考题

1. 简述煤、石油的加工方法。核能有哪几种转化方式？人类历史上出现过哪几次核泄漏事件？

2. 分类简述新能源的优点和缺点。

3. 你认为哪一种能源开发利用的研究意义最大？说出你的理由。

专题六 原材料的开发利用

15.1 地球为人类生存提供各种自然资源。

在这一专题中我们着重讨论如何利用自然资源，来得到一些重要的无机物、金属等原料和材料。

一、非金属和非金属材料

（一）非金属

目前，已知的元素有100多种，其中非金属元素有22种。除氢和稀有气体元素外，它们的原子最外层电子数为3—7个，它们大多在化学反应中倾向于得到电子而显氧化性。非金属元素形成的单质主要有两种情况，一种是分子晶体，如氯气、氧气、磷等，熔沸点较低；另一种是原子晶体，如金刚石和晶体硅等，熔沸点较高且硬度大。

（二）非金属材料

无机非金属材料以玻璃、陶瓷和水泥等硅酸盐材料为主体，它们以耐高温、抗氧化、耐腐蚀、耐磨耗等优异性能而著称。它们也是现代工业和日常生活中用的最多的材料之一。

1. 玻璃

玻璃是一种无定型硅酸盐混合物，它没有确定的熔点，可在某一温度范围内逐渐软化。玻璃在软化状态时，可吹成各种形状，人们很早就利用玻璃的这种性质，制造出各种各样的器皿、艺术品。玻璃是建筑业最基本的材料之一，它不仅可以用于采光、隔热，而且也可用于装饰。

普通玻璃是以纯碱（碳酸钠）、石灰石（碳酸钙）、石英砂（主要成分是二氧化硅）共熔制成，俗称钠玻璃。其反应为：

121

$$Na_2CO_3 + SiO_2 \xrightarrow{\text{高温}} Na_2SiO_3 + CO_2\uparrow$$

$$CaCO_3 + SiO_2 \xrightarrow{\text{高温}} CaSiO_3 + CO_2\uparrow$$

如果以钾取代其中的钠，则可得到熔点较高和较耐化学作用的钾玻璃。实验室用的耐高温的化学玻璃仪器，大多是钾玻璃制造的。如果钠玻璃中的钠用铅代替，可制成高折光性和高比重的铅玻璃，它是用于雕刻制作艺术品的车料玻璃。在玻璃中加入少量有颜色的金属化合物，可制成彩色玻璃，如加入氧化铜或三氧化二铬可显绿色，加入三氧化二钴显蓝色，加入氧化亚铜显红色，加入二氧化锰显紫红色等等。在玻璃中加入溴化银并进行适当的热处理，可制成变色玻璃。它的变色原理是溴化银见光容易分解，在强光下，逐渐析出银原子，再聚集成较大的银粒，使玻璃变为深棕色，这种玻璃可挡住80%—90%的光线。一旦强光消失，析出的银又转化为溴化银，玻璃会自动褪色，重新恢复透光性。用这种玻璃制成的变色镜，在强光下可保护人们的眼睛。

氢氟酸（HF）对玻璃有腐蚀作用，反应如下：

$$SiO_2 + 6HF == H_2SiF_6\uparrow + 2H_2O$$

利用这个反应，可将玻璃制成磨砂玻璃或在玻璃表面进行蚀刻，制成工艺品等。

还有一些特种玻璃，如半导体玻璃、光纤玻璃等，在电子、激光通信等方面得到广泛的应用。

2. 水泥

水泥是建筑行业大量应用的硅酸盐材料。由石灰石（碳酸钙）和黏土（主要成分是SiO_2）烧结而成的是硅酸盐水泥，它的主要成分是硅酸三钙（$3CaO \cdot SiO_2$）、硅酸二钙（$2CaO \cdot SiO_2$）、铝酸三钙（$3CaO \cdot Al_2O_3$）。

使用水泥时，常配以适量的水调和成浆，经过一段时间后，它们会凝固变硬，最终成为坚如岩石的物体。水泥的硬化过程可以分成两个阶段：第一阶段是指从水泥浆变为不可流动和刚性的水泥凝胶块，此时水泥尚不具有强度；第二阶段，凝胶块中的水被颗粒内部逐渐吸收，进行水化反应，此时，水泥才真正硬化，显示出机械强度。在调和水泥过程中，若添加石英砂形成俗称"三和土"的调和物，或在水泥内部置入钢筋，则它的机械强度更大。

3. 陶瓷

生产陶瓷的原料有天然矿物原料和通过化学方法制备的化工原料两种。天然矿物原料主要是黏土，其主要化学成分是水合硅酸铝类，另外还有石英、云母、有机质等。化工原料K_2O、Na_2O、MgO、KNO_3、Pb_3O_4等作坯料，添加TiO_2、ZnO_2、CrO_3等作乳蚀剂和着色剂。陶与瓷的区别主要是在原料配置和烧制温度上。陶的原料是普通黏土，烧成温度一般在900℃左右（最低甚至达到800℃以下，最高可达1 100℃左右）；瓷的原料则是瓷土，即高岭土，加入钾长石（$K_2O \cdot Al_2O_3 \cdot 6SiO_2$）和石英（$SiO_2$），在1 200—1 300℃高温烧制。因此瓷器质硬而脆、坯体细腻。自古以来，陶瓷是一种重要的材料，用于工业、建筑、生活等，如室内装饰墙地砖、卫浴用品、茶具、器皿。据考古发现，我国10 000年前已有陶器，3 000年前商代已有原始瓷器，我国古代陶瓷制品是我国灿烂文化的一部分。陶瓷的化学性能稳定，新型精密陶瓷性能优良，且原料易得，可以用它制作人造骨骼、牙齿等，所以世界各国高度重视对新型陶瓷的开发研究。

二、金属和金属材料

（一）金属

目前，已知的金属元素有90多种。金属是金属元素组成的单质。在通常状况下，除汞以外，所有金属都是固体。由于金属原子的最外层电子数比较少，电离能又较低，所以在化学反应中容易失去电子。金属中的电子很自由，它能在整个金属内自由移动，被称为"自由电子"。我们熟知的金属具有特殊的金属光泽，是热和电的良导体，具有良好的延展性等性质，很大程度上与金属晶体结构中有自由电子有关。例如，自由电子能吸收可见光，然后又辐射出大部分频率的光，使金属显示特有光泽。自由电子在外电场的作用下，做定向移动，形成电流，这就是金属导电的原因。自由电子受热后，能量增大，运动速度也加大，它与金属离子碰撞而传递能量从而使金属具有良好的导热性。自由电子把金属原子或离子结合在一起，这种金属离子与自由电子间强烈的相互作用叫作金属键。金属原子、离子和自由电子组成金属晶体。金属晶体中由于金属离子与自由电子间的相互作用没有方向性，各原子层之间发生相对滑动以后，仍可保持这种相互作用，因而即使在外力作用下，发生形变也不易断裂，这就是金属具有良好的延展性的原因。

在冶金工业上，金属被分为两大类：一类为黑色金属，指铁、铬、锰及其合金，另一类为有色金属，除去黑色金属之外其他金属都是有色金属。有色金属又可分为四类：

（1）重金属。密度大于4.5 g/cm³的金属，如铜、铅、镍、锡、锌、锑、汞、镉等。

（2）轻金属。密度小于4.5 g/cm³的金属，如钾、钠、镁、钙等。

（3）贵金属。地壳中含量少，价格贵的金属，包括金、银和铂族金属（铂、钌、铑、钯、锇、铱等）。

（4）稀有金属。在自然界中含量少，分布稀散的金属，如铍、钒、铬、镓、铟、

铊、钪、钇等。

（二）常见金属材料

金属是人类历史上使用最早的材料之一，大约在3 000多年前，我国商代已经开始制造和使用青铜器了。直到20世纪中叶，金属材料也一直在材料中占绝对优势，这是因为金属材料有如下的优点：第一，几千年来有一套成熟的生产技术和庞大的生产能力，如钢铁工业。第二，金属有许多优良的理化性能，形成其他材料不能完全替代的使用优势，如比陶瓷高得多的韧性、磁性和导电性等。第三，近现代高新技术创新，生产出许多新的金属材料，如优质钢、高强度钢、各种合金和新金属材料等。

目前，人们生产和生活中应用最多的金属材料仍是钢铁、铜和铝。

1. 钢铁

我们所说的钢铁其实是铁碳合金，它们的主要成分是铁，另外还含有碳和其他元素（如锰、硅、磷等）。人类用铁已有好几千年的历史。

（1）铁的冶炼

炼铁的主要原理是利用一氧化碳的还原性，把氧化铁还原成铁。化学方程式为：

$$Fe_2O_3 + 3CO \xrightarrow{\text{高温}} 2Fe + 3CO_2$$

工业上炼铁是在高炉里连续进行的。将铁矿石、焦炭和石灰石按一定比例配料，从炉顶进料口进入高炉，同时把经过预热的空气从进风口送入。其中铁矿石是用来提供铁元素的，冶炼1吨铁大约需要1.5—2吨矿石；焦炭是提供热量、提供还原剂、作料柱的骨架的，冶炼1吨铁大约需要500千克焦炭；石灰石是用来作熔剂的，使炉渣熔化为液体，去除有害元素硫（S）；空气可以为焦炭燃烧提供氧。

高温下，铁矿石中的铁被还原为单质。从高炉里放出来的铁水可用于炼钢或铸成生铁锭；炉渣可以作建筑材料；炉顶放出的高炉煤气，一氧化碳含量较高，经净化处理后，可作燃料。

（2）炼钢

钢在工农业生产、国防建设和日常生活中的用途远远超过生铁，大部分生铁都被冶炼成钢。将生铁冶炼成钢，就是要适当降低生铁里的含碳量，同时除去硫、磷等有害杂质，调整合金元素含量到规定范围内。

炼钢的主要原理是利用氧化剂，在高温下将生铁里过多的碳和杂质（硫、磷等）氧化成气体或炉渣。

炼钢在炼钢炉中进行，有转炉、电炉、平炉等。

炼钢炉炼得的是碳素钢，在炼钢过程中若加入不同的合金元素，调节适当的含量，就能得到各种合金钢。

2. 金属腐蚀及其防护

金属与周围介质接触，发生氧化还原反应而引起的损耗称为金属腐蚀。每年由于腐蚀而直接损耗的金属材料约占年产量的十分之一。加上由于局部腐蚀后，影响器械性能和使金属制品报废等，造成的损失就更大。因此，设法防止金属腐蚀，具有重大的意义。

（1）金属的腐蚀

金属腐蚀可分为化学腐蚀和电化学腐蚀。

金属跟接触到的物质（一般是非电解质）直接发生化学反应引起的一种腐蚀叫作化学腐蚀。如高温下Fe与O_2、Cl_2的反应，这种腐蚀过程中没有电流产生。

不纯的金属（或合金）跟电解质溶液接触时，发生原电池反应，比较活泼的金属原子失去电子被氧化，从而引起腐蚀损耗，这种腐蚀叫作电化学腐蚀。这种腐蚀过程中有微弱的电流产生。如在潮湿空气中，钢铁表面覆盖上一层极薄的水膜。空气里的二氧化碳等气体，溶解在这层水膜里，形成了弱酸性的电解质溶液。钢铁制品表面上的铁和钢铁中的杂质，形成了很多微型原电池。

铁是原电池的负极，不断地失去电子，加速了铁的消耗。杂质是原电池的正极，氧气得到电子跟水结合成氢氧根离子，电极反应式为：

负极（Fe）：$Fe - 2e^- = Fe^{2+}$　（氧化反应）

正极（C）：$2H_2O + O_2 + 4e^- = 4OH^-$　（还原反应）

$4Fe(OH)_2 + 2H_2O + O_2 = 4Fe(OH)_3$

$2Fe(OH)_3 = Fe_2O_3 \cdot xH_2O + (3-x)H_2O$

生成的$Fe_2O_3 \cdot xH_2O$就是铁锈。

大多数金属腐蚀属于电化学腐蚀。金属腐蚀常常是两种腐蚀同时存在，究竟哪一种处于主要地位，要看金属本身的结构和外界条件而定。

（2）金属的防护

针对金属腐蚀的原因可采取相应的防护方法。

① 改变金属结构。将金属制成合金，改变金属的内部结构，例如制成不锈钢。

② 覆盖保护层。在金属表面上覆盖保护层，使金属表面与腐蚀介质隔离。保护层通常有三种：非金属（油漆、沥青、搪瓷等），金属（镀锌、锡等）和氧化膜（钢铁的发蓝等）。

③ 电化学保护。用电化学腐蚀原理来进行保护。例如，可以在要保护的金属物件

上连接一种比该金属更活泼的金属（锌等），形成腐蚀电池时，外加活泼金属就成为阳极而被腐蚀，金属物件则成为阴极而得到保护，这是一种阴极保护法。轮船外壳和船舵可以用这种方法得到保护。

思考题

1. 常用的硅酸盐材料有哪些？硅酸盐材料有哪些优异性能？

2. 简述炼铁、炼钢的基本原理。

3. 碳钢在潮湿空气中为什么容易腐蚀？举例说明金属防腐蚀的方法。

专题七　环境保护和人类发展

15.3　人类生存需要防御各种灾害，人类活动会影响自然环境。

一、人类与环境的相互关系

（一）环境及其作用

1. 环境的概念

环境是指某一特定生物体或生物群体以外的空间，以及直接或间接影响该生物体或生物群体生存的一切事物的总和。环境总是针对某一特定主体或中心而言的，是一个相对的概念，离开了这个主体或中心也就无所谓环境，因此环境只具有相对的意义。在生物科学中，环境是指生物的栖息地，以及直接或间接影响生物生存和发展的各种因素。人类的生存环境，是指围绕着人群的空间以及其中可以直接或间接影响人类生活和发展的各种因素的总体，包括自然环境和社会环境两大类。这里所讲的环境主要是指自然环境。

2. 环境的组成

自然环境包括地理环境、地质环境和宇宙环境。地理环境是由日光、大气、水、岩石、矿物、土壤、生物等自然要素共同组成的，它位于地球表层，处于岩石圈、水圈、大气圈、生物圈等相互作用、相互制约、相互转化的交错地带上。构成地理环境的各自然要素并非孤立的，它们之间存在着相互作用和相互联系。地质环境主要指地表下的岩石圈。宇宙环境指大气层以外的宇宙空间，是人类活动进入大气层以外的空间和地球邻近天体的过程中提出的新概念，也有人称之为空间环境。

地理环境是在地质环境的基础上，在宇宙环境的影响和作用下发生和发展起来的。地理环境、地质环境、宇宙环境之间，经常不断地进行着物质和能量的变换。

3. 环境的作用

人类生存的环境本身也是一个复杂的系统。生物是环境的组成部分，无机环境则是生物的生存环境。生物与周围环境密切相关，不可分离。周围环境影响生物的生活、繁殖和数量变化，生物则通过自己的生命活动经常影响环境条件。但是这种关系不是静止不变的，当外部条件变化时生物与环境能通过相互调节，特别是生物的适应以达到新的相对平衡。

（1）环境对生物的作用

生物的起源、进化和发展都不能脱离环境。每个生物个体在发育的全过程中不断地与环境进行着物质和能量的交换，它从环境中取得必要的能量和营养物质建造躯体，同时又把不需要的代谢产物排放到环境中。

环境对生物的生理、形态和分布影响很大。生物在一个地区的生存是由该地区的温度、水分、地形等各种因素综合作用的结果，这就是环境的整体作用，其中的个别因素称为环境因素，都对生物产生影响。

（2）生物影响环境

环境与生物的相互关系，也表现在生物对环境的作用上。生物参与了环境中能量交换和物质循环过程，影响到地球各个圈层的物理化学变化，这一现象是十分普遍的。

生物改变大气成分 原始大气中不含游离氧，是绿色植物的出现通过光合作用使原始大气从无氧大气变为有氧大气。同样原始大气中氮的含量原本也不多，由于土壤微生物的固氮作用将火山喷发时带出的少量氮留在大气中，使氮成为现代大气的主要成分。现代人类的经济活动造成二氧化碳含量增加出现温室效应，森林遭破坏，覆盖面积大规模缩小也改变了大气的成分。

生物影响水循环　在这方面，森林的作用是巨大的。森林通过树冠枝叶有截留雨量的作用，增加了林中湿度，减少了地表径流，能延长地表水流动时间，调节了局部地区的水循环，也改善了大气中的水分状况和含氧量，有利于水土保持。因此必须保护森林。

生物参与岩石和土壤的形成　组成地壳的部分岩石是生物作用形成的。石灰岩、珊瑚礁、硅藻土是海洋生物死亡后的残骸堆积而成的；石油天然气和煤层都是有机生物体大量堆积掩埋后的产物。土壤发育的关键也是生物过程，土壤有机质是植物利用土壤中矿物营养构成有机分子，植物死亡后又经微生物分解形成的。通过植物进行养分循环造就了土壤。

（3）生物对环境的适应

在生物进化过程中，不同环境中的生物对其生存条件有明显的适应性，表现在生物的形态结构、生理机能和行为特征上。即使环境变化，生物也会产生新的适应性。这是自然选择和适者生存的自然规律，有利于生物的生存和繁衍。

（二）人类对环境的影响

人类社会是在与环境密切联系、相互制约、相互影响中，不断向前发展的。人类的生产和生活受到自然环境的制约，同时人类也对自然环境施加反向的影响。随着人类社会的发展和生产力水平的提高，人类对自然环境影响的范围越来越大，程度越来越深。人类作为一种特殊的强大因素，已经与自然环境交织在一起，构成了人类与环境的复合系统。

人类活动对环境的影响主要表现在以下几个方面：

1. 人类活动影响环境的自然景观

人类的活动一直在影响着环境的自然景观。例如，人类种植农作物、植树造林、建立人工草场等活动，把自然植被景观改造为人工植被景观。城市是人类对自然环境干预最强烈、自然景观变化最大的地方。

2. 人类活动影响环境的物质循环和能量流动

自然环境是一个复杂的系统，系统各要素之间存在着一定方向和一定数量的物质循环和能量流动。人类活动的干预，一方面影响自然环境的某些要素，另一方面使人类作为一种特殊因素加入到自然环境系统之中，从而改变了环境固有的物质循环和能量流动。例如，我国长江以南的自然植被是亚热带常绿阔叶林，自然土壤是黄壤和红壤，人们改造种植水稻后，植物是水稻，土壤成为水稻土。可见，水稻田环境和亚热带常绿阔叶林的物质循环和能量流动有着显著的不同。

3. 人类活动影响环境要素的空间分布

人类有目的的生产活动，必然改变了某些环境要素的空间分布。例如，人类活动对物种的传播远远超过了物种自身天然的传播能力，从而使许多农作物和驯化动物从其起源地传播到世界各地，丰富了人们的食物品种和农业生产类型。同时，人类活动又有意无意地使许多物种的空间分布范围缩小以至灭绝。

4. 人类活动影响环境系统的功能

自然环境系统有自身的发展和内部调节功能。当人类活动对自然环境系统影响较小时，自然环境系统能够自我调节、恢复。但是，当人类活动破坏了自然环境系统的内部结构时，就会使自然环境系统很难甚至无法调节恢复到原来的程度，从而使自然环境系统的功能减退。例如，美国30年代为扩大小麦的种植面积，大面积开垦中部大平原，由于地面失去了自然植被的保护，且连年的种植使土壤中的有机质大量消失，土壤结构出现退化，致使土壤极易受到风力的侵蚀，出现了"黑色尘暴"。

另外，人类通过某些活动，如在裸露的地面上植树种草，会加强环境系统的功能，使环境向着有利于人类生存的方向发展。例如，我国北方的农田防护林建设，可大大降低风力对农作物造成的损失。

（三）环境对人类的影响

虽然人类对环境有着很大的改造能力，但是人类的能力毕竟是有限的。在目前的经济技术条件下，自然环境仍然在许多方面制约着人类的各种活动。人类不可能将所有地区都改造成粮食种植区，也不可能在寒带种植热带经济作物。不同地区自然环境的巨大差异，对人们的生产和生活产生着深刻的影响。

1. 不同地区环境所提供的自然资源在数量上和质量上有着很大差别

我们知道，各种自然资源在地区上的分布是极不均匀的。仅就土地资源来说，地球上适于人类生存和发展较好的土地是很有限的。

2. 不同地区自然灾害发生的频率及其危害程度有着很大差别

自然灾害的发生是有一定规律的，在自然灾害频发地区（如地震带上），人类的生产和生活都受到很大的威胁。我国同时处在世界两大地震带上和世界上最显著的季风气候区内，是世界上地震、水旱、台风、寒潮等自然灾害最频繁发生的国家之一。

3. 不同地区水土中化学元素的含量有差别

人体通过新陈代谢和周围环境进行物质交换，交换物质的基本单元是化学元素。人体各种化学元素的平均含量与地壳中各种元素的含量相适应。环境中某种化学元素含量偏多或偏少，都会对人体健康产生深刻的影响。例如，在水土流失严重的内陆地区，因水土中缺碘，"地方性甲状腺肿"（俗称大脖子病）的发病率较高。某些干旱地区，因环境中氟的含量过高，常会引起氟骨症（骨关节僵硬）。硒是一种人类和动物必需的微量元素，对硒的摄入量不足会影响正常的生长发育，而摄入过量又会引起中毒症状，我国北方常见的克山病，是缺少硒元素造成的。

4. 不同地区环境承受破坏和污染的能力不同

热带雨林地区，生物循环旺盛，物质循环快，受破坏后能够较快地自然恢复。而温带草原地区生物循环和物质循环都较慢，受破坏后很难自然恢复。因此可以说，温带草原环境比热带雨林环境脆弱。另外，湿润地区因雨水多，径流发育，在承受污染物的数量以及对污染物的容纳、转化、净化方面，都要比干旱地区强。因此可以说，干旱环境比湿润环境脆弱。

二、环境问题

（一）什么是环境问题

环境问题是指由自然因素或人为因素引起生态平衡破坏，以致直接或间接影响人类生存和发展的各种情况。由于自然因素引起的环境问题，如火山爆发造成空气质量下降，称为原生环境问题，又称第一环境问题或自然灾害。由于人类生产或生活造成的生态破坏和环境污染，称为次生环境问题。人们通常所讲的环境问题主要是指次生环境问题。

从某种意义上说，环境问题的出现是必然的。因为，环境是非常复杂的，且处在不断地运动和变化之中，而人类对环境及其运动规律的认识，在一定的历史时期都具有局限性。预测人类活动对环境所引起的近期的、直接的影响还比较容易，要预见到较远的、间接的影响是比较困难的。但是，人类可以通过调节自身活动，控制环境问题的发生、发展，并对已发生的环境问题进行科学治理。

（二）环境问题的发展

环境问题并非现代才有。从人类诞生起，人类为了生存和发展，就必须从环境中获取资源和能源，并对环境产生破坏作用，从而导致环境问题的产生。随着社会的发展，环境问题也在发展变化。

大约在1万年以前的漫长岁月里，人类主要靠采集和渔猎野生资源为生。环境问题主要是在某些地方，人口的自然增长和盲目地乱采乱捕，滥用资源，造成生活资源缺乏和饥荒。但从总体上看，人口极少，生存空间宽大无比，人类对环境的依赖十分突出，根本谈不上对环境的影响和破坏。随后，人类学会了培育植物和驯化动物。随着农业和畜牧业的发展，人类改造自然环境的作用也越来越明显地显示出来，与此同时，出现了水土流失、土壤沙化等问题。

18世纪后期工业革命以后，社会生产力迅速发展，机器的广泛使用为人类创造了大量的财富，而工业生产排出的废弃物却造成了环境污染。一些工业发达的城市和工矿区的污染事件不断。至20世纪60年代，世界上发生了有名的八大公害事件，如表7-1所示。

表7-1 　　　　　　　　　　　　世界八大公害事件

事件名称	时间和地点	污染源及现象	主要危害
比利时马斯河谷事件	1930年12月，比利时马斯河谷工业区	二氧化硫、粉尘蓄积于空气	约60人死亡，数千人患呼吸道疾病
美国洛杉矶光化学烟雾事件	1943年，美国洛杉矶	晴朗天空出现蓝色的光化学烟雾，主要由汽车尾气经光化学反应所造成的烟雾	眼红、喉痛、咳嗽等呼吸道疾病
美国多诺拉事件	1948年，美国宾夕法尼亚州的多诺拉镇	炼锌、钢铁、硫酸等工厂排放的废气，蓄积于深谷空气中	死亡10多人，约6 000人患病
英国伦敦烟雾事件	1952年12月5日—8日，英国伦敦	二氧化硫、烟尘在一定气象条件下形成刺激性烟雾	诱发呼吸道疾病，5日内死亡4 000多人
日本四日市哮喘病事件	1955年，日本四日市	炼油厂排放的废气	500多人患哮喘病，死亡30多人
日本富山骨痛病事件	1955年，日本富山县神通川	锌冶炼厂排放含镉废水	引起骨痛病，患者200多人，多人因不堪痛苦而自杀
日本水俣病事件	1956年，日本水俣湾	化工厂排放含汞废水	中枢神经受伤害，听觉、语言、运动失调，死亡200多人
日本米糠油事件	1968年，日本	米糠油中残留多氯联苯	死亡10多人，中毒10 000余人

20世纪五六十年代，世界上出现了环境问题的第一次高峰。在工业发达国家，环境污染已达到严重程度，直接威胁到人们的生命和安全，成为重大的社会问题，激起广大人民的不满，并且也影响了经济的顺利发展。在这种历史背景下，1972年6月在瑞典首都斯德哥尔摩召开了"联合国人类环境大会"，人类开始把环境问题摆上了议事日程，发达国家率先制定法律，建立专门机构，加强管理，采用新技术。20世纪70年

代中期，发达国家的环境污染得到了有效控制。

20世纪80年代，伴随着环境污染和大范围生态破坏，出现了环境问题的第二次高峰。主要有三类环境问题：一是全球性、广域性的环境污染，如全球气候变暖、臭氧层被破坏等。二是大面积的生态破坏，如生物多样性锐减、大面积森林被毁、草场退化、土壤侵蚀和荒漠化等。三是突发性的严重污染事件迭起，如1984年12月，印度的博帕尔农药泄漏事件；1986年4月，苏联的切尔诺贝利核电站泄漏事故等，如表7-2所示。

表7-2　　　　　　　　　　　20世纪70—80年代突发性的严重公害事件

事件	时间	地点	危害	原因
阿摩柯卡的斯油轮泄油	1978年3月	法国西北部布列塔尼半岛	藻类、潮间带动物、海鸟灭绝，工农业生产、旅游业损失巨大	油轮触礁，22×10^4 t原油入海
三哩岛核电站泄漏	1979年3月28日	美国宾夕法尼亚州	周围80 km² 200万人极度不安，直接损失10多亿美元	核电站反应堆严重失水
威尔士饮用水污染	1985年1月	英国威尔士	200万居民饮水污染，44%的人中毒	化工公司将酚排入迪河
墨西哥油库爆炸	1984年11月9日	墨西哥	4 200人受伤，400人死亡，300栋房屋被毁，10万人被疏散	石油公司一个油库爆炸
博帕尔农药泄漏	1984年12月3日	印度中央邦博帕尔市	2.5万人直接致死，55万人间接致死，20多万人永久残废	45 t异氰酸甲酯泄漏
切尔诺贝利核电站泄漏	1986年4月26日	苏联、乌克兰	31人死亡，203人受伤，13万人被疏散，直接损失30亿美元	4号反应堆机房爆炸
莱茵河污染	1986年11月1日	瑞士巴塞尔市	事故段生物绝迹，160 km内鱼类死亡，480 km内的水不能饮用	化学公司仓库起火，30 t S、P、Hg剧毒物入河
莫农格希拉河污染	1988年11月1日	美国	沿岸100万居民生活受严重影响	石油公司油罐爆炸，1.3×10^4 m³原油入河
埃克森·瓦尔迪兹油轮漏油	1989年3月24日	美国阿拉斯加	海域严重污染	漏油4.2×10^4 m³

前后两次出现的环境问题高峰有很大的不同。第一次高峰主要出现在工业发达国家，是局部性、小范围的环境污染问题。第二次高峰则是大范围乃至全球性的环境污染和生态破坏，不但包括经济发达国家，也包括众多发展中国家，甚至有些情况在发展中国家更为严重。就危害后果而言，第二次高峰更为突出，不但明显损害人体健康，而且已威胁到全人类的生存与发展，阻碍了经济的持续发展。第二次高峰的污染来源也更为复杂，既有来自人类的经济再生产活动，也有来自人类的日常生活活动。解决这些环境问题需要靠众多国家，甚至全球人类的共同努力。第二次高峰中的严重

污染事件还具有突发性、危害严重、经济损失巨大等特点。

三、目前的全球性环境问题

（一）全球性环境问题的现状

全球性环境问题是指在全球化背景下，当代国际社会面临的一系列超越国家和地区界限，由人类活动作用于环境而引发的、关系到整个人类生存和发展的问题。全球性环境问题可以分为环境污染和生态破坏两类。环境污染主要是由人类的各种活动向环境中排放各种污染物引起的，如气候变暖、臭氧层破坏、大气及酸雨污染、水体与海洋污染等。生态破坏是由人类对自然资源的不合理开发利用引起的，如生物多样性减少、森林锐减、土地荒漠化等。这些全球性环境问题是人为作用的结果，虽然每一种具体的环境问题有其各自的人为原因，但从整体来看，人类不当的生产模式、消费方式、贫穷、人口快速增长及不合理的国际经济秩序，是全球性环境问题产生的主要原因。

1. 全球变暖的危机——温室气体排放

人类的生存和文明的繁荣与气候条件密切相关，气候条件发生的微小变化，都可能会给人类带来严重的灾难性影响。近30年来，地球上的气候发生了异常的变化，全球变暖的步伐突然加快，北美出现了历史上少有的热浪，非洲长达7年的干旱等等。这些气候异常现象及其给人类带来的严重影响，引起了人们的广泛关注。

研究结果表明，100年来地球表面温度已上升了0.3—0.6℃。地表温度的升高，使得某些地区在短时间内发生急剧的气候变化，诸如高温天气、飓风、暴雨之类的极端天气频率增多。地表温度的升高也将导致冰川融化，海平面上升。生态系统、人类健康和社会经济都对气候变化十分敏感。全球气候变化可能对人体健康、水资源、森林、沿海地带、生物物种、农业生产等很多方面产生不利影响。一些脆弱的生态系统如珊瑚礁正处于海温升高的危险之中。由于气候条件的不利变化，一些候鸟的种群已经有所减少。此外，气候变化很可能通过各种机制对人类健康和生存产生影响。例如，它会对淡水的利用率和粮食产量产生不利影响，对疟疾、登革热和血吸虫病等传染病的分布和季节传播起到促进作用。

经过大量观测，科学家们认为，温室效应增强是导致全球变暖的一个重要原因。由于化石燃料的燃烧和农业生产活动，人类向大气中排放大量温室气体，其所产生的温室效应直接影响到地球的辐射收支，导致地球表面温度升高。研究结果表明，几种温室气体所引起的温室效应增强的作用分别为：二氧化碳55%，氟氯烃24%，甲烷

15%，一氧化二氮6%。联合国政府间气候变化专门委员会（IPCC）发布了多份报告肯定了这些结论，并主张：如果要把大气中的温室气体浓度稳定在目前水平，就必须立即大幅度减少二氧化碳的排放量。

世界各国对温室气体的增加都负有责任。全世界30个工业化国家排放的温室气体占总排放量的55%，位于前50名的国家其温室气体排放量占全球排放总量的92%。这50个国家分布在世界各个地区，既有发达国家也有发展中国家。显然，气候变暖已成为全球性问题，只有各国共同努力才有希望稳定或减少温室气体的排放量。

2. 臭氧层的破坏与耗竭——臭氧损耗物质的恶果

20世纪70年代后半期以来，科学家发现在南极上空12—23 km的大气平流层内，臭氧含量开始逐渐减少，尤其在秋季（9—11月）大幅度减少。1985年10月，英国科学家法尔曼等人在南极南纬60°哈雷湾观测站发现：在过去10—15年间，每到春天，南极上空的臭氧浓度就会减少约30%，近95%的臭氧被破坏。从地面上观测，高空的臭氧层已极其稀薄，后称臭氧空洞，直径达上千千米。美国"云雨7号"卫星观测表明，此洞呈椭圆形，大小与美国国土面积相似。日本环境厅发表的一项报告称，1998年南极上空臭氧空洞面积已达到历史最高纪录，为2 720万平方千米，比南极大陆还大约1倍。近年来，美、日、英、俄等国家联合观测后发现，北极上空臭氧层也减少了20%。中国大气物理及气象学者的观测也发现，被称为世界上"第三极"的青藏高原上空的臭氧正在以每10年 2.7%的速度减少。根据全球总臭氧观测的结果表明，除赤道外，1978—1991年总臭氧每10 年就减少1%—5%。

臭氧层遭到破坏，其吸收紫外线辐射的能力将大大减弱，导致到达地球表面的紫外线强度明显增强。紫外线辐射的增强，会使人体免疫功能下降，皮肤癌、白内障和呼吸病患者增加；同时会导致海洋浮游生物、虾蟹幼体大量死亡，小麦、水稻等农作物减产，气温上升，给人类健康和生态环境带来严重危害。

进一步的研究表明，臭氧层的破坏主要是由于制冷剂、发泡剂、推进剂、洗净剂和膨胀剂中所含有的人工合成的卤碳化合物的大量排放，这些物质被称为臭氧损耗物质（ODS），在对流层中十分稳定，寿命可长达几十年甚至上百年。该化合物随大气团运动上升到平流层后，在强烈的紫外线照射下分解出含氯的自由基。这些自由基与臭氧分子发生反应，使臭氧分子成为普通氧分子，从而导致臭氧层的破坏。

地球臭氧层耗竭现在已达到前所未有的严重水平。在过去30年中，地球的臭氧层保护已成为人类面临的主要挑战之一，并涉及环境、贸易、国际合作和可持续发展等多个领域。经过国际社会的不断努力，现在全球ODS产量已明显下降，预计臭氧层将在未来10年或20年内开始恢复。如果世界各国能够遵守《蒙特利尔议定书》中所有的未来控制措施，那么到21世纪中叶，臭氧层将可能恢复到1980年以前的水平。

3. 生态系统服务功能的丧失——生物多样性锐减

生物多样性是指所有来源的形形色色的生物体，这些来源包括陆地、海洋和其他水生生态系统及其所构成的生态综合体，它包括物种内部（遗传多样性）、物种之间（物种多样性）和生态系统的多样性。现存的生物能提供多种环境服务，如调节大气中的气体组成、保护海岸带、调节水循环和气候、形成并保护肥沃土壤、分散和分解废弃物、吸收污染物等。生物多样性也为食物和农业提供遗传资源，构成了世界食物安全的生物基础并维持人类的生计。然而，生物所提供的环境服务多数既不为人所知，也没有得到适当的经济评价。生物多样性对于人类社会经济的发展具有历史的、现实的和未来的价值。

全球生物多样性正在以空前的速率发生改变。这种改变的主要驱动力，是土地植被覆盖的变化、气候改变、环境污染、对自然资源的掠夺性获取以及外来物种的侵入。在过去30年间，物种多样性的减少（见表7-3）凸显为主要的环境问题。引起物种减少的最重要因素是栖息地的减少和退化。例如，森林和草地开垦为耕地可导致当地动植物物种的灭绝。在过去30年里，全世界约有120万平方公里的陆地被开垦为耕地。在最近的全球调查中发现，栖息地的减少是影响83%的濒危哺乳动物和85%的濒危鸟类的主要因素。

表7-3　　　　　　　　　　　全球各地区受威胁的脊椎动物数量

地区	哺乳动物	鸟类	爬行动物	两栖动物	鱼类	合计
非洲	294	217	47	17	148	723
亚太地区	526	523	106	67	247	1469
欧洲	82	54	31	10	83	260
拉美和加勒比地区	275	361	77	28	132	873
北美洲	51	50	27	24	117	269
西亚	0	24	30	8	9	71
极地	0	6	7	0	1	14

生物多样性的减少将威胁到人类的食物供应，木材、医药和能源的来源，娱乐与旅游的机会，并且干扰了生态的基本作用，如调整水流量、水土保持、消纳污染物、净化水质以及碳和营养物的循环等。

4. 河流与海洋污染的威胁——污水、废水排放

世界主要河流半数以上已经遭到严重的耗竭和污染，河流周围的生态系统受到破坏，威胁着人们的健康和生计。人类生活、工业和农业的发展是造成河流污染的主要原因。城市的发展伴随着严重的水污染问题，如不完备的污水处理系统或未经处理的城市污水给水体带入大量营养物质、金属和有机污染物；工业生产过程中排放的各种污染物，工业跑冒滴漏或工业和运输发生的事故性污染也会造成水污染；现代农业大量使用农用化学物，通过多种途径使农药、化肥等转移到水体中。

海洋污染是一种全球性污染现象。南极企鹅体内脂肪中已检出DDT，说明污染影响范围之广。石油污染加剧了这种情况，引起公众的关切。最近几十年来，随着人类开发利用海洋活动的日益加强，海洋污染问题日益严重。造成海洋污染最主要的原因，是石油勘探开发和船舶的海损事故，如邮轮搁浅、触礁、船舶碰撞、石油井喷、石油管道破裂等。另外，大批港口、城市的兴起和扩建，导致大量有害有毒物质倾泻于近海，超过了近海自身的净化能力，使优美纯净的海洋环境及海洋资源受到严重污染。海洋石油污染给海洋生态带来了一系列的有害影响，其中包括：使海水含氧量减少，影响藻类以及其他海洋生物的生长与繁殖，从而对整个海洋生态系统产生影响；对浮游生物、甲壳类动物、鱼苗的生长等产生影响；降低海洋生产力，从而对人类产生影响等。

5. 土地生产力的减弱——土地退化的压力

土地是动植物生命的支持系统和工业生产的基础，对保护地球上的生物多样性、调节水循环、碳存储和循环起着至关重要的作用。土地是初级原料的存储地、固态和液态废物的堆放地及人类居住和交通活动的基础。土地退化是指土地生产力的衰减或丧失，其表现形式有土壤侵蚀、土地沙化、土壤次生盐渍化和次生潜育化、土地污染等。土地退化的影响范围不仅涉及耕地，也涉及林土、牧地等所有具有一定生产能力的土地。

当前，因各种不合理的人类活动所引起的土壤和土地退化问题，已严重威胁着世界农业发展的可持续性。据统计，全球土壤退化面积达1 965万平方千米。就地区分布来看，地处热带和亚热带地区的亚洲、非洲土壤退化尤为突出，约300万平方千米的严重退化土壤中有120万平方千米分布在非洲，110万平方千米分布在亚洲；就土壤退化类型来看，土壤侵蚀退化占总退化面积的84%，是造成土壤退化的最主要原因之一；就退化等级来看，土壤退化以中度、严重和极严重退化为主，轻度退化仅占总退化面积的38%。自1972年以来，不断增长的食物生产一直是造成土地资源压力的主要因素。发展中国家的农业土地在稳步增长，而发达国家并没有出现这种现象。发达国家农业土地削减的主要原因包括：居住区建造过多、农业生产价格降低等一些经济因素。另外，政策失效和农业活动不规范、杀虫剂的盲目使用以及灌溉活动等也加重了土地压力。

土地退化导致土地生产能力大大削弱。土地退化的主要原因是人类活动，如不可持续的农业土地利用、落后的土壤和水资源管理方式、森林砍伐、自然植被破坏、大量使用重型机械、过度放牧及落后的轮作方式和灌溉方式等。

6. 危险废物的转移与扩散——发展的不平衡

危险废物的越境转移与扩散，包括有害废物的越境转移和有害化学品的国际贸易及异地生产等，是国际社会最关注的环境问题之一。

随着废物产生量的剧增和工业国家控制废物污染的法规越来越严厉，废物处置费用大幅度上升，一些国家开始寻求境外处置废物的途径。由于发展中国家的相关法规不严，废物处理费用便宜，因此大量危险废物从工业国家转移到了缺乏监控和处置手段的发展中国家。1986—1991年，世界上最富有的10个国家把近2×10^8吨的有害废物投入了世界市场，其中绝大部分进入了发展中国家。

发展中国家是有害废物越境转移的主要受害者。发展中国家缺乏必要的监控手段和管理有害废物的经验，有关机构和法规亦不完善。大量危险废物的涌入在给发展中国家带来可观的经济收益的同时，有可能导致污染的扩散和更大的污染危害。例如，广东沿海的贵屿镇已经成为世界上重要的电子废弃物终点站之一，当地居民面临着生活富庶和环境恶化的矛盾的冲击。

（二）潜在的环境问题

潜在的环境问题是指目前没有从总体上认识，但在一定的时期后会对人类产生巨大影响的环境问题。这类环境问题可能是从未听说过的，或在表面上曾经被科学家讨论并给予警告的。例如，臭氧层空洞、水资源危机等。更多潜在的环境问题则是随着社会的进步和科技的发展，外部经济、文化和环境条件的变化而改变，其潜在的危害程度也随之发展并在一定时期后爆发，威胁人类。

因此，为了能够更好地应对潜在环境问题可能产生的后果，在20世纪末，联合国环境规划署（UNEP）要求国际科学理事会（ICSU）下属的环境问题科学委员会（SCOPE）在制定《全球环境展望——2000》的计划时，确定一些"潜在的"重点环境问题，并提出在未来的10年，这些潜在的问题可能出现的新威胁。

1. 环境诱变剂

基因是一切生物中世代相传的遗传信息的载体，是生命的基本物质。凡是能引起生物体遗传物质发生突然或根本的改变，使其基因突变或染色体畸变达到自然水平以上的物质，统称为诱变剂。当各种诱变剂被人为地强加于地球环境中之后，生物基因的情报系统由于诱变剂的作用受到损伤而发生紊乱，不能正确地传递遗传信息，具体地说就是发生了突变，那么这类诱变剂则被认为是环境诱变剂。未经人工处理而发生的突变称为自发突变；经过人工处理而发生的突变称为诱发突变。

（1）环境诱变剂的种类

一般来说环境诱变剂可以分为3大类型：物理性环境诱变剂（电离辐射、紫外线、电磁波等）、化学性环境诱变剂（主要是一些人工合成的化学品，包括药品、农药、食品添加剂、调味品、化妆品、洗涤剂、塑料、着色剂、化肥、化纤等）和生物性环境诱变剂（真菌的代谢产物、病毒、寄生虫等）。除了上面所说的外源性环境诱变剂之外，还有一些内源性的环境诱变剂。内源性的环境诱变剂是在人体健康异常的情况下产生的，如遗传因素、内分泌紊乱等。在各种不同的环境诱变剂中，最令人不安的是人工合成的化学物质。

（2）环境诱变剂的利弊

1927年，美国遗传学家H.J.Muller首次利用X射线成功地诱发了果蝇突变，开拓了诱发突变的新领域。从此以后，人们利用诱发突变进行育种工作，取得了极大的成功，并在农学、工业微生物学、生物学、医学等领域也都取得了巨大的成绩。然而，当时的人们并不明白环境诱变剂也会对人体产生"三致"（致癌、致畸、致突变）的严重后果，故人类也为此承受了不少的伤害。目前，在深入研究、积极监测、严加防护的前提下，合理利用环境诱变剂仍然可以造福于人类。例如，随着太空科技的发展，利用太空飞行器搭载作物种子进行"太空育种"已经操作了一段时间；核能的和平利用，已为人类做出了卓著的贡献；最近我国又计划利用"核爆炸"实现藏水北调，将雅鲁藏布江的水引到位于青藏高原东北部的青海、新疆和甘肃，以改变我国大西北的生态环境。

（3）环境诱变剂对人体健康的潜在危害

从接触诱变剂到产生有害后果，有时需要很长时间。如果是作用于生殖细胞，那么要在下一代，甚至几代以后才表现出来。例如，长期遭受日光照射的海员、渔民、牧民，在身体暴露处发生皮肤癌的概率较大，发病期可以在10—40年以后，平均发病年龄在70岁以上，开始是色素沉着和角质增生，继之发生癌变。

2. 物种入侵

对物种一词有多种解释，目前较公认的概念是：物种是生物分类的基本单位，是具有一定的形态和生理特征以及一定的自然分布区的生物类群。物种概念中，重要内容之一是物种有着一定的自然分布区。例如，大熊猫仅产于我国的四川、甘肃等地，是我国特有的珍贵物种。

（1）物种引进

引进外来物种的好处是不言而喻。它不仅对人类的生存、社会经济的发展、人们生活质量的提高起着十分重要的作用，同时也极大地丰富了引进国的生物多样性，为改善生态环境带来巨大的效益。例如，花生原产于南美热带地区，很早就传到了东半球。600多年前，花生被引进到我国。现今中国、印度、西非和美国是世界上最大的商品化花生生产基地。玉米原产地也是美洲，400多年前引入中国，现在玉米在中国的粮食作物中排名第三。同样，中国的物种也被大量地引到国外，如荷兰40%的花木是从中国引进的。此外，荷兰乳牛、安哥拉长毛绒兔、乌克兰猪、巴西红木等也是众所周知的。

但是，当人类从引种工作中获得了丰厚的利益，并继续从地球上把一种生物引来移去的时候，常常会出现一些使自己意料不到、事与愿违，甚至教训惨痛的问题。

（2）物种入侵

物种是在自然界中长期演变而成的。在物种形成的过程中，各个物种与其周围环境相互协调，与其天敌相互制约，将各自的种群限制在一定的栖息环境和数量内，因而形成该地区稳定、平稳的生态系统。当一个物种传入一个新的生境后，一方面在适宜的气候、土壤和水分及传播条件下，另一方面又由于缺乏原产地天敌的抑制，该外来物种就会在新的生境中大肆繁殖和扩散，形成大面积的单优群落，排斥和危及本地部分物种的生存，严重时还会引起一系列的生态学变化或灾难。因此人们把这种由于外来物种的存在而使本地物种的生存安全受到威胁的现象称为"物种入侵"或"生物入侵"。这种入侵比化学污染的隐患更大，因为生物能繁殖，会不断扩张，甚至喧宾夺主，破坏本地的生物多样性和生活环境，造成重大的经济损失，有时还会危及人体健康和生命安全。

生物入侵产生的后果中，最大的是生物多样性的丧失和生态系统遭到破坏，其损失无法估计。物种入境并不等于物种入侵，也不等于入侵成功。外来物种入侵成功需要经过几个阶段：引进、入侵、建立和传播（变成有害物种）。从上一个阶段转变到下一个阶段的成功率为10%，这是物种入侵的规律。了解物种入侵的规律，再结合应用多种综合的办法，就可以达到有效控制外来物种的目的。

另外，物种入侵不只是专指越国界的入侵。对于幅员辽阔的国家来说，在自己国土不同地区之间也存在物种入侵的问题。

认真对待物种入侵，并不亚于认真对待人类社会的敌寇入侵，因为物种入侵危及生态安全，而生态安全又是国家安全的一个组成部分。此外，外来物种对环境的破坏及对生态系统的威胁与人类活动所造成的破坏与威胁是不同的，前者是持久的。当一个外来物种停止传入一个生境后，已传入的该物种个体并不会自动消失，大多会利用其逃脱了原有天敌控制的优势在新的环境中大肆繁殖和扩散，对其控制或清除往往十分困难。而由于外来物种的排斥、竞争导致灭绝的特有物种则是不可恢复的。

四、环境保护和治理

从上述的分析我们可以发现，无论是发达国家还是发展中国家，都面临着环境问题所带来的后果，而造成这种局面的根本原因就在于对环境的价值认识不足，缺乏妥善的经济发展规划。环境是人类生存发展的物质基础和制约因素，随着人口的增长，从环境中取得食物、资料、能源的数量必定增加。而环境的承载能力和环境容量是有限的，如果人口的增长、生产的发展不考虑环境条件的制约作用，由于盲目发展、不合理开发资源而造成的环境质量恶化和资源浪费，超出了环境的容许极限，就会导致环境的污染与破坏，造成资源的枯竭和人类健康的损害。

（一）环境保护的概念

环境保护的基本内容和任务，世界各国不尽相同，同一个国家在不同时期，其内容和任务也有变化。概括地讲，环境保护就是指人类为解决现实的或潜在的环境问题，协调人类与环境的关系，保障经济社会的持续发展而采取的各种行动的总称。其方法和手段有工程技术的、行政管理的，也有法律的、经济的、宣传教育的等。

（二）环境保护的主要内容

1. 防治由生产和生活活动引起的环境污染

包括防治工业生产排放的"三废"（废水、废气、废渣）、粉尘、放射性物质以及产生的噪声、振动、恶臭和电磁微波辐射，交通运输活动产生的有害气体、废液、噪声，海上船舶运输排出的污染物，工农业生产和人民生活使用的有毒有害化学品，城镇生活排放的烟尘、污水和垃圾等造成的污染。

2. 防止由建设和开发活动引起的环境破坏

包括防止由大型水利工程、铁路、公路干线、大型港口码头、机场和大型工业项目等工程建设对环境造成的污染和破坏，农垦和围湖造田活动、海上油田、海岸带、沼泽地、森林和矿产资源的开发对环境的破坏和影响，新工业区、新城镇的设置和建设等对环境的破坏、污染和影响。

3. 保护有特殊价值的自然环境

包括对珍稀物种及其生活环境、特殊的自然发展史遗迹、地质现象、地貌景观等提供有效的保护。

另外，城乡规划、控制水土流失和沙漠化、植树造林、控制人口的增长和分布、合理配置生产力等，也都属于环境保护的内容。

思考题

1. 什么是环境？它对人类起何种作用？
2. 生物受哪些环境因素控制？是如何控制的？
3. 什么叫生态系统？它包括哪些主要成分？
4. 全球性的环境问题有哪些？

专题八　人类文明的物质基础

1.2　材料具有一定的性能。

1.4　利用物体的特征或材料的性能，把混合在一起的物体分离。

人类社会发展的历史证明，材料是人类生存和发展的物质基础，也是社会生产力的重要因素。人类历史上每一种重要新材料的发现和应用，都能使人类支配自然的能力提高到一个新的水平。每一次材料科学技术的重大突破，都会大大地提高社会生产力，加速社会发展进程，给人们生活带来巨大的变化。

材料是指人类能用来制作有用物件的物质。新材料是指最近发展和正在发展中的比现有材料性能更为优良的材料，或是具有现有材料尚不具有的某种优良性能的材

料。新材料是有时间性的，现在的传统材料都是过去某一历史时期的新材料。

一、材料发展概况

在人类文明的进程中，材料的发展大致经历了以下五个发展阶段：使用纯天然材料的初级阶段、人类单纯利用火制造材料的阶段、利用物理与化学原理合成材料的阶段、材料的复合化阶段、材料的智能化阶段。

现代新材料技术具有以下的特点：它是知识密集、资金密集的新兴产业；它与高新技术发展关系密切，并相互促进、相互依赖；新材料是高新技术发展的必要的物质基础，也是当代高新技术革命的先导；新材料技术是社会生产力发展水平和技术进步的标志。

新材料技术是现代科学技术发展的一个关键，每一项重大新技术的发现，往往有赖于新材料的发展。例如，半导体材料的出现和发展，对电子工业的发展具有极大的推动作用，1946年第一台真空管计算机问世，经过几十年不断更新，现在的一台与其功能相当的微型计算机，其体积仅为原来的三十万分之一，而质量仅为六万分之一。目前正在发展的新型半导体材料，只有几个原子层厚，加上光电子材料研究的进展，加速了整个信息技术革命的进程，在光电子材料基础上发展起来的光电子技术，将代表21世纪新兴工业的特色。

现代新材料主要从三种途径发展而来：一是从传统材料经过改进形成的，二是以现代科学技术研究成果逐步发展起来的，三是根据需要和要求设计构造得来的。目前，新材料已经初步形成了一个高性能金属材料、无机非金属材料、新型有机合成高分子材料以及复合材料等多元化的局面。当前，材料与能源、信息已经成为构成现代社会的三大支柱。

二、新金属材料

金属在熔化状态时可以相互溶解或相互混合，形成合金。合金比纯金属具有许多较优良的性能：多数合金的熔点低于任何一种成分的金属的熔点，硬度要比各种成分金属的硬度都大。例如，铜中加入1%的铍所生成的合金的硬度比铜大7倍。合金的导电性和导热性比纯金属低很多。随着新技术、新工艺的发展，已开发出多种新型金属材料，它们都是金属合金。最典型的金属功能材料有超导材料、稀土材料、形状记忆合金、贮氢合金、非晶态合金、减振合金等。

（一）超导材料

人们按材料的导电性能，将材料分为绝缘体、半导体和良导体。金属材料由于其具有优良的导电性能和较小的电阻率，作为良导体而被广泛用于输电线，如铜、铝等金属。但即使再优良的金属导线也会存在一定电阻。一方面，随着通过的电流量增大，电阻会产生热量；另一方面，随着温度升高，金属导线的电阻将会越来越大，直接影响电力的输送效率和其他功能的发挥。长期以来，人们不断地期望能得到一种电阻极小，甚至为零的材料，来作为理想的输电材料。1911年，荷兰科学家卡麦林·昂纳斯发现，当外界温度下降至4.2 K时（4.2 K = -268.8℃），汞的电阻似乎突然消失了，这种"零电阻"现象引起了科学家的关注。我们把这种在一定条件下，能导致导电材料的电阻趋近于零的现象，称为"超导现象"。能产生电阻趋近于零现象的材料，称为"超导材料"。产生超导现象时的温度叫"临界温度Tc"，相应的电流、磁场分别称为"临界电流Ic"和"临界磁场Hc"。

超导材料具有的优异特性使它从被发现之日起，就向人类展示了诱人的应用前景。但要实际应用超导材料又受到一系列因素的制约，首先是它的临界参量，其次还有材料制作的工艺等问题，例如，脆性的超导陶瓷如何制成柔细的线材就有一系列工艺问题。到20世纪80年代，超导材料主要有以下应用：利用材料的超导电性可制作磁体，应用于电机、高能粒子加速器、磁悬浮运输、受控热核反应、储能等；可制作电力电缆，用于大容量输电（功率可达10 000MW）；可制作通信电缆和天线，其性能优于常规材料。如"磁悬浮列车"，这种列车运行时的阻力很小，时速可达500千米左右，如日本的磁悬浮列车最高时速是581千米，上海磁悬浮列车最高时速是430千米；利用材料的完全抗磁性可制作无摩擦陀螺仪和轴承；利用约瑟夫森效应可制作一系列精密测量仪表以及辐射探测器、微波发生器、逻辑元件等，如制作计算机的逻辑和存储元件，其运算速度比高性能集成电路快10—20倍，功耗只有四分之一。

（二）稀土材料

在化学元素周期表中有一个系列叫镧系，共包括15种元素。镧系的15种元素和钪（Sc）和钇（Y）共17种元素，称为稀土元素，简称稀土。它们在自然界中的含量较少，化学性质非常相似，常在矿物中共生，它们的氧化物一般都难溶于水。稀土元素都是金属元素，也称为稀土金属。现在人们所说的稀土材料，一般是指由这17种元素中的一种或几种元素，所形成的一类高纯单质及其化合物材料。稀土材料具有独特的光学、电学及磁学特性。在普通的材料中加入少量稀土元素后，材料的性能便可得到较大的改善，因而，稀土被称为材料工业的"维生素"。稀土元素在地壳中的丰度并不稀少，只是分布极不均匀，主要集中在中国、美国、印度、南非、澳大利亚、加拿大、埃及等几个国家。中国是世界稀土资源储量最大的国家，约占世界总储量的80%。我国稀土产量居世界第一，稀土应用居世界第二。稀土工业在我国已有几十年的历史，我国拥有较大的稀土研究队伍。我国主要的稀土矿有白云鄂博稀土矿、山东微山稀土矿、冕宁稀土矿等，不少厂家开发和生产的稀土材料产品进入国内外市场，稀土材料的开发和应用在我国有着广阔的前景。

冶金工业中，利用加入少量稀土元素来改善金属性能，如在球磨铸铁中加入少量稀土元素，就能除去其中的非金属杂质，改变铸铁中的石墨形态，显著提高密度，提高铸铁的机械性能，使它达到铸钢和锻钢的水平。石油化学工业中，用稀土制成的分子筛催化剂活性很高，是石油炼制中催化裂化工序的重要添加剂，它与一般催化剂相比，具有汽油产率高的特点。含有稀土元素的钕钇铝石榴石是一种良好的激光材料，在军事工业中，用它制成的激光器，可用于激光测距与瞄准、激光通信与雷达等。此外，由于这种激光器的瞬间输出功率特别高，焦点温度可达到几百万摄氏度，故可用来制造击毁飞机、导弹、卫星及坦克的激光武器。稀土金属与钴的合金是一种极好的永磁材料，已被广泛应用于微型电机、加速器、音响设备、电子手表、医疗器械等。

（三）形状记忆合金

在一定温度下，将这类合金先加工成型，然后改变外界温度（降温或升温），它可产生变形。一旦外界温度重新恢复到原来的温度时，它的形状立即可以复原，犹如具有"记忆"过去形状的功能，故称其为形状记忆合金。例如，镍-钛合金丝，在室温下形状笔直坚硬，将它放入冷水中，它会变得很柔软，可将它弯曲成任意形状，如果再将它放回到室温中，已被弯曲的镍-钛合金丝会突然伸直，恢复到它原来的形状。形状记忆合金的"记忆力"与合金的晶体结构有关，它们通常是两种或两种以上具有热弹性马氏体可逆相变效应的金属组成的合金。迄今为止，已发现形状记忆合金有多种，不同的形状记忆合金形变的温度是不同的，镍-钛合金的形变温度为-50—80℃，金-镉合金的形变温度为30—100℃等。

形状记忆合金从20世纪70年代起，主要应用于紧固件。如用形状记忆合金可制得"智能"型铆钉，使用时先在常温下弯曲铆钉尾部，然后在低温时拉直并插入孔内，待温度升高时，铆钉尾部会自动弯曲达到铆接的目的。

到目前为止，形状记忆合金的应用非常广泛。

形状记忆合金在航空航天领域内的应用有很多成功的范例。人造卫星上庞大的天线可以用形状记忆合金制作。发射人造卫星之前，将抛物面天线折叠起来装进卫星体内，火箭升空把人造卫星送到预定轨道后，只需加温，折叠的卫星天线因具有"记忆"功能而自然展开，恢复抛物面形状。

形状记忆合金在临床医疗领域内有着广泛的应用，例如人造骨骼、伤骨固定加压器、牙科正畸器、各类腔内支架、栓塞器、心脏修补器、血栓过滤器、介入导丝和手术缝合线等等，形状记忆合金在现代医疗中正扮演着不可替代的角色。

形状记忆合金同我们的日常生活也同样休戚相关。仅以形状记忆合金制成的弹簧为例，把这种弹簧放在热水中，弹簧的长度立即伸长，再放到冷水中，它会立即恢复原状。利用形状记忆合金弹簧可以控制浴室水管的水温，在热水温度过高时通过"记忆"功能，调节或关闭供水管道，避免烫伤。也可以制作成消防报警装置及电器设备的保安装置，当发生火灾时，形状记忆合金制成的弹簧发生形变，启动消防报警装置，达到报警的目的。

（四）贮氢合金

氢具有单位质量释放能量高、无污染等优点，被公认为是21世纪最有希望的新能源。但在常温下，不纯的氢气遇明火会发生爆炸。因此，氢作为能源时，纯度要求非常高。1968年，人们发现某些合金具有吸附氢气的特性，如镁－镍合金、镧－镍合金。这类合金在一定温度和压力下可大量吸附氢气，其原因是合金中的金属原子能与氢原子结合形成氢化物，把氢贮藏起来。但这是可逆反应，当金属氢化物受热时，氢气又将释放出来。有一些贮氢合金吸收的氢气体积可达到自身体积的1 000倍（标准状况），其中的氢气密度可超过液态氢气，甚至达到固态氢气的密度。贮氢合金可以用来提纯和回收氢气，它可以将氢气提纯到很高的纯度。我国科学家研制的钛－铁－锰贮氢材料，可将氢提纯为99.999 9%的超纯氢，这项研究可大大降低提纯氢的成本。

贮氢合金的迅速发展，为氢气的利用开辟了更广阔的前景。例如，贮氢合金吸氢后可用于氢动力汽车，它为开发无污染汽车提供了可靠的能量来源。另外，贮氢合金在吸氢时会放热，在放出氢气时会吸热，人们利用这种放热－吸热循环，进行热的贮存和传输，用做制冷或采暖设备等。

（五）非晶态合金

一般情况下，一种合金熔化时，其原子的排列是无规则的，当冷却至固态时，组成合金的原子或离子都将按一定规则排列形成晶体。由于晶体内各晶粒之间存在着不同向的晶界，这在相当程度上会影响合金的各项性能。非晶态合金是指一些不仅能以晶体的形式存在，也可以非晶体的形式存在的合金。非晶态合金的制备是将合金熔化后，再用高速冷却使之凝固，这样合金中的原子来不及按规则排列，保持着原来液态时的无序状态，从而获得了无规则的非组织结构。这种晶态组织结构类似于玻璃的无定形结构，它避免了合金结晶时固有的缺点，在各项机械性能和功能上有了新的突破，如高硬度、较好的强度、耐腐蚀、优良的磁导率和可吸附氢等，可部分替代硅钢、坡莫合金和铁氧体等软磁材料，且综合性能高于这些材料。在20世纪30年代，已有报道用蒸汽沉淀法和电沉淀法，制备出非晶态合金，在60年代，美国科学家皮·杜维兹用快速冷却方法制得金-硅非晶态合金，称为"金属玻璃"。

非晶态合金的硬度和强度比一般晶态合金高很多，用它制造的高强度电缆，可大大提高使用寿命。它还具有良好的磁性能，用它做磁性材料代替硅钢片制作变压器铁芯，可使自身能量损失减少60%以上。美国每年损耗在变压器上的电量为 6 000 MW，损失约为30亿美元，若将现有的全部配电变压器都换成非晶态合金，则每年至少可节省10多亿美元的电费。非晶态磁性材料还可用于制作磁带、录音磁头，其耐磨性较一般材料提高几十倍，而且具有贮量大、频率响应好、分辨率高、失真小等优点。非晶态合金还具有良好的化学性能，特别具有耐腐蚀性能，比起优质不锈钢，它的耐腐蚀性要强100倍。

三、高性能的无机非金属新材料

无机非金属新材料主要有新型陶瓷、特种玻璃、非晶态材料和特种无机涂层材料等，这里着重介绍新型陶瓷和特种无机涂层材料。

（一）新型陶瓷

1. 新型陶瓷

采用人工合成的超细、高纯度无机化合物为原料，在严格控制的条件下经成型、烧结和其他处理而制成具有微细（粒度达到微米级（10^{-6} m）以上）结晶组织的无机材料。它具有一系列优越的物理、化学和生物性能，其应用范围是传统陶瓷远远不能相比的，这类陶瓷又称为特种陶瓷或精细陶瓷。

2. 新型陶瓷的分类

新型陶瓷按化学成分主要分为两类，一类是纯氧化物陶瓷，如Al_2O_3、ZrO_2、MgO、CaO、BeO、ThO_2等；另一类是非氧化物陶瓷，如碳化物、硼化物、氮化物和硅化物等。按照陶瓷的性能与特征又可分为：高温陶瓷、超硬质陶瓷、高韧陶瓷、半导体陶瓷、电解质陶瓷、磁性陶瓷、导电性陶瓷等。随着成分、结构和工艺的不断改进，新型陶瓷层出不穷。按其应用不同又可将它们分为工程结构陶瓷和功能陶瓷两类。

3. 高温结构陶瓷

以氧化铝为主要原料，具有在高温下强度高、硬度大、抗氧化、耐腐蚀、耐磨损、耐烧蚀等优点，在空气中可以耐受1 980℃的高温，是空间技术、军事技术、原子能、建筑业及化工设备等领域中的重要材料。氮化硅或碳化硅高温结构陶瓷以强度高著称，可用于制造燃气轮机的燃烧器、叶片、涡轮、切削刀具、机械密封件、轴承、火箭喷嘴、炉子管道等。据报道，我国已研制了这种陶瓷发动机汽车，它在沙漠环境中长时间运行，发动机不必用水冷却，这种汽车作为沙漠用车具有独特的优势。

4. 半导体陶瓷

这类陶瓷具有半导体的特性，因为对环境中的气体、温度、湿度和光亮变化具备特有的敏感性，相应分为气敏陶瓷、热敏陶瓷、湿敏陶瓷和光敏陶瓷等不同的种类。它们常用于制造陶瓷敏感器件及传感器件。比如，将气敏陶瓷制成的氧传感器安装在汽车的排气管中，便可测试汽车废气中的氧浓度，然后通过微电脑自动控制发动机中的空气与汽油的比例，使之处于最佳状态，达到节约汽油的目的。又如，为了制止驾驶员酒后开车，人们将陶瓷酒精传感器的一头安置在驾驶室中，另一头连接在汽车点火线路上，只要司机喝了酒，呼出的气体中含有的酒精气体达到一定浓度，传感器感觉后就使发动机熄火，汽车就无法启动，能防止交通事故的发生。

5. 生物相容性陶瓷

也称生物陶瓷。它具有特殊的生理行为，即良好的生物相容性，放入生物体内不会引起不良反应，是现有的任何别的材料无法替代的。常用于制造人造骨骼和一些人体组织器官修复的材料，如美国研制的人造骨，它是用磷酸盐陶瓷材料制成的，植入人体后可以逐渐被体内的酶降解，经过一定的时间会转化为自然骨。现在，生物陶瓷大体有三种类型：惰性生物陶瓷、表面活性生物陶瓷和可吸收生物陶瓷，这些生物陶瓷有很高的化学稳定性和持久耐用的寿命，是人体医学材料发展的重大突破。

6. 压电陶瓷

压电陶瓷是一种能将压力转变为电能的功能陶瓷，哪怕是像声波震动产生的微小的压力也能够使它们发生形变，从而使陶瓷表面带电。用压电陶瓷柱代替普通火石制成的气体电子打火机，能够连续打火几万次。

7. 透明陶瓷

透明陶瓷的主要成分有氧化镁、氧化钙、氟化钙等。透明陶瓷不但能透过光线，还具有很高的机械强度和硬度。透明陶瓷是一种很好的透明防弹材料，还可以用来制造车床上的高速切削刀、喷气发动机的零件等，甚至可以代替不锈钢。

（二）特种无机涂层材料

这是涂层材料的一种，具有高温防热、耐磨、耐腐蚀、催化、红外辐射、导电等多种功能，广泛应用于工业和国防事业。

1. 保护涂层

这些涂层涂于物体的表面，具有防热、隔热、耐腐蚀、防渗防漏的功能，起到保护被涂物，提高和延长被涂物在恶劣环境下的使用寿命的作用。例如，防热隔热涂层，它是由耐高温的金属氧化物粉末和无机聚合物组成的，具有优越的耐高温性能。如用氧化锑涂层可对被涂物起隔热阻燃的作用；用氧化铝、氧化锆等高温喷涂层，可防高温，常用于火箭和导弹的外部涂层。还有一些涂料因为不易被水湿润，具有防渗防漏的功能，用于建筑物楼顶，能有效防止水的渗漏，或涂在装水容器的接缝处，具有极佳的堵漏效果。

2. 装饰涂层

随着真空镀膜和电镀工艺的发展，各种工程塑料经过表面装饰以后，大量地应用于家用电器和轻工产品。例如，在塑料表面镀金属化合物，已被广泛应用的有氮化钛、碳化钛等硬质涂层，它们会产生一种仿金、仿银的效果，现已广泛用于手表表壳和表带、灯具、纽扣等一类耐用品。这种涂层既耐磨，又有漂亮的外观效果，受到了人们的欢迎，早已走进了千家万户。

3. 功能涂层

一些无机非金属涂料具有光、电、磁、声等特殊功能，它们在被涂物上会发生不同的作用。例如，现代战争中使用的"隐形"飞机和坦克，它们的"隐形"本领表现在表面覆盖一层吸波涂层。这种吸波涂层能吸收对方防空系统发射过来的雷达电磁波，或者改变雷达电磁波的波长后，再反射回去，致使对方雷达得不到飞机和坦克的准确方位和距离等信号，或者产生一种错觉，这样，便可有效避免敌方的攻击和侦破，得以出奇制胜。

四、新型有机高分子材料

随着材料科学的飞速发展，合成高分子材料不断地涌现出新的品种。据报道，目前世界上合成高分子材料已超过1.4亿吨，而且，它们在社会经济中的地位，不单是传统材料的代用品，而是早已成为国民经济和国防工业高科技领域不可缺少的基础材料。

（一）高性能塑料

1. 工程塑料

工程塑料是指工程上作结构材料应用的塑料。它们有优于一般塑料的性能；如具有良好的机械性能和尺寸稳定性，在高、低温下仍能保持其优良性能等。常见的工程塑料有：聚甲醛（POM）、聚碳酸酯（PC）、聚酰胺（尼龙PA）、变性聚苯醚（变性

PPE）、聚酯（PET，PBT）、聚苯硫醚（PPS）、聚芳基酯等。聚甲醛是由简单的有机化合物甲醛聚合而成的，具有高刚性和高硬度、低摩擦系数、自润滑（即不需要润滑油）和良好的耐疲劳等特性，它可在较高的动态载荷作用下长期使用，被称为"最耐疲劳的塑料"。它特别适用于制造精密小齿轮、轴承轴套，各种电子钟表、打印机、复印机等的零部件。聚碳酸酯是一种具有特种性能的透明塑料，有"打不碎的玻璃"之称。它透明度高、密度小、坚韧、易于加工成型、抗冲击强度高，能在135—145℃中连续使用，它可取代普通有机玻璃用作超音速飞机上的风挡夹层、天窗盖和舷窗。

2. 特种塑料

特种塑料具有特别功能，其价格昂贵，世界年消费量不大，但增长的速度很快。特种塑料具有耐高温、耐腐蚀、自润滑、高强度、高缓冲等性能，可用于航空、航天等特殊应用领域。常见的特种塑料有聚四氟乙烯（PTEE）、聚酰亚胺（PI）、聚醚醚酮（PEEK）、聚苯硫醚（PPS）、聚醚砜（PES）和液晶聚合物（LCP）等。聚四氟乙烯被称为"塑料王"，它是最耐腐蚀的材料，除了极强的碱金属氢氧化物熔融态能使其表面发生轻微的腐蚀外，其他任何化学试剂，包括"王水"都不能使它腐蚀，它的耐腐蚀性超过不锈钢，而且可长期在260℃以上温度范围中使用。聚四氟乙烯还具有不吸湿、不燃烧、耐高温的性能，它被广泛用作防腐材料、耐摩擦密封材料、化学反应设备的内衬材料等。另外，聚四氟乙烯的固体表面能很小，其他物质很难黏附其表面。现代家庭厨房常用的"不粘锅"，其表面防粘涂层就是添加了大量聚四氟乙烯。

3. 可降解高分子材料

合成高分子由于主链结合十分牢固，性质十分稳定，难以降解，所以废弃的塑料对环境会造成"白色污染"。可降解高分子能削弱主链的结合，利用光照、化学、生物的方法可促使其降解。目前合成出了光降解、化学降解和生物降解塑料，在一定条件下废弃塑料可自行降解成粉末，解决了这类物质对环境的污染问题。

（二）特种纤维

特种纤维是合成纤维的进一步发展，它们产量不多，但品种较多。其中具有代表性的是芳纶纤维（芳香族聚酰胺）材料，它具有重量轻、耐腐蚀、强度高、寿命长、绝缘性好、耐辐射、加工方便等优点，这些特点是其他天然和合成纤维无法比拟的。例如，它的比强度（即同质量材料的强度）5倍于钢丝，一根手指粗的芳纶纤维绳可吊起两辆大卡车，被称为"合成钢丝"。芳纶纤维在高科技方面具有取代金属材料的趋势。用芳纶纤维制成的毛毯，可作为航天飞机返回大气层时的热防护层。芳纶纤维还可用于降落伞、飞机的机轮、窗布，或作为增强纤维用于机舱门等。此外，芳纶纤维坚韧、耐磨、刚柔兼具，又是理想的防弹材料（如用于制作防弹背心）。

（三）特种橡胶

特种橡胶指具有特殊性能和特殊用途，并能在苛刻条件下使用的合成橡胶。如耐300℃高温，耐强侵蚀，耐臭氧、光、天候、辐射和耐油的氟橡胶；耐-100℃低温和300℃高温，对温度依赖性小，具有低黏流活化能和生理惰性的硅橡胶；耐热、耐溶剂、耐油，电绝缘性好的丙酸酯橡胶等。它们各具优异的独特性能，可以满足一般通用橡胶所不能胜任的特定要求，在国防、工业、尖端科学技术、医疗卫生等领域有着重要作用。其中，以硅橡胶最具代表性，是所有橡胶之最，广泛用于航空、造船、化工和建筑行业，作为高温环境下的密封材料（如日常所用高压锅的密封圈）、减震和电绝缘材料。另外，硅橡胶在人体内也具有很好的生物相容性和稳定性，是制作人工器官的理想材料，目前已用于人体内人造血管、人造心脏，以及在体外应用的人工心肺机、人造肾脏、输血导管等。

（四）其他功能高分子材料

功能高分子材料是指具有光、电、磁、生物等性能的高分子材料。功能高分子材料从20世纪70年代开始发展，目前已形成一个重要领域。由于其特殊的化学或物理结构，在化学活性、光敏性、导电性、选择分离功能、生物医学活性等方面，具有特殊的功能，被称为功能高分子材料，常被用于一些高科技领域。

1. 医用（生物）功能高分子材料

氟碳乳液是一种人造血液，代号FC，它性能稳定，加入乳化剂后成为乳化液。它溶解氧的能力比血红蛋白大1倍，同时还能把二氧化碳释放出来，它吸氧和释放二氧化碳的速度都比血红蛋白快几倍，并且没有血型，对任何病人都可直接输入动脉。

人工肾脏是研究最早而又最成熟的人工器官，其关键是研制出高选择性的半透膜，可采用聚丙烯腈硅橡胶、赛璐玢、聚酰胺等。聚丙烯腈硅橡胶薄膜的选择透过能力很高，可用于制造人工肝脏；聚丙烯薄膜可透析血液中的二氧化碳，可用于制造人工肺；用金属骨架外包超聚乙烯材料制成的人工关节，弹性适中，耐磨性好，在临床中已取得满意效果。

2. 液晶材料

1888年，科学家发现：有一些有机化合物的晶体，在加热到一定温度时会变成一种浑浊、黏滞的塑性物质，再升温至某一温度，又突然变成完全清澈透明的液体，这种介于固态和液态之间的物质就是液晶。目前已知有2 000种以上的有机化合物具有液晶性质。

3.高分子分离膜

传统的分离技术不外乎蒸馏、分馏、结晶、萃取、吸附、过滤等，基于高分子分离膜的膜分离技术，比传统分离技术更节能、更经济、无污染，且操作方便，易于自动化。如海水淡化就可使用一种反渗透膜，当海水在一定的压力下流过这种膜时，有膜的另一侧会得到纯净的淡水。高分子分离膜还广泛应用于工业废水处理、湿法冶金、食品保鲜、混合气体分离、药物分离等。

五、特殊功能的复合材料

复合材料是一种由金属、有机高分子、无机非金属等具有不同结构和功能的材料，通过特殊工艺复合为一体的新型材料。这种复合材料利用优势互补和优势叠加而制得，既能突出其综合性能，又能克服原有材料的缺陷。20世纪以来，复合材料的发展非常迅猛，已广泛应用于高科技领域，并占有独特的地位。

（一）玻璃钢

玻璃钢是第一代复合材料，它是一种以塑料树脂为基体、玻璃纤维为增强体的玻璃纤维增强塑料。玻璃钢具有质量轻、强度高、耐腐蚀的性能，并具有良好的隔热、隔音、抗冲击和透波能力。不同的基体材料衍生出不同品种的玻璃钢，目前应用较多的有玻璃纤维增强尼龙、聚碳酸酯、聚乙烯、聚丙烯、环氧酚醛等。玻璃钢最早用于航空和军事工业，后又广泛用于民用产品，现在逐渐被其他复合材料所替代。

（二）碳纤维增强树脂复合材料

20世纪60年代以后，产生了第二代复合材料。碳纤维增强树脂复合材料是其中的代表，它所用的增强剂是经高温分解和碳化后获取的碳纤维，碳纤维增强树脂复合材料在性能上优于玻璃钢。例如，碳纤维增强塑料以抗腐蚀性好、摩擦系数小等优点用于轴承、轧机上。碳纤维增强树脂复合材料主要用于航空、航天工业，用它制造火箭和导弹头锥，人造卫星支承架以及飞机上的机翼等。在民用工业中，较多用于汽车和运动器具，如小轿车的壳体等。从70年代起，碳纤维和混纤（硼纤维、芳纶纤维）复合材料的出现，大量用于先进的运动器具，如弓箭、高尔夫球杆、网球拍等。80年代以后，又研制了碳—碳复合材料，它由多孔碳素基体和埋在其中的碳纤维骨架组成。这种碳—碳复合材料的工作温度几乎居所有复合材料的首位，是一种高温结构和热防护的理想材料，特别是制造火箭和航天飞机上受热最高部位的最理想的材料。

（三）聚合物基、金属基和陶瓷基复合材料

第三代复合材料采用了以不同特性的基体材料，提高其综合性能，常见的有聚合物基、金属基和陶瓷基复合材料。

1. 聚合物基复合材料

它又称分子复合材料，这是一种采用分子排列高度有序的聚合物和无定型团状聚合物结合成的新型复合材料。现已人工合成三种此类聚合物薄膜：对位—聚苯并噻唑（PBT）、对位—聚苯并咪唑（PBI）、对位—聚苯并恶唑（PBO）。这种聚合物基复合材料具有更好的热稳定性、抗湿性和耐环境性。不过，这种复合材料只能在350℃以下温度范围内使用。

2. 金属基复合材料

金属基复合材料所用的基体既有轻金属，如铝、镁，又有钛、铜、铅、铍等有色金属的超合金，金属间化合物及黑色金属。这种复合材料比传统的金属材料更具有重量轻、强度和刚度高、耐磨损、耐高温等显著特点。另外，又比聚合物基复合材料在导热性、导电性、抗辐射性、不吸湿、耐老化等性能上更具优越性，同时，具有较高的耐高温的性能，可在350—1 000℃温度区域使用。金属基复合材料的增强剂可有非金属纤维和非金属颗粒，如硼纤维增强铝基复合材料可用于航天飞机的机身构架，能减少飞机自重而节约燃油。目前，发展最快的是碳化硅颗粒增强铝合金基复合材料，其重量轻，仅为钢的1/3，又比铝合金、钛合金耐磨性强。金属基复合材料有着优异的性能，主要用于航空、航天工业，现在，随着制造工艺完善和成本下降，逐渐用于民用工业。

3. 陶瓷基复合材料

也称多相复合陶瓷，包括纤维补强陶瓷材料、颗粒弥散多相复合陶瓷、自补强多相复合陶瓷以及功能梯度复相陶瓷等。例如，我国独特的新型材料碳纤维补强石英复相陶瓷，其强度比纯石英陶瓷高12倍，且具有很好的韧性和抗烧蚀性。特别是20世纪80年代产生的功能梯度复相陶瓷，其功能和性质（如组分、显微结构和浓度）随空间或时间呈连续变化。这种材料中，陶瓷、金属的构成，是通过精心设计和特殊工艺，在原子级水平上混合起来，它的组成和结构在整个材料内部都是均匀分布的，其界面层的组分、结构和性能呈连续性变化。这种连续性变化减轻了陶瓷、金属异种材料界面区域的突变，消除了界面的热应力集中而不易引起材料的开裂或剥离。这种材料的高温侧是能耐热和抗氧化，低温侧是具有高热导率和韧性，整个材料能有效地缓和热

应力。功能梯度材料的开发，可满足航天飞机表面材料的要求，既能经受高达1800℃的高温，又能经受巨大的温度落差，具有广阔的应用前景。

六、纳米材料

纳米材料是当今材料科学研究中的热点之一。我国科学家钱学森在1991年曾预言：纳米将是下一阶段科学发展的重点，是一次技术革命，也将是21世纪又一次产业革命。

（一）纳米材料的特性

纳米（nm）实际上是一个长度单位，$1\ nm = 10^{-9}\ m$。纳米是一个非常小的空间尺度，以氢原子为例，$1\ nm$长度范围中，只能排列10个氢原子。纳米材料就是用特殊的方法将材料颗粒加工到纳米级（$10^{-9}\ m$），再用这种超细微粒子制造人们需要的材料。目前，纳米材料有四种类型：纳米粉末、纳米纤维、纳米膜、纳米块体。其中纳米粉末开发时间最长、技术最为成熟，是生产其他三类产品的基础。纳米材料表现出奇特的热、光、力、电和化学等性能，与它的特殊结构有关。纳米材料的特性具体表现为：表面与界面效应、小尺寸效应、量子尺寸效应、宏观量子隧道效应等，纳米材料的特性决定了其广泛的应用。

（二）纳米材料的应用

1. 纳米磁性材料

在实际中应用的纳米材料大多数都是人工制造的。纳米磁性材料具有十分特别的磁学性质，纳米粒子尺寸小，具有单磁畴结构和矫顽力很高的特性，用它制成的磁记录材料不仅音质、图像和信噪比好，而且记录密度比 $\gamma-Fe_2O_3$ 高几十倍。超顺磁的强磁性纳米颗粒还可制成磁性液体，用于电声器件、阻尼器件、旋转密封及润滑和选矿等领域。

2. 纳米陶瓷材料

传统的陶瓷材料中晶粒不易滑动，材料质脆，烧结温度高。纳米陶瓷的晶粒尺寸小，晶粒容易在其他晶粒上运动，因此，纳米陶瓷材料具有极高的强度和高韧性以及良好的延展性，这些特性使纳米陶瓷材料可在常温或次高温下进行冷加工。如果在次高温下将纳米陶瓷颗粒加工成形，然后做表面退火处理，就可以使纳米材料成为一种表面保持常规陶瓷材料的硬度和化学稳定性，而内部仍具有纳米材料的延展性的高性能陶瓷。

3. 纳米传感器

纳米二氧化锆、氧化镍、二氧化钛等陶瓷对温度变化、红外线以及汽车尾气都十分敏感。因此，可以用它们制作温度传感器、红外线检测仪和汽车尾气检测仪，检测灵敏度比普通的同类陶瓷传感器高得多。

4. 纳米倾斜功能材料

在航天用的氢氧发动机中，燃烧室的内表面需要耐高温，其外表面要与冷却剂接触。因此，内表面要用陶瓷制作，外表面则要用导热性良好的金属制作。但块状陶瓷和金属很难结合在一起。如果制作时在金属和陶瓷之间使其成分逐渐地连续变化，让金属和陶瓷"你中有我、我中有你"，最终便能结合在一起形成倾斜功能材料。当用金属和陶瓷纳米颗粒按其含量逐渐变化的要求混合后烧结成形时，就能达到燃烧室内侧耐高温、外侧有良好导热性的要求。

5. 纳米半导体材料

将硅、砷化镓等半导体材料制成纳米材料，具有许多优异性能。例如，纳米半导体中的量子隧道效应使某些半导体材料的电子输运反常、导电率降低，电导热系数也随颗粒尺寸的减小而下降，甚至出现负值。这些特性在大规模集成电路器件、光电器件等领域发挥着重要的作用。

利用半导体纳米粒子可以制备出光电转化效率高、即使在阴雨天也能正常工作的新型太阳能电池。由于纳米半导体粒子受光照射时产生的电子和空穴具有较强的还原和氧化能力，因而它能氧化有毒的无机物，降解大多数有机物，最终生成无毒、无味的二氧化碳、水等，所以，可以借助半导体纳米粒子利用太阳能催化分解无机物和有机物。

6. 纳米催化材料

纳米粒子是一种极好的催化剂，这是由于纳米粒子尺寸小、表面的体积分数较大、表面的化学键状态和电子态与颗粒内部不同、表面原子配位不全，导致表面的活性位置增加，使它具备了作为催化剂的基本条件。

镍或铜锌化合物的纳米粒子对某些有机物的氢化反应是极好的催化剂，可替代昂贵的铂或钯催化剂。纳米铂黑催化剂可以使乙烯的氧化反应的温度从600℃降低到室温。

7. 医疗上的应用

血液中红细胞的大小为6 000—9 000 nm，而纳米粒子只有几个纳米大小，实际上比红细胞小得多，因此它可以在血液中自由活动。如果把各种有治疗作用的纳米粒子注入人体各个部位，便可以检查病变和进行治疗，其作用要比传统的打针、吃药效果好。使用纳米技术能使药品生产过程越来越精细，并在纳米材料的尺度上直接利用原子、分子的排布制造具有特定功能的药品。纳米材料粒子将使药物在人体内的传输更为方便，用数层纳米粒子包裹的智能药物进入人体后可主动搜索并攻击癌细胞或修补损伤组织。使用纳米技术的新型诊断仪器只需检测少量血液，就能通过其中的蛋白质和DNA诊断出各种疾病。

8. 纳米计算机

世界上第一台电子计算机诞生于1946年，它是由美国的大学和陆军部共同研制成功的，一共用了18 000个电子管，总重量达30多吨，占地面积约170 m^2，可以算得上一个庞然大物了，可是，它在1 s内只能完成5 000次运算。

如果采用纳米技术来构筑电子计算机的器件，那么这种未来的计算机将是一种"分子计算机"，其袖珍的程度又远非今天的计算机可比，而且在节约材料和能源上也将给社会带来十分可观的效益。计算机在普遍采用纳米材料后，可以缩小成为"掌上电脑"。

9. 环境保护

环境科学领域将出现功能独特的纳米膜。这种膜能够探测到由化学和生物制剂造成的污染，并能够对这些制剂进行过滤，从而消除污染。

10. 纺织工业

在合成纤维树脂中添加纳米SiO_2、纳米ZnO、纳米SiO_2复配粉体材料，经抽丝、织布，可制成杀菌、防霉、除臭和抗紫外线辐射的内衣和服装，可用于制造抗菌内衣、用品，可制得满足国防工业要求的抗紫外线辐射的功能纤维。

11. 机械工业

采用纳米材料技术对机械关键零部件进行金属表面纳米粉涂层处理，可以提高机械设备的耐磨性、硬度和使用寿命。

12. 家电

用纳米材料制成的多功能塑料，具有抗菌、除味、防腐、抗老化、抗紫外线等作用，可用作电冰箱、空调外壳里的抗菌除味塑料。

七、新材料发展的方向

目前，新材料的制造早从"试误法"或"炒菜式"配方方法转向根据需要设计。

随着量子化学、固体物理等新学科的发展，电子计算机的应用以及计算机信息处理技术的发展，使我们可以知道破坏某一分子的化学键需要多少能量，从而把不需要的分子"剪裁"下来，再按所需性能"接上"另一分子，实现在分子、原子结构的微观水平上，构造出合乎要求的理想新材料。这种所谓"分子设计"若能实现，将使人类摆脱对自然材料的依赖，使材料的生产和应用发生根本性的变革。随着社会的进步，人类不断地对材料提出新的要求。新材料的发展与材料的总体循环密切相关，材料技术的每一个环节的改进，都会导致新材料的产生。

概括起来，当今新材料的发展有以下几个特点：

（1）结构与功能相结合。人们开发一种新材料，首先，要求材料具有结构上的作用，其次，还要求具有特定的功能或是兼有多种功能。即新材料应在结构和功能上实现较为完美的结合。

（2）智能型材料的开发。所谓智能型，就是要求材料本身具有一定的"感知"，也就是具有自我调节和反馈的能力，犹如具有模仿生命体系的作用，具有既敏感又有驱动的双重的功能。

（3）少污染或不污染环境。新材料在开发和使用过程中，甚至废弃后，应尽可能地减少对环境产生污染。

（4）能再生。为了保护和充分利用地球上的自然资源，开发可再生材料是首选。

（5）节约能源。开发新材料要考虑节约能源，优先开发制作过程能耗较少的，或者新材料本身能帮助节能的，或者有利于能源的开发和利用的新材料。

（6）寿命长。新材料应有较长的寿命，即应用的时间较长，在使用的过程中少维修或尽可能不维修。

总之，新材料的发展必须创新，要加强材料科学的基础研究，依托新理论、新构思、新设想、新工艺，创造更多、更新的材料，推动我国的社会主义经济建设，并为人类社会的物质文明建设做出巨大的贡献。

思考题

1. 简述新金属材料的性能及用途。

2. 为什么稀土被称为"工业的维生素"？为什么说有些金属有"记忆"功能？

3. 简述纳米材料的特性及用途。

4. 当前新材料发展的方向是什么？

模块三
物质的运动

专题一 运动的描述

4.1 可以用某物体相对于另一个物体的方向和距离来描述该物体在某一时刻的位置。

4.2 通常用速度的大小来描述物体运动的快慢。

4.3 物体的机械运动有不同的形式。

宇宙间任何物体都在永不停息地运动着。江水奔流、车辆行驶、机器运转，人造卫星环绕地球运行，就连静止在地面上似乎是不动的高山峻岭、房屋树木、场地田园等也在昼夜不停地跟随着地球一起自转和公转。也许有人以为太阳是不动的，但从整个银河系来看，太阳以250 km·s^{-1}的速度在绕着银河系中心旋转。而我们这个银河系，从另外的星云系来看，也是在运动着的。总之，自然界中没有不运动的物质，运动是物质的存在形式。以上事实表明：运动是绝对的，静止是相对的。"绝对的"，就是说物质存在，它一定在运动，至于它运动的快慢，则是"相对的"。

一、参照系 坐标系 质点

(一) 参照系

物体机械运动的描述具有相对性。例如，在前进的列车中，静止坐在车厢中的乘客眺望窗外，树木、房屋都在向车厢后方倒退；可是，站立在地面（即地球）上的人却看到这些树木、房屋都是静止的，同时认为列车和列车上坐着的乘客是在向前运动着的。由此可知，一个作机械运动的物体，它的运动情况如何，向哪里运动，运动快慢等，都是相对于观测者或另一个物体而言的。这就是运动的相对性。

在描述一个物体的机械运动时，必定要另外选一个物体作为参考，这个被选作参考的其他物体称为参考系，也称其为参照系。在讨论一个物体的运动时，必须首先指明是相对于哪个参照系而言的。

研究具体问题要选择参照系，要根据问题的性质和研究的方便来选择。例如，研究在地面附近的物体运动时，包括研究人造卫星的运动，选择地球为参照系较为方便，研究地球和各行星围绕太阳的运动时，常选择太阳作为参照系。在本书中，若未作特别说明时，通常都是选择地球或相对于地球静止的物体作为参照系。

（二）坐标系

选定参照系后，还只是对物体的机械运动作定性描述。为了定量地说明一个质点相对于此参照系的位置，还必须在参照系中建立固定的坐标系。运动物体的位置就由它在固定于参照系的坐标系中的坐标值来描述。这个坐标系既然与参照系固定在一起，则物体相对于坐标系的运动，也就是相对于参照系的运动。不但如此，坐标系还可以起到刻度标尺的作用，便于定量地确定物体的位置。

坐标系的类型可有不同的选取，常用的是直角坐标系。以参照系上的某一固定点O为坐标原点，过原点取三条相互垂直的坐标轴，分别称为x，y，z轴。这样，在三维空间所取的直角坐标系$Oxyz$中，用三个坐标（x，y，z）便可确定一物体的位置；在二维空间所取的平面直角坐标系Oxy中，用两个坐标（x，y）便可确定一物体的位置；在一维空间中所取的直线坐标轴Ox（或Oy）上，用一个坐标x（或y）便可确定一物体的位置。

虽然，坐标系与参照系有联系，但两者不能混同。参照系是实物，而坐标系是参照系的数学抽象。从另一个角度来说，上面讲过，坐标系与参照系固定在一起，因此，我们一旦建立了坐标系，实际上就意味着参照系也已选定。往后，通常就不把它们加以区分。常用：直角坐标系、自然坐标系、球坐标系和柱面坐标系。

1. 直角坐标系（如图1-1）　　　　　　　2. 自然坐标系（如图1-2）

图1-1　　　　　　　　　　　　　　　图1-2

说明：参照系、坐标系是任意选择的，视处理问题方便而定。

（三）质点

物体的运动一般比较复杂，由于物体本身具有一定的形状和大小，物体上各点处于空间的不同位置，因而在运动时，物体上各点的位置变动通常也不尽相同；同时，物体本身的大小和形状也可能不断改变。所以，要详细描述物体的运动，并不容易。

例如，炮弹在空中飞行时，除了整体沿一定的曲线平移以外，它还作复杂的转动。

假如我们要研究的只是物体整体的平移运动规律，例如，只研究炮弹沿空间轨道的整体平移，我们可以忽略那些与整体运动关系不大的次要运动，把物体上各点的运动看成完全一样。这样就不需要考虑物体的大小和形状，物体的运动可用一个点的运动来代表。

这种把物体看成没有大小和形状，只具有物体全部质量的点，称为质点。质点是一种理想化的模型，是对实际物体的一种科学抽象和简化。通过这样的科学抽象，可以使问题的研究大为简化而不影响所得到的主要结论。

能否把一个物体看作质点的关键并不在于物体本身的大小，而是取决于对这物体进行研究的问题的性质和具体的情况。比如，地球的半径约为 6 370 km，称得上是个庞然大物；然而，当研究地球绕太阳的公转运动时，由于地球的半径与地球公转的轨道半径（约为 1.5×10^{11} m）相比，还不到它的万分之一，地球上各点绕太阳的公转运动可看成基本上一样，因而可以不考虑地球的大小和形态，而把整个地球当作质点。又比如，炮弹的尺寸大小（约 0.5 m）比起地球，小七个数量级，真可谓沧海一粟；若是在研究空气阻力对炮弹高速飞行的影响（这种阻力显著地与炮弹的几何形状和大小有关）时，就不能把炮弹视为质点（质点是没有大小的，通常也就不去考虑空气对它的阻力）。

同一个物体是否可以看成质点不是一成不变的，也是取决于问题的性质和具体的情况。同样是地球，在研究它绕日公转时，可以将它看作质点；在研究它的自转问题时，就不能把它看作质点。另外，当物体单纯地只作平移运动时，物体上各点的运动情况完全相同，可以把它简化成一个质点来看待。当然，在很多问题中，物体的大小和形状不能忽略，这时就不能把整个物体当作质点看待，但是质点的概念仍然十分有用。因为能够把物体视为由许许多多小体积元组成，每个体积元都小到可以按质点来处理，则整个物体可以看成是由若干质点组成的系统（质点系）或是由无数质点组成的整体，通过分析这些质点的运动，便可弄清楚整个物体的运动。所以研究质点运动也是进一步研究物体（例如：刚体、弹性体和流体等）复杂运动的基础。

二、描述质点运动的基本量

（一）路程

路程是质点在运动过程中实际通过的路径的长度。路程是标量。如：在操场上跑步，一圈400米，跑了两圈，路程为800米。

（二）位移

位移是指从初始位置指向末位置的有向线段。位移既有大小又有方向，是个矢量，如：在操场上跑步，一圈400米，跑了两圈，位移为0。

（三）速度

为了描述质点运动的快慢及方向，从而引进速度概念。

定义：描述质点运动的快慢和方向的量。

1. 平均速度

定义：$\bar{v} = \dfrac{\Delta \vec{r}}{\Delta t}$

称 $\bar{v}$ 为 $t — t + \Delta t$ 时间间隔内质点的平均速度。

$$\bar{v} = \frac{\Delta \vec{r}}{\Delta t} = \frac{\Delta x}{\Delta t}\vec{i} + \frac{\Delta y}{\Delta t}\vec{j} = \bar{v}_x\vec{i} + \bar{v}_y\vec{j} \qquad (1-1)$$

$\bar{v}$ 方向：同 $\Delta \vec{r}$ 方向。

2. 瞬时速度（速度）：$\bar{v}$ 粗略地描述了质点的运动情况。为了描述质点运动的细节，引进瞬时速度。

定义：$\vec{v} = \lim\limits_{\Delta t \to 0} \dfrac{\Delta \vec{r}}{\Delta t} = \dfrac{d\vec{r}}{dt}$ \qquad (1-2)

3. 速率：速率等于质点在单位时间内所通过的路程。

平均速率 $\bar{v} = \dfrac{\Delta s}{\Delta t}$ \qquad (1-3)

瞬时速率（简称速率）

$$v = \lim\limits_{\Delta t \to 0} \frac{\Delta s}{\Delta t} = \frac{ds}{dt} = \lim\limits_{\Delta t \to 0} \frac{|\Delta \vec{r}|}{\Delta t} = |\vec{v}| \qquad (1-4)$$

结论：质点速率等于其速度大小或等于路程对时间的一阶导数。

说明：（1）比较 $\bar{v}$ 与 $\bar{\vec{v}}$：二者均为过程量；前者为标量，后者为矢量。

（2）比较 v 与 $\vec{v}$：二者均为瞬时量；前者为标量，后者为矢量。

（四）加速度：为了描述质点速度变化的快慢，从而引进加速度的概念。

1. 平均加速度

定义：$\bar{a} = \dfrac{\Delta \vec{v}}{\Delta t} = \dfrac{\vec{v}_2 - \vec{v}_1}{\Delta t}$ \qquad (1-5)

称 $\bar{a}$ 为 $t — t + \Delta t$ 时间间隔内质点的平均加速度。

2. 瞬时加速度（加速度）

为了描述质点运动速度变化的细节，引进瞬时加速度。

定义：$\vec{a} = \lim\limits_{\Delta t \to 0} \vec{\bar{a}} = \lim\limits_{\Delta t \to 0} \dfrac{\Delta \vec{v}}{\Delta t} = \dfrac{d\vec{v}}{dt}$ （1-6）

称 $\vec{a}$ 为质点在 t 时刻的瞬时加速度，简称加速度。

三、几种典型的质点运动

（一）直线运动

1. 位移的规律

$$\Delta \vec{r} = \vec{r}_2 - \vec{r}_1 = x_2 \vec{i} - x_1 \vec{i} = \Delta x \vec{i}$$

$\Delta x > 0$：$\Delta \vec{r}$ 沿 $+x$ 轴方向；$\Delta x < 0$：沿 $-x$ 轴方向。

2. 速度的规律

$$\vec{v} = \frac{d\vec{r}}{dt} = \frac{dx}{dt} \vec{i} = v_x \vec{i}$$

$v_x > 0$，$\vec{v}$ 沿 $+x$ 轴方向；$v_x < 0$，$\vec{v}$ 沿 $-x$ 轴方向。

3. 加速度的规律

$$\vec{a} = \frac{d\vec{v}}{dt} = \frac{dv_x}{dt} \vec{i} = a_x \vec{i}$$

$a_x > 0$，$\vec{a}$ 沿 $+x$ 轴方向；$a_x < 0$，$\vec{a}$ 沿 $-x$ 轴方向。

由上可见，一维运动情况下，由 Δx、v_x、a_x 的正负就能判断位移、速度和加速度的方向，故一维运动可用标量式代替矢量式。

［例1］ 潜水艇在下沉力不大的情况下，自静止开始以加速度 $a = A\beta e^{-\beta t}$ 竖直下沉（A、β 为恒量），求任意时刻 t 的速度和运动方程。

解：以潜水艇开始运动处为坐标原点 O，作竖直向下的坐标轴 Ox，按加速度定义式，有

$$a = \frac{dv}{dt} \text{ 或 } dv = adt \qquad ①$$

今取潜水艇开始运动的时刻作为计时零点，按题意，$t = 0$ 时，$x = 0$，$v = 0$。将 $a = A\beta e^{-\beta t}$ 代入上式①，积分：

$$\int_0^v dv = \int_0^t A\beta e^{-\beta t} dt$$

由此可求得潜水艇在某一时刻 t 的速度为

$$v = A(1 - e^{-\beta t}) \qquad ②$$

再由直线运动的速度定义式 $v = dx/dt$，将上式写作

$$\frac{dx}{dt} = A(1 - e^{-\beta t}) \text{ 或 } dx = A(1 - e^{-\beta t})dt$$

根据上述初始条件，对上式求定积分，有

$$\int_0^x dx = \int_0^t A(1 - e^{-\beta t})dt$$

由此便可求得潜水艇在某一时刻 t 的位置坐标 x，即运动方程为

$$x = \frac{A}{\beta}(e^{-\beta t} - 1) + At \qquad \qquad ③$$

（二）抛体运动

在中学我们已经做了比较详细的研究，在这儿我们就不赘述了。

（三）圆周运动

1.匀速圆周运动

（1）圆周运动的角量描述

① 角坐标 θ

② 角位移 $\Delta\theta = \theta_1 - \theta_2$

③ 角速度 ω

$$\omega = \frac{d\theta}{dt} ; \quad v = \frac{ds}{dt} = R\frac{d\theta}{dt} = R\omega$$

④ 角加速度 β

$$\beta = \frac{d\omega}{dt} = \frac{d^2\theta}{dt^2} ; \quad a_n = \frac{v^2}{R} = \frac{(R\omega)^2}{R} = R\omega^2 ; \quad a_t = \frac{dv}{dt} = R\frac{d\omega}{dt} = R\beta$$

（四）曲线运动

如果质点在平面内作一般的曲线运动，其加速度 a 也可分解为

$$a = a_t + a_n \qquad \qquad （1-7）$$

上式中，a_t 为切向加速度，a_n 为法向加速度，其量值分别为

$$a_t = \frac{dv}{dt}; \quad a_n = \frac{v^2}{R} \qquad \qquad （1-8）$$

讨论：

① $R \to \infty$，$a_n = 0$，直线运动。

$a_t = 0$，$v = $ 常数，匀速直线运动。

$a_t \neq 0$，$a_t = $ 常数，匀变速直线运动。

$a_t \neq 0$，$a_t \neq $ 常数，变变速直线运动。

② $R = R_0 = $ 常数，圆周运动。

$a_t = 0$，$v =$ 常数，匀速率圆周运动。

$a_t \neq 0$，$a_t =$ 常数，匀变速圆周运动。

$a_t \neq 0$，$a_t \neq$ 常数，变变速圆周运动。

③R 既不 $\to \infty$，又不是常数，一般曲线运动。

思考题

1. 在电影《闪闪的红星》插曲中有两句歌词："小小竹排江中游，巍巍青山两岸走"你认为这里是取什么为参照系？

2. 质点作匀速圆周运动时，速度大小没变，为什么还有加速度，这加速度起什么作用？

3. 解释下列现象

（1）在某一时刻，物体的速度很大，它的加速度是否也一定很大？反之，如果在某一时刻，物体的加速度很大，它的速度是否也一定很大？举例说明。

（2）物体速度为零的时刻，它的加速度是否一定是零？反之，物体加速度为零的时刻，它的速度是否一定是零？举例说明。

（3）思考上面两个问题，并分析你所得到的正确答案。

专题二 牛顿运动定律

5.1 有的力直接施加在物体上，有的力可以通过看不见的物质施加在物体上。

5.2 物体运动的改变和施加在物体上的力有关。

前面讲述了质点机械运动的描述，即用位移、速度和加速度等物理量来描述质点的运动，并研究了这些描述运动的物理量之间的关系，本专题将研究物体的机械运动与物体自身性质、物体和物体之间相互作用的关系，以阐明物体运动状态及其改变的原因，这就是动力学的内容。

英国物理学家牛顿（1643—1727年）在其1687年出版的《自然哲学的数学原理》中提出了机械运动的三条基本定律。这三条定律统称为牛顿运动定律。它们是动力学的基础。以这三个定律为基础的力学体系称为牛顿力学或经典力学。

在力学研究中，速度 v 是描述物体运动状态的物理量之一，称之为状态量。动量 $P=mv$，动能 $E_K=\dfrac{1}{2}mv^2$ 都与速度有关。就速度 v 本身而言也经常表示物体在运动中的状态。

"物体是静止还是运动着"是以其速度大小是否等于零来表述的；"物体运动快还是慢"是以其速度大小值来表述的；"物体向哪儿运动"是以其速度方向来表述的。物体处于某种运动状态，就表明它具有某种速度。速度变化了，也就是物体运动状态变化了，即不论是速度大小变化了，还是速度方向变化了，或者是速度的大小和方向都变化了，都表明物体运动状态变化了。在前面的学习中，已知道速度变化是由加速度来表示的。物体运动状态有了变化，即表示物体有加速度 a，因此加速度 a 是描述物体运动状态变化的物理量。

物体的运动状态为什么会发生变化呢？例如，一个静止的物体怎么会运动起来？或者如何使一个运动着的物体停下来？对于这个问题的认识，人类经历了漫长的历程。古希腊哲学家亚里士多德（公元前384—公元前322年）认为，如果不是持续地用力推动物体，就不能保持它的运动。他的这种观点延续了近2000年之久，一直占主导地位。后来，到了17世纪，才由伽利略（1564—1642年）在实验的基础上做出了正确的判断："维持物体的速度并不需要外力，而改变物体的速度才需要外力"。这个结论被许许多多的实验所证实。从此人们才逐步地认识到：力是改变物体运动状态的原因。由于有了这种作用，物体才有可能获得加速度而改变速度，改变运动状态。在意大利物理学家伽利略病逝的那一年，牛顿诞生了。牛顿在前人的研究基础上对机械运动的规律做了深入的研究，根据伽利略的上述思想和当时对某些力学规律的认识，总结牛顿第一运动定律和牛顿第二运动定律；在惠更斯（1629—1695年）研究物体弹性碰撞的基础上，牛顿又提出了表述作用力与反作用力关系的牛顿第三运动定律。

一、牛顿第一运动定律

在《自然哲学的数学原理》这本书中，牛顿第一运动定律叙述如下："任何物体都保持静止或沿一直线做匀速运动的状态，除非有力加于其上迫使它改变这种状态。"

用 F 表示外力，则牛顿第一运动定律的数学表达式是

$$当\ \vec{F}=0\ 时，\vec{v}=常量$$

牛顿第一运动定律给出了以下有关概念。

（一）改变物体运动状态的原因

牛顿第一运动定律把运动状态的变化与力联系起来了。指出概念，力是其他物体施于所考察的物体并使其改变运动状态的物理量。力是改变物体运动状态的原因，而不是维持物体运动状态的因素。牛顿第一运动定律定性地给出了力的定义：力是在惯性系中改变物体运动状态的物理量。这是力的主要概念。

实践指出，要完全地确定一个力，必须同时指出力的大小、方向和作用点（它作用在物体上的着力点）。这就是力的三要素。

"力"这个物理量既具有大小，又具有方向。因此，它也和第一章讲述的速度等物理量一样属于矢量。实践与实验告诉我们：作用在物体上的各个力的矢量和或差，都服从平行四边形法则或三角形法则。

（二）物体的惯性

牛顿第一运动定律表明，物体在不受外力作用时，保持匀速直线运动状态或静止状态。可见，保持匀速直线运动状态或静止状态必然是物体自身某种固有特性的反映。这种特性称为物体的惯性。物体的这种固有属性，与它是否受到外力的作用无关。因此，牛顿第一运动定律又称为惯性定律。

完全不受外力作用的物体称为孤立物体。孤立物体所做的匀速直线运动称为惯性运动。由于静止或匀速直线运动都可表示为"速度 v 是一常量"，因而牛顿第一运动定律阐明了孤立物体具有" $v =$ 常量"的这一特征的运动状态。

牛顿第一运动定律中所指的物体是视为质点的孤立质点或自由质点。

（三）惯性系

牛顿第一运动定律定义了惯性系，并不是在任何参照系中都适用。我们把牛顿第一运动定律（惯性定律）成立的参照系称为惯性参照系，简称为惯性系。把牛顿第一运动定律不成立的参照系称为非惯性参照系，简称为非惯性系。惯性系有一个重要的性质；如果确认了某参照系为惯性系，则相对于此参照系做匀速直线运动或静止的一切参照系也都是惯性系。实验表明，对一般力学现象来讲，地面（即地球）参照系是一个足够精确的惯性系。因此，地球或静止在地面上的物体都可看作惯性系，在地面上做匀速直线运动的物体也可看作惯性系。

二、牛顿第二运动定律

在《自然哲学的数学原理》这一本书中，牛顿第二运动定律叙述如下"运动的改变和所加的动力成正比,并且发生在这力所沿直线的方向上。"用较为通俗的语言讲就是:物体受到外力作用时,物体获得的加速度 $\vec{a}$ 的大小与外力 $\vec{F}$ 的大小成正比,与物体的质量 m 成反比,加速度 $\vec{a}$ 的方向与外力 $\vec{F}$ 的方向相同。

在国际单位制中,牛顿第二运动定律的数学表达式是

$$\vec{F} = m\vec{a} = \frac{\mathrm{d}\vec{v}}{\mathrm{d}t} \tag{2-1}$$

(一)加速度与力的关系

前面已经讲述,力是改变物体运动状态的原因。运动状态改变主要表现为物体的速度大小、方向(或两者之一)变化。速度变化了,说明物体有了加速度。因而,物体受到外力作用就会产生加速度;物体有了加速度就表明它受到了外力作用。

实验证明:用不同大小的力相继作用于某一个物体,它所获得的加速度 $\vec{a}$ 的大小与它所受外力 $\vec{F}$ 的大小成正比,即 $|\vec{a}| \propto |\vec{F}|$;加速度的方向与外力作用的方向一致。这是大小方向关系。

加速度与力有一个瞬时关系。$\vec{F}$ 是某时刻物体所受到的外力,$\vec{a}$ 就是该时刻的加速度。也就是说,物体一旦受到外力作用,同时产生相应的加速度;改变外力,其加速度同时发生相应变化;一旦撤去外力,加速度同时也消失。无论是直线运动还是曲线运动皆是如此,这便是牛顿第二运动定律的瞬时性。

(二)加速度与质量的关系

如果用各种不同物体来做实验,便会发现。在相同的外力 $\vec{F}$ 作用 F,惯性越大的物体越不容易改变其原有的运动状态,其加速度越小。如果已知两个物体的质量大小不同,用相同的外力作用于它们,得到的情况是物体获得的加速度 $\vec{a}$ 的大小与它的质量 m 成反比,即 $|\vec{a}| \propto \frac{1}{m}$;质量大的物体获得的加速度小。这意味着质量大的物体抵抗运动变化的性质强,也就是它的惯性大。因此可以说,质量是物体惯性大小的量度。正是因为这样,这里的质量称为物体的惯性质量,简称质量。质量是标量,只有大小,没有方向。

狭义相对论告诉我们:物质的质量 m 不是常量,质量 m 随着物体自身的速率大小变化而变化。这种变化规律是:当物质的速率接近于光速(光速 c 是不可能超过的)时,它的质量趋近于无穷大,当物质的速率远远小于光速 c 时,即 $v \ll c$ 时,它的质量变化非常非常小,可认为物质的质量与它的速度无关,认为这时的质量 $m =$ 常量,物体想脱离地球的引力一去不复返,它必须具有的最低的速率称为第二宇宙速度,这个速度大小为 $11.2\ \mathrm{km \cdot s^{-1}}$,这个速度已经相当大了,但是比起光速 $c = 3.0 \times 10^8\ \mathrm{m/s}$ 来

说，还不到万分之一的一半。从上面的知识来讲，牛顿第二运动定律在运动速度远小于光速的情况下还是很精确的；从另一个角度讲，牛顿第二运动定律只适用于运动速度远小于光速的情况。

牛顿对"运动"作了这样的说明："运动的量是用速度和质量一起来衡量的"。这个"运动的量"应理解为物体（质点）的质量 m 与速度 $\vec{v}$ 的乘积，这一乘积称为动量，用 $\vec{P}$ 表示，即 $\vec{P} = m\vec{v}$。牛顿在定律中所说的运动的"改变"实际上是指"对时间的变化率"。因此，牛顿第二运动定律的确切表述为：物体的动量对时间的变化率与所加的外力成正比，并且发生在这外力的方向上。即

$$\vec{F} = \frac{\mathrm{d}\vec{p}}{\mathrm{d}t} = \frac{\mathrm{d}m\vec{v}}{\mathrm{d}t} \qquad （2-2）$$

$\vec{F}$ 是物体所受的一切外力的合力，但不能把 $m\vec{a}$ 误认为外力。

三、牛顿第三运动定律

（一）作用力与反作用力

两个物体间力的作用是相互的。例如：脚踢球，脚对球一个力，作用效果是球飞出去了；同时感觉脚有些疼，说明球对脚也有一个力。

（二）牛顿第三运动定律

1. 内容：两个物体之间的作用力与反作用力总是大小相等、方向相反、作用在同一条直线上。

2. 作用力与反作用力的特点：（1）作用在两个物体上；（2）力的性质相同；（3）同时产生、同时存在、同时消失。

3. 人走路、跑步、跳高、游泳、划船等，日常生活里都有牛顿第三运动定律的知识。

四、力的种类

（一）力

力是指物体间的相互作用。

（二）四种自然力

现代物理学按物体之间的相互作用的性质把力分为四类：万有引力、电磁力、强相互作用力和弱相互作用力。

（三）力学中常见的力

1. 万有引力

$$\vec{F} = G_0 \frac{m_1 m_2}{\vec{r}^2} \qquad (2-3)$$

即任何二质点都要相互吸引，引力的大小和两个质点的质量 m_1、m_2 的乘积成正比，和它们距离 r 的平方成反比；引力的方向在它们连线方向上。

说明：通常所说的重力近似等于地面附近物体受地球的引力。

2. 弹性力

弹簧被拉伸或压缩时，其内部就产生反抗力，并企图恢复原来的形状，这种力称为弹簧的恢复力，也就是弹性力。

3. 摩擦力

当一个物体在另一物体表面上滑动或有滑动的趋势时，在接触面上有一种阻碍它们相对滑动的力，这种力称为摩擦力。

4. 两种质量

由 $\begin{cases} \vec{F} = (GmM)/\vec{r}^2 \text{ 确定的质量 } m \text{ 称为引力质量，} m_{引}。\\ \vec{F} = m\vec{a} \text{ 确定的质量 } m \text{ 称为惯性质量，} m_{惯}。\end{cases}$

可证明：$\dfrac{m_{引}}{m_{惯}} = \text{const}$，

选择合适的单位可有 $m_{引} = m_{惯}$。

∴以后不区别二者，统称为质量。

五、牛顿运动定律应用举例

例1：如图2-1，水平地面上有一质量为 M 的物体，静止于地面上。物体与地面间的静摩擦系数为 μ_s，若要拉动物体，问最小的拉力是多少？拉力沿什么方向？

解：（1）研究对象：M

（2）受力分析：M 受四个力，重力 $\vec{P}$，拉力 $\vec{T}$，地面的支持力 $\vec{N}$，地面对它的摩擦力 $\vec{f}$

（3）牛顿第二定律：

合力：$\vec{F} = \vec{P} + \vec{T} + \vec{N} + \vec{f} \Rightarrow \vec{P} + \vec{T} + \vec{N} + \vec{f} = M\vec{a}$

分量式：取直角坐标系

x 分量：$F\cos\theta - f = Ma$ ①

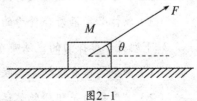

图2-1

y分量：$F\sin\theta + N - P = 0$ ②

物体启动时，有

$F\cos\theta - f \geqslant 0$ ③

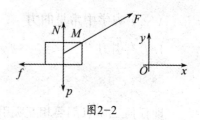

图2-2

物体刚启动时，摩擦力为最大静摩擦力，

即 $f = \mu_s N$，由②解出 N，求得 f 为：

$f = \mu_s (P - F\sin\theta)$ ④

④代③中：有

$F \geqslant \mu_s Mg / (\cos\theta + \mu_s \sin\theta)$ ⑤

可见：$F = F(\theta)$。$T = T_{\min}$时，要求分母 $(\cos\theta + \mu_s \sin\theta)$ 最大。

设 $A(\theta) = \mu_s \sin\theta + \cos\theta$

$\dfrac{d_A}{d_\theta} = \mu_s \cos\theta - \sin\theta = 0$

$\Rightarrow tg\theta = \mu_s$

$\therefore \dfrac{d^2 A}{d\theta^2} = -\mu_s \sin\theta - \cos\theta < 0$

$\therefore tg\theta = \mu_s$时，$A = A_{\max}$

$\Rightarrow F = F_{\min}$。$\theta = \text{arctg}\,\mu_s$代入⑤中，

得：$F \geqslant \mu_s Mg / \left[\mu_s^2 \dfrac{1}{\sqrt{1+\mu_s^2}} + \dfrac{1}{\sqrt{1+\mu_s^2}} \right] = \dfrac{\mu_s Mg}{\sqrt{1+\mu_s^2}}$

$\vec{F}$ 方向与水平方向夹角为 $\theta = \text{arctg}\,\mu_s$时，即为所求结果。

强调：注意受力分析，力学方程的矢量式、标量式（取坐标）。

思考题

1. 如果合外力为零，物体是否一定静止不动？为什么？使一物体维持匀速直线运动、匀变速直线运动、变速直线运动的合外力各有什么特点？

2. 以下说法哪个是正确的，为什么？

（1）物体的速度很大，因此它受到的合外力一定很大，对吗？

（2）物体作速率运动时，它所受到的合外力一定为零，对吗？

（3）物体必定沿着合外力的方向运动，对吗？

3. 下列关于摩擦力的说法哪个正确

（1）两个物体有接触（或联系），是否一定存在弹力？

（2）"摩擦力是阻碍物体运动的力"或"摩擦力总是与物体运动的方向相反"，

这种说法为什么是不妥的？如何判断静摩擦力和滑动摩擦力的方向？

4. 月球的质量约为地球的1/81，而它的半径为地球的1/4，问月球表面的重力加速度有多大？

专题三 简单热现象

6.3.1 用温度来表示物体的冷热程度。摄氏度是温度的一种计量单位。

6.3.3 热可以在物体内和物体间传递，通常热从温度高的物体传向温度低的物体。

6.6.1 自然界中存在各种能量的表现形式。

6.6.2 一种表现形式的能量可以转换为另一种表现形式。

热学研究热现象和热运动的规律。一般地讲，凡是与物体的冷热程度有关的现象都称为热现象。热现象在人们的生活和生产活动中大量存在。例如，当物体的温度发生变化时，物体的压强、体积等也随之变化，物体的形态（气态、液态、固态等）也可以相互转变，这些都是热现象。

一、气体动理论

（一）宏观物体是由大量分子组成

气体、液体、固体等宏观物体都是由大量分子组成的，分子又由原子组成。物质的分子是保持该物质化学性质的最小微粒。

1 mol（摩尔）的任何物质都含有相同的分子数，这个数目叫作阿伏伽德罗（Avogadro）常量，用符号N_A表示，其值为

$$N_A = 6.02 \times 10^{23}/\text{mol}$$

1 mol物质含有这么多的分子，而1 mol物质的质量的数量级为1—10^2 g，这表明分

子的质量是很小的。例如：1 mol氢的质量是2 g，所以一个氢分子的质量是

$$m = \frac{2}{6.02 \times 10^{23}} = 3.32 \times 10^{-27} kg$$

分子不仅质量小，体积也小。如果粗略地把分子看成小球，这些小球直径的数量级为10^{-10} m。氢分子的直径约为2.3×10^{-10} m，氧分子的直径约为2.9×10^{-10} m。

由于分子的体积和质量都非常微小，因此组成宏观物体的分子数非常大。例如：1 mol水的质量为18 g，因此1 g水含有的分子数为

$$N = \frac{6.02 \times 10^{23}}{18} = 3.35 \times 10^{22}$$

如果把这些水分子平均地分布在地球的表面上，则每平方厘米有6 600个分子。

许多现象说明分子之间有一定的距离，存在着空隙。例如：对气体加压，体积就会缩小；把水和酒精混合，混合后总体积会减小；储存在钢管中的油，在2×10^9 Pa的压强作用下，会透过筒壁渗出。这些例子说明了气体、液体和固体物质的分子间都存在间隙。

（二）分子永不停地做无规则运动

在室内打开一瓶香水的盖子，会很快在整个房间内嗅到它的香味，这是分子无规则运动引起的扩散现象。液体和固体也存在扩散现象。在一杯清水中滴入几滴红墨水，经过一段时间后，可以看到整杯水变成红色。把研磨得很平滑的铅板和金板紧压在一起，2—3年后会发现两个金属的界面上有一层铅和金的均匀扩散。扩散现象表明，组成物质的分子在不停地运动着。

物质的分子很小，很难直接观察到它们的运动情况，但可以从一些实验中间接的了解它们运动的特点，在显微镜下观察悬浮在液体中的微小颗粒（如花粉、石墨微粒等），可以发现它们在液体中不停地做杂乱的无规则运动。这种悬浮颗粒的无规则运动称布朗运动。观察表明，悬浮在气体中的灰尘、烟雾和微小的油滴等也在做布朗运动。

悬浮着的小颗粒为什么会做布朗运动呢？这是因为浮在液体中的小颗粒，总是被不停地做无规则运动的液体分子包围着，时刻受到来自各个方向的液体分子的碰撞，对体积较大的颗粒，在任一瞬间撞击它的分子数很多，来自各方相碰撞的分子数几乎相等，因此它所受到的各方向的冲量接近平衡，布朗运动不明显。对体积较小的颗粒，则在任一瞬间撞击它的分子数较少，它们作用在该颗粒上的冲量不会在各个方向上抵消，于是小颗粒就会沿着所受冲量较大的方向运动。一般来说，每一瞬间作用在小颗粒上的合冲量的方向各不相同，时刻变化，因此小颗粒的运动就呈现出杂乱无章、毫无规则的现象。颗粒越小，无规则运动也就越显著。

应该指出，在布朗运动中，小颗粒本身的无规则运动并不是分子的运动，它只是反映了液体内部分子运动的无规则性。

实验表明，扩散现象和布朗运动都与温度有关。温度越高，扩散过程越快；温度越高，小颗粒的布朗运动越激烈。这些都说明分子无规则运动的剧烈程度与温度有关。因此，我们把大量分子无规则运动称为分子的热运动。

（三）分子之间存在着相互作用力

既然物质的分子永不停息地做无规则热运动，那么为什么液体能有表面，固体能保持一定的体积和形状呢？这是因为液体、固体中的分子之间具有相互吸引力，钢杆受外力被拉伸时，会产生企图恢复原状的弹性力。液体具有使表面收缩的表面张力，这些都是分子间存在相互作用力的宏观现象。

液体和固体是很难被压缩的，这表明物质分子间不仅具有吸引力，而且还存在着排斥力。

分子间同时存在着的吸引力和排斥力，统称为分子力。分子力是分子间吸引力和排斥力的合力，它们与分子间的距离有关。当两个分子间距离 $r = r_0$ 时（r_0 约为 10^{-10} m），排斥力和吸引力相互平衡，分子力的合力为零。$r > r_0$ 时，吸引力大于排斥力，分子间的作用力就表现为吸引力；当 r 超过 R（约 10^{-8} m）分子力接近于零。当 $r < r_0$ 时，排斥力大于吸引力，分子间作用力表现为排斥力。随着 r 的减小，排斥力急剧增大，这就是液体、固体很难被压缩的原因。

二、物体的内能

（一）物体的内能

组成物体的分子永不停息地作热运动，因而具有分子热运动的动能。分子之间存在着相互作用力，因而分子又具有分子势能。组成物体的所有分子的热运动动能与分子势能的总和，就叫作物体的内能。一切物体都是由分子组成的，所以，一切物体都具有内能。内能的单位是焦耳，符号是 J。

要注意物体的内能与机械能之间的区别。物体的内能与物体内分子运动有关，而物体的机械能则与物体的宏观运动有关。

例如，一个物体放在电梯上，随电梯一起上升。组成物体的分子则同时参加了两种运动，一种是无规则的热运动，另一种是随电梯一起的定向运动。分子具有两种势能，一种是由于分子之间相互作用而具有的分子势能；另一种就是由于与地球相互作用而具有的重力势能。

物体内所有分子热运动功能与分子势能之和就是物体的内能，而所有分子定向运动的动能与重力势能之和，则是物体的机械能。

当电梯停在地面上时，物体的机械能为零，而内能不为零。

分子热运动的平均动能与物体的温度有关，分子势能又与物体的体积有关，所以，物体的内能与物体的温度和体积都有关系。

在初中物理中，还提到热能这一概念，它指的是物体中分子热运动动能的总和，它只是内能的一部分。在稀薄的气体中，分子间距离较大，分子势能小到可以忽略，则气体的内能只含有分子热运动的动能，就是热能。

（二）改变物体内能的方法

现在，我们看一个实验，在薄铜管里装入少量乙醚，用软木塞塞紧，把铜管固定在底座上。在铜管上缠一条结实的软绳，用手来回牵动绳子，使绳子与铜管摩擦，管壁就渐渐变热，以致使管内乙醚沸腾，蒸汽会把塞子冲开。

这个实验表明，克服摩擦力做功的结果：铜管和乙醚的温度升高，内能增加了。这说明通过做功可以改变物体的内能。冬天，我们搓动双手取暖；锯木头时锯条和木头都会发热，也都是这方面的例子。在单纯通过做功改变物体的内能时，做功多少就可以看作内能改变的量度。

把一壶冷水放在炉子上加热后，水的温度升高了，内能增加了。这说明通过传热也可以改变物体的内能。在单纯通过传热改变物体内能时，传热的多少，就可作为物体内能改变的量度。若将上述两个过程反过来，则在单纯做功的情况下，物体对外做的功就等于物体内能的减少量。在单纯传热情况下，物体向外放出的热量也等于物体内能的减少量。

（三）热量

在物体传热的过程中，吸收或放出的能量就是热量，单位是焦耳，符号是 J。热量既然是传递着的能量，就是一个与过程有关的量。它与温度、内能不同。物体处于某一状态时，我们可以说物体的温度是多少，有多少内能。但不能说物体含有多少热量。只有物体状态变化了，才可以说在这个过程中物体吸收或放出了多少热量。

在日常生活用语中，"热"字含有多种含义。如"今天天气真热"，这里热是指冷热程度，即温度。"给物体加热使它温度升高"，这里热则指热量。"人们利用内燃机等热机为自己工作"，这里热又成了内能。但只要细加分析，就不难分出热字的含义，不致混乱。

做功和传热都可以改变物体的内能，在这一点上二者是等效的。锯条温度升高了，内能增加了。但只要没看到具体过程，你就无法说出是锯木头克服摩擦力做功使它的内能增加了，还是放在火上加热使它的内能增加了。

英国物理学家焦耳，在将近40年的时间内，做了大量实验，研究了热与功的关系。令人信服地证明了，在改变物体内能方面做功和传热是完全等效的。

功和热量又有区别，一般情况下，做功会伴随着宏观位移。通过做功改变物体的内能，实质上是通过做功将其他形式的能转变为物体的内能。例如，拉动绳子使乙醚沸腾的实验中，就是把机械能转变为乙醚的内能，所以说功是能量转化的量度。

物体之间存在着温度差时，才会发生热量的传递。通过传热改变物体的内能，实质上只是内能从一个物体传到了另一个物体。例如，把在炉子上加热后的铁块放入水中，水的温度升高，只是铁块的内能传给了水。并没有能量形式之间的转化。所以说热量是能量传递的量度。

三、热力学第一定律

你见过不消耗煤、油、气、电的动力机械吗？人们为什么不能制造出这样的机械呢？

我们在研究机械运动的过程中认识了机械能，在研究热运动的过程中认识了内能。实际上自然界中的物质存在各种形式的运动，每种运动都有一种对应的能，因此也就有各种形式的能。除了跟机械运动对应的机械能，跟热运动对应的内能之外，还有跟其他运动形式对应的电能、磁能、化学能、核能等等。

各种能量不仅能够做功，并且伴随着做功过程，能量发生了转化。

在研究机械运动时，我们知道在只有重力和弹力做功的情况下，动能和势能可以相互转化，但总的机械能守恒。在研究了热运动后，我们又知道通过做功可以将其他形式的能转化为物体的内能，并且内能的增加一定等于消耗的其他形式的能。

即在又做功、又传热的情况下，物体的内能增量一定等于通过做功转换的其他形式的能与传入热量之和。这一结论称为热力学第一定律。

四、能量守恒定律

大量的实验事实证明，任何形式的能转化为别种形式的能时，一种形式的能消失了，总会出现等量的其他形式的能，而总的能量都是守恒的。于是，得出了下面的结论：

能量既不能凭空产生，也不能凭空消失，它只能从一种形式转化为另一种形式，或从一个物体转移到另一个物体。这就是能量守恒定律。

现在我们利用这个定律来分析一下射到地球上的太阳能的转化。太阳把地面晒热，把空气晒热，把水面晒热并使一部分水蒸发。变热的空气上升，使空气流动而形成风，太阳能转化为空气的机械能。蒸发的水蒸气上升到空气中形成云，以雨、雪等形式降落下来通过江河流入海洋，太阳能转化为水的机械能。太阳能的一部分被植物叶子吸收，发生光合作用，生成各种有机化合物，太阳能转化为植物的化学能。植物作为食物被动物吃掉，植物的化学能转化成动物的化学能，人们以动植物为食物，从中获得了维持身体活动的能量。古代的植物和动物在地质变迁中转换成煤、石油、天然气，成为我们现代工农业生产的主要能源，在水力发电站和火力发电厂中，水的机械能，煤、石油、天然气的化学能转化为电能。在工厂、农村和住宅中，电能通过各种电器转化成机械能、内能、光能等等。

能量守恒定律是自然界最普遍、最重要的基本定律之一，是我们认识和改造自然界的重要依据。从物理、化学、生物到天文、地质，以及各种工程技术，这一定律都发挥了重要的作用。可以说没有哪一定律能像这一定律那样把如此广泛的科学技术领域联系起来，使不同领域的科学工作者具有一系列的共同语言。

从能量守恒定律知道，能量是不会凭空消失的，那么强调节能还有意义吗？

人们利用各种能源来创造财富，总是希望在所消耗的能量中，对人有益的部分所占的比例尽可能大。例如机械的转动部分如果摩擦过大，则会有一部分能量因克服摩擦力做功而转变成热能损失掉。对整个自然界来讲，能量固然没有消失，但对人类来讲，这部分能量没有得到有效的利用，而白白流失了。所以人们总是千方百计地减少机械的摩擦、散热、漏气等，以提高能源的利用率。

在我国，提高能源利用率的工作任重而道远。据世界资源研究所1988年11月的一份报告说，每生产1美元的国民生产总值，中国耗能最多，约为法国的5倍、日本的4.4倍、美国的2.9倍，估计能源的利用率只有30%。这些数字都说明我国能源利用方面浪费的严重性，也说明提高能源利用率的潜力很大。节能最主要的是工业用能源的节约。例如，改进生产设备，设计制造耗能少的器件、机器和车辆，淘汰效率低的"能老虎"等。在日常生活中，大家应该从"人走灯灭"等小事做起，集腋成裘，让地球上有限的能源为我们创造尽可能多的财富。

五、热力学第二定律

历史上的热力学理论是在研究热机工作原理的基础上发展的，最早提出的并沿用至今的热力学第二定律有两种不同的表述。实际上卡诺对热机效率的研究中差不多已经探究到热力学第二定律的本质和基本思想。在总结卡诺的物理思想和其他实践的基础上，1850年德国的物理学家克劳修斯提出了他关于热力学第二定律的表达形式。而在1851年，英国物理学家威廉-汤姆孙，即开尔文也提出了他关于热力学第二定律的表述。

开尔文表述：功可以全部转化成热，但热不能全部转变为功而不引起其他变化（即无法制造第二永动机）。克劳修斯表述：热量总是从高温物体传向低温物体，不能从低温物体传向高温物体而不引起其他的变化。

乍看热力学第二定律的两种表述并无关系，其实，二者是等价的，都表明自然界中自然过程具有方向性。开尔文表述说明功热转化过程具有方向性：在不引起其他任何变化的前提下，功可以全部转变成热，但热不能全部转变为功；克劳修斯表述说明热传导过程具有方向性：热量可以自发地从高温物体传向低温物体，但相反过程不行。

热力学第二定律也称为第二类永动机制造定律。历史上曾经有人企图制造另一种永动机，这种永动机只需要一个热源，即不需要两个有温差的热源，而只要使周围的物体"如海洋，大气等"自动冷却，热机便可以做功，这种热机称为第二类永动机或单元热机。这是在没有温差的情况下要热机做功，因而是一种纯粹的空想。

六、统计物理学简介

热力学定律的发现，找到了热现象的一般规律，但是对于热的微观本质并没有讲清楚，以分子动理论为基础发展起来的统计物理学回答这一问题。其中德国科学家克劳修斯、英国著名物理学家麦克斯韦、奥地利物理学家玻尔兹曼和美国科学家吉布斯做出了重要贡献。克劳修斯率先清楚地说明了统计的概念，麦克斯韦和玻尔兹曼则将数学中的统计和概率方法应用到了分子物理学的研究之中，给出了气体分子运动速率分布的一系列规律，为统计物理学奠定了基础。后来，吉布斯又把麦克斯韦和玻尔兹曼所创立的统计方法加以系统和推广，发展成为系统的经典统计物理学。它包括分子动理论、统计力学和涨落现象理论三大部分。

统计物理学的建立，使人们对热现象的研究深入到微观结构的层次。玻尔兹曼成功地用统计物理学解释了热力学第二定律，即热现象的不可逆性。从分子动理论的观点来看，高温物体分子平均动能大于低温物体的分子平均动能，所以在他们相互作用时，即分子间发生碰撞时能量从高温（平均动能大）物体传给低温物体的概率大，因此热只能自动地从高温物体传向低温物体，而不能自动逆向传递。同样，宏观物体有规则的运动转变为分子的无规则运动的过程，这种能量转变过程的概率大，甚至可达到100%。反之，物体由分子无规则的运动转变为有规则的运动的概率小，因此热转换为机械能的概率必小于100%，从而使功热转换不可逆的热力学第二定律产生，所以说，热力学第二定律是一个统计规律。

七、新能源

在生产、生活的各个方面，人类每时每刻都在利用着能量，提供能量的物质叫能源。

目前，人类广泛使用的最为主要的就是煤、石油和天然气。现代生产和生活中能量的消耗愈来愈大，煤、石油和天然气的储量是有限的，不可能无限地满足人们不断增长的需要。据专家按目前情况预测，石油和天然气再过50年就差不多用光了，煤的利用要乐观一些，现存储量还可以用300—400年。这些化学能源又都是很宝贵的化工原料，把它们烧掉实在是可惜（目前世界上石油和天然气的75%做了化工原料，我国还不足5%）。再说这些化学燃料的燃烧严重污染了大气，给人类带来很大的灾难。因此，人们正在不断地寻找新的、干净的能源，以代替所剩不多的宝贵资源。

地球表面每年接收的太阳能约等于当今世界年消耗量的一万倍。太阳能的开发和利用已越来越多地引起人们的重视。说起来太阳能实在算不得新能源。煤、石油和天然气所含化学能就是亿万年前由动植物积累起来的太阳能。但是由于受时间和地域的影响，直接利用太阳能的工作一直不够普及。随着科学技术的进步和人们环保意识的增强，充分利用太阳能这种廉价、清洁的能源已变为可能。目前，太阳能被广泛用在采暖、制冷、化工、航天等方面。

我国有着丰富的水力资源，并且水的落差很大，水能资源占世界第一位，这就为我们利用水能创造了得天独厚的条件。目前全世界发电量的1/4来自水电站，我国也正在加紧水能的开发和利用。在长江、黄河等大江大河上修建和正在修建多级电站，集蓄洪、调水、发电于一体，变水害为水利，如长江三峡和黄河小浪底等工程。专家们预测，到2040年，我国水利发电量占总电量的24%。

在某些地区，由于地质结构特殊，地热资源特别丰富。温泉、蒸汽喷泉和温度高达几百摄氏度的浅层岩石都是宝贵的地热资源。在我国西藏地区，就建有多个地热电站，而冰岛的能源大部分取自地热，有一半人口利用地热取暖。

由于月亮（以及较小程度上由于太阳）的引力作用而形成的潮汐也是能源。我国的钱塘江口，涨潮和退潮时海面落差可达10 m，蕴含着有很大利用价值的潮汐能源。法国已在朗西河口建成了潮汐电站，它的水轮机是特殊设计的，可以倒转，也方便利用退潮时的海水流，平均发电能力为 2.5×10^5 kW。

在我国内蒙古草原上已建立起了小型风力发电站，以便利用风能。但因风能受地理条件、气候条件的限制，其应用受到很大限制。

最有发展前景的新能源是核能。世界上裂变技术已经成熟，目前利用较多的是裂变核能。核燃料的核能通过反应堆可以转化成内能。再通过热机和发电机可以转变成电能，这就是核电站。对相同质量的燃料来说，核能要比化学能大几百万倍。1 kg铀裂变时释放的能量相当于 2.4×10^6 kg 标准煤燃烧时释放的能量。因此，兴建核电站在经济上是合算的，目前我国已经兴建了多座大型核电站。

裂变核能的主要缺点是它具有放射性危害，但由于采取了许多重要的防护措施，对人类造成危害的可能性极小。据估计，一个人一年内由于核反应堆事故而死亡的可能性比死于车祸和空难的可能性要小得多，约为前者的百分之一和后者的万分之一。日益完善的技术会使核电站的安全达到令人不必忧虑的程度。比较干净而且更有效的核能是聚变核能，它利用的是海水中大量存在的氘，其储存量足够人类用上几百亿年。但目前核聚变的某些技术上的问题还没得到解决，"温室核聚变"还处于初始的实验阶段，有待于未来科学家们的不懈努力。

思考题

1. 某一物体先后放在高空飞行的飞机中和地面上，是否具有相同的内能？是否具有相同的机械能，为什么？

2. 冬季，人们用热水袋取暖时，总是喜欢向袋中灌入温度较高的热水，这是因为热水比温水含的热量多，这种说法对不对？

3. 质量相同、温度不同的两杯热水，放在同一房间里，由于放热，哪杯水减少的内能多些？为什么？

4. 能制造出一种永远不用消耗任何能量的机器吗（这种机器叫第一类永动机）？为什么？

专题四 安全用电和雷电

> 6.4.2 有的材料容易导电，而有的材料不容易导电。
>
> 6.4.3 电是重要的能源，但有时候也具有危险性。

一、家庭安全用电

（一）家庭安全用电须知

1. 不要超负荷用电，如用电负荷超过规定容量，应到供电部门申请增容；空调、烤箱等大容量用电设备应使用专用线路。

2. 要选用合格的电器，不要贪便宜购买使用假冒伪劣电器、电线、线槽（管）、开关、插头、插座等。

3. 不要私自或请无资质的装修队及人员铺设电线和接装用电设备，安装、修理用电器具要找有资质的单位和人员。

4. 对规定使用接地的用电器具的金属外壳要做好接地保护，不要忘记给三眼插座、插座盒安装接地线；不要随意将三眼插头改为两眼插头。

5. 要选用与电线负荷相适应的熔断丝，不要任意加粗熔断丝，严禁用铜丝、铁丝、铝丝代替熔断丝。

6. 不用湿手、湿布擦带电的灯头、开关和插座等。

7. 漏电保护开关应安装在无腐蚀性气体、无爆炸危险品的场所，要定期对漏电保护开关进行灵敏性检验。

8. 晒衣架要与电力线保持安全距离，不要将晒衣竿搁在电线上。

9. 要将电视机室外天线安装得牢固可靠，不要高出附近的避雷针或靠近高压线。

10. 严禁私设电网防盗、狩猎、捕鼠和用电捕鱼。

（二）怎样预防常见用电事故

1. 不要乱拉乱接电线。

2.在更换熔断丝、拆修电器或移动电器设备时必须切断电源，不要冒险带电操作。

3.使用电熨斗、电吹风、电炉等家用电热器时，人不要离开。

4.发现电器设备冒烟或闻到异味时，要迅速切断电源进行检查。

5.电加热设备上不能烘烤衣物。

6.要爱护电力设施，不要在架空电线和配电变压器附近放风筝。

（三）如何应急处置触电事故

电流对人体的损伤主要是电热所致的灼伤和强烈的肌肉痉挛，这会影响到呼吸中枢及心脏，引起呼吸抑制或心跳骤停，严重电击伤可致残，甚至直接危及生命。

1.要使触电者迅速脱离电源，应立即拉下电源开关或拔掉电源插头，若无法及时找到或断开电源，可用干燥的竹竿、木棒等绝缘物挑开电线。

2.将脱离电源的触电者迅速移至通风干燥处仰卧，将其上衣和裤带放松，观察触电者有无呼吸，摸一摸颈动脉有无搏动。

3.施行急救。若触电者呼吸及心跳均停止，应在做人工呼吸的同时实施心肺复苏抢救，另要及时打电话呼叫救护车。

4.尽快送往医院，途中应继续施救。

警示：

1.切勿用潮湿的工具或金属物质拨开电线。

2.切勿用手触及触电者。

3.切勿用潮湿的物件搬动触电者。

（四）发生电气火灾怎么办

1.立即切断电源。

2.用灭火器把火扑灭，但电视机、电脑着火应用毛毯、棉被等物品扑灭火焰。

3.无法切断电源时，应用不导电的灭火剂灭火，不要用水及泡沫灭火剂。

4.迅速拨打"110"或"119"报警电话。

警示：

1.电源尚未切断时，切勿把水浇到电气用具或开关上。

2.如果用电器具或插头仍在着火，切勿用手碰及用电器具的开关。

（五）发现电线掉地怎么办

1.发现电线断落在地上，不能直接用手去捡。

2.派人看守，不让人、车靠近，特别是高压导线断落在地上时，应远离其8米范围以外。

3.通知电工或供电部门处理。

二、雷电

（一）雷电的秘密

雷电是我们自然界中一种常见的现象，那么雷电是怎么产生的，人们又是怎么发现雷电奥秘的？

在18世纪以前，人类对于雷电的性质还不了解，那些信奉上帝的人，把雷电引起的火灾看作是上帝的惩罚。但一些富有科学精神的人，则已在探索雷电的秘密了。

1749年，波尔多科学院悬赏征求这样一个问题的答案："在电和雷之间有什么类似之处？"一个叫巴巴雷特的医生在论文中宣称：电跟雷是一回事。他的论文因此而中奖。

然而，真正以科学实验寻求答案的，却是美国的富兰克林。富兰克林出生于北美东海岸的海港市波士顿。在他出生时，他的父亲已经51岁了。在他前面已有了14个哥哥和姐姐。富兰克林的父亲原是英国的一个染匠，为逃避斯图亚特王朝复辟时期的宗教迫害而远涉重洋，来到北美，在波士顿开了一家小作坊，以制蜡烛和肥皂为业。

富兰克林自幼勤奋好学，他的父亲曾极想让他上大学，以便成为一个新教神学家。无奈家境太苦，所以富兰克林只上了两年公立小学和一年私立小学之后便停学了。停学后，富兰克林曾先后在自家和他家的作坊当学徒。后来又进了他大哥开的印刷所，一边做工，一边自学。

富兰克林17岁时离开波士顿，先后在纽约、费城等地流浪，后来又到了英国，不久又返回北美。在社会这所大学中，他把自己培养成了一名出色的社会活动家。

1746年，40岁的富兰克林开始全力投入电学研究。1749年，他进行了一些新的电学实验。在一次实验中，为了增大电容量，他把几个莱顿瓶连接在一起。当时，他的妻子丽达正在一旁观看他的实验。她无意中碰到了莱顿瓶上的金属杆，只见一团电火花一冒，并随之传出一声怪响，丽达已应声倒地。原来丽达受到了电击。幸好当时的电容量不大，丽达躺了一个星期才慢慢好转。

这次使丽达差点送命的电击实验给富兰克林很大启示。他联想到人们对雷电的两种不同的观念，决定从理论上探讨雷电的实质。富兰克林通过实验，证明正负电荷在短路时发生的火花、响声和雷电非常相似，他确信：雷电就是自然界的电。富兰克林弄清了雷电的性质之后，就开始研究控制雷电、避免雷击的办法。当时，荷兰莱顿大学一位叫马森布洛克的教授做过一个试验：在一个玻璃瓶里装上水，用来储存摩擦起电产生的电荷。试验成功后，经过改进，在瓶的内外贴上金属箔，正式叫作莱顿瓶。富兰克林认为，既然莱顿瓶里的电可以引进引出，自然界的电也应该能通过导线从天上引下来。

那么，怎样才能把雷电从天上引下来呢？细心的富兰克林观察到，闪电和电火花都是瞬时发生的，而且光和声都集中在物体的尖端。他由此想到，如果将带尖的金属杆装在屋顶上，再用电线把金属杆和地面相连，不就可以把空中的电引到地下来吗？这样就能避免高大建筑遭受雷击。

1752年6月，富兰克林冒着生命危险，进行了著名的费城风筝试验。这一天，狂风漫卷，阴云密布，一场暴风雨就要来临了。富兰克林和他的儿子威廉一道，带着上面装有一个金属杆的风筝来到一个空旷地带。富兰克林高举起风筝，他的儿子则拉着风筝线飞跑。由于风大，风筝很快就被放入高空。刹那间，雷电交加，大雨倾盆。富兰克林和他的儿子一道拉着风筝线躲进一个建筑物内。此时，刚好一道闪电从风筝上空掠过，富兰克林的手上立即掠过一种恐怖的麻木感。他抑制不住内心的激动，大声呼喊："我被电击了！我被电击了！"随即他用一串铜钥匙与风筝线接触，钥匙上立即放射出一串电火花。随后，他又将风筝线上的电引入莱顿瓶中。

在进行风筝实验之后的当年，富兰克林就发明了避雷针。其办法是：在建筑物的最高处立上一根2米至3米高的金属杆，用金属线使它和地面相连接，等到雷雨天气，雷电驯服地沿着金属线流向地下，建筑物就不会遭雷击了。

富兰克林为了推广避雷针的使用，专门写了题为《怎样使房屋等免遭雷电的袭击》的文章。文章发表后，美国的各个城市马上就开始安装避雷针。但这却遭到教士们的反对，他们说雷电是上帝的震怒。也有人因缺乏电的知识对避雷针的使用持怀疑态度。有个叫普林斯的医生发表看法说："如果把雷电导入地里，那儿带的电就会增加，就很可能发生地震。""啊！"他叫道："我们无法逃脱上帝的惩罚！如果我们逃脱了来自空中的惩罚，却不能逃脱来自地上的惩罚……"避雷针在法国也受到了强烈反对。圣奥梅尔的居民对当地安装了避雷装置的人提出控告，他们害怕这种亵渎行为会带来惩罚。

尽管有人反对，但避雷针还是普及开来了，因为事实证明，拒绝安装避雷针的一些高大教堂在雷雨中相继遭受雷击，而比教堂更高的建筑物由于装上了避雷针而安然无恙。

避雷针传入英国后，英国人开始时广泛采用了富兰克林的尖头避雷针。但美国的独立战争爆发后，富兰克林的尖头避雷针在英国人眼中似乎成了将要诞生的美国的象征。据说当时英国的国王乔治三世出于反对美国革命的盛怒，曾下令把英国全部皇家建筑物上的避雷针的尖头上统统装上圆头，以示与作为美国象征的尖头避雷针势不两立。

避雷针是早期电学研究中的第一项具有重大应用价值的技术成果，它不仅使人类免受"雷公"肆虐之苦，而且也使雷电和上帝脱离了关系。

（二）打雷和闪电

当天空乌云密布，雷雨云迅猛发展时，突然一道夺目的闪光划破长空，接着传来震耳欲聋的巨响，这就是闪电和打雷，亦称为雷电。雷属于大气声学现象，是大气中小区域强烈爆炸产生的冲击波形成的声波，而闪电则是大气中发生的火花放电现象。

闪电和雷声是同时发生的，但它们在大气中传播的速度相差很大，因此人们总是先看到闪电然后才听到雷声。光每秒能走30公里，而声音只能走340米。根据这个现象，我们可以从看到闪电起到听到雷声止，这一段时间的长短，来计算闪电发生处离开我们的距离。假如闪电在西北方，隔10秒听到了雷声，说明这块雷雨距离我们约有3 400米远。

闪电通常是在有雷雨云时出现，偶尔也在雷暴、雨层云、尘暴、火山爆发时出现。闪电的最常见形式是线状闪电，偶尔也可出现带状、球状、串球状、枝状、箭状闪电等等。线状闪电可在云内、云与云间、云与地面间产生，其中云内、云与云间闪电占大部分，而云与地面间的闪电仅占六分之一，但其对人类危害最大。

（三）奇形怪状的闪电

闪电的形状有好几种：最常见的有线状（或枝状）闪电和片状闪电，球状闪电是一种十分罕见的闪电形状。如果仔细区分，还可以划分出带状闪电、联珠状闪电和火箭状闪电等形状。线状闪电或枝状闪电是人们经常看见的一种闪电形状。它有耀眼的光芒和很细的光线。整个闪电好像横向或向下悬挂的枝权纵横的树枝，又像地图上支流很多的河流。

线状闪电与其他放电不同的地方是它有特别大的电流强度，平均可以达到几万安培，在少数情况下可达20万安培。这么大的电流强度。可以毁坏和摇动大树，有时还能伤人。当它接触到建筑物的时候，常常造成"雷击"而引起火灾。线状闪电多数是云对地的放电。片状闪电也是一种比较常见的闪电形状。它看起来好像是在云面上有一片闪光。这种闪电可能是云后面看不见的火花放电的回光，或者是云内闪电被云滴遮挡而造成的漫射光，也可能是出现在云上部的一种丛集的或闪烁状的独立放电现象。片状闪电经常是在云的强度已经减弱，降水趋于停止时出现的。它是一种较弱的放电现象，多数是云中放电。

球状闪电虽说是一种十分罕见的闪电形状，却最引人注目。它像一团火球，有时还像一朵发光的盛开着的"绣球"菊花。它约有人头那么大，偶尔也有直径几米甚至几十米的。球状闪电有时候在空中慢慢地转悠，有时候又完全不动地悬在空中。它有时候发出白光，有时候又发出像流星一样的粉红色光。球状闪电"喜欢"钻洞，有时候，它可以从烟囱、窗户、门缝钻进屋内，在房子里转一圈后又溜走。球状闪电有时发出"咝咝"的声音，然后一声闷响而消失；有时又只发出微弱的噼啪声而不知不觉地消失。球状闪电消失以后，在空气中可能留下一些有臭味的气烟，有点像臭氧的味道。球状闪电的生命史不长，大约为几秒钟到几分钟。带状闪电，它由连续数次的放电组成，在各次闪电之间，闪电路径因受风的影响而发生移动，使得各次单独闪电互相靠近，形成一条带状。带的宽度约为10米。这种闪电如果击中房屋，可以立即引起大面积燃烧。联珠状闪电看起来好像一条在云幕上滑行或者穿出云层而投向地面的发光点的连线，也像闪光的珍珠项链。有人认为联珠状闪电似乎是从线状闪电到球状闪电的过渡形式。联珠状闪电往往随线状闪电接踵而至，几乎没有时间间隔。火箭状闪电比其他各种闪电放电慢得多，它需要1—1.5秒钟时间才能放电完毕。可以用肉眼很容易地跟踪观测它的活动。人们凭自己的眼睛就可以观测到闪电的各种形状。不过，要仔细观测闪电，最好采用照相的方法。高速摄影机既可以记录下闪电的形状，还可以观测到闪电的发展过程。使用某些特种照相机（如移动式照相机），还可以研究闪电的结构。

（四）闪电的过程

如果我们在两根电极之间加很高的电压，并把它们慢慢地靠近。当两根电极靠近到一定的距离时，在它们之间就会出现电火花，这就是所谓"弧光放电"现象。雷雨云所产生的闪电，与上面所说的"弧光放电"非常相似，只不过闪电是转瞬即逝，而电极之间的火花却可以长时间存在。因为在两根电极之间的高电压可以人为地维持很久，而雷雨云中的电荷经放电后很难马上补充。当聚集的电荷达到一定的数量时，在云内不同部位之间或者云与地面之间就形成了很强的电场。电场强度平均可以达到几千伏特每厘米，局部区域可以高达1万伏特每厘米。这么强的电场，足以把云内外的大气层击穿，于是在云与地面之间或者在云的不同部位之间以及不同云块之间激发出耀眼的闪光。这就是人们常说的闪电。肉眼看到的一次闪电，其过程是很复杂的。当雷雨云移到某处时，云的中下部是强大负电荷中心，云底相对的下垫面变成正电荷中心，在云底与地面间形成强大电场。在电荷越积越多，电场越来越强的情况下，云底首先出现大气被强烈电离的一段气柱，称梯级先导。这种电离气柱逐级向地面延伸，每级梯级先导是直径约5米、长50米、电流约100安培的暗淡光柱，它以平均约150 000米每秒的高速度一级一级地伸向地面，在离地面5—50米左右时，地面便突然向上回击，回击的通道是从地面到云底，沿着上述梯级先导开辟出的电离通道。回击以5万公里每秒的更高速度从地面驰向云底，发出光亮无比的光柱，历时40微秒，通过电流超过1万安培，这即第一次闪击。相隔几秒之后，从云中一根暗淡光柱，携带巨大电流，沿第一次闪击的路径飞驰向地面，称直窜先导，当它离地面5—50米左右时，地面再向上回击，再形成光亮无比光柱，这即第二次闪击。接着又类似第二次那样产生第三、四次闪击。通常由3—4次闪击构成一次闪电过程。一次闪电过程历时约0.25秒，在此短时间内，窄狭的闪电通道上要释放巨大的电能，因而形成强烈的爆炸，产生冲击波，然后形成声波向四周传开，这就是雷声或说"打雷"。

（五）雷电发生时注意问题

雷雨天气八不宜：

1. 不宜到高处、空旷的田野、各种露天停车场、运动场和迎风坡等易雷击的地方，以及楼顶、房顶、避雷针及其引下线附近、亭树内、铁栅栏、架空线附近等。

2. 不宜躲在孤立的树下，并与树保持2倍树高的安全距离，下蹲并向前弯曲。

3. 不宜高举雨伞等带有金属的物体。

4. 不宜使用太阳能热水器。不宜接触煤气管道、自来水。

5. 不宜在水面、湿地或水陆交界处高空作业，迅速离开水中、小船、水田等。不宜游泳。城市道路、立交桥涵洞中有积水时，不要冒险涉水。

6. 不宜进行户外活动及不要在户外旷野中奔跑。

7. 不宜停留在阳台、窗户边，雷雨过程中，不要接触电源开关和用电设备，不要上网。

8. 不宜使用固定电话、手机、小灵通及其他户外通信工具。

雷雨天气八宜：

1. 宜寻找下列地方掩蔽：有金属顶的各种车辆，并及时关闭车门、车窗；大型金属框架的建筑物、构筑物内；较深的山洞、但勿触及洞壁并要并拢双脚；如实在找不到以上地点，可选择低矮、茂密的树林、双脚并拢下蹲。

2. 遇到雷雨，外出的人们应就近寻找相对干燥、背风处躲避，切勿冒雨赶路，千万不要在树下、电杆下、塔吊下避雨。

3. 宜穿无任何金属附着物的雨衣，要远离高压线，身体应与金属器物脱离接触并保持3米以上的距离。

4. 宜在雷雨来临前，事先拉闸切断电源。将室内电器关掉，拔掉插头、电话线和闭路天线。

5. 雷雨天最好穿上绝缘性较好的球鞋或者雨鞋，尽量减少跨步电压。

6. 雷雨天气上下车时，不宜一脚在地、一脚在车，双脚同时离地或离车是最佳方法。

7. 雷雨时，如果感到头发竖起时应立即双脚合并、下蹲、向前弯曲，双脚尽量并拢，抬起脚跟，双手抱膝，双手避免触地，尽量减小与地面的接触面。

8. 在室内躲雨时，不应依着建筑物或构筑物墙壁站立，宜保持一定距离。

思考题

1. 家庭用电有哪些注意事项？

2. 家庭发生触电事故的主要原因有哪些？

3. 因用电失火，应该如何救火？

4. 雷电是如何产生的？雷雨天气，如何避雨？

专题五　不可忽视的电磁污染

6.5.1　磁铁能对某些物体产生作用。

6.5.2　磁铁总是同时存在着两个不同的磁极，相同的磁极相斥，不同的磁极相吸。

专家指出，我们的身体健康受到损伤，不一定全都是由空气污染造成的，当我们尽情地享受着电视机、VCD、电脑、手机、电热水器、电饭煲等电气化设备带来的便利时，由此导致的电磁污染也在或多或少地损害着大家的身体健康。有关研究表明，现代人受到的电磁波损害是祖辈们的1.5亿倍。

一、电磁污染

是指天然和人为的各种电磁波的干扰及有害的电磁辐射。由于广播、电视、微波技术的发展，射频设备功率成倍增加，地面上的电磁辐射大幅度增加，已达到直接威胁人体健康的程度。电场和磁场的交互变化产生电磁波。电磁波向空中发射的现象，叫电磁辐射。过量的电磁辐射就造成了电磁污染。随着经济的发展和物质文化生活水平的不断提高，各种家用电器——电视机、空调、电冰箱、电风扇、洗衣机、组合音响等已经相当普及；家用电脑、家庭影院等现代高科技产品已进入千家万户，给人们生活带来诸多方便和乐趣。然而，现代科学研究发现，各种家用电器和电子设备在使用过程中会产生多种不同波长和频率的电磁波，这些电磁波充斥空间，对人体具有潜在危害。由于电磁波看不见，摸不着，令人防不胜防，因而对人类生存环境构成了新的威胁，被称之为"电磁污染"。

二、电磁污染的危害

电磁污染所造成的危害是不容低估的。前苏联曾发生过一起震惊世界的电脑杀人案，国际象棋大师尼古拉·古德科夫与一台超级电脑对弈，当时，古德科夫以出神入化的高超棋艺连胜三局，正准备开始进入第四局的激战时，突然被电脑释放的强大电流击毙，死在众目睽睽之下。后经一系列调查证实，杀害古德科夫的罪魁祸首是外来的电磁波，由于电磁波干扰了电脑中已经编好的程序，从而导致超级电脑动作失误而突然放出强电流，酿成了骇人听闻的悲剧。

三、电磁污染的来源

电磁污染对人体造成的潜在危害已引起人们的重视。在现代家庭中，电磁波在为人们造福的同时，也随着"电子烟雾"的作用，直接或间接地危害人体健康。据美国权威的华盛顿技术评定处报告，家用电器和各种接线产生的电磁波对人体组织细胞有害。例如长时间使用电热毯睡觉的女性，可使月经周期发生明显改变；孕妇若频繁使用电炉，可增加出生后小儿癌症的发病率。近10年来，关于电磁波对人体损害的报告接连不断。据美国科罗拉多州大学研究人员调查，电磁污染较严重的丹佛地区儿童死于白血病者是其他地区的两倍以上。瑞典学者托梅尼奥在研究中发现，生活在电磁污染严重地区的儿童，患神经系统肿瘤的人数大量增加。

电场和磁场的交互变化产生电磁波。电磁波向空中发射或汇集的现象，叫电磁辐射。过量的电磁辐射就造成了电磁污染。电磁污染是指天然的人为的各种电磁波的干扰及有害的电磁辐射。由于广播、电视、微波技术的发展，射频设备功率成倍增加，地面上的电磁辐射大幅度增加，已达到直接威胁人体健康的程度。影响人类生活环境的电磁污染可分天然电磁污染和人为电磁污染两大类。

天然的电磁污染是某些自然现象引起的。最常见的是雷电，雷电除了可能对电气设备、飞机、建筑物等直接造成危害外，还会在广泛的区域产生从几千赫兹到几百兆赫兹的极宽频率范围内的严重电磁干扰。火山喷发、地震和太阳黑子活动引起的磁爆等都会产生电磁干扰。天然的电磁污染对短波通信的干扰极为严重。

人为的电磁污染包括：

1. 脉冲放电。例如切断大电流电路时产生的火花放电，其瞬变电流很大，会产生很强的电磁。它在本质上与雷电相同，只是影响区域较小。

2. 工频交变电磁场。例如在大功率电机、变压器以及输电线等附近的电磁场，它并不以电磁波的形式向外辐射，但在近场区会产生严重电磁干扰。

3. 射频电磁辐射。例如无线电广播、电视、微波通信等各种射频设备的辐射，频率范围宽，影响区域也较大，能危害近场区的工作人员。射频电磁辐射已经成为电磁污染环境的主要因素。

四、危害最严重的区域

1. 电脑0.8—1.5米的距离内。

2. 居室中电视机、音响等家电比较集中的地方。

3. 工厂、单位、医院的电气设备及VDT周围。

4. 广播电视发射塔周围。

5. 各种微波塔周围。

6. 雷达周围。

7. 高压变电线路及设备周围。

五、危害分析

（一）它极可能是造成儿童患白血病的原因之一。医学研究证明，长期处于高电磁辐射的环境中，会使血液、淋巴液和细胞原生质发生改变。意大利专家研究后认为，该国每年有400多名儿童患白血病，其主要原因是距离高压电线太近，受到了严重的电磁污染。

（二）能够诱发癌症并加速人体的癌细胞增殖。电磁辐射污染会影响人体的循环系统、免疫、生殖和代谢功能，严重的还会诱发癌症，并会加速人体的癌细胞增殖。瑞士的研究资料指出，周围有高压线经过的住户居民，患乳腺癌的概率比常人高7.4倍。美国得克萨斯州癌症医疗基金会针对一些遭受电磁辐射损伤的病人所做的抽样化验结果表明，在高压线附近工作的工人，其癌细胞生长速度比一般人要快24倍。

（三）影响人的生殖系统，主要表现为男子精子质量降低，孕妇发生自然流产和胎儿畸形等。

（四）可导致儿童智力残缺。据最新调查显示，中国每年出生的2 000万儿童中，有35万为缺陷儿，其中25万为智力残缺，有专家认为电磁辐射也是影响因素之一。世界卫生组织认为，计算机、电视机、移动电话的电磁辐射对胎儿有不良影响。

（五）影响人们的心血管系统，表现为心悸，失眠，部分女性经期紊乱，心动过缓，心搏血量减少，窦性心律不齐，白细胞减少，免疫功能下降等。如果装有心脏起搏器的病人处于高电磁辐射的环境中，会影响心脏起搏器的正常使用。

（六）对人们的视觉系统有不良影响。由于眼睛属于人体对电磁辐射的敏感器官，过高的电磁辐射污染会引起视力下降，白内障等。高剂量的电磁辐射还会影响及破坏人体原有的生物电流和生物磁场，使人体内原有的电磁场发生异常。值得注意的是，不同的人或同一个人在不同年龄阶段对电磁辐射的承受能力是不一样的，老人、儿童、孕妇属于对电磁辐射的敏感人群。

六、防范措施

有5种人特别要注意电磁辐射污染：生活和工作在高压线、变电站、电台、电视台、雷达站、电磁波发射塔附近的人员；经常使用电脑、电视电子仪器、医疗设备、办公自动化设备的人员；生活在现代电气自动化环境中的工作人员；佩戴心脏起搏器的患者；生活在以上环境里的孕妇、儿童、老人及病患者等。如果生活环境中电磁辐射污染比较高，公众必须采取相应的防护措施。不要把家用电器摆放得过于集中，以免使自己暴露在超剂量辐射的危险之中。特别是一些易产生电磁波的家用电器，如收音机、电视机、电脑、冰箱等更不宜集中摆放在卧室里。

各种家用电器、办公设备、移动电话等都应尽量避免长时间操作，同时尽量避免多种办公和家用电器同时启用。手机接通瞬间释放的电磁辐射最大，在使用时应尽量使头部与手机天线的距离远一些，最好使用分离耳机和话筒接听电话。

注意人体与办公和家用电器距离，对各种电器的使用，应保持一定的安全距离，离电器越远，受电磁波侵害越小。如彩电与人的距离应在4—5米，与日光灯管距离应在2—3米，微波炉在开启之后要离开至少1米远，孕妇和小孩应尽量远离微波炉。

七、饮食保健

在家庭之中，要预防电磁污染，除了正确和适度应用各种电器和电子类设备之外，还要从营养保健饮食方面着手进行防治。

（一）蔬菜类

油菜、青菜、芥菜、雪里蕻、卷心菜、萝卜等十字花科蔬菜具有抗污染损伤的功能。我国科学家从这些十字花科植物中成功提取出一种天然污染保护剂SP88，并通过从分子水平到整体动物、植物的一系列实验，对SP88的作用机理及生物功能进行了证实。胡萝卜、豆芽、西红柿等富含维生素A、维生素C和蛋白质，经常吃这些蔬菜均有利于抗电磁污染。值得注意的是，武汉大学公共卫生学院罗琼博士的一项最新研究发现，海带的提取物海带多糖因抑制免疫细胞凋亡，恢复免疫抑制小鼠的细胞免疫、体液免疫以及非特异性免疫功能而具有抗污染作用。众多的实验研究表明，真菌类食物诸如金针菇、香菇、猴头菇、黑木耳也可通过增强机体免疫力起到抗电磁污染作用。综上所述，为了有效预防现代家庭室内的电磁污染，在保证摄入充足的蔬菜时，应保证十字花科蔬菜、胡萝卜、豆芽、西红柿、海带以及真菌类蔬菜的摄入，以增强机体抗辐射能力。

（二）水果类

绝大多数水果都有抗污染功能，常食有益而无害。水果为什么能抗污染呢？因为水果中不仅含有丰富的维生素、粗纤维和微量元素，更为重要的是水果中含很多活性成分，正是这些活性成分在抗电磁污染过程中发挥着重要作用，例如，橘类水果中的萜烯类和浆果中的鞣花酸能激活细胞中的蛋白分子，把电磁污染后变异的癌细胞裹起来，并利用细胞膜的逆吞噬功能，将致癌物排出体外，阻止了致癌物对细胞核的损伤，保证了基因的完好。

（三）饮料

在众多的茶饮料之中，绿茶具有很好的抗污染作用。因为绿茶中含有效的抗氧化剂儿茶酚以及维生素C，不但可以清除体内的自由基，还能使副肾皮质分泌出对抗紧张压力的荷尔蒙。当然绿茶中所含的少量咖啡因也可以刺激中枢神经，提振精神。枸杞茶含有丰富的β-胡萝卜素，维生素B1、维生素C、钙、铁，具有补肝、益肾、明目的作用，菊花茶或者蜂蜜菊花茶都具有明目清肝养肝的作用，这三种茶对抗电磁污染尤其是对"电脑族"预防辐射和缓解眼睛疲劳作用显著。以往的研究还证实了，葡萄籽提取物对污染损伤的保护作用。苏联的宇航员们长期服用一种富含花青素的植物饮料，以预防他们在太空飞行时所受到的污染损伤。苏联切尔诺贝利核电站发生爆炸，造成严重核污染，当地许多人遭受核污染损伤，生活在该地区的人们被建议喝一种叫作Crimean的红葡萄酒。所以，建议现代都市家庭经常饮用红葡萄酒。

思考题

1. 电磁污染产生的原因有哪些？
2. 电磁污染的危害有哪些？
3. 电磁污染如何预防？

专题六　光的传播

衔接小学科学课程标准

6.2.1　有的光直接来自发光的物体，有的光来自反射光的物体。

6.2.2　光在空气中沿直线传播；行进中的光遇到物体时会发生反射、会改变光的传播方向，会形成阴影。

我们生活在充满阳光的世界里，依靠光和许多仪器的帮助，既能观察广阔无垠的宇宙太空，又能探索肉眼无法辨认的微观世界。在日常生活中，我们也是依靠眼睛等感觉器官来认识我们周围的事物的。

光是一种传递能量而不传递质量的波。太阳光对于地球上的一切生命都是必不可少的，它以光的形式给地球输送太阳能。植物通过光合作用，把无机物合成为有机物，而植物本身又作为动物的食物链基础。光除了输送能量以外，还给动物、人类提供维持生命所必需的有关周围环境的信息。

一、光的量度

（一）光源

有许多物体，像太阳、电灯、萤火虫、水母等，它们都能自己发出光来。而月亮、星星，虽然看上去很亮，但这不是它们自己发出的光。习惯上，我们把自己能够发光的物体叫作发光体，也称为光源。我们一般可以将光源分为两种：一种是自然光源，如太阳、萤火虫等，另一种是人造光源，如发光的电灯、点燃的蜡烛（烛焰）。

太阳给人类以光和热，这是人类不可缺少的光源。但是由于地球的自转，形成了白昼和黑夜。每到晚上，黑暗就笼罩着大地。生活在远古的人类祖先，对黑夜是无能为力的。黑暗给人们以可怕、可恶的感觉，直到今天黑暗仍为人们用来形容邪恶。不知经历了多少个世纪，人类才发现火也能提供光和热。开始时使用天然火，以后又发明了人工摩

图6-1

擦取火。人工摩擦取火的发明是人类历史的一个划时代进步，它"第一次使人支配了一种自然力，从而最终把人同动物界分开"。生活在五十万年以前的北京猿人就已经懂得使用天然火，大约在几万年前人类又学会了用钻木的方法人工取火。火在长时期里一直是人们唯一可以利用的人造光源，后来人们创造了油灯、蜡烛，但还是离不开火，一直到近代发明了电灯才取代了火。

物体发出的光有两种，例如太阳、电灯、蜡烛，它们发出的光是热光，一般是把热转变成光，我们称它为热光源；而日光灯、原子灯、水母等发光时，它们不是把热转变为光，而是把其他形式的能量直接转变为光，这种光和热光不同，发光物体的温度没有升高，我们称它为冷光源。从研究的结果知道，冷光源是一种更经济的光源。

物体分为发光体或非发光体，是因其构成的材料及状况而定的。白炽灯内的灯丝，在没有通电以前，它不是发光体，当灯丝中通过的电流逐渐增加时，灯泡的亮度也会随之增加，颜色也随之改变。而冷的铁片放入炉内加热，它便可以发出红、黄乃至白炽的光，这些特性就是热光源所具有的，都与其温度有关。然而冷光源的颜色则主要是随其发光物质构成的种类而定，与温度是无关的。

如果光源是一个极小的发光点，或者光源虽有一定的大小，但是与其到被照射物体的距离相比很小，可以忽略不计，这种光源就称为点光源。一般光源可以视为许许多多点光源的集合体。从点光源发出的光是均匀地向周围发散的。有时候，光源赋以适当的装置后，发出的光不是发散的，而是平行的光束（例如探照灯等），这种光源我们称为平行光源。

（二）光通量、发光强度和发光亮度

光源发光时，总要消耗其他形式的能量。从光源向空间不断辐射出去的可见光具有一定的能量。比如萤火虫发光的时候，是萤火虫发光细胞内所含有的荧光素在荧光酶的催化下与空气中的氧化合，发出荧光，其实质是将化学能转变为光能。我们把光源在单位时间内，向各个方向发出的全部光能，称为光源的光通量，用字母φ表示。单位是流明，简称流，符号lm。

不同的光源的发光强弱是不同的，即使是同一个光源，沿着不同的方向，它的发光强弱也可能是不相同的。发光强度就是表示光源在一定方向范围内发出的光通量的空间分布的物理量，用字母I表示。它的单位是坎德拉，简称：坎，符号：cd。一支直径为2 cm，火焰高度为5 cm的石蜡蜡烛的发光强度约为1坎。一个40 W的白炽灯的发光强度约为40坎。而一支40 W的荧光灯，其发光强度却可以达到200坎。可见荧光灯的发光效率要比白炽灯高很多，因此荧光灯更节能。

发光体在单位面积上发出的光通量，称为发光体的发光亮度。发光体的发光强度是相同的，但发光面积不同，发光亮度也不同。例如，同是160瓦的白炽透明灯和白炽磨砂灯，前者的光是从钨丝表面发出来的，亮度较大，但很刺眼；后者是从灯泡表面发出来的，亮度较小，但却柔和。荧光灯管就是由于发光面积大，亮度均匀而接近自然，使人易于适应。

（三）照度

在日常生活中，我们能不能看清楚一个物体，或能否辨别物体上极其细微的部分，这与物体表面被照明的程度有关系，在受照物体表面上得到的光通量与被照射的面积之比，称为这个表面的照度，也称为光通密度。它描述的是物体表面被照明的程度，当物体表面积一定时，表面得到的光通量越多，表面的照度就越大，如果表面所得到的光通量一定，则在均匀照射的情况下，被照射的面积越大，照度越小。

照度的单位为勒克斯，简称：勒，符号：lx。被均匀照射的物体，在1 m²面积上所得到的光通量是1 lm时，它的照度就是1勒。为了保护视力和提高工作效率，工作和学习的时候都应该有均匀、稳定和合适的照度，不宜在过于强烈或过于阴暗的光照下工作学习。表6-1列出了学校各场所照度要求的参考数据。

表6-1   学校各场所照度要求参考数据

照度（勒）	场所
1 500—300	制图教室、缝纫教室、计算机教室
750—200	教室、实验室、研究室、图书阅览室、书库、办公室、教职员休息室、会议室、保健室、餐厅、厨房、广播室、印刷室、守卫室、室内运动场
300—150	大教室、礼堂、贮柜室、休息室、楼梯间
150—75	走廊、电梯走道、厕所、值班室、天桥、校内室外运动场
75—30	仓库、车库、安全梯

有时为了充分利用光源，我们常在光源上附加一个反光罩或聚光镜，使得在某些方向上能得到比较多的光通量，以增加这一方向被照面上的照度。

二、光的直线传播

（一）小孔成像

光在真空中或在同种均匀介质中沿直线传播，通常简称光的直线传播。它是几何光学的重要基础，利用它可以简明地解决成像问题，人眼就是根据光的直线传播来确定物体或像的位置的。为了表示光的传播情况，我们通常用一条带箭头的直线表示光的径迹和方向。这样的直线叫光的直线传播性质，在我国古代天文历法中得到了广泛的应用。我们的祖先制造了圭表和日晷，测量日影的长短和方

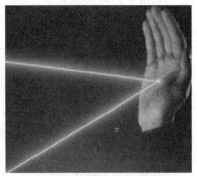

图6-2　光沿直线传播

位，以确定时间、冬至点、夏至点；在天文仪器上安装窥管，以观察天象，测量恒星的位置。此外，我国很早就利用光的这一性质，发明了皮影戏。汉初齐少翁用纸剪的人、物在白幕后表演，并且用光照射，人、物的影像就映在白幕上，幕外的人就可以看到影像的表演。皮影戏到宋代非常盛行，后来传到了西方，引起了轰动。

通过对光的长期观察，人们发现了沿着密林树叶间隙射到地面的光线形成射线状的光束，从小窗中进入屋里的日光也是这样。大量的观察事实，使人们认识到光是沿直线传播的。为了证明光的这一性质，大约二千四百五十年前我国杰出的科学家墨翟和他的学生作了世界上第一个小孔成倒像的实验，解释了小孔成倒像的原理。虽然他讲的并不是成像而是成影，但是道理是一样的。

图6-3　小孔成像

在一间黑暗的小屋朝阳的墙上开一个小孔，人对着小孔站在屋外，屋里相对的墙上就出现了一个倒立的人影。为什么会有这奇怪的现象呢？墨翟解释说，光穿过小孔如射箭一样，是直线行进的，人的头部遮住了上面的光，成影在下边，人的足部遮住了下面的光，成影在上边，就形成了倒立的影。这是对光直线传播的第一次科学解释。

我们可以清楚地看到，光屏上所成的是光源的倒立的（上下左右都是颠倒的）实像。像的形状取决于光源的形状，像的大小由光源、小孔和光屏三者间的距离决定。当光源和小孔的距离一定的时候，光屏距离小孔越近，像越小，越远，像越大。当小孔和光屏的距离一定时，光源离小孔越近像越大，离小孔越远像越小。小孔成像可以成放大的，等大的或者缩小的像。太阳在茂密的树下地面上形成的圆形光斑就是太阳

通过树叶的小缝隙小孔成像的结果。当然，如果孔比较大，我们将会看到地面上投射出孔的形状。

（二）影的形成

光从光源传播出来，照射在不透光的物体上，不透光的物体把沿直线传播的光挡住了，在不透光的物体后面受不到光照射的地方就形成了影子。影子可以理解为在不透明物体后方所形成的光线照不到的黑暗区域。

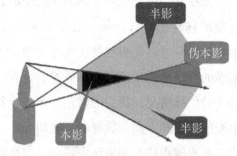

图6-4　物体的影区

根据光源和障碍物的大小关系，在物体后方形成的影区都各不相同。当比较大的光源遇到比较小的障碍物的时候，就会在障碍物后方形成不同的影区（如图6-4）。其中，不透明物体背面光线完全照不到的黑暗区域称为本影区；不透明物体背面有部分光照的区域称为半影区；本影区的延长部分也只有部分光照，称为伪本影区。

（三）日食和月食

日食，又作日蚀，在月球运行至太阳与地球之间时发生。这时对地球上的部分地区来说，月球位于太阳前方，因此来自太阳的部分或全部光线被挡住，看起来好像是太阳的一部分或全部消失了。

月食是当月球运行至地球的阴影部分时，在月球和地球之间的地区会因为太阳光被地球所遮蔽，就看到月球缺了一块。此时的太阳、地球、月球恰好（或几乎）在同一条直线上。

能够说明光沿直线传播的现象除了以上几种之外，还包括激光准直、队列对齐（图6-5）、射击瞄准（图6-6）等。

图6-5　整体的队伍表演

图6-6　射击瞄准

三、光的反射、折射

一般情况下，光在真空和在同一种均匀的媒介中是直线传播的。当光从一种媒介射入另一种媒介中，或者媒介本身不均匀的时候，光的传播情况就比较复杂了。假设光从空气射入水中，在空气和水的分界面上，光线将分成两部分，一部分返回原来的媒介（空气），另一部分折入另一媒介（水），前一种现象称为光的反射，后一种现象称为光的折射。我们之所以能够看到如黑板、墙壁、书本、房屋、树木等许多本身不会发光的物体，就是因为这些物体的表面反射了光源发出的光到达我们的眼睛。

（一）光的反射和反射定律

光在两种物质分界面上改变传播方向又返回原来物质中的现象，叫作光的反射。光在反射时，具有一定的规律。根据实验结果，得出光的反射定律（见图6-7）：

图6-7 光的反射

（1）在反射现象中，反射光线，入射光线和法线都在同一个平面内。

（2）反射光线，入射光线分居法线两侧。

（3）反射角等于入射角。

可归纳为："三线共面，两线分居，两角相等"。

根据反射定律，我们可以知道：如果光线逆着原来反射光线的方向入射到界面，它就要逆着原来入射光线的方向反射。所以，在反射时光路是可逆的。

平行光线入射到光滑平整的表面上时反射光线也是平行的，这种反射叫作镜面反射，又叫单向反射（如图6-8甲）；平行光线入射到凹凸不平的表面上，反射光线将射向各个方向，不再平行，这种反射叫作漫反射（如图6-8乙）。

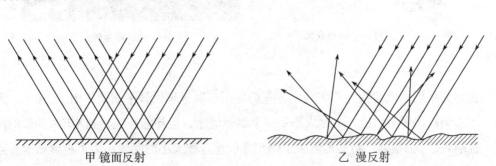

甲 镜面反射　　　　　　　　　乙 漫反射

图6-8 镜面反射和漫反射

需要注意的是，漫反射的反射光线虽然看起来杂乱无章，但也是遵循光的反射定律的，只是因为反射面凹凸不平导致每条光线的入射角不同，因而反射光线的方向就各不相同了。教室里的投影仪屏幕以及放映电影的荧幕表面都做得比较粗糙，就是利用了光的漫反射原理，以达到从各个角度都可以看清楚屏幕的目的。

（二）平面镜和球面镜

反射面是光滑平面的镜子叫平面镜。平面镜能改变光的传播路线，但不能改变光束性质，即入射光分别是平行光束、发散光束等光束时，反射后仍分别是平行光束、发散光束。

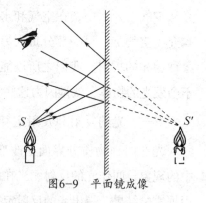

图6-9　平面镜成像

由物体任意发射的两条光线，经过平面镜反射，射入眼睛。人眼则顺着这两条光线的反向延长线看到了两条线的交点，即我们在平面镜中看到的像，但是平面镜后面是没有物体的，所以物体在平面镜里成的是无法用光屏接收到的虚像（平面镜所成的像没有实际光线通过像点，因此称作虚像）；像距与物距大小相等，它们的连线跟镜面垂直，它们到镜面的距离相等，上下相同，左右相反。成的是正立等大的虚像。

图6-10　实验研究平面镜成像

图6-11　球面镜

在研究平面镜成像特点的实验中，我们常用玻璃板来代替平面镜（图6-10）。因为采用玻璃板代替平面镜，虽然成像不如平面镜清晰，但却能在观察到A蜡烛的像的同时，也能观察到B蜡烛，巧妙地解决了确定像的位置和大小的问题。为了更清晰地看到"镜"中的像，我们要求玻璃前的物体要尽可能的亮，而环境要尽可能的暗。而玻璃后的物体也要尽可能的亮，环境要尽可能的暗。所以平面镜成像实验适合在较暗的环境下进行。

平面镜成像的基本原理就是光的反射，除了成像，还应用于潜望镜的制作、微小形变放大等。除了平面镜，球面镜也利用了光的反射原理。

所谓球面镜，即反射面是球面的一部分。分为凸面镜（以球的外表面为反射面）和凹面镜（以球的内表面为反射面）。凸面镜对光线有发散作用，凹面镜对光线有会聚作用。二者在生活中有很多应用。如凸面镜常用在公路转弯处、汽车后视镜等，成像范围较广，成缩小的像。而凹面镜则常用来会聚光线，如手电筒的反光罩、汽车大灯反光罩等。

（三）光的折射和折射定律

光从一种介质斜射入另一种介质时，传播方向一般会发生变化，这种现象叫光的折射。光的折射与光的反射一样都是发生在两种介质的交界处，只是反射光返回原介质中，而折射光则进入到另一种介质中，由于光在两种不同的物质里传播速度不同，故在两种介质的交界处传播方向发生变化，这就是光的折射。在两种介质的交界处，既发生折射，同时也发生反射。在折射时，也有一定的规律。根据实验结果，得出光的折射定律（见图6-13）：

图6-12　太阳能灶

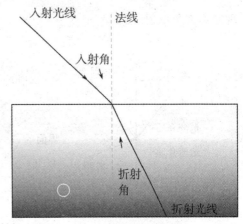

图6-13　光的折射

（1）光从空气斜射入水或其他介质中时，折射光线与入射光线、法线在同一平面上，折射光线和入射光线分居法线两侧。

（2）当光线垂直射向介质表面时，传播方向不变，在折射中光路可逆。

（3）入射角 i 的正弦跟折射角 γ 的正弦的比值，对于给定的两种媒质是一个常数（这个常数称为光线由一种媒质射入第二种媒质时的折射率），它等于光在这两种媒质中的光速之比。

$$\frac{\sin i}{\sin \gamma} = \frac{v_1}{v_2} = n_{21}$$

实验还表明：光在任何媒质里的传播速度都比在真空中的传播速度小，所以任何媒质的折射率都大于1。光速在空气中和在真空中极为接近，可看成近似相等，即空气的折射率近似等于1。

四、全反射现象及其应用

（一）全反射现象

光从一种媒质射入另一种媒质时，一般是同时发生反射现象和折射现象的。当光线从折射率较小的媒介（光在其中的传播速度较大）进入折射率较大的媒质（光在其中的传播速度较小）时，折射角小于入射角，它就朝向法线折射；如图6-14甲所示，当光线从折射率较大的媒质进入折射率较小的媒质时，折射角大于入射角，它就远离法线折射（光路可逆）。如图6-14乙所示，如果入射角为小于90°的角时，折射角刚好等于90°，折射光恰好掠过界面，跟界面平行，这时的入射角 $i = \varphi$，φ 称作临界角；如图6-14丙所示，如果入射光线的入射角再继续增大，大于临界角，那么，光线全部从媒质分界面上返回折射率较大的媒质，不会再有折射光线而只有反射光线了，这种现象称为全反射。

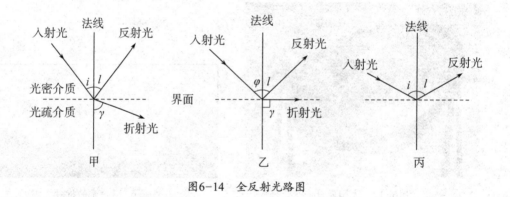

图6-14　全反射光路图

发生全反射的条件是：

（1）光线从折射率比较大的媒质射入折射率比较小的媒质；

（2）入射角大于临界角。

下表所列的是几种媒质对空气的临界角。

表6-2　　　　　　　　　　几种媒质对空气的临界角

媒质	水	酒精	水晶	金刚石	各种玻璃
临界角	48.5°	47°	40.5°	24.4°	37°—42°

（二）全反射现象的应用

全反射现象在技术上有广泛的应用。如图6-15所示是目前光学仪器中普遍采用的直角棱镜的全反射，可用来改变光路和提高反射亮度。另外还可以通过测量一种物质的临界角，十分容易地确定物质的折射率。我们把用于测量折射率的光学装置叫作折

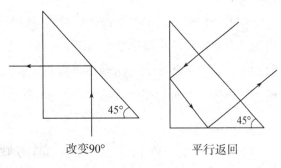

改变90°　　　平行返回

图6-15　直角棱镜的全反射

射计，可用来分析溶液的浓度。例如，水和酒精的混合物的折射率介于纯水和纯酒精之间，通过准确地测量水和酒精的混合物的折射率，就能确定酒精在混合物中所占的百分数。

近年来发展起来的光导纤维，就是全反射的一种运用。如图6-16甲、乙所示分别是光导纤维和从一端进入纤维的光的传播路径，若以大于临界角的角度照射到纤维的侧壁上，将在纤维内发生全反射，并沿纤维传播。这样，光进行了成百上千次的全反射而不折出，甚至当纤维弯曲成复杂的形状时，光仍可无损地从一端传播到另一端。只有当纤维极度弯曲，以致光以小于临界角射到纤维的内表面上时，光才会从纤维中折射出来。数十万条纤细的光导纤维（一般直径大约2×10^{-5} m）的集束被用来检查其他仪器难以检查的目标。每一条纤维透过来自物体小范围内的光，许多纤维合在一起，形成整个物体的像。从这点上讲，光导纤维与昆虫复眼中的小眼非常类似。

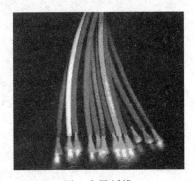

甲　光导纤维

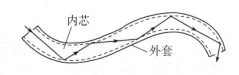

内芯

外套

乙　光在光导纤维中的传播

图6-16　光导纤维

光导纤维在医学上也获得了应用。例如，病人胃的内部可通过插入整齐地排列的纤维束来进行检查。为了照明胃的内壁，光沿着纤维束的外侧纤维传下去，而反射光则通过纤维束内侧的纤维传回来。这样，可以不做外科手术而对胃内的病变进

行诊断。

今天，"钥匙孔手术"很快发展到"针头镜手术"。利用2 mm直径的针头镜，采用先进的光导纤维软镜技术（细细的一根镜子中有光导纤维3万多根），使其透光度、解像度及其他一些参数均达到相当高的标准，可以进行包括胆囊切除、宫外孕、盆腔粘连分解等一系列手术。

思考题

1. 发光强度、光通量、发光亮度之间有何区别和联系？
2. 光线从水射入玻璃时，能否发生全反射？为什么？
3. 试简述光导纤维的作用。
4. 什么是全反射，全发射的条件是什么？

专题七　透镜成像及应用

6.2.3　太阳光包含不同颜色的光。

人们研究太空离不开望远镜，研究微观世界又离不开显微镜，它们的基本构造是什么？这都离不开透镜。

一、透镜

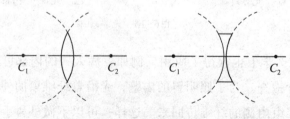

图7-1　凸透镜和凹透镜

以两个球面（或其中一个是平面）为折射界面的透明体，叫作透镜。透镜分为凸透镜和凹透镜，凸透镜边缘薄，中央厚；凹透镜边缘厚，中央薄。这两种透镜除了中央以外，都可以看作是由许多棱镜组成的。由于这些棱镜的折射，凸透镜能把平行的入射光线汇聚在透镜的另一侧，形成实焦点；凹透镜则能把入射的平行光，在透镜的另一侧发散反向延长后在入射光线的一侧，形成虚焦点。当一束平行于光轴的光线通过凸透镜后相交于一点，这个点称"焦点"，通过焦点并垂直光轴的平面，称"焦平面"。焦点有两个，在物方空间的焦点，称"物方焦点"，该处的焦平面，称"物方焦平面"；反之，在像方空间的焦点，称"像方焦点"，该处的焦平面，称"像方焦平面"。

关于透镜还有以下几个概念需要了解，以便于我们研究透镜的成像规律。

（1）光轴：通过透镜的两个球面中心的直线，简称主轴。

（2）光心（o）：透镜的中心，在主轴上，过光心的光线将不改变传播方向。

（3）焦距（f）：焦点到透镜光心的距离，凸透镜焦距大于零，凹透镜焦距小于零。

（4）物距（u）：物体到透镜光心的距离。

（5）相距（v）：像到透镜光心的距离。实像的相距大于零，虚像相距小于零。

（6）焦度（Φ）：透镜焦距 f 的长短标志着折光本领的大小。焦距越短，折光本领越大。通常把透镜焦距的倒数叫作透镜焦度，用Φ表示，即公式$\Phi = 1/f$，单位：屈光度。

如果某透镜的焦距是0.5 m，它的焦度就是$\Phi = 1/0.5 \text{ m} = 2 \text{ m}^{-1} = 2$屈光度。平时说的眼镜片的度数，就是镜片的透镜焦度乘100的值。例如，100度原始镜片的透镜焦度是1 m^{-1}，它的焦距是1 m。凸透镜（远视镜片）的度数是正数，凹透镜（近视镜片）的度数是负数。

二、透镜成像

（一）透镜对光线的偏折作用

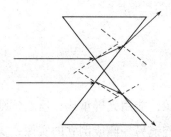

图7-2 凸透镜对光线的偏折作用

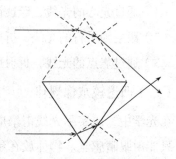

图7-3 凹透镜对光线的偏折作用

两种透镜除了中央以外，都可以看作是由许多棱镜组成的。根据光的折射原理，我们可以将平行主轴的光线经过透镜发生两次折射的大致传播方向画出，如图所示（图7-2、图7-3）。

因此可以得出，凸透镜对光线有会聚作用，凹透镜对光线有发散作用。

（二）成像的三条特殊光线

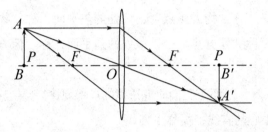

图7-4　凸透镜成像的三条特殊光线

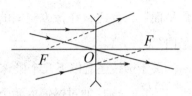

图7-5　凹透镜成像的三条特殊光线

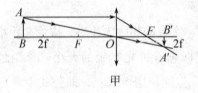

甲

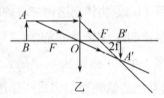

乙

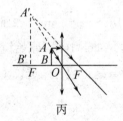

丙

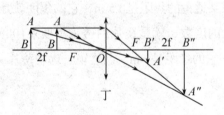

丁

图7-6　凸透镜成像光路图

（1）通过光心的光线，经透镜后方向不变。

（2）跟主轴平行的光线，折射后通过焦点。

（3）通过焦点的光线，折射后与主轴平行。

（三）凸透镜成像规律

在光学中，由实际光线汇聚成的像，称为实像，能用光屏承接；反之，则称为虚像，只能由眼睛感觉。物体放在焦点之外，在凸透镜另一侧成倒立的实像，实像有缩小、等大、放大三种。物距越小，像距越大，实像越大。物体放在焦点之内，在凸透镜同一侧成正立放大的虚像。物距越大，像距越大，虚像越大（见图7-6）。

当物体与凸透镜的距离大于透镜的焦距时，物体成倒立的像，当物体从较远处向透镜靠近时，像逐渐变大，像到透镜的距离也逐渐变大；当物体与透镜的距离小于焦距时，物体成放大的像，这个像不是实际折射光线的会聚点，而是它们的反向延长线的交点，用光屏接收不到，是虚像。可与平面镜所成的虚像对比（不能用光屏接收到，只能用眼睛看到）。

当物体与透镜的距离大于焦距时，物体成倒立的像，这个像是蜡烛射向凸透镜的光经过凸透镜会聚而成的，是实际光线的会聚点，能用光屏承接，是实像。当物体与透镜的距离小于焦距时，物体成正立的虚像。

（四）凹透镜成像规律

由凹透镜成像光路图可知，物体经过凹透镜成正立、缩小的虚像，像和物都在透镜的同侧。光路图见图7-7。

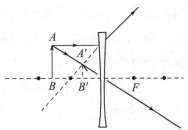

图7-7　凹透镜成像光路图

三、透镜成像公式

透镜成像的规律，如像的位置、大小、虚实等，不仅可以用实验、作图法确定，还可以用公式计算出来。即物距 u、像距 v 和焦距 f 三者之间的关系可以用公式表示。图7-8中，$A'B'$ 是物体 AB 由凸透镜所成的像。

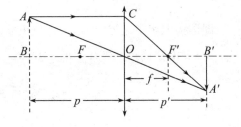

图7-8　凸透镜成像光路图

由于 $\triangle COF'$ 与 $\triangle A'B'F'$ 是相似三角形，所以

$$\frac{CO}{A'B'} = \frac{OF'}{B'F'}$$

另外，$\triangle ABO$ 与 $\triangle A'B'O$ 也是相似三角形，所以 $\dfrac{AB}{A'B'} = \dfrac{BO}{B'O}$

因为 $CO = AB$，所以上面两个式子的左边相等，因而这两个式子的右边也相等，即

$$\frac{OF'}{B'F'} = \frac{BO}{B'O}$$

而 $OF' = f$，$B'F' = v - f$，$BO = u$，$OB' = v$，把这些值代入上式，可得

$$\frac{f}{v-f} = \frac{u}{v}$$

将上式化简得

$$fv + fu = uv$$

用 uvf 除等式两边，就得到凸透镜成像公式

$$\frac{1}{u} + \frac{1}{v} = \frac{1}{f}$$

可以证明，上面的公式也适用于凹透镜，因此这个公式叫作透镜成像公式。

在运用透镜成像公式时，需要正确选取物理量的正负值；物体到透镜的距离，即物距 u 始终取正值；凸透镜的焦距 f 取正值，凹透镜的焦距 f 取负值；实像的像距 v 取正值，虚像的像距 v 取负值。

例题1　有一个物体竖直放置在主光轴上距离透镜20 cm处，像成在透镜的另一侧，距透镜60 cm。（1）判断该透镜是哪种透镜；（2）求透镜的焦距；（3）如果物体距透镜10 cm，这时像成在什么地方？是实像还是虚像？

解：（1）像和物分别位于透镜两侧，是实像。由于只有凸透镜才能成实像，所以这个透镜是凸透镜。

（2）因为是实像，像距取正值。将 $u = 20$ cm，$v = 60$ cm代入透镜成像公式，得

$$\frac{1}{f} = \frac{1}{u} + \frac{1}{v} = \frac{1}{20 \text{ cm}} + \frac{1}{60 \text{ cm}}$$

解得

$$f = 15 \text{ cm}$$

即透镜的焦距是15 cm。焦距是正值，也表明这是一个凸透镜。

（3）由题目条件可知，$u_1 = 10$ cm，$f = 15$ cm，代入透镜成像公式

$$\frac{1}{f} = \frac{1}{u_1} + \frac{1}{v_1}$$

得

$$\frac{1}{15 \text{ cm}} = \frac{1}{10 \text{ cm}} + \frac{1}{v_1}$$

解得 $v_1 = -30$ cm

像距 v_1 是负值，表明像和物体位于透镜同侧，距透镜30 cm处，是虚像。

四、像的放大率

透镜所成的像跟物体相比，可以是放大或缩小的，也可以是跟物体大小相等的。为了说明像的放大情况，我们将像的长度 $A'B'$ 与物体的长度 AB 的比值，叫作像的放大率，并且用 K 表示，由图7-8可知

$$K = \frac{A'B'}{AB} = \frac{|v|}{u}$$

即像的放大率等于像距与物距之比。因为放大率 K 总是正值，所以求解放大率时，像距 v 取绝对值。

例题2　一个透镜，焦距为4 cm，在它前面放一个物体，如果得到放大2倍的像，求物距和像距。

分析：题中只给出放大率，因此存在着实像放大和虚像放大两种情况。但由于只有凸透镜才能形成放大的像，所以该透镜为凸透镜，$f = 4$ cm

解：因为 $K = \dfrac{|v|}{u}$，所以 $v = \pm 2u$

所成的像为实像时，v 为正值，将 $v = 2u$ 代入透镜公式，得

$$\frac{1}{u} + \frac{1}{2u} = \frac{1}{4\ \text{cm}}$$

所以 $u = 6$ cm，$v = 12$ cm

所成的像为虚像时，v 是负值。以 $v = -2u$ 代入公式，得

$$\frac{1}{u} - \frac{1}{2u} = \frac{1}{4\ \text{cm}}$$

所以 $u = 2$ cm，$v = -4$ cm

五、眼睛的构造及视觉的形成

（一）人眼构造

眼睛是人体的一个重要感觉器官，从外界传入大脑信息的70%—80%都是来自我们的眼睛，依靠眼睛的调节作用，可以把距离不同的物体，都在像距相同的视网膜上成像，得到一个缩小倒立的实像。

眼睛可以分为三部分：眼球、眼附属器和视觉通路。眼球接受外界光线的刺激；视觉通路把视觉冲动传至大脑的视觉中枢，获得视觉形象；眼附属器则主要对眼球及视觉通路起保护作用。

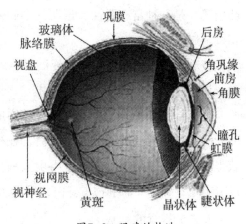

图7-9　眼睛的构造

在这些结构中最重要的当数眼球了，下面重点介绍它的构造（见图7-9）。

眼球的外形近似球形，其结构及功能类似一个微型照相机，但远比照相机更精密、更准确。

眼球由眼球壁和眼内容物所组成。

（1）眼球壁：它由外向内可分为三层：外层为纤维膜，中层为葡萄膜，内层为视网膜。

外层纤维膜由纤维组织构成，坚韧而有弹性。前1/6透明的角膜和后5/6乳白色的巩

膜共同构成完整、封闭的外壁，起到保护眼内组织、维持眼球形状的作用。角膜是光线进入眼球的入口，俗称"黑眼珠"；巩膜与角膜紧接，不透明，俗称"白眼珠"。

中层具有丰富的色素和血管，所以又叫色素膜，具有营养眼内组织及遮光的作用。自前向后又可分为虹膜、睫状体、脉络膜三部分。虹膜呈环圆形，表层有凹凸不平的皱褶，这些皱褶像指纹一样每个人都不相同，而且不会改变。虹膜中间有一直径2.5—4 mm的圆孔，这就是我们熟悉的瞳孔，依光线强弱可缩小或放大，以调节进入眼球的光线，就如同照相机的光圈；睫状体参与眼的调节功能；脉络膜连接于睫状体后，含有丰富色素，呈紫黑色，起遮光作用，就相当于照相机的暗箱。

内层视网膜是一层透明的膜，具有感光作用，是视觉形成的神经信息传递的最敏锐的区域。其作用好比照相机的底片。

（2）眼内容物：即眼球内的组织，包括房水、晶状体和玻璃体。三者均为屈光介质，有曲折光线的作用。

房水为无色透明的液体，充满前后房，由睫状体的睫状突产生，具有营养角膜、晶体及玻璃体，维持眼压的作用。

晶状体位于虹膜、瞳孔之后，玻璃体之前，借助悬韧带与睫状体相连。形状如双凸透镜，是一种富有弹性、透明的半固体，能改变进入眼内光线的曲折力，相当于照相机调焦的作用。

玻璃体位于晶状体后面，充满眼球后部的4/5空腔，为透明的胶质体，主要成分为水。具有屈光和支撑视网膜的作用。

这三部分加上外层中的角膜，就构成了眼的屈光系统。外界物体发出或反射出来的光线经过这些透明的屈光介质后，在视网膜上形成一个倒立的图像，视神经把双眼获得的图像信息传递给大脑，再由大脑将颠倒的图像翻转，两眼图像组合，我们便可以清晰地看到外界的事物了。由此可见，视觉是一个复杂、精细的过程。

（二）视觉的形成

图7-10为人的视觉成像经过。当外界物体反射来的光线带着物体表面的信息经过角膜、房水，由瞳孔进入眼球内部，经聚焦在视网膜上形成物像（图7-10甲）。物像刺激了视网膜上的感光细胞，这些感光细胞产生的神经冲动，沿着视神经传入大脑皮层的视觉中枢，即大脑皮层的枕叶部位，在这里把神经冲动转换成大脑中认识的景象（图7-10乙）。这些景象的生成已经经过了加工，是"角度感"、"形象感"、"立体感"等协同工作，并把图像根据摄入的信息在大脑虚拟空间中还原，还原等于把图像往外又投了出去（图7-10丙）。虚拟位置能大致与原实物位置对准，这才是我们所见到的景物（图7-10丁）。

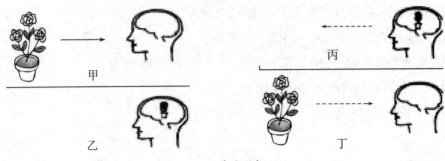

图7-10　视觉的形成

（三）眼睛的缺陷及其矫正

1. 近视眼

近视眼是指眼在不使用调节时，平行光线通过眼的屈光系统屈折后，焦点落在视网膜之前的一种屈光状态（见图7-11）。所以近视眼不能看清远方的目标。若将目标逐渐向眼移近、发出的光线对眼呈一定程度地散开，形成焦点就向后移，当目标物移近至眼前的某一点。此点离眼的位置愈近，近视眼的程度愈深。近视发生的原因大多为眼球前后轴过长（称为轴性近视），其次为眼的屈光力较强（称为屈率性近视）。近视多发生在青少年时期，遗传因素有一定影响，但其发生和发展，与灯光照明不足，阅读姿势不当，近距离工作较久等有密切关系。

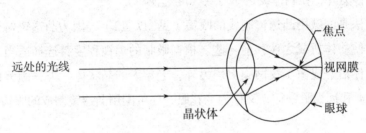

图7-11　近视眼的成像

（1）近视眼分类：按照近视的程度来分：3.00D以内者，称为轻度近视眼；3.00D—6.00D者为中度近视眼；6.00D以上者为高度近视眼，又称病理性近视。

按照屈光成分来分：由于眼球前后轴过度发展所致，称为轴性近视眼；

由于角膜或晶体表面弯曲度过强所致，称为弯曲度性近视眼；由屈光间质屈光率过高所引起，称为屈光率性近视眼。

假性近视眼，又称调节性近视眼。是由看远处时调节未放松所致。它与屈光成分改变的真性近视眼有本质上的不同。

（2）矫正近视的方法：

镜片矫正：包括框架眼镜、角膜接触镜（见图7-12）；

角膜屈光性手术包括放射状角膜切开术（RK）、准分子激光切削术（PRK）、准分子激光原位角膜磨镶术（LASIK）等；

眼内屈光手术包括透明晶体摘除术、有晶体眼的人工晶体植入术等。

2. 远视眼

处在休息状态的眼使平行光在视网膜的后面形成焦点，称为远视眼。这种为了看清远处物体，要利用调节力量把视网膜后面的焦点移到视网膜上，故远视眼经常处在调节状态，易发生眼疲劳。

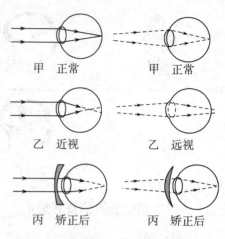

图7-12 近视眼与远视眼的成像与矫正

远视眼中最常见的是轴性远视，即眼的前后轴较短些。这是屈光异常中比较多见的一种。远视眼的另一原因为曲率性远视，它是由于眼球屈光系统中任何屈光体的表面弯曲度较小所形成，称为曲率性远视。第三种远视称屈光率性远视。这是由于晶体的屈光效力减弱所致。系因老年时所发生的生理性变化以及糖尿病者在治疗中引起的病理变化所造成；晶体向后脱位时也可产生远视，它可能是先天性的不正常或眼外伤和眼病所引起；另外，在晶体缺乏时可致高度远视。

矫正的方法是配戴用凸透镜制成的眼镜（见图7-12），因为凸透镜对于光束有会聚的作用，可使物体所成之像移前一些。根据眼睛的远视程度，选择适当焦度的凸透镜，使近处物体恰好成像于视网膜上。另外，老年人的晶状体，失去调节作用，注视近物时，其情形和远视眼一样，又称为老花眼，亦可配用凸透镜制成的眼镜以矫正。

3. 散光眼

晶状体及角膜，原为球形，如果晶状体及角膜不成球形，而角膜两垂直截面的曲率半径各处不等，则所成之像，各方不能同样明晰，物体上一点之像成为一条短线，及物体上各点不能同时对光，此缺点称为散光。补救的办法是用圆柱形透镜制成眼镜，由此透镜之曲率补救眼睛在该方向曲率之畸形，而与其他方向之曲率一致。

思考题

1. 简述凹面镜有哪些应用？

2. 简述凸面镜的应用？

3. 已知物体长4 cm，凸透镜的焦距是30 cm，物体离开透镜的距离是45 cm，像成在离透镜多远的地方？是实像还是虚像？像长多少？

4.为什么矫正近视眼要用凹透镜，矫正远视眼要用凸透镜？

专题八 声音和听觉

6.1.1 声音可以在气体、液体和固体中向各个方向传播。

6.1.2 声音因物体振动而产生。

6.1.3 声音的高低、强弱与物体振动有关。

我们每天都接触的不同的声音，声音到底是如何产生的，它又是如何传播的呢？

一、声音的产生与传播

（一）声音的产生

我们拉动胡琴的弦，弦线因振动而发声；敲锣打鼓，亦因鼓面和锣面振动而发声；笛、萧等则依靠空气柱的振动而发声。仔细考察日常生活中听到的各种声音，可以发现它们都是由相关的物体振动而发出的。这种振动的物体，称为声源。固体、气体振动会发声，即使是液体振动，亦一样可以发出声音，比如瀑布所发出的声，就是液体振动时的声音。人发声是由于声带的振动。鸟鸣声是由于其气管和支气管交界处鸣管、发声肌膜的振动，蝉的

图8-1 蝉的叫声

叫声是由于其翅膀的抖动（见图8-1）。往热水瓶中灌水到即将满时，由于水和空气的振动相同，则可听到较大的声音。

（二）声音的传播

1.传播需要介质

声音是由物体的振动产生的，它又是如何传到我们的听觉器官的呢？现将一正响

着的电铃置于有抽气机的玻璃罩内（见图8-2），这时，虽有隔绝，但仍可听见电铃声；若将玻璃罩内的空气逐渐抽出，电铃声便逐渐变弱，当罩内的空气仅余少许时，则电铃声减弱到几乎听不见。若再把空气徐徐放入罩内，则电铃声又逐渐增强。这个实验表明：物体的振动所发出的声音需要通过传递声音的媒质来传播到听觉器官——耳，这媒质通常是空气。若没有传声的媒质（如气体、液体、固体等），声音是不能传播开来的。

图8-2　电铃

2. 声音的传播速度

在雷雨交集时，总是先看见闪电，才听到雷声；从远处看炸药爆山，先见到炸药发出的白烟，稍后才听见爆破声。其实，雷声和闪电，炸药的白烟和爆炸声都是同时发生的，只是因为光在空气中传播的速度大，声音传播的速度比光速小得多，才会先看到闪电和炸药发出的白烟，后听到雷声和爆破声。由精确的实验测得，在0℃时，声音在干燥不动的空气中传播的速度为331 m/s。声音在空气中的传播速度与压强和温度有关。声音在空气中的速度随温度的变化而变化，温度每上升或下降5℃，声音的速度上升或下降3 m/s。

声波在不同的媒质中有不同的传播速度，在常温下，在液体和固体中的声速比在空气中快。

二、声波的反射、折射、衍射

声波在传播路径上常会遇到各种各样的"障碍物"。例如，声波从一种媒质进入另一种媒质时，后者对前一种媒质所传的声波来讲就是一种障碍物。众所周知，当投掷一个物体时，物体碰到一块挡板以后就会弹了回来；但是如果在声的传播路径上放置一块挡板，则一般地讲来，会有一部分声波反射回来，同时也有一部分声波会透射过去。例如，一堵普通的砖墙虽然可以隔离掉部分声音，但不能把全部的声音都隔离掉；一堵木板墙将有更多的声音被透射进去。声波的这种反射、透射现象也是声传播的一个重要特征。

（一）声波的反射

当声波从介质一中入射到与另一种介质二的分界面时，在分界面上一部分声能反射回介质一中，其余部分穿过分界面，在介质二中继续向前传播，前者是反射现象，后者是折射现象，如图 8-3所示。由图中看到，从

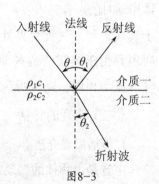

图8-3

介质一向分界面传播的入射线与界面法线的夹角为 θ 称为入射角；从界面上反射回反射线与界面法线的夹角为 θ_1，称为反射角。

入射波与反射波满足下列关系式：

$$\frac{\sin\theta}{c_1} = \frac{\sin\theta_1}{c_1} \qquad (8-1)$$

式中 c_1 表示声波在介质一中的声速。由上式看出，入射角与反射角相等。图 8-3 中，ρ_1、ρ_2 分别表示介质一和介质二的密度；ρc 为声阻抗率（特性阻抗）。理论和实验研究证明，当两种介质的声阻抗率接近时，即 $\rho_1 c_1 = \rho_2 c_2$，声波几乎全部由第一种介质进入第二种介质，全部透射出去；当第二种介质声阻抗率远远大于第一种介质声阻抗率时，即 $\rho_1 c_1 \ll \rho_2 c_2$，声波大部分都会被反射回去，透射到第二种介质的声波能量是很少的。

在自然界中，声源发出的声音，在传播中遇到山崖和高墙等障碍物时，一部分声波就会因为声波的反射返回原处。如果在悬崖空谷中或森林附近发声，常会听到声波反射回的音响，这就是回声。我们对于声音的感觉（耳朵的分辨能力）通常能保持十分之一秒的时间，如果回声是在直接听到的声音的感觉消失以后，才传到耳朵里，那么我们就能够把回声跟原来的声音区分开。空气中声速约为 340 m/s，声波从某人发出到由障碍物再反射回来所经历的全部时间，按上述至少是十分之一秒，那么该人离开障碍物至少要 17 m 远，才能把原声和回声区分开来。如果某人离开障碍物很近（17 m 以内），对原来声音的感觉还没有消失，而回声又传到他的耳朵，这样回声就跟原来的声音合并在一起，使原声加强，这时就无法明显地分辨回声和原声。

在室内讲话时，声波遇到四周的墙、房顶、地面及窗、桌、椅等的阻挡，声波一部分反射，另一部分被吸收。各种材料吸收和反射声波的能力是不同的，例如大理石、玻璃等硬而光滑的材料，能够把绝大部分的声波反射回去，而只吸收一小部分声波；地毯、泡沫塑料等软材料，能够吸收绝大部分的声波，而只把一小部分声波反射回去。由于反射波的存在，在声源停止发声后，在短时间内还能够听到声音，这种现象称为交混回响。如果扬声器发出的声音连续多次在室内反射成为多重回音，交混在一起，这就是我们平时所说的混响。在室内不同的位置安放两个以上的扬声器，使人感觉到声源分布的空间，就能产生立体声的效果。

声源停止发声到声强减少到为原来的百万分之一时所需的时间，称为交混回响时间。交混回响时间太长，会产生轰轰声，太短就显得静悄悄。在小的音乐厅（小于 350 m³）最适合的交混回响时间为 1.06 s，北京的首都剧场，坐满观众时的交混回响时间为 1.36 s，空座时为 3.3 s。人民大会堂的交混回响时间，不论是满座还是空虚，都能成功地控制在1.8 s左右。

（二）声波的折射

如图8-3所示，当声波从介质一中入射到与另一种介质二的分界面时，在分界面上除一部分声能反射回介质一中，还有一部分穿过分界面，在介质二中继续向前传播，这就是声波的折射现象。透入介质二中的折射线与界面法线的夹角为 θ_2，称为折射角。入射、反射和折射波的方向满足下列关系式：

$$\frac{\sin\theta}{c_1} = \frac{\sin\theta_1}{c_1} = \frac{\sin\theta_2}{c_2}$$

（8-2）

式中c_1、c_2分别表示声波在介质一和介质二中的声速。

由上式可知，声波的折射是由声速决定的，除了在不同介质的界面上能产生折射现象外，在同一种介质中，如果各点处声速不同，也就是说存在声速梯度时，也同样产生折射现象。在大气中，使声波折射的主要因素是温度和风速。例如，白天地面吸收太阳的热能，使靠近地面的空气层温度升高，声速变大，自地面向上温度降低，声速也逐渐变小。根据折射概念，声线将折向法线，因此，声波的传播方向向上弯曲，如图8-4甲所示。反之，傍晚时，地面温度下降得快，即地面温度比空气中的温度低，因而，靠近地面的声速小，声波传播的声线将背离法线，而向地面弯曲，如图8-4乙所示。这就说明了声音为什么在晚上比白天传得远。此外，声波顺风传播时，声速随高度增加，所以声线向下弯曲，反之逆风传播时，声线向上弯曲，并有声影区，如图8-4丙所示。这就说明声音顺风比逆风传播得远。

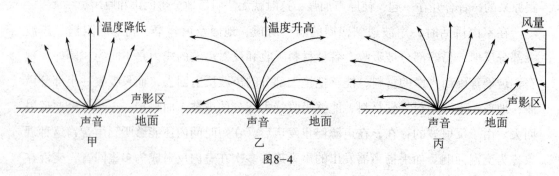

图8-4

（三）声波的衍射

"闻其声而不见其人"，这是司空见惯的现象。这种现象是由声波的衍射造成的。声波传播过程中，遇到障碍物或孔洞时，声波会产生衍射现象，即传播方向发生改变。衍射现象与声波的频率、波长及障碍物的尺寸有关。当声波频率低、波长较长、障碍物尺寸比波长小得多时，声波将绕过障碍物继续向前传播。如果障碍物上有小孔洞，声波仍能透过小孔扩散向前传播，图8-5为声波的衍射现象。

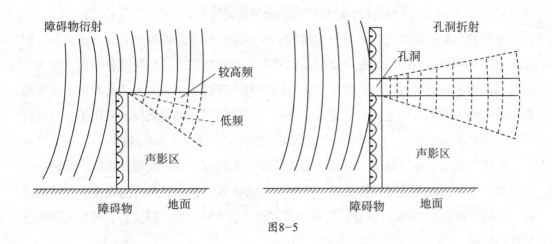

图8-5

由于波的波长不同，在同样条件下，有的波会发生明显的衍射，有的表现为直线传播。声波的波长在1.7 cm到17 m之间，是可以跟一般障碍物的尺寸相比，所以声波能绕过一般障碍物，使我们听到障碍物另一侧的声音；而光波的波长，约在0.4 μm至0.8 μm的范围内，跟一般障碍物的尺寸相比，非常非常小，所以在一般情况下几乎不发生衍射。这就是"闻其声而不见其人"的原因。

三、乐音的三要素

和谐悦耳的声音叫作乐音，它是由作周期性振动的声音发出来的，它的波形图像也是呈周期性的。乐音有三个要素：音调、响度和音品。

（一）音调和频率

音调就是乐音的高低，它跟声源振动的快慢有关。用一张纸片接触齿数不同的、转动着的齿轮，听纸片转动时发出的声音。我们发现，纸片振动越快，即每秒内振动的次数越多，频率越大，音调越高。

男子发音的频率一般是95 Hz—142 Hz，歌唱时男高音的频率不超过488 Hz。女子发音的频率是272 Hz—588 Hz，歌唱时女高音的频率可达1 034 Hz。

（二）响度和振幅

声音的响度与声波运载的能量有关，是听者对声波主观上感觉到的声音强弱，它跟声源振动的幅度及振幅有关，振幅越大，响度越大。击鼓、敲锣和拉琴时，用力越大，声源的振幅越大，发声越响。

声源在振动发音时，使周围媒质的分子振动，把自己的一部分能量传递给分子，声音的强度越大，响度越大，单位时间内传递出去的能量也越大。通常用单位时间内

通过的与声波传播方向相垂直的单位面积的能量来量度声强。

声源发出的声波是向各个方向传播的，其声强将随着距离的增大而逐渐减弱，因为声源每一秒钟发出的能量是一定的，离开声源的距离越远，能量的分布面也越大，通过单位面积的能量就越小。越远，人所听到的声音就越小。为了增大响度，可增加振动空气的表面积，以起到增强远处空气振幅的作用；有时用纸板（或用手）制成传声筒，吹奏乐器用喇叭，使声向一个比较集中的方向传播，是很奏效的。

响度的量度（分贝标度），也就是人耳所听到的声音的响度随其强度而增加，但在响度和强度之间并非呈线性关系。例如，在教室里，有时候声音的强度在教室的前方比在后面可能大100倍，但是从教室的前方移到后方的听者，感受到在响度上却仅有稍许的减弱。

（三）音品

两种声源发出的声音，有时音调和响度都相同，但我们仍能辨别声源的不同发声体，例如，接亲近人的电话时，一听声音就可知道对方是谁。这说明乐音除了音调和响度这两个特性以外，还有第三个特性，那就是音品。音品跟发音器官的发音方式和结构有关，它反映声音的特色，也叫音色。

四、超声和次声

人耳能够听到的声波的频率在20 Hz到20 000 Hz之间，而低于20 Hz和高于20 000 Hz的声波，都不能引起人耳的听觉。频率高于20 000 Hz的声波称为超声波，频率低于20 Hz的声波称为次声波。

（一）超声波及其应用

超声波在自然界中是存在的，例如，风声和海浪声中，除了有我们能够听到的声波以外，也还含有超过我们听觉范围的声波。有些动物的器官如蝙蝠、蟋蟀、纺织娘等都能发出超声波。早在二百多年前就对蝙蝠进行过试验，探测到蝙蝠一边飞行，一边从喉咙里产生每秒钟振动两万次以上的超声波，经过嘴发射出去。超声波遇到障碍物反射回来，传回到蝙蝠又大又灵敏的耳朵里，使它能立即判断出前面是什么物体，物体的大小和距离，并采取相应的行动。如果没有接收到回声，蝙蝠就照直继续前进，蝙蝠就是利用自己身上特有的超声定位器来探路和寻找食物的。这时蝙蝠的耳兼具了"眼"的功能。

跟可听声波比较，超声波具有一些独特的性能：

1. 束射性

超声波可以像光一样聚集，称为一束能量高度集中的波束，向着一定的方向直线传播出去，这种性能使波具有较好的方位分辨力和较远的作用距离。频率越高，束射性越好。

2. 高能性

由于频率高所引起的质点振动，即使振幅很小，加速度也很大，因此可以产生很大的力，使它所传播的能量比可听声波大得多，20 000 Hz的超声波所传播的能量相当于振幅相同的103 Hz的可听声波的106倍。

3. 穿透性

实验证明，超声波在液体里传播，损耗很小，在固体里传播，损耗更小。因此，超声波对液体和固体有很强的穿透性，可以利用它来对液体或固体的深部进行探测。

由于超声波具有以上特性，它在近代的科学研究和技术上得到日益广泛的应用，我们可以用人工方法制造许多型式不同的超声波发射器，它们的频率变化从2×10^4—1×10^9 Hz不等，同时也能制造相应的各种型式不同的超声波接收器，用它们接收各种超声波信号。因此，可以利用它来测量海的深度，记录发送和接收时间间隔，再根据声波在水中的传播速度，就可以计算出反射处的距离，反复测量多次，最终画出海底的地形图。按相同的道理，超声波也能用来帮助探索鱼群、暗礁、潜水艇（见图8-6）等。在发生大雾时，还可以利用超声波来自动导航，使海船安全进港。

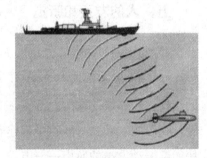

图8-6

利用超声波进行操作与测量的技术发展很快。它既是一种波动形式，可作为探测与负载信息的载体和媒介，又是一种能量形式，可对传声媒质产生一定的影响，使传声媒质的性质、状态或结构发生变化乃至将传声媒质破坏。半个多世纪以来，在上述特性基础上发展的超声技术，已在人类社会的许多领域获得广泛应用。

在工业上，超声波可以用来诊断金属内部的气泡、伤痕和裂缝，又可以能量的形式进行焊接，尤其在电子工业中大型集成电路等的同时多点快速焊接，不会像普通焊接那样引起化学变化与机械变形。超声的测井技术现已广泛用于石油地质、煤田地质及水文工程的勘探，电子计算机参与测井数据处理，使得这一技术得到了更迅速的发展。

在医学上，用超声波振动能量代替通常的手术刀进行临床治疗（超声手术刀），已在骨科、胸科、脑科等科室，对肿瘤、息肉、动脉硬化等病变组织的切除中得到成功的应用。用超声对癌细胞实施热疗作为配合化疗（药物疗法）和放疗（放射疗法）的辅助手段也取得较好效果。

由于超声波能够使媒质微粒产生很大的相互作用力，所以它也被用来清除玻璃、陶瓷等制品表面的污垢，并对这些制品进行加工（例如钻极细的孔）。此外，还可以利用它来粉碎和剥落金属表面的氧化膜。利用超声的粉碎、乳化作用可使各种在通常情况下不能混合的液体混合在一起，制成各种乳浊液，比如它可用于制药工业及日常工业部门制造化妆品、皮鞋油，制成油（汽油、柴油）与水或煤灰的乳化燃烧物，以提高单位燃料的燃烧值。

（二）次声波及其应用

次声的应用近年来也有发展。建立次声波接收站，可以监听几千里外的核武器试验、导弹的发射。仿生学专家模拟水母耳研制出的台风预报仪（称作"水母耳"）可以预报海啸、地震和台风。最近，也有科学家利用次声对人体产生作用的特点，探索研制一种能导致神经麻痹的"武器"——"次声炸弹"。

五、人的发声和听觉

（一）人的发声

在人的颈部内有一种产生声音的结构，叫作喉。它的内部有一个空腔，我们叫它喉腔，喉腔中部连着两块能够振动发声的肌肉——声带。它们紧密地并列在一起，而且像橡皮筋一样，拉得越紧，反弹的声音越大。在两根声带中间有一条裂缝，叫作声门裂。随着声带的一紧一松，声门裂也忽长忽短，忽大忽小。

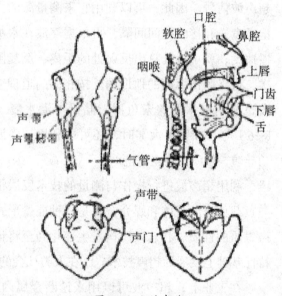

图8-7　人的声道

平时你在呼吸时，声门裂是半开的，这时，两根声带互相分离，处于松弛的状态，于是空气从两块肌肉间较大的空隙中通过，所以，呼吸的声音非常轻。而当你准备发出声音时，总要先吸一口气然后暂时停止呼吸。这时，松弛的声带被喉部的肌肉上下拉紧，相互靠拢，声门裂变得又细又长，只留下一道窄小的缝隙。因为屏气的时候，气流都积在气管里，气管内的压力一时之间大大增加，等到你放掉这口气时，被久压的气流会迅速地冲向声带并试图从这条细缝中穿过，这就像给气球放气一样。

空气使得声带发生振动，而且这种振动还会使喉腔里的空气也一起动起来，因而发出了嗓音。嗓音的高低、粗细是由声带的紧张程度、呼出的气体多少决定的。青少年声带比较娇嫩，如果说话时间过久，它会发生充血现象，声音会变得嘶哑。所以，为了使自己有一副美妙的歌喉，一定要注意保护嗓子。

（二）听觉

听觉是声波作用于听觉器官，使其感受细胞兴奋并引起听神经的冲动发放传入信息，经各级听觉中枢分析后引起的感觉。外界声波通过介质传到外耳道，再传到鼓膜。鼓膜振动，通过听小骨传到内耳，刺激耳蜗内的细胞而产生神经冲动。神经冲动沿着听神经传到大脑皮层的听觉中枢，形成听觉。

耳包括外耳、中耳和内耳三部分（见图8-8）。听觉感受器和位觉感受器位于内耳，因此耳又叫位听器。外耳包括耳廓和外耳道两部分。耳廓的前外面上有一个大孔，叫外耳门，与外耳道相接。耳廓呈漏斗状，有收集外来声波的作用。它的大部分由位于皮下的弹性软骨作支架，下方的小部分在皮下只含有结缔组织和脂肪，这部分叫耳垂。耳廓在临床应用上是耳穴治疗和耳针麻醉的部位，而耳垂

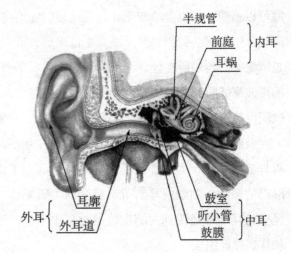

图8-8

还常作临床采血的部位。外耳道是一条自外耳门至鼓膜的弯曲管道，长约2.5—3.5 cm，其皮肤由耳廓延续而来。靠外面三分之一的外耳道壁由软骨组成，内三分之二的外耳道壁由骨质构成。软骨部分的皮肤上有耳毛、皮脂腺和耵聍腺。

鼓膜为半透明的薄膜，呈浅漏斗状，凹面向外，边缘固定在骨上。外耳道与中耳以它为界。经过外耳道传来的声波，能引起鼓膜的振动。

鼓室位于鼓膜和内耳之间，是一个含有气体的小腔，容积约为1 cm³。鼓室是中耳的主要组成部分，里面有三块听小骨：锤骨、砧骨和镫骨，镫骨的底板附着在内耳的卵圆窗上。三块听小骨之间由韧带和关节衔接，组成为听骨链。鼓膜的振动可以通过听骨链传到卵圆窗，引起内耳里淋巴的振动。

鼓室的顶部有一层薄的骨板把鼓室和颅腔隔开。某些类型的中耳炎能腐蚀、破坏这层薄骨板，侵入脑内，引起脑脓肿、脑膜炎。所以患了中耳炎要及时治疗，不能

大意。鼓室有一条小管—咽鼓管从鼓室前下方通到鼻咽部。它是一条细长、扁平的管道，全长约3.5—4 cm，靠近鼻咽部的开口平时闭合着，只有在吞咽、打呵欠时才开放。咽鼓管的主要作用是使鼓室内的空气与外界空气相通，因而使鼓膜内、外的气压维持平衡，这样，鼓膜才能很好地振动。鼓室内气压高，鼓膜将向外凸；鼓室内气压低，鼓膜将向内凹陷，这两种情况都会影响鼓膜的正常振动，影响声波的传导。人们乘坐飞机，当飞机上升或下降时，气压急剧降低或升高，因咽鼓管口未开，鼓室内气压相对增高或降低，就会使鼓膜外凸或内陷，因而使人感到耳痛或耳闷。此时，如果主动做吞咽动作，咽鼓管口开放，就可以平衡鼓膜内外的气压，使上述症状得到缓解。

内耳包括前庭、半规管和耳蜗三部分，由结构复杂的弯曲管道组成，所以又叫迷路。迷路里充满了淋巴，前庭和半规管是位觉感受器的所在处，与身体的平衡有关。前庭可以感受头部位置的变化和直线运动时速度的变化，半规管可以感受头部的旋转变速运动，这些感受到的刺激反映到中枢以后，就引起一系列反射来维持身体的平衡。耳蜗是听觉感受器的所在处，与听觉有关。人类的听觉很灵敏，从每秒振动16次到20 000次的声波都能听到。当外界声音由耳廓收集以后，从外耳道传到鼓膜，引起鼓膜的振动。鼓膜振动的频率和声波的振动频率完全一致。声音越响，鼓膜的振动幅度也越大。

鼓膜的振动再引起三块听小骨的同样频率的振动。振动传导到听小骨以后，由于听骨链的作用，大大加强了振动力量，起到了扩音的作用。听骨链的振动引起耳蜗内淋巴的振动，刺激内耳的听觉感受器，听觉感受器兴奋后所产生的神经冲动沿位听神经中的耳蜗神经传到大脑皮层的听觉中枢，产生听觉。位听神经由内耳中的前庭神经和耳蜗神经组成。

听力与语言是人类相互交流和认识世界的重要手段，然而，据世界卫生组织估算，目前全世界有轻度听力损失者近6亿，中度以上听力损失者2.5亿；我国有听力障碍残疾人约2 057万，居各类残疾之首，已严重影响到全民健康水平的提高。每年3月3日为全国爱耳日，保护听力应引起大家的重视。

思考题

1. 物体是怎样发声的？声音怎样在空气中向四周传播？

2. 次声波、可听声波、超声波的频率范围分别是多少？

3. 什么是乐音的三要素？

4. 可听声、超声、次声有什么不同，它们各有什么特性？超声波、次声波各有什么应用？

模块四

生命科学

专题一　生命的起源与进化

衔接小学科学课程标准

11.3　生物体的后代与亲代非常相似，但也有一些细微的不同。

11.4　有些曾经生活在地球上的植物和动物现在已不复存在，而有些现今存活的生物与它们具有相似之处。

一、生命起源的相关学说

（一）自然发生说

自然发生说是19世纪前广泛流行的理论。这种学说认为生命是从无生命物质自然发生的。如我国古代认为的"腐草化萤"（即萤火虫是从腐草堆中产生的）、腐肉生蛆、鱼枯生蠹等等。在西方，亚里士多德（公元前384—公元前322）就是一个自然发生说者，他认为"……有些鱼由淤泥及沙砾发育而成"。这一学说在17世纪曾流行于欧洲。

18世纪时，意大利生物学家斯巴兰让尼（1729—1799）发现，将肉汤置于烧瓶中加热，煮沸后让其冷却，如果将烧瓶开口放置，肉汤中很快就繁殖生长出许多微生物；但如果在瓶口加上一个棉塞，再进行同样的实验，肉汤中就没有微生物繁殖。斯巴兰让尼认为，肉汤中的小生物来自空气，而不是自然发生的。斯巴兰让尼的实验为科学家进一步否定"自然发生说"奠定了坚实的基础。1861年，法国微生物学家巴斯德设计了曲颈瓶实验彻底否定了自然发生说，证实了微生物只能从微生物产生而不能自然地从没有生命的物质发生。同时，这个科学论断的确立，也为研究微生物奠定了基础。

（二）宇宙发生说

这一假说认为，宇宙太空中的"生命胚种"可以随着陨石或其他途径跌落在地球表面，成为最初的生命起点。1908年，瑞典科学家阿瑞尼乌斯对生命起源提出了一种大胆猜测。他认为光实际上对它所照射的任何物质都有一种很微弱的推力，如果光很强而物体很小，光的推力就会比重力大，就会使物体朝远离太阳的方向移动。如果有生命的细胞被吹进远离地球表面的稀薄的大气层，它们将会被阳光的推力捕获。此时，某些细菌细胞也许可以进入一种"假死"状态。在这种状态下，由于缺乏食物和水分，这些细菌细胞就可能形成一层厚厚的壁，把自己包围起来。在厚壁之内，它们能够耐得住冰冻与沸煮，他将这种处于"假死"状态并带有厚壁的细胞称为"孢子"。

在光的推力作用下，孢子能够在太空飘游许多年，甚至可以飘游几百万年而不死。有朝一日，这些孢子会落在一个温暖、有适宜的大气和由水构成的海洋的星球上，那么，孢子的壁就会自行裂开，细菌细胞便开始再度活跃起来，将一次又一次地分裂，形成许多同它自己一样的细胞。再经过一个漫长的时期，这些细胞将变得更为复杂，它们将进化成多细胞生物。最后，整个行星就会拥有数百万种生物。

阿瑞尼乌斯猜想，地球上的生命就是这样起源的：在几十亿年以前，一个来自遥远行星的孢子进入地球的大气层，它落到地球的海洋中并开始生长，经过不断的进化，形成今天丰富多彩的生命世界。这确是一种很有吸引力的假说！许多科学家都满意这种说法，但是，人类随后的科研成果证明，这种假说存在两大漏洞。第一，细菌孢子虽然可以在外层空间的各种条件下存活，但并不是所有的地方都可以。第二，阿瑞尼乌斯的假说其实并没有完全回答生命是怎样开始的。

基于此，人们将目光转向在宇宙中探索生命的存在。由于直接发现生命困难，"宇宙发生说"认为地球上最早的生命或构成生命的有机物，来自于其他宇宙星球、彗星或星际尘埃。该假说得到了现代一系列太空探索和陨石分析的有力支持。20世纪80年代初已探知由C、H、O、N构成的星际分子共150种，其中80％是有机化合物。此外，研究人员也发现木星的大气层成分和假定的地球原始大气成分是一致的。2008年，科学家从1969年坠落澳大利亚的默奇森陨石中发现了来自外太空的基因物质（尿嘧啶和黄嘌呤）和大约70种不同的氨基酸分子，这一新发现暗示包括人类在内的许多地球物种很可能都与外星物种有关。

（三）生命起源的化学进化学说

这一学说认为地球上的生命是在地球历史的早期，在特殊的环境条件下，由非生命物质经历长期化学进化过程而产生的。这一过程是伴随着宇宙进化过程进行的。生命起源是一个自然历史事件，是整个宇宙演化的一部分。

1.生命起源与原始地球

地球从形成到现在大约有46亿年的历史。早期的地球是炽热的球体，地球上的一切元素都呈气体状态，那时谈不到生命的发生。后来随着地球的慢慢冷却，才逐渐为生命的发生提供了一定的条件。至今发现的最古老的原核生物的化石，距今约34亿年，如1977年10月，科学家在南非35亿年前的斯威士兰系的古老堆积岩中，发现了200多个在显微镜下可以清楚看到与原核藻类非常相近的古细胞化石。因此，可以认为地球形成之初的十几亿年是生命起源的化学进化阶段。原始地球为生命起源的化学进化提供以下三个条件：

首先，形成原始大气，为生命的起源提供物质基础。地质研究表明，地球大约是在46亿年前形成的，那时候地球的温度很高，地面上的环境与现在的完全不同：天空中或赤日炎炎，或电闪雷鸣，地面上火山喷发，熔岩横流。从火山中喷出的气体，如水蒸气、氢气、氨、甲烷、二氧化碳、硫化氢等，构成了原始的大气层，原始大气层中没有氧气，因此是还原型的。美国著名化学家尤里（H. C. Urey）在20世纪50年代初首先提出了地球的大气主要是由甲烷、氨气、氢气和水蒸气等成分构成的假说，根据这一假说进一步提出：在原始地球的原始大气条件下，碳氢化合物有可能通过化学途径合成。

其次，形成原始海洋，为生命的起源提供了场所。水是原始大气的主要成分，原始地球的地表温度高于水的沸点，所以当时的水都以水蒸气的形态存在于原始大气之中。地表不断散热，水蒸气冷却又凝结成水。以后地球内部温度逐渐降低，地面温度终于降到沸点以下，于是倾盆大雨从天而降，降落到地球表面低凹的地方，就形成了江河、湖泊和海洋。科学家称那时的海洋为原始海洋，原始海洋为生命的诞生提供了场所。

再者，为生命的起源提供能量。当时由于大气中无游离氧，因而高空中也没有臭氧层阻挡，不能吸收太阳辐射的紫外线，所以紫外线能直射到地球表面，成为合成有机物的能源。此外，天空放电、火山爆发所放出的能量、宇宙间的宇宙射线，以及陨星穿过大气层时所引起的冲击波等，也都有助于有机物的合成。但其中天空放电可能是最重要的，因为这种能源所提供的能量较多，又在靠近海洋表面的地方释放，在那里它作用于还原性大气，所合成的有机物质，很容易被雨水冲淋到原始海洋之中，使原始海洋富含有机物质，成了"生命的摇篮"。

2. 化学进化的过程

生命起源的化学进化过程，即由非生命物质经一系列复杂的变化，逐步变成原始生命的过程。它发生在地球形成后的十多亿年间。原始生命就是由非生命物质通过极其复杂、漫长的过程一步一步演变而形成的。

第一阶段，从无机小分子生成有机小分子。在尤里的假说的指导之下，1953年美国芝加哥大学的学者米勒及其助手在实验室内首次模拟原始地球在闪电下将原始大气合成小分子有机物的过程。米勒等人设计了火花放电装置，他先把200毫升水加入到500毫升的烧瓶中，抽出空气，然后模拟原始大气成分通入甲烷、氨、氢等混合气体。将入口玻璃管熔化封闭，然后把烧瓶内的水煮沸，使水蒸气驱动混合气体在玻璃管内流动，进入容积为5升的烧瓶中，并在其中连续进行火花放电7天，模拟原始地球条件下的闪电现象，再经冷凝器冷却后，产生的物质沉积在U型管中，结果得到20种小分子有机化合物，其中有11种氨基酸。这11种氨基酸中有四种氨基酸（甘氨酸、丙氨酸、天冬氨酸和谷氨酸）是天然蛋白质中所含有的。这是人类破天荒的第一次合成氨基酸的实验。

继米勒的工作后，不少学者利用多种能源（如火花放电、紫外线、冲击波、丙种射线、电子束或加热）模拟原始地球大气成分，均先后合成了各种氨基酸、嘌呤、核糖和脱氧核糖等。从米勒的模拟实验开始，到现在许多科学家的各种实验为止，几乎得到了组成生命体的一切原料。由此可见：在原始地球条件下，原始大气成分在一定能量的作用下，完全可以完成从无机物向简单有机物的转化。当地表温度下降后，散布在原始大气里的、达到饱和状态的水蒸气遇冷形成雨水而下降，流到低地就形成原始海洋。氨基酸等小分子有机物经雨水作用最后汇集在原始海洋中，日久天长，不断积累，使原始海洋含有了丰富的氨基酸、核苷酸、单糖等有机物。

第二阶段，从有机小分子形成有机大分子。原始海洋中的氨基酸、核苷酸、单糖、嘌呤、嘧啶等有机小分子物质经过极其漫长的积累和相互作用，在适当条件下，一些氨基酸通过缩合作用形成原始的蛋白质分子，核苷酸则通过聚合作用形成原始的核酸分子。

美国学者福克斯认为，原始海洋中的氨基酸可能被冲洗到火山附近等温度高于水沸点的热地区，它们在那里蒸发、干燥和聚合，产生的类蛋白又被冲回海洋，进一步发生其他反应。他在实验室内将多种纯氨基酸混合，在无水条件下加热至160—200℃，几小时后就得到具有某些天然蛋白质性质的类蛋白，以后又有人模拟原始地球条件，用核苷酸等小分子有机物合成类似天然核酸的物质。

第三阶段，从有机大分子组成能自我维持稳定和发展的多分子体系。以原始蛋白质和核酸为主要成分的高分子有机物，在原始海洋中经过漫长的积累、浓缩、凝集而形成"小滴"，这种"小滴"不溶于水，被称为团聚体或微粒体。它们漂浮在原始海洋中，与海水之间自然形成了一层最原始的界膜，与周围的原始海洋环境分隔开，从而构成具有一定形状的、独立的体系。这种独立的多分子体系能够从周围海洋中吸收物质来扩充和建造自己，同时又能把小滴里面的"废物"排出去，这样就具有了原始的物质交换作用而成为原始生命的萌芽，这是生命起源化学进化过程中的一个很重要的阶段。但这时还不存在生命，因为它还没有真正的新陈代谢和繁殖等生命的基本特征。

对于多分子体系的生成过程，目前有些不同的看法，主要是团聚体学说及微球体学说。

团聚体学说：团聚体学说是由原苏联学者奥巴林提出的。团聚体学说认为，生物大分子主要是蛋白质溶液和核酸溶液合在一起时，可形成团聚体小滴，这就是多分子体系，它具有一定的生命现象。

奥巴林最初做的实验是这样的：他将白明胶（蛋白质）的水溶液与阿拉伯胶（糖）的水溶液混在一起，在混合之前，这种溶液都是透明的，混合之后，变为混浊。在显微镜下可以看到在均匀的溶液中出现了小滴，即团聚体。它们四周与水溶液有明显的界限。用蛋白质、核酸、多糖、磷脂及多肽等溶液也能形成这样的团聚体。团聚体小滴的直径为 1—500μm。团聚体小滴外围部分增厚而形成一种膜样结构与周围介质分隔开来，奥巴林已能使团聚体小滴具有原始代谢特性，使之稳定存在几小时到几个星期，并能使之无限制地增长与繁殖。

微球体学说：微球体学说是由美国学者福克斯提出的。这一学说认为类蛋白体形成的微球体乃是最初的多分子体系。福克斯用一定比例的各种氨基酸在干燥条件下加热到160—170℃得到了高分子聚合物，称为类蛋白质。这些物质有一些类似蛋白质的性质，并能表现一定的酶活性。类蛋白溶于热水，慢慢冷却可以形成大小均一的颗粒，称为微球体。微球体类似细胞，也表现出很多生物学特性。例如，它们能吸收外界物质，也能"出芽"生殖；它们在高渗溶液中收缩，在低渗溶液中膨胀；它们具有一个双层膜，内部具有一定结构，并且表现出类似细胞质流动的活动。最后，它们可以聚集起来，像群集在一起的细菌一样。

第四阶段，从多分子体系演变为原始生命。具有多分子体系特点的小滴漂浮在原始海洋中，经历了更加漫长的时间，不断演变，特别是由于蛋白质和核酸这两大主要成分的相互作用，其中一些多分子体系的结构和功能不断地发展，终于形成了能把同化作用和异化作用统一于一体的、具有原始的新陈代谢作用并能进行繁殖的原始生命。这是生命起源中的关键一步，也是实验室没有证实的一步，因此关于地球上的生命是如何起源的问题，仍然是困扰科学界的一大谜团。

二、现代进化论的来源

进化论是说明生物世界的来源与发展变化的理论。随着科学的发展，生物进化的研究已从拉马克、达尔文的进化论发展成现代的进化学说，并形成了进化生物学这一学科。

（一）拉马克的进化论

拉马克是法国著名的植物学家，也是无脊椎动物学的创始人，"生物学"的名称就是由拉马克首次提出的。拉马克一生中最主要的著作是《动物哲学》（于1809年出版）。在此书中，他系统地叙述了自己的进化学说。

1. 拉马克认为，一切物种，包括人类在内，都是从其他的种传衍来的，而生物的变异和进化又是一个连续的缓慢的过程，化石记录越久、生物类型越古老；反之，则与现存的生物越相近。

2. 环境的改变使生物发生适应性的进化，环境的改变能够引起生物的变异，环境的多样性是生物多样性的主要原因。许多家养动物和栽培植物之所以与野生者有别，全在于人为的环境与野生的环境不同。

3. 对于有神经系统和习性复杂的动物产生变异（适应）的原因，除环境变化和杂交外，更重要的是通过用进废退和获得性遗传。后者是拉马克论述动物进化原因的两条著名的法则：

第一条法则：用进废退，即经常使用的器官就发达，不使用就退化。拉马克写道："凡是没有达到其发展限度的动物，它的任何一个器官经常利用的次数越多，就会促使这个器官逐渐地巩固、发展并增大起来，而且其能力的进步与使用的时间成正比。同时，器官经常不使用，会使其削弱和衰退并不断地缩小它的能力，最后必会引起器官的消灭。"

第二条法则：获得性遗传，即上述的变化是可遗传的。拉马克写道："凡是在动物居住很久的自然环境的影响下，也就是说在某一器官的更多运动的影响下，或者在某部分经常不利用的影响下，使个体得到或失去的一切，只要所获得的变异是两性所共有的，或者是产生这两性的个体所共有的，那么这一切变异就能通过繁殖而保持在新生的个体上。"

拉马克认为："器官愈用得惯，愈用得久，愈能发达；体积和能力也能长进。这样发展的情形绝不是少用的器官所能比拟的。"

4. 生物具有按等级向上发展的趋向。拉马克不仅肯定生物的进化，而且认为进化具有向上发展的方向。他认为生物进化的方向是由低级向高级逐渐推移的，这种等级是按不同的等级而逐步上升。其中分为两种情况：一种是直线式上升的；另一种是分枝式的发展。现在看到的种类繁多的生物类型，是生物按等级发展的倾向和各种环境影响之间长期相互作用的结果。

5. 最原始的生物源于自然发生。例如，纤毛虫、水螅、蠕虫等都可短期内直接由非生物产生，而且当它们一旦产生后，并都进行了持久的斗争以趋于完善，从而逐渐向高等动物过渡。

（二）达尔文的进化论

达尔文出生于英国的什罗普郡，自称是"一个天生的博物学家"。他在1838年底提出了以"自然选择"为中心的进化学说，并在1859年11月24日出版了划时代巨著《物种起源》。《物种起源》的出版对进化论的普及起到十分重要的作用，并导致"达尔文主义"的兴起。

1. 达尔文认为，世界不是静止而是进化的。物种不断地变异，新种产生、旧种消亡，化石资料对此作了极好的证明。达尔文认为："虽然许多情况现在还是隐晦不明，而在未来的长时期内也未必清楚，但是经过了我所能做到的最审慎的研究和冷静的批判，可以完全无疑虑地断言，许多自然学者直到最近还保持的，也是我过去所接受的那种观点——即每一物种都是各自创造出来的。我完全相信，物种不是不变的；那些所谓属于同属的物种，都是另一个一般已经灭亡的物种的直系后代，正如现在会认为某一个种的那些变种，都是这个种的后代。"

上述观点与拉马克进化论是一致的。

2. 生物进化是逐渐的和连续的，其中不存在不连续的变异或突变。达尔文认为："自然选择只能通过累积轻微的、连续的、有益的变异而发生作用，所以不能产生巨大的或突然的变化，它只能通过短且慢的步骤发生作用。"

这一观点也与拉马克学说相一致。

3. 生物之间都有一定的亲缘关系，它们有着共同的祖先。例如，一切昆虫都有它们的原始祖种，一切哺乳动物也源于共同的祖先，其他的种群也都这样。达尔文这一论述与拉马克的多元论不同，它属于一元论范畴。

4. 自然选择是变异最重要的途径。在人工选择中起主导作用的是人，在自然选择中起主导作用的是自然界。达尔文学说表明，生物都具有繁殖过剩的倾向，即每个物种产生比能生存的多得多的后代，同时它们的个体数都保持相对的恒定。但生物的生存空间和食物都是有限的，所以它们必须为生存而斗争。达尔文所讲的生存斗争或生存竞争包括种内斗争、种间斗争和生物跟无机环境的斗争三个方面。在同一群体的不同个体之间具有不同的变异，有些变异对生存比较有利，有些则不利。在生存斗争中就出现适者生存、不适者被淘汰的现象，达尔文把这一现象称为自然选择。

生物经自然选择后的有利性状为什么会在后代中得到保留并发展成新种呢？达尔文采用了拉马克获得性遗传的原理作了解释。达尔文还认为，自然环境变化大都是有方向的。因此.经过长期的有方向的选择，即定向选择微小的变异得到累积而成为显著的变异，最终可能导致新种的形成。

在上述4点中，第1、2、3讲的是进化思想，第4实际讲的是进化机制，它是达尔文学说的核心内容。

（三）孟德尔遗传学

孟德尔，1822年7月20日出生于奥地利，是遗传学的奠基人，被誉为现代遗传学之父。他通过豌豆实验，发现了遗传学两大基本规律：分离规律和自由组合规律。由于达尔文进化论的缺陷突出表现在遗传学方面，进化论离开遗传学也就失去坚实的基础。现代达尔文主义就是自然选择和基因学说（孟德尔遗传学的重要组成）的综合和提高。1937年杜布赞斯基发表了《遗传学与物种起源》，完成了选择学说和基因论的综合。可见，孟德尔遗传学是现代进化论的重要理论来源。

三、现代进化学说的主要学派

（一）新达尔文主义

19世纪后期，德国生物学家魏斯曼根据当时对细胞结构以及生殖的认识，提出生殖细胞（种质细胞）与生物体的其他细胞（体质细胞）从一开始就是分开的，因而体质细胞中发生的任何事情都不会影响到生殖细胞及其细胞核（种质），并在1885年提出了"种质连续学说"。该学说认为种质细胞是连续的，世代相传的，并始终与体质细胞分离；体质细胞是不连续的，每一代的体质细胞都是由前一代的种质细胞衍生而来，体质细胞只是起着保护和帮助种质繁殖自身的作用。

魏斯曼通过"种质连续学说"否定了获得性遗传。另一方面，魏斯曼接受和继承了达尔文进化论的主要部分，并毫不妥协地强调自然选择的作用。因而基于种质连续理论的进化学说又被称为"新达尔文主义"。新达尔文主义是对达尔文学说的第一次修正（过滤），而魏斯曼可以说是19世纪在达尔文之后对进化论贡献最大的人。

（二）现代达尔文主义

20世纪30—40年代，在一批包括遗传学家、分类学家、生物统计学家、古生物学家等达尔文主义者的共同努力下，综合了生物学各学科，特别是种群遗传学的成就，并考虑到多种进化因素，建立了基于渐进化、自然选择和种群思想，符合已知的遗传学机制，且考虑到环境因素作用的进化理论——综合进化论，又称现代达尔文主义。

现代达尔文主义对突变的遗传学实质形成了统一的观点，认为不连续的、激烈的突变和渐进的、细微的变异都有相同的遗传机理。同时，彻底否定了获得性遗传和融合性遗传。认为生物个体是自然选择的主要目标，一切适应性进化都是自然选择对种群中大量随机变异直接筛选的结果。此外，认为地理环境因素对新物种形成有重要的作用，强调物种形成的进化是渐进化。进化论的综合是对达尔文学说的第二次修正，是1859年达尔文的《物种起源》问世以来进化生物学历史上最重要的事件之一。

（三）分子进化的中性学说

1968年，日本科学家木村资生正式提出了中性突变漂变假说，简称中性学说。该学说的核心可归纳为以下几点：① 大部分对种群的遗传结构与进化有贡献的分子突变在自然选择的意义上都是中性或近中性的，因而自然选择对这些突变并不起作用。② 中性突变产生后是通过随机漂移，或被固定在种群中，或消失。③ 并不是所有分子突变都是中性的。实际上，大部分突变是有害的，但它们会很快被淘汰掉，因而对种群的遗传结构及进化没有什么意义。④ 正突变很少，它们对种群的遗传结构也无贡献。⑤ 自然选择只对有害突变和正突变起作用，而不能影响对种群的遗传结构起重要作用的中性或近中性突变，即中性或近中性突变的命运只能由随机因素决定。

中性学说是对自然选择学说的一个挑战，因此在学术界引起了很激烈的争论。然而，中性学说确实得到很多证实，特别是分子生物学上的一些新发现的支持，该理论也在争论中不断发展。

四、人类的起源与进化

由于古生物学和古人类学研究的进展，关于人类起源和发展的化石材料愈来愈丰富，使人类起源的基本环节已经得到了明显的证据。

1. 人和猿的共同祖先——森林古猿

最古老的猿类遗骸发现于渐新世，其中的一个代表是在埃及法尤姆早渐新世地层中发现的埃及猿。一般认为，它是从眼镜猴到狭鼻猴类以及从眼镜猴到猿类的过渡类型。

2. 人类的最早祖先——蜡玛古猿（拉玛古猿）

森林古猿大约生活在距今2 200万年到1 000万年之间，差不多跟森林古猿同时，还生活着另一种更接近于人类的化石猿类，叫作蜡玛古猿。蜡玛古猿的化石发现于巴基斯坦和印度接壤的西瓦立克山，以后在东非维多利亚湖畔也发掘到类似的标本。

3. 形成中的人——南方古猿

现在为大家所公认的属于人科的最早化石古猿是南方古猿。南方古猿的一个头骨化石是1924年在非洲南部阿扎尼亚的汤恩采石场发现。

4. 直立人——人类的早期漫游者

直立人是最早出现并被一致公认属于人科人属的种。

最早发现的直立人是爪哇直立人，其中的头盖骨化石是1891年由荷兰医生杜巴斯哇在爪哇梭罗河畔发现的。以后，在亚洲、非洲、欧洲都先后发现了类似的化石材料，如1907年在德国海德堡发现的海德堡人，1997年在我国北京西南周口店发现的北京猿人，1953年在阿尔及利亚发现的毛里坦阿特拉猿人，1960年在坦桑尼亚发现的利基猿人，1963年在我国蓝田发现的蓝田猿人，1965年在匈牙利发现的古匈牙利人等。

5. 智人——早期智人和晚期智人

智人是比直立人更接近于现代人类的史前人类。他们不仅完全直立，而且脑容量增大到现代人的大小，标志着智力发展到更高水平，因此把他们归为跟现代人相同的种叫作智人。

典型的早期智人是1856年在德国尼安德特山谷发现的。在达尔文《物种起源》发表以后，赫胥黎在1863年鉴定了这一标本，认为是人和猿的中间类型，1864年定名为尼安德特人简称尼人。

晚期智人的典型代表是1868年在法国克鲁马努发现的，命名为克鲁马努人或克人，其体质特征基本上跟现代人相似，因此归为智人的智人亚种，也叫现代智人。

思考题

1. 关于生命的起源都有哪些学说？它们的基本观点如何？你认为哪种学说更符合科学事实？

2. 拉马克进化和达尔文进化论的主要观点是什么？二者有何联系与区别？

3. 什么是新达尔文主义、现代达尔文主义和中性理论？它们的主要观点如何？

4. 简述人类进化的主要阶段。

专题二　生命的活动基础

7.4　细胞是生物体的基本组成单位。

一、生命的物质基础

生物体的生命活动都有共同的物质基础，主要是指组成生物体的化学元素和化合物是大体相同的。

（一）组成生物体的元素

组成生物体的化学元素有二十多种，它们在生物体内的含量不同。含量占生物体总质量的万分之一以上的元素，称大量元素，如C、H、O、N、P、S、K、Ca、Mg等。生物生活所必需，但是需要量却很少的一些元素，称微量元素，如Fe、Mn、Zn、Cu、B、Mo等。这些化学元素对生物体都有重要作用。组成生物体的二十多种化学元素，在无机自然界都可以找到，没有一种化学元素是生物所特有的。这个事实说明，生物界和非生物界具有统一性。

（二）组成生命的化合物

组成生物体的化学元素，一般都以化合物的形式存在。组成生物体的化合物包括无机物和有机物两大类，无机物主要有水和无机盐，有机物主要有糖类、脂质、蛋白质、核酸和维生素等。但是这些物质在不同类型细胞中的相对含量可能相差很大

1. 水——生命之源

地球上最早的生命是在原始海洋中孕育的，所以生命从一开始就离不开水。水是生命的介质，也是生物体内含量最高的化合物，没有水就没有生命。

水是光合作用中光反应的底物；水较高的比热，能够使生物较好地耐受外界温度变化带来的冲击和维持体温；水可以直接参与机体的氧化还原反应过程；水是机体内良好的溶剂和润滑剂，具有运输和防治疾病的作用。

2. 无机盐

生物体中无机盐的含量仅占身体干重的2%—5%，含量虽少，但在组成生物体结构和维持正常的生命活动中起着重要的作用。细胞中的无机盐一般都是以离子状态存在的，如Na^+、K^+、Ca^{2+}、Mg^{2+}、Cl^-、HPO_4^{2-}、HCO_3^-等。它们的作用主要有：它们对细胞的渗透压和pH值起着重要的调节作用；有些离子是酶的活化因子和调节因子，如Mg^{2+}、Ca^{2+}等；有些离子是合成有机物的原料，如HPO_4^{2-}是合成磷脂、核苷酸等的原料，Fe^{2+}是合成血红蛋白的原料等；有些离子与细胞兴奋性的维持和肌肉的收缩有关，如Na^+，K^+，Ca^{2+}。

3. 糖

糖由C、H、O三种元素构成，广泛存在于生物体内，是生命活动的主要能源物质。糖的种类很多，按其结构特点可分为单糖、寡糖、多糖三类。

（1）单糖　单糖是不能水解的最简单的糖类，根据碳原子的数量单糖可以分为丙糖（三碳糖）、戊糖（五碳糖）、己糖（六碳糖）。戊糖（五碳糖）中重要的是核糖和脱氧核糖，它们是构成核苷酸的重要成分；己糖中除葡萄糖、果糖外，D-半乳糖和D-甘露糖也是重要的己糖（六碳糖）。

（2）寡糖　由2—6个单糖分子通过脱水缩合结合形成的糖称为寡糖，以糖苷键连接。用稀酸加热可水解成各种单糖。其中以双糖分布最为广泛、意义最大。常见的寡糖有麦芽糖、蔗糖和乳糖。

（3）多糖　多糖是由很多个单糖分子（通常为葡萄糖分子）脱水缩合而成的分支或不分支的长链分子。如淀粉、糖原、纤维素等为常见的纯多糖，透明质酸、软骨素等则为杂多糖。多糖经过降解和生物氧化后，可以将其中所储藏的能量释放出来供生命活动所用。

4. 脂质

脂质包括脂肪、类脂和固醇类物质，是生物体内一大类重要的有机化合物，是构成生物体的重要物质。组成脂质的主要元素是C、H、O三种，但氧元素含量低，碳和氢元素比例高，而糖类则与此相反。因此，脂质彻底氧化后可以释放出更多的能量。

（1）脂肪　也叫中性脂，是由甘油和脂肪酸形成的甘油三酯。在常温下呈液体的叫作油，呈固体的叫作脂。脂肪是动植物细胞中的贮能物质，当动物体内直接能源过剩时，首先转化成糖原，然后转化成脂肪。脂肪的主要功能是供给能量；还可以协助脂溶性维生素的吸收，如维生素 A、D、E、K；脂肪组织质地柔软，具有一定弹性，因此可以减少内部器官的摩擦，缓冲外界对机体的作用力，减少损伤；脂肪不易传热，可以保持体温。

（2）类脂　生物体内最重要的类脂是磷脂，几乎全部存在于细胞的膜系统中，在脑、肺、肾、心、骨髓、卵及大豆细胞中含量最高。

（3）固醇　又叫甾醇，是含有四个碳环和一个羟基的烃类衍生物，人体和动物中含量最丰富的固醇类是胆固醇。它是合成胆汁及某些激素的前体，如肾上腺皮质激素、性激素。

5. 蛋白质

蛋白质是细胞和生物体的重要组成成分，是生物体内含量最高的有机化合物。蛋白质在细胞和生物体的生命活动过程中，起着十分重要的作用。生物的结构和性状都与蛋白质有关；蛋白质还参与基因表达的调节，以及细胞中氧化还原反应、电子传递、神经传递乃至学习和记忆等多种生命活动过程；在细胞和生物体内各种生物化学反应中起催化作用的酶主要也是蛋白质。许多重要的激素，如胰岛素和胸腺激素等也都是蛋白质。蛋白质在人体不能储存，因此人类的膳食中应该保证足够的蛋白质供应。

所有蛋白质的元素组成都很近似，都含有C、H、O、N四种元素。其中平均含氮量约占16%，这是蛋白质在元素组成上的一个特点。此外，有些蛋白质还含P、S两种元素，有的还含微量的Fe、Cu、Mn、I、Zn等元素。

蛋白质是一种高分子化合物，分子量很大，在5×10^3—5×10^6或更大些。蛋白质水解后的最终产物是氨基酸。氨基酸是组成蛋白质分子的基本结构单位。组成不同蛋白质分子的氨基酸在数量上可以是几十、几百或更多，但其种类主要有20种。

构成蛋白质的氨基酸在结构上具有共同的特点：每种氨基酸至少都有一个氨基（—NH_2）和一个羧基（—COOH），并且都连在同一个碳原子（叫作α碳原子）上。20种氨基酸的不同，主要表现在侧链基团（也叫R基）的不同。20种氨基酸中，有8种是人体不能制造的，只能从食物中获得，故称为必需氨基酸。它们是：苏氨酸、苯丙氨酸、赖氨酸、色氨酸、缬氨酸、甲硫氨酸（蛋氨酸）、亮氨酸和异亮氨酸。幼儿时期所需要的必需氨基酸比成人多了一种，即组氨酸。必需氨基酸对人体来说，是重要的生命物质。

蛋白质的分子结构十分复杂，大致可分为四个层次：

蛋白质的一级结构：一个氨基酸分子中的α氨基与另一个氨基酸的α羧基脱水缩合，形成肽键。仅由2个氨基酸残基形成的化合物称为二肽，由3、4、5个氨基酸残基形成的化合物分别称为三、四、五肽，10至12肽以上称为多肽。数十个或更多氨基酸残基组成的有确定构象的多肽，通常称为蛋白质。氨基酸残基的排列次序通常称为"氨基酸序列"，亦称为蛋白质的一级结构。蛋白质的许多性质和功能决定于它的一级结构。

蛋白质的二级结构：指蛋白质分子中多肽链本身的折叠方式。实验证明，二级结构中主要是α-螺旋和β-折叠两种类型。维持蛋白质二级结构稳定的主要因素是氢键。

蛋白质的三级结构：指在二级结构的基础上，再由氨基酸侧链之间通过形成氢键、疏水键、二硫键等再度折叠、盘曲，形成复杂的空间结构。几乎所有具有重要生物学功能的蛋白质都有严格的特定的三级结构。

蛋白质的四级结构：指含有两条或多条肽链的蛋白质中，各条肽链如何排列，它们彼此关联聚合成大分子蛋白质的方式。构成功能单位的各条肽链，称为亚基。例如，人血红蛋白是由四个亚基（2个α亚基，2个β亚基）所组成。一般说，亚基单独存在时没有生物活力，只有完整的四级结构才有生物活力。有的蛋白质分子只有一、二、三级结构，并无四级结构，如肌红蛋白、细胞色素C等。另一些蛋白质则四种结构同时存在，如血红蛋白、过氧化氢酶等。

酶是细胞产生的可调节化学反应速率的催化剂，绝大多数的酶都是蛋白质。生物体内一切代谢反应，只有在酶的催化下才能顺利而迅速进行。生命活动中的消化、吸收、呼吸、运动和生殖都是酶促反应过程。酶在常温、常压、中性pH的温和条件下具有很高的催化效率。酶是细胞赖以生存的基础。

6. 核酸

核酸主要是由C、H、O、N、P组成，是遗传信息的载体，存在于每一个细胞中。核酸也是一切生物的遗传物质，对于生物体的遗传性、变异性和蛋白质的生物合成有极其重要的作用。

核酸是由众多核苷酸构成的，核苷酸由磷酸、五碳糖、碱基组成。构成核酸的五碳糖为核糖和脱氧核糖。碱基分为嘌呤碱基和嘧啶碱基两大类。嘌呤碱基有腺嘌呤（A）和鸟嘌呤（G）两种；嘧啶碱基有胸腺嘧啶（T）、胞嘧啶（C）和尿嘧啶（U）三种。嘌呤或嘧啶碱基和核糖或脱氧核糖相连，形成的化合物统称核苷。核苷中糖连接一个磷酸，便形成核苷酸，核苷酸与核苷酸相连，前一个核苷酸的磷酸连在后一个核苷酸的五碳糖上，依次相连上去，形成一条长长的多核苷酸链。

核酸分为两大类：脱氧核糖核酸（简称DNA）和核糖核酸（简称RNA）。

DNA主要集中在细胞核内，线粒体和叶绿体也含有DNA。构成DNA的碱基有腺嘌呤（A）、鸟嘌呤（G）、胸腺嘧啶（T）、胞嘧啶（C）四种，分别与脱氧核糖和磷酸形成四种脱氧核苷酸，四种脱氧核苷酸按照一定的排列顺序，通过磷酸二酯键连接形成的多核苷酸链，两条多核苷酸链以碱基互补配对原则构成双螺旋结构。核苷酸在连接时，一个核苷酸的磷酸基与下一位核苷酸脱氧核糖的羟基形成磷酸二酯键，构成不分支的线性大分子，其中磷酸基和五碳糖基构成DNA链的骨架，两条DNA链中对应的碱基A-T以双键形式连接，C-G以三键形式连接，糖-磷酸-糖形成的主链在螺旋外侧，配对碱基在螺旋内侧。这种DNA双螺旋结构模型是在1953年Watson和Crick确立的。DNA分子中，四种核苷酸的排列顺序不受任何限制，能构成极其繁多的组合形式，如一段长 100 bp 的 DNA片段，其核苷酸的排列方式有4^{100}种，因此，DNA分子蕴藏着无穷多的遗传信息。

RNA主要分布在细胞质中，由腺嘌呤（A）、鸟嘌呤（G）、胞嘧啶（C）、尿嘧啶（U）四种碱基构成，RNA通常是单链分子，通常分为核糖体RNA（即rRNA）、信使RNA（即mRNA）和转移RNA（即tRNA）。

DNA核苷酸和RNA核苷酸虽然各自只有4种，但由于它们的组合不同，排列顺序不同，使DNA和RNA分子具有极大的多样性。生物学家认为，DNA和RNA中不同核苷酸的排列顺序，蕴藏着无穷无尽的遗传信息。核酸的多样性意义在于决定了生物物种的多样性，形成了丰富多彩的生物世界。

二、生命的结构基础

细胞是生命活动的基本单位，能够通过分裂而增殖，是生物体结构、个体发育和系统发育的基础。细胞具有多种多样的形态，有球形、杆状、星形、多角形、梭形、圆柱形等。多细胞生物体，依照细胞在各种组织和器官中所承担的不同功能，分化形成了各种不同的形状。

细胞形态结构与功能的相关性与一致性是很多细胞的共同特点。如红细胞呈扁圆形的结构，有利于O_2和CO_2的交换；高等动物的卵细胞和精细胞不仅在形态而且在大小方面都是截然不同的，这种不同与它们各自的功能相适应。卵细胞之所以既大又圆，是因为卵细胞受精之后，要为受精卵提供早期发育所需的信息和相应的物质，这样，卵细胞除了带有一套完整的基因组外，还有很多预先合成的mRNA和蛋白质，所以体积就大；而圆形的表面则便于与精细胞结合。

（一）细胞膜

细胞膜又称质膜，是指围绕在细胞最外层，由脂质和蛋白质组成的生物膜。真核细胞内部存在着由膜围绕构建的各种细胞器。细胞内的膜系统与细胞膜统称为生物膜，它们具有共同的结构特征。

1925年E.Gorter和F.Grendel用有机溶剂抽提人的红细胞膜的膜脂成分并测定膜脂单层分子在水面的铺展面积，发现它为红细胞膜表面积的二倍，提示了质膜是由双层磷脂分子构成的。随后，人们发现质膜的表面张力比油水界面的表面张力低得多，已知脂滴表面如吸附有蛋白成分则表面张力降低，因此Davson和Danielli推测，质膜中含有蛋白质成分并提出"蛋白质—脂质—蛋白质"的三明治式的质膜结构模型。这一模型影响达20年之久。

1959年，J.D.Robertson发展了三明治模型，提出了单位膜模型，并大胆地推断所有的生物膜都由蛋白质—脂质—蛋白质的单位膜构成，这一模型得到X射线衍射分析与电镜观察结果的支持。随后的一些实验，如免疫荧光标记技术等证明，质膜中的蛋白质是可流动的。在此基础上，S.J.Singer和G.Nicolson于1972年提出了生物膜的流动镶嵌模型。这一模型随即得到各种实验结果的支持。流动镶嵌模型主要强调：① 膜的流动性，膜蛋白和膜脂均可侧向运动；② 膜蛋白分布的不对称性，有的镶在膜表面，有的嵌入或横跨磷脂双分子层。

细胞膜主要是由磷脂和膜蛋白组成。其中磷脂分子在细胞膜上呈两层，称为磷脂双分子层，构成细胞膜的基本骨架。构成磷脂双分子层的分子有磷脂、胆固醇和糖脂。糖脂是由寡糖分子与脂类分子结合而成的。双分子层中的磷脂分子都可以自由地横向移动，结果使双分子层具有流动性。

膜蛋白种类繁多，多数膜蛋白分子数目较少但却赋予细胞膜非常重要的生物学功能。根据膜蛋白分离的难易及其与脂分子的结合方式，膜蛋白可分为两大基本类型：膜周边蛋白或称外在膜蛋白和膜内在蛋白或称整合膜蛋白。膜周边蛋白为水溶性蛋白，靠离子键或其他较弱的键与膜表面的蛋白质分子或脂分子结合。因此只要改变溶液的离子强度甚至提高温度就可以从膜上分离下来，膜结构并不被破坏。膜内在蛋白与膜结合非常紧密，只有用去垢剂使膜崩解后才可分离出来。

细胞膜的生理功能主要表现在以下几个方面：为细胞的生命活动提供相对稳定的内环境；选择性的物质运输，包括代谢底物的输入与代谢产物的排除，其中伴随着能量的传递；提供细胞识别位点，并完成细胞内外信息跨膜传递；为多种酶提供结合位点，使酶促反应高效而有序地进行；介于细胞与细胞及细胞与基质之间的连接。

（二）细胞质

细胞质是指除去细胞质膜和细胞核以外的所有物质。呈半透明的胶体状态。细胞质不能看作是细胞中的溶液。在细胞质基质中有着极其复杂的成分和担负着一系列重要的功能的细胞器。

细胞器是指在细胞质中具有一定形态结构和执行一定生理功能的结构单位，悬浮在细胞质基质中。

1. 线粒体　线粒体是双层膜结构，内膜向内腔折叠形成嵴，嵴的形成增加了细胞内的膜面积。内膜和嵴上有基粒，基粒线粒体中有合成ATP的结构。线粒体是细胞内有氧呼吸的主要场所，其内膜中蛋白质的含量比外膜多得多，完成有氧呼吸第三阶段过程的所有的酶都分布在内膜上。第二阶段的酶在线粒体基质中。线粒体中还有少量的DNA和RNA，线粒体在细胞中可以进行自我增殖，如细胞从低能量代谢转到高能量代谢时，线粒体的数量就会增加，所以线粒体在遗传上不完全依赖于细胞核，有一定独立性。

2. 内质网　内质网是指细胞质中一系列囊腔和细管，彼此相通，形成一个隔离于细胞质基质的管道系统。它是细胞质的膜系统，外与细胞膜相连，内与核膜的外膜相通，将细胞中的各种结构连成一个整体，具有承担细胞内物质运输的作用。根据内质网膜上有没有附着核糖体，将内质网分为滑面型内质网和粗面型内质网两种。滑面内质网上没有核糖体附着，这种内质网所占比例较少，但功能较复杂，它与脂类、糖类代谢有关。粗面内质网上附着有核糖体，其排列也较滑面内质网规则，功能主要与蛋白质的合成有关。细胞质中内质网的发达程度与其生命活动的旺盛程度呈正相关。

3. 核糖体　核糖体不是由生物膜构成的，它是由蛋白质和RNA构成的复合体。由大小两个亚基组成，是蛋白质合成的场所。附着在内质网上的核糖体合成的蛋白质主要有两类：一类是分泌蛋白，通过内质网运输到高尔基体，经加工包装后被分泌到细胞外；另一类是排列到质膜内的蛋白质。游离的核糖体合成的蛋白质一般是分布到细胞质基质中的蛋白质，如分布于细胞质基质中的酶等。

4. 高尔基体　高尔基体是由膜所包围成的分隔的腔及一些分泌小泡组成。它属于单层膜结构。在所有动物细胞和植物细胞中都有这种细胞器，但成熟的红细胞是例外。高尔基体在植物细胞中能合成和分泌纤维素，将纤维素分泌到原生质体外形成细胞壁；在动物细胞中，高尔基体是细胞分泌物最后加工和包装的场所。在分泌旺盛的细胞（如唾液腺细胞、胰腺细胞等）中，高尔基体特别发达，数目也特别多。

5. 中心体　中心体存在于低等植物细胞（如衣藻、团藻等藻类植物）和动物细胞中。中心体不具备膜结构，是由蛋白质组成的。每个中心体是由两个互相垂直的短棒状的中心粒排列而成，每个中心粒由9组三联管排列成一圈构成。中心体能在细胞分裂间期进行自我复制，复制后的中心体内含有两组中心粒，每组有两个中心粒。中心粒在有丝分裂或减数分裂过程中参与星射线（纺锤丝）的形成。

6. 液泡　液泡是在细胞质中由单层膜包围的充满水液的泡，是普遍存在于植物细胞中的一种细胞器。液泡内的液体称为细胞液，溶有很多有机小分子物质和无机盐。液泡的功能是参与细胞的水分代谢（如质壁分离和质壁分离复原），同时也是植物细胞代谢副产品及废物（如蔗糖、植物碱、丹宁、多余的无机盐等）的囤积场所。

7. 叶绿体　叶绿体是双层膜结构，分为外膜和内膜，但内膜未向内腔折叠，内膜以内是基粒和基质。基粒是由基粒片层结构薄膜组成（线粒体中基粒是一种蛋白质复合体），亦称类囊体，它有效地增加了叶绿体内的膜面积。叶绿体中含有少量的DNA和RNA，在遗传上不完全依赖于细胞核，有一定的独立性。叶绿体中的色素分布在类囊体薄膜上，完成光合作用的整个光反应过程的色素和酶也都在片层结构薄膜上，所以光合作用的光反应是在基粒类囊体的薄膜上进行的。完成暗反应过程的酶在叶绿体的基质中，暗反应过程是在叶绿体基质中进行的。

（三）细胞核

细胞核主要由核被膜、染色质、核仁及核骨架组成。细胞核是遗传信息的贮存场所，在这里进行基因复制、转录和转录初产物的加工过程，从而控制细胞的遗传与代谢活动。

核被膜位于间期细胞核的最外层，是细胞核与细胞质之间的界膜。由于它的特殊位置决定了它有两方面的功能：一方面核被膜构成了核、质之间的天然选择性屏障，它将细胞分成核与质两大结构与功能区域：DNA复制、RNA转录与加工在核内进行，蛋白质翻译则局限在细胞质中；另一方面，核被膜并不是完全封闭的、核质之间有频繁的物质交换与信息交流，这主要是通过核被膜上的核孔复合体进行的。

染色质这一术语是1879年由W.Flemming提出的，用以描述细胞核中能被碱性染料强烈着色的物质。1888年Waldeyer提出染色体的概念。染色质和染色体是在细胞周期不同阶段可以互相转变的形态结构。

染色质是指间期细胞核内由DNA、组蛋白、非组蛋白及少量RNA组成的线性复合结构，是间期细胞遗传物质存在的形式。染色体是指细胞在有丝分裂或减数分裂过程中，由染色质聚缩而成的棒状结构。实际上，两者之间的区别主要并不在于化学组成上的差异，而在于包装程度不同，反映了它们处于细胞周期中不同的功能阶段。在真核细胞的细胞周期中，大部分时间是以染色质的形态而存在的。1974年Kornberg等人根据染色质的酶切降解和电镜观察，发现核小体是染色体的基本结构单位，提出染色质结构的"串珠"模型，从而更新了人们关于染色质结构的传统观念。

染色体是细胞在有丝分裂时遗传物质存在的特定形式，是间期细胞染色质结构紧密包装的结果。中期染色体具有比较稳定的形态，它由两条相同的姐妹染色单体构

成，彼此以着丝粒相连。

着丝粒连接两个染色单体，并将染色单体分为短臂（p）和长臂（q）。由于着丝粒区浅染内缢，所以也叫主缢痕。除主缢痕外，在染色体上其他的浅染缢缩部位称次缢痕，它的数目、位置和大小是某些染色体所特有的形态特征，因此也可以作为鉴定染色体的标记。位于染色体末端的球形染色体节段称为随体，通过次缢痕区与染色体主体部分相连，它是识别染色体的重要形态特征之一。染色体两个端部特化结构称为端粒，通常由富含鸟嘌呤核苷酸（G）的短的串联重复序列DNA组成，其生物学作用在于维持染色体的完整性和个体性，与其在核内的空间排布及减数分裂时同源染色体配对有关。

核仁是真核细胞间期核中最显著的结构，其大小、形状和数目随生物的种类、细胞类型和细胞代谢状态而变化。蛋白质合成旺盛、活跃生长的细胞如分泌细胞、卵母细胞，其核仁大，可占总核体积的25％，不具蛋白质合成能力的细胞如肌肉细胞、休眠的植物细胞，其核仁很小。在细胞周期过程中，核仁又是一个高度动态的结构，在有丝分裂期间表现出周期性的消失与重建。真核细胞的核仁具有重要功能，它是rRNA合成、加工和核糖体亚单位的装配场所。

（四）细胞分化

细胞分化是指同一来源的细胞逐渐产生形态结构、生理功能各不相同的细胞类群的过程。细胞分化的结果，使细胞之间出现差异。对高等多细胞生物来说，细胞的分化更为有意义。任何一个复杂的有机体，都是由亿万个细胞构成的。这些细胞执行着运输、支持、营养、保护、运动等多种功能，如果没有细胞的分化，就不可能出现执行不同功能的细胞，复杂的生物机体也就不能存在下去。生物体细胞的数目越多，分化程度就越高。

思考题

1. 构成生命的化合物有哪些？它们的元素组成如何？

2. 蛋白质和核酸的基本构成单位分别是什么，有何结构特点？

3. 细胞由哪几部分组成？各有什么作用？

4. 什么是细胞分化？

专题三　植物的形态结构与功能

8.1　植物具有获取和制造养分的结构。

8.2　植物的一生会经历不同的发展阶段，其外部形态结构也会发生相应的变化。

8.3　植物能够适应其所在的环境。

11.1　生物有生有死；从生到死的过程中，有不同的发展阶段。

一、植物的基本组织

植物组织的分类，主要有两种不同的看法，一是侧重于组织的发生，并从形态上说明植物的组织；一是着眼于生理功能，从生理上说明各种组织。下面仅就几种主要的植物组织作简要介绍。

分生组织　是植物体上能连续或周期性地进行细胞分裂的组织，叫作分生组织。由这种组织产生的新细胞，经生长和分化形成各种植物组织，而其本身始终保持着分裂能力。在植物体内，分生组织主要分布在根、茎的顶端，如根尖生长点，叶芽的生长点均属分生组织。双子叶植物的形成层（包括木栓形成层、维管形成层等）也是分生组织。单子叶植物在茎的节间和叶的基部还有一种分生组织，称为居间分生组织，它在一定时间内进行持续的细胞分裂，使节间和叶继续生长。

保护组织　是位于植物体表面的一种组织，主要包括表皮和周皮。表皮位于茎、叶、花、果实、种子的最外层，具有保护功能（但根的表皮具吸收功能）。表皮一般由一层细胞组成，有的植物具有多层称为复表皮，如桑科植物的叶。当根、茎加粗生长时，表皮受到挤压、破坏，这时由木栓形成层向外分化出木栓层，代替表皮起保护作用，由木栓层、木栓形成层和栓内层组成了周皮，这是一种次生的保护组织，能防止病虫害及外界因素对植物体内部的机械损伤。

机械组织　是植物体的厚角组织和厚壁组织的总称。厚角组织存于尚在生长的各种器官周围，是由活的细胞组成。厚壁组织坚硬而富有弹性，构成植物体重要的机械支持系统，可使植物器官抵抗各种由伸长、弯曲、重量、压力引起的强力，避免内部组织的伤害。厚壁组织包括植物纤维（如木纤维和韧皮纤维）和石细胞（梨的果实里的硬渣就是一团团石细胞）两大类。

输导组织　是植物体中运送物质到各器官的组织，包括木质部的导管和管胞，韧皮部的筛管和伴胞。木质部和韧皮部二者又合称为维管组织。管胞和导管分布于根、茎的木质部和叶脉中，其主要功能是输导水分和无机盐。筛管和伴胞分布于根茎的韧皮部和叶脉中，其主要功能是输导有机物质。

薄壁组织　是由一群活的、细胞壁较薄的细胞所组成的组织。薄壁组织细胞形状为直径近乎相等的多面体，细胞具有潜在的分生能力，细胞间具发达的细胞间隙。细胞壁薄而软，细胞质较稠，内含叶绿体或其他类型的质体；新生时无液泡，分化时液泡渐渐产生。薄壁组织具有同化、贮藏、通气、吸收等重要功能。

二、植物的器官

植物的器官比较简单，被子植物有根、茎、叶、花、果实、种子六大器官。其中根、茎、叶称为营养器官；花、果实与种子称为繁殖器官。

（一）被子植物的根

一株植物地下部分所有根的总体称为根系，根系分为直根系和须根系。如果根系有明显的主根和侧根，这种根系称为直根系。绝大多数双子叶植物的根系属于直根系。有些植物的主根极不发达，而在茎基部产生大量不定根，这些不定根继续发育，使得整个根系在外形上呈须状，所以称为须根系。绝大多数单子叶植物的根系属于须根系。

1. 根的结构

根尖的结构　根尖位于根的顶端的一段，按根尖各部分形态、结构和机能特点，自端而基方向分为根冠、分生区、伸长区和成熟区四个部分，成熟区是根吸收水分和无机盐的主要部位。

根的初生结构　在成熟区的横切面上，由外向内依次分为表皮、皮层和中柱。因为它们是由根的初生分生组织经过生长分化形成，所以叫作根的初生结构。

根的次生结构　大多数双子叶植物的根，在初生结构的基础上，在中柱会产生维管形成层及木栓形成层，进行细胞分裂、生长和分化，使根不断增粗，这种生长过程称为次生生长，形成的结构称为次生结构。从外向内依次有周皮、初生韧皮部、次生韧皮部、维管形成层、次生木质部、初生木质部和髓。

2. 生理功能

支持与固着作用　被子植物具有庞大的根系，其分布范围和入土深度与地上部分相应，以支持高大、分枝繁多的茎叶系统，并把它牢固地固定在陆生环境中，以利于它们进行各自所承担的生理功能。

吸收、输导与贮藏作用　根是植物重要的吸收器官，能够不断地从土壤中吸收水和无机盐，并通过输导作用，满足地上部分生长、发育的需要。根又可接受地上部分所合成的有机物，以供根的生长和各种生理活动所需，或者将有机物贮藏在根部的薄壁组织内。

合成作用　根能合成多种有机物，如氨基酸、植物碱（如尼古丁）及激素等物质。当病菌等异物入侵植株时，根也和其他器官一样，合成被称为"植物保卫素"的一类物质，起一定的防御作用。

分泌作用　根能分泌近百种物质，包括糖类、氨基酸、有机酸、固醇、生物素和维生素等生长物质以及核苷酸、酶等。这些分泌物有的可以减少根在生长过程中与土壤的摩擦力；有的使根增加吸收的表面；有的对其他种类的生物是生长刺激物或毒素，如寄生植物列当，其种子要在寄主根的分泌物刺激下才能萌发；而苦苣菜属、顶羽菊属一些杂草的根能释放生长抑制物，使周围的植物死亡，这就是"异株克生"现象；有的可抗病害，如抗根腐病的棉花根分泌物中有抑制该病菌生长的水氰酸，不抗病的品种则无。根的分泌物还能促进土壤中部分微生物的生长，它们在根际和根表面形成一个特殊的微生物区系，这些微生物对植株的代谢、吸收、抗病性等方面起作用。

3. 根的变态

根的变态类型有贮藏根、气生根和寄生根三种主要类型。

（1）贮藏根

贮藏根是适应于储藏大量营养物质的变态根，它存贮养料，肥厚多汁，形状多样，常见于两年生或多年生的草本双子叶植物。根据来源，贮藏根可分为肉质直根和块根两大类。

肉质直根　肉质直根主要由主根发育而成。一株仅有一个肉质直根，并包括下胚轴和节间极短的茎。由下胚轴发育而成的部分无侧根，平时所说的根颈即指这一部分，而根头是指茎基部分，上面着生了许多叶。肥大的主根构成肉质直根的主体。萝卜、胡萝卜和甜菜的肉质根即属此类。

块根　和肉质直根不同，块根主要是由不定根或侧根发育而成，因此，在一株上可形成多个块根。此外，块根的组成不含下胚轴和茎的部分，而是完全由根的部分构成。甘薯（山芋）、木薯、大丽花的块根都属此类。

（2）气生根

气生根就是生长在地面以上空气中的根。常见的气生根有支持根、呼吸根和攀援根三种。

支持根　玉米茎节上生出的一些不定根即为支持根。这些在较近地面茎节上的不定根不断地延长后，根先端伸入土壤中，并继续产生侧根，能成为增强植物整体支持力量的辅助根系，因此称为支持根。除玉米具有支持根外，榕树也有气生根，进而"独木成林"。

攀援根　常青藤、凌霄等的茎细长柔弱，不能直立，其上生不定根，以固着在其他树干、山石或墙壁等表面而攀援上升，称为攀援根。

呼吸根　生在海岸腐泥中的红树和河岸、池边的水松，它们都有许多支根，从腐泥中向上生长，挺立在泥外空气中。呼吸根外有呼吸孔，内有发达的通气组织，有利于通气和贮存气体，以适应土壤中缺氧的情况，维持植物的正常生长。

（3）寄生根

寄生植物如菟丝子，以茎紧密地回旋缠绕在寄主茎上，叶退化成鳞片状，营养全部依靠寄主，并以突起状的根伸入寄主茎的组织内，彼此的维管组织相通，吸取寄主体内的养料和水分，这种根称为寄生根，也称为吸器。

（二）被子植物的茎

茎是植物地上部分的骨干。其外部形态与根不同，茎上着生有叶，叶着生的部位叫作节，相邻两节之间的部分叫作节间。茎的顶端和叶腋处所着生的芽活动生长形成分枝。木本植物的枝条，其叶脱落后，在节上留有一定形状的疤痕，叫作叶痕。芽鳞脱落后，则留有芽鳞痕。枝条的外表往往可以看到一些小形的皮孔。

1. 茎的结构

双子叶植物和单子叶植物的茎具有某些共同的结构和细胞形态，但它们在组织的排列上有所不同。

双子叶植物茎的初生结构同根一样，也分为表皮、皮层、中柱三个部分。茎次生结构的形成也同根一样，是由于形成层和木栓形成层活动的结果。与根所不同的是根的中央有外始式的初生木质部；而茎的中央则为髓，髓的外围是内始式的初生木质部。茎从外到内一般形成周皮、皮层、初生韧皮部、次生韧皮部、维管形成层、次生木质部、初生木质部、髓和髓射线。但多年生木本茎的次生结构却有所不同。其外有树皮，内有每年产生的次生木质部，从树干横切面上观察可分为树皮、维管形成层和木材部分。木材主要是历年来产生的次生木质部，在木材茎横切面可见到的一圈圈同心环即为年轮。年轮的产生与温度的年节律性变化有关，在气候四季分明的地区尤为明显。

单子叶植物的茎与一般双子叶植物的茎有两点明显区别：第一、大多数单子叶植物的茎和根一样，没有形成层，因此没有次生结构；第二、双子叶植物茎中维管束排列成轮状，因而皮层、髓、髓射线各部分界限明显。而单子叶植物茎的维管束是散生于基本组织中的，因而没有皮层和髓部的界限，射线也不能区分清楚。

2. 茎的生理功能

茎是植物体物质输导的主要通道。根部从土壤中吸收的水分、矿质元素以及在根中合成或贮藏的有机营养物质，要通过茎输送到地上各部；叶进行光合作用所制造的有机物质，也要通过茎输送到体内各部被利用或贮藏。茎也有贮藏和繁殖的功能。此外绿色幼茎还能进行光合作用。

3. 茎的变态

茎的变态可以分为地上茎的变态和地下茎的变态两种类型。

（1）地上茎的变态

肉质茎　肉质茎是指肥大、肉质多汁的地上茎。肉质茎常为绿色，能进行光合作用，肉质部分可储藏大量的水分和养料，如莴苣、球茎甘蓝、仙人掌的茎。

茎卷须　许多攀缘植物的茎细长，不能直立，变成卷须，称为茎卷须或枝卷须。茎卷须的位置或与花枝的位置相当（如葡萄），或生于叶腋（如南瓜、黄瓜），与叶卷须不同。

茎刺　茎转变为刺，称为茎刺或枝刺，如山楂、酸橙的单刺，皂荚的分枝的刺。茎刺有时分枝生叶，它的位置又常在叶腋，这些都是与叶刺有区别的特点。蔷薇茎上的皮刺是由表皮形成的，与维管组织无联系，与茎刺有显著区别。

叶状茎　叶状茎也称叶状枝，茎转变成叶状，扁平，呈绿色，能进行光合作用。假叶树的侧枝变为叶状枝，叶退化为鳞片状，叶腋内可生小花。由于其鳞片过小，不易辨识，故人们常误认为"叶"（实际上是叶状枝）上开花。天门冬的叶腋内也产生叶状枝。

小块茎　薯蓣（山药）、秋海棠的腋芽，常成肉质小球，但不具鳞片，类似块茎，称为小块茎。

（2）地下茎的变态

茎一般皆生在地上，而生在地下的茎与根相似，但由于仍具茎的特征（即有叶、节和节间，叶一般退化成鳞片，脱落后留有叶痕，叶腋内有腋芽），因此，容易和根加以区别。

根状茎　外形与根相似的地下茎称为根状茎。如莲、竹、芦苇以及白茅等许多农田杂草都具有根状茎。

鳞茎　由许多肥厚的肉质鳞叶包围的扁平或圆盘状的地下茎，称为鳞茎。常见的鳞茎如百合、洋葱、蒜等。

球茎　即球状的地下茎，如荸荠、慈姑、芋等，它们都是根状茎先端膨大而成。球茎有明显的节和节间，节上具褐色膜状物，即鳞叶，为退化变形的叶。球茎具顶芽，荸荠具有较多的侧芽，簇生在顶芽四周。

块茎　块茎中最常见的是马铃薯。马铃薯的块茎是由根状茎的先端膨大积累养料所形成的。块茎上有许多凹陷，称为芽眼；幼时具退化的鳞叶，后脱落。整个块茎上的芽眼作螺旋状排列。

（三）被子植物的叶

叶是植物重要的营养器官。发育成熟的叶分为叶片、叶柄和托叶三部分。完全具备这三部分的称为完全叶，缺少其中任一部分的称为不完全叶。叶可分为单叶和复叶两类。如果一个叶柄上只生一个叶片，叫作单叶；如果一个叶柄上着生两个以上的小叶片，则叫作复叶。

1. 叶的结构

叶的结构通常指叶片的结构，叶的横切面一般可分为表皮、叶肉和叶脉三部分。叶肉位于表皮之内，在具有腹背面之分的叶片中，叶肉细胞可分化成栅栏组织和海绵组织。前者是光合作用的主要场所，后者细胞间隙特别发达构成叶片内部的通气系统，并通过气孔与外界相通。

2. 生理功能

叶的主要生理功能是光合作用和蒸腾作用。光合作用是绿色植物利用叶绿素等光合色素，在可见光的照射下，将二氧化碳和水转化为储存能量的有机物，并释放出氧气的生化过程。植物之所以被称为食物链的生产者，是因为它们能够通过光合作用利用无机物生产有机物并且贮存能量。对于生物界的几乎所有生物来说，这个过程是它们赖以生存的关键。而地球上的碳氧循环，光合作用是必不可少的。蒸腾作用的意义体现在生理和生态两方面，前者是蒸腾液流带动矿质运输，后者则是降低体温，避免灼伤。通过蒸腾作用散失的水分（通常称为生态需水）往往是光合作用同化需水的数十至数百倍。

3. 叶的变态

鳞叶　叶的功能特化或退化成鳞片状，称为鳞叶。鳞叶的存在有两种情况。一种是木本植物的鳞芽外的鳞叶，常呈褐色，具茸毛或有黏液，有保护芽的作用，也称芽鳞。另一种是地下茎上的鳞叶，有肉质的和膜质的两类。肉质鳞叶出现在鳞茎上，鳞叶肥厚多汁，含有丰富的贮藏养料，有的可作食用，如洋葱、百合的鳞叶；膜质的鳞叶，如球茎（荸荠、慈姑）、根状茎（藕、竹鞭）上的鳞叶，褐色干膜状，是退化的叶。

苞片和总苞　生在花下面的变态叶，称为苞片。苞片数多而聚生在花序外围的，称为总苞。苞片和总苞有保护花芽或果实的作用。

叶卷须　由叶的一部分变成卷须状，称为叶卷须。豌豆的羽状复叶，先端的一些叶片变成卷须。

叶刺　由叶或叶的部分（如托叶）变成刺状，称为叶刺。如小檗长枝上的叶变成刺，刺槐的托叶变成刺。

捕虫叶　有些植物具有能捕食小虫的变态叶，称为捕虫叶。具捕虫叶的植物，称为食虫植物或肉食植物。捕虫叶有囊状（如狸藻）、盘状（如茅膏菜）和瓶状（如猪笼草）。

（四）被子植物的花

1. 组成与结构

一朵典型的花通常由花梗、花托、花萼、花冠、雄蕊群和雌蕊群等几部分组成。具有花萼、花冠、雌蕊、雄蕊的花叫完全花；任缺一部分的叫不完全花。仅有雌蕊或雄蕊的花，均称单性花；雌雄蕊均具备的花叫两性花。

每一雄蕊，由一细长花丝和花丝顶端囊状的花药组成。花药是产生花粉的地方，花粉中有精子。

雌蕊位于花的中心，由柱头、花柱和子房室、胚珠及胎座组成。胚珠中心叫珠心，内有胚囊。一个成熟的胚囊含有一个卵细胞、两个助细胞、三个反足细胞和一个中央细胞（或两个极核）。

2. 开花、传粉与受精

开花是当雄蕊中的花粉粒和雌蕊中的胚囊（或二者之一）成熟，花萼和花冠即行开放，露出雄蕊和雌蕊的现象。

传粉是成熟的花粉粒以不同方式的媒介（风媒、虫媒、鸟媒等）传到雌蕊柱头上的过程。传粉是受精的必要前提。植物有两种传粉方式：自花传粉和异花传粉。

受精是卵细胞与精细胞相互融合的过程。被子植物的受精作用从传粉开始，包括花粉粒在柱头上萌发、花粉管在花柱中生长、花粉管进入胚囊和释放内容物以及最后发生精卵细胞融合等一系列过程。双受精现象是被子植物受精过程中的特有现象。

（五）被子植物的果实和种子

1.果实的发育与由来

花在完成双受精作用后，各部分发生了很大的变化。雌蕊的子房生长迅速，逐渐发育成果实，而子房里的胚珠发育成种子。胚囊内受精卵发育成胚，受精的中央细胞发育成胚乳，而珠被发育成种皮。

果实由成熟的子房发育而来的叫真果，如桃等。如果结合了花的其他部分所成的果实叫假果，如苹果、桑椹等。果实因其子房的数目的不同可分为单果、复果和聚合果三类。

2.种子及其萌发

种子一般由胚、胚乳和种皮组成。胚是最重要的部分，可分为胚芽、子叶、胚轴与胚根四部分。胚乳的功能是为胚的发育提供养料，种皮是种子的保护机构。

种子萌发，除种子本身要具备充沛的活力外，外界条件主要是充足的水分、适宜的温度、足够的氧气。光对某些植物种子萌发也有影响，因而分成需光种子（如烟草、莴苣等）和嫌光种子（如瓜类、茄子等），大多数种子萌发不受光照的影响。

思考题

1.总结被子植物营养器官的形态结构特点与主要功能。

2.总结被子植物繁殖器官的主要结构与功能。

3.分类总结被子植物营养器官的变态形式。

专题四　动物的形态结构与功能

9.1　动物通过不同的器官感知环境。

10.1　人体有感知各种环境刺激的器官。

10.2　人体具有进行各种生命活动所需的器官。

10.3　人脑具有高级功能，能够指挥人的行动，产生思想和情感，进行认知和决策。

11.1　生物有生有死；从生到死的过程中，有不同的发展阶段。

11.2　生物繁殖后代的方式有多种。

一、高等动物和人体的基本组织

上皮组织　分布于身体的外表面和体内各器官和管腔的内表面。从发生上看，有来自外胚层的，如皮肤的表层、汗腺、皮脂腺等；有来自内胚层的，如消化道、呼吸道上皮；有来自中胚层的，如心脏血管的内表面等。上皮组织细胞排列紧密，细胞间质少。又可分为单层上皮（包括扁平上皮、纤毛上皮、柱状上皮等）、复层上皮、腺上皮。具保护、分泌作用。

结缔组织　结缔组织是由中胚层产生的，分布在表皮之内各器官组织之间。细胞形状多样，细胞间质十分发达，硬骨质、软骨质、韧带、纤维、组织间隙液、血浆等都属于间质。结缔组织有联结、支持、输导、营养、贮藏、保护等功能。结缔组织的种类多样，如血液、淋巴、疏松结缔组织、致密结缔组织、骨和软骨组织、腱、脂肪组织等。

肌肉组织　肌肉组织来自中胚层，有平滑肌、骨骼肌和心肌三类。它们都是由特殊分化的肌细胞所组成，肌细胞又称肌纤维，其主要组分是肌原纤维，每条肌原纤维由许多细微的肌微丝组成，成分是肌动蛋白和肌球蛋白。肌细胞具收缩和舒张的功能。

平滑肌是由梭形的肌细胞组成，有拉伸力，肌细胞无横纹，收缩速度缓慢，分布在胃、肠、血管、膀胱、子宫壁里。

　　骨胳肌的肌细胞呈纤维状，具明暗相间的横纹，收缩速度快。肌纤维外被一层肌膜，细胞核多个，分布于膜内。骨骼肌附着在骨骼上，它通过舒缩引起运动。

　　心肌的肌细胞呈圆柱形，具横纹，各肌细胞之间有分枝互相连接。具自动地有节律地收缩的特性。它是构成心脏的特有组织。

　　神经组织　神经组织来自外胚层，它是高度分化的组织。由神经元和神经胶质细胞组成。神经元是神经组织的主要成分，是神经系统的结构和功能的基本单位。它包括细胞体和突起两部分。突起有二种，一种是短而分枝多的树突，另一种是长而分枝少的轴突。神经元的功能是受到刺激产生兴奋，并传导兴奋。有些神经元的轴突，外面围着髓鞘。

　　神经胶质细胞，简称神经胶质，细胞无树突、轴突之分，是多突的细胞。它在神经组织内起绝缘、营养、支持、保护等作用，此外，它与神经元的再生也有一定关系。

　　神经组织分布于脑、脊髓和神经中。脑、脊髓的灰质部分是神经元细胞体集中分布的部位，白质是神经纤维分布的部位。神经则广泛分布于身体各个器官、组织内。它可以支配和调节各器官、系统的机能活动，使生物体成为统一的整体，从而能适应内、外环境的复杂变化。

二、动物器官与系统

（一）皮肤

　　皮肤位于动物体表面，是动物体最大的器官，皮肤最重要的功能是屏障保护。动物在由单细胞到多细胞、由简单到复杂的进化过程中，执行这一功能的器官在结构上也经历了相应的变化，同时其功能也逐渐多样化和复杂化。

　　绝大多数单细胞动物的保护性覆盖即细胞膜，但有一些特化以提供保护。多细胞动物从最简单到最复杂，均有表皮覆盖体表。脊椎动物的皮肤是由上皮组织的表皮和结缔组织的真皮组成，能保护机体免受外伤、细菌的入侵、紫外线的辐射及防止体内水分的丢失等，皮肤内的汗腺分泌汗液可调节体温。皮肤可产生多种衍生物。表皮衍生物包括鱼类和两栖类的黏液腺，爬行类动物如蜥蜴的角质鳞，鸟类的羽毛、爪，哺乳类动物的毛、蹄、指甲、爪、牛羊角及皮脂腺、汗腺、乳腺、气味腺。真皮衍生物包括鱼类的鳞片、鳍条、爬行类动物的骨板、鹿角等。

（二）运动系统

　　运动系统由骨和骨连结以及骨骼肌组成。骨通过骨连结互相连结在一起，组成骨骼。骨骼肌附着于骨，收缩时牵动骨骼，引起各种运动。骨、骨连结和肌肉构成人体支架和基本轮廓，并有支持和保护功能，如颅支持和保护脑，胸廓支持和保护心、肺、脾、肝等器官。

1. 骨骼的类型

骨骼可广泛定义为支持骨架，并具有保护和运动的功能。动物界中支持骨架有三种形式：

流体静力骨骼：原生动物、蠕虫、腔肠动物、软体动物等的流体静力骨骼是一个由液体充满的囊，液体不能被压缩，因而提供了极好的支持，但它没有固定的形状，动物依赖体壁中的肌肉维持体形。

外骨骼：节肢动物如蜘蛛、甲壳动物、昆虫等具有外骨骼。主要由几丁质和蛋白质结合形成。有保护和支持身体的功能。其厚度和坚硬度因动物而异，但在附肢的关节处薄而柔韧，使附肢得以运动。

内骨骼：脊椎动物具有内骨骼，具有支持、保护身体和内部器官，成为机体最坚硬的支架；是机体最大的钙库；骨骼和肌肉连同肌腱和关节协同产生运动；骨骼的骨松质中具有的大量腔隙成为重要的造血器官红骨髓的所在地。脊椎动物的骨骼系统中哺乳类的骨骼系统最完善。

2. 软骨和骨

（1）软骨　软骨是特化的致密结缔组织。由软骨细胞和大量细胞间质组成，坚韧而有弹性，有较强的支持和保护作用。软骨主要存在于机体中需要坚固和一定灵活性的地方，无血管神经，软骨细胞依赖物质穿过间质的渗透以交换营养和废物。

（2）骨　由骨细胞和细胞间质组成。在长骨两端表面为较薄的密质骨，其内为松质骨，长骨干为较厚的密质骨。密质骨致密而坚固，由排列整齐的骨板和骨细胞构成，表面光滑，为肌肉提供附着，骨干中央为骨髓腔。松质骨较轻，呈海绵状，由许多骨小梁构成，骨小梁的排列分布完全符合力学原理。骨小梁间腔隙中分布血管和有造血功能的红骨髓。骨表面有较厚的致密结缔组织膜即骨膜包被，骨膜内有神经和血管通过，并有分生出成骨细胞和破骨细胞的能力。

骨为体内最坚硬的结缔组织，成为机体的支架。此外，骨是体内最大的钙库。

（3）骨骼肌　骨骼肌借肌腱附着在骨骼上。一般说来，它是随意肌，接受躯体神经支配，产生收缩和舒张，完成各种躯体运动。

骨骼肌的基本组分是骨骼肌纤维。骨骼肌纤维为细长圆柱形，长1—30 mm，直径10—100 μm，有多个椭圆形细胞核位于周边靠近肌膜处，由肌原纤维组成，在肌原纤维之间还有大量的线粒体、糖原颗粒等。肌原纤维由粗肌丝和细肌丝组成的肌小节构

成，肌小节是肌肉收缩的基本单位。

（4）关节 关节分为纤维关节、软骨关节和滑液关节。滑液关节一般由关节面、关节囊和关节腔三部分构成。关节面由关节头和关节窝组成，关节面上覆盖着关节软骨，可以减少运动时两骨间的摩擦和缓冲运动时的震动。关节囊由结缔组织构成，包绕着整个关节，囊壁的内表面分泌滑液。在关节囊的里面和外面有很多韧带，可使两骨的连接更加牢固。关节腔由关节囊和关节面共同围成的密闭腔隙，内有少量滑液。

（三）消化系统

动物为异养生物，即他们不能自己制造食物，而是依赖于外界的有机物获得营养。他们得到食物的方式各不相同，但必须能够消化吃下的食物，才能得到所需的营养物质。

细胞内消化 单细胞生物进行胞内消化，即将食物颗粒摄入细胞内进行消化，如变形虫和纤毛虫。

不完全的消化道细胞外消化 腔肠动物（水螅）和扁形动物（涡虫）出现了消化腔，食物从口进入，在消化腔内壁分泌的消化酶作用下进行细胞外消化，形成许多多肽或食物碎片，然后再被有吞噬能力的细胞吞噬形成食物泡，进行细胞内消化。未消化的食物残渣仍由口排出。

完全的消化道胞外消化 完全的消化道由口开始，以肛门结束，并被腔体包围。以人体为例，其消化道包括口、咽、食道、胃、小肠（十二指肠、空肠、回肠）、大肠（盲肠、结肠、直肠）、肛门。

消化道内的化学性消化由消化腺分泌的消化液进行。消化腺包括唾液腺、胰脏、肝脏和胃肠壁中的腺体。

（四）呼吸系统

动物体在新陈代谢过程中要不断消耗氧气，产生二氧化碳。机体与外界环境进行气体交换的过程称为呼吸，由呼吸系统来完成。气体交换地有两处：一处是外界与呼吸器官如肺、鳃的气体交换，为肺呼吸或鳃呼吸（或外呼吸）；另一处由血液和组织液与机体组织、细胞之间进行气体交换（内呼吸）。

呼吸器官有共同的特点：壁薄，面积大，湿润，有丰富的毛细血管分布。低等水生动物无特殊呼吸器官，依靠水中气体的扩散和渗透进行气体交换。在较高等的水生动物鳃成为主要呼吸器官。陆生无脊椎动物以气管或肺交换气体。而陆生脊椎动物中肺逐渐成了唯一的气体交换器官。

陆生脊椎动物的呼吸器官——肺：肺最初出现在淡水生活的肺鱼中，由鳔而来，被认为是消化道的突起形成的。肺是一个内含大而潮湿的呼吸表面的腔，位于身体内部，受到体壁保护。哺乳类的呼吸系统除肺以外还有一套通气结构即呼吸道。

（五）循环系统

单细胞动物直接从外界摄取生命所需的氧气、营养物质，并直接向外界排出代谢废物。原生动物和简单多细胞动物中的细胞仍然直接与周围环境进行物质交换。

随着较大型复杂动物的产生和进化，进行物质交换的细胞与外界距离增大，需要一个运载系统的帮助。循环系统就是动物运载系统，它将呼吸器官得到的氧气、消化器官获取的营养物质、内分泌腺分泌的激素等运送到身体各组织细胞，又将身体各组织细胞代谢产物运送到具有排泄功能的器官排出体外。循环系统分为心血管系统和淋巴系统。

1. 心血管系统

心血管系统具有三个主要部分：血液，即运输的介质或载体；管道系统，运送血液到身体各部分的结构；心脏，像一个泵，维持血液流动，是血液循环的动力器官。

从环节动物起，真体腔形成，与此同时出现了血管，构成了明显的循环系统。总的说来，动物界的循环系统可分为开管式和闭管式两种类型，前者见于大多数无脊椎动物，后者见于蚯蚓等无脊椎动物和脊椎动物。

开管式循环系统比较简单，血液从心脏流出，进入血腔运行，不通过管道直接与组织细胞相接触。心脏壁很薄，所以收缩能力不强。如软体动物和节肢动物。

闭管式循环系统是以血液始终在血管里和心脏内流动为其特点，其循环速度快，运输效能高，所以闭管式循环系统较为高等。血液在身体中的主要流向，无脊椎动物和脊椎动物恰好是相反的。在前者，背方的血液向前流，腹方的血液向后流；在后者，背方的血液向后流，腹方的血液向前流。

脊椎动物的循环系统，可以分为心脏、动脉系统、静脉系统和毛细血管系统。

脊椎动物都具有明显的心脏，随着动物本身进化程度的不同，心脏还有简单和复杂之分。

鱼类的心脏属于简单的类型，只由一个心房和一个心室构成。连接心房的有一个静脉窦，连接心室的或者是一个动脉圆锥（见于软骨鱼类），或者是一个动脉球（见于硬骨鱼类）。心脏内的血完全是缺氧血。心室把这种血向前运到鳃内进行气体交换变成充氧血，再经动脉分布到身体各处把氧送走，最后又成为缺氧血经静脉流回心脏。如此周而复始，血液循环的途径只有一条，特称为单循环。

两栖类的心脏，心房虽已分为两个，能分别接纳充氧血（左心房）和缺氧血（右心房），但心室仍只一个。爬行类的心脏要复杂一些，不但心房已分为两个，心室中也出现了隔膜，只是分隔还不完全（鳄鱼的心室基本上已分隔为两个，但其间尚留有一个小孔，使隔开的心室两部仍能相通）。所以两栖类和爬行类的血液循环属于不完全的双循环类型，是单循环到双循环之间的过渡类型，这两大类动物心室中流出来的血液是混合血。

鸟类和哺乳类的心脏已分为四腔，即两个心房和两个心室。进入左心房和左心室的血液是充氧血，进入右心房和右心室的血液是缺氧血。血液循环属于完全的双循环型，血液于心室已完全分隔。完全的双循环是脊椎动物的生理机能更趋于完善的重要条件之一。在具有完全双循环的动物，血液每循环全身一周，要通过心脏两次，一次为肺循环，一次为体循环。双循环保证血液得到更充足的氧，从而大大促进了机体的新陈代谢。旺盛的新陈代谢是鸟类和哺乳类获得较高体温而成为恒温动物的先决条件。

动脉是从心脏输送血液到身体各器官组织的血管，其总的流向是离心的。动脉血最后要流经微血管进入静脉，转为静脉血。

静脉是从身体各器官组织运送血液回归心脏的血管，其总的流向是向心的。到了心脏的静脉血，再经过肺循环即转变为动脉血。

2. 淋巴系统

淋巴系统包括淋巴、淋巴管、淋巴结和淋巴组织。最小的淋巴管称为微淋巴管（毛细淋巴管），分布于各组织间，其末梢为盲端，收集组织细胞间的液体（组织液）渗入管内，形成淋巴。淋巴系统帮助收集和输送组织液回心脏，是静脉系统的一个辅助部分，同时还具有防御的重要机能。

（六）排泄系统

动物体排出最终代谢物及多余水分和进入体内的各种异物的过程称为排泄。这一过程主要是通过排泄系统完成。排泄系统在排出尿的同时还具有调节体内水、盐代谢和酸碱平衡及维持体内环境相对稳定的功能。

1. 无脊椎动物的排泄系统

原生动物以伸缩泡完成体内水分平衡和排泄作用。多细胞无脊椎动物的排泄器官开始出现于扁形动物称为原肾管。它的基本单位是焰细胞，这是一种中空的细胞，内有一束纤毛，经常均匀摆动，犹如火焰飘摇，故称焰细胞。它通过细胞膜的渗透，收集代谢废物及多余的水分，送入排泄管经原肾孔排出体外。含氮废物主要是从分支的肠管和表皮渗出。环节动物中出现了分节排列的排泄器官，称为后肾管。这种管道两端开口，通体腔的一端直接收纳体腔中的废物，经另一端排出体外。每一后肾管还有微血管围绕，废物也可由微血管渗入后肾管最后向外界排出。后肾管是环节动物、软体动物及其他无脊椎动物的简单似肾的排泄器官。

2. 脊椎动物的排泄系统

脊椎动物已有了集中的肾脏和输尿管，并与生殖系统产生了密切的联系。哺乳类的排泄系统包括肾脏、输尿管、膀胱和尿道。脊椎动物中爬行动物和鸟类以排尿酸为主，而鱼类、两栖类、哺乳类以排尿素为主。

（七）神经与内分泌系统

1. 神经系统

神经系统是机体的主导系统，其他各器官系统位于从属地位。神经系统维持、调整机体内部各器官系统的动态平衡，使机体成为一个完整的统一体，并使机体主动适应不断变化的内外界环境，维持生命活动的正常进行。

神经系统的形态和机能单位是神经元。根据神经元的功能不同，可将神经元分为三种：① 感觉神经元，又称传入神经元，多为假单极神经元，主要位于脑、脊神经节内，与感受器相连，能接受刺激，将神经冲动传向中枢；② 运动神经元，又称传出神经元，多为多极神经元，主要位于脑、脊髓和植物神经节内，将神经冲动传给效应器（肌肉、腺体）；③ 中间神经元，于前二者之间传递信息，多为多极神经元。

反射是神经系统的基本活动之一。通过遍布全身的感受器接受体内外的各种变化，把刺激能量转化为神经冲动，经传入神经传至中枢神经系统，通过中枢的分析综合作用，将信息沿传出神经传至效应器，支配和调节各器官的活动。这种活动称为反射。感受器——传入神经——中枢——传出神经——效应器五部分合称反射弧，反射弧是反射活动完成的基础。

对外界环境的刺激发生反应是动物特性之一，神经系统是在动物进化过程中逐渐演变发展起来的。它经历了没有特殊分化的神经组织，只是依靠原生质传导刺激的单细胞动物，到初现神经组织的腔肠动物的网状神经系统，再由分散的网状神经系统阶段进化为扁虫的梯形、环节动物的链状神经系统，进而到脊索动物出现中空的管状神经系统，这是一个从无到有，从分散到集中，从简单到复杂的演化历程。由于感受器集中在头部，神经管的前端终于发展成脑。

2. 内分泌系统

内分泌系统是神经——内分泌——免疫网络系统中重要的成员。

无脊椎动物的激素主要来源是神经分泌细胞，它们合成和分泌的激素称为神经分泌激素。

脊椎动物体中主要的内分泌腺有甲状腺、肾上腺、脑垂体、副甲状腺、胰岛腺、胸腺和性腺等。

（1）甲状腺　甲状腺分泌的激素称为甲状腺素，其中含有碘。甲状腺的主要功能是提高新陈代谢，促进生长发育，刺激各种组织细胞对葡萄糖的分解。甲状腺素缺乏，则生长发育障碍，皮肤干燥，脱毛，心跳减低，体温下降。如人在未成年之前缺乏此种激素，则智力低落，成为呆小症患者。当甲状腺分泌亢进时，就会出现代谢增高、心跳加快、眼球突出等病征。

（2）肾上腺　位于肾脏附近，由皮质和髓质两种组织构成。皮质分泌的激素统称为皮质激素，其作用是调节盐和水分的均衡和糖类的代谢，并促进性腺的发育以及第二性征的发育。切除皮质，动物很快就会死亡。髓质分泌的激素，称为肾上腺素，能引起交感神经兴奋，使血糖增加、心跳加速、血压升高、平滑肌收缩、支气管扩张等。

（3）垂体　位于间脑的腹面。除圆口类，脊椎动物的脑垂体一般可分为两部分，即前叶和后叶，前叶亦称为腺垂体，后叶亦称为神经垂体。

垂体前叶能分泌生长激素（GSH）、促甲状腺激素（TSH）、促肾上腺皮质激素（ACTH）、促性腺激素（GTH）、催乳素（PRL）。神经垂体分泌的激素有加压素（抗利尿激素ADH）和催产素。脑垂体本身的分泌活动还要受到丘脑下部所产生的称为释放激素的化学物质所控制。每一种释放激素控制着相应的一种脑垂体激素。例如黄体刺激素的释放激素增多，黄体刺激素的分泌量也就随着增多。

（4）生殖腺（性腺）　主要是精巢（睾丸）和卵巢，它们除产生生殖细胞（精子和卵子）之外，还能产生激素，因此也是一种内分泌器官。

精巢能分泌雄性激素，促进雄性第二性征的发育；卵巢能分泌两种激素：一种是卵泡分泌的雌性激素，也称卵泡素，能促进雌性生殖器官和第二性征的正常发育；另一种是黄体分泌的孕酮，也称黄体素，能刺激子宫内膜增生以接纳受精卵，使之能在子宫黏膜上固着，又能刺激乳腺发育，阻止其他卵细胞的再行成熟。

（5）胰岛　以细胞群的形式分散在胰脏组织中的内分泌腺，称为胰岛。胰岛细胞共有两种：一种叫α细胞，数目较少，产生胰高血糖素，使血糖的浓度升高；另一种叫β细胞，数目较多，约占整个胰岛细胞的80%，产生胰岛素，使血中的葡萄糖转化为糖元，提高肝脏和肌肉中糖元的贮藏量。胰岛素分泌不足，血糖量就会升高并由尿排出，形成糖尿病。

（八）生殖系统

每一生物有机体都能繁殖后代以使物种延续，这是生命的基本特点，也是生命全过程的最终目的，这一功能是通过由生殖器官组成的生殖系统来完成的。根据所在的部位不同，可以分为内生殖器和外生殖器两部分。

1. 雄性生殖器官　雄性内生殖器包括睾丸、附睾、输精管、射精管、前列腺、精囊腺和尿道球腺。睾丸是雄性生殖腺，左右各一，呈卵圆形，是产生雄性生殖细胞（即精子）的器官，也是产生雄性激素的主要内分泌腺。

2. 雌性生殖器　雌性生殖器由内生殖器（卵巢、输卵管、子宫及阴道）和外生殖器（阴唇、阴蒂及阴道前庭）两部分组成。此外对于雌性生殖，还有一个很重要的器官乳房。乳房对人类繁殖具有重要作用，此外还是雌性重要的性感区。卵巢左右各一，位于盆腔内子宫的两侧，为扁椭圆形结构，产生成熟的卵子和分泌雌性激素（雌激素和孕激素）。

三、动物的繁殖与个体发育

（一）动物繁殖的方式

生物产生与其自身相似后代的特性，称为繁殖。繁殖不仅能使个体数量增加，更重要的是能保持种群的延续。动物繁殖的方式一般是随着动物的进化，由简单到复杂，由低级到高级，由无性到有性。在有性生殖中，是由同配到异配等。

1. 无性繁殖　仅见于低等动物类群，其特点：① 不产生性细胞；② 参加产生后代的只有一个亲体。

分裂生殖　由一个个体直接分裂成两个或多个子体。它包括等分法和裂体生殖，多见于原生动物。

出芽生殖　由母体在一定部位突出成芽体，芽体逐渐长大，形成与母体相似的个体，然后从母体脱落，成为完整的新个体。如水螅类及其他腔肠动物。

孢子生殖　这是单细胞动物孢子虫所特有的一种生殖方式，即由母体产生许多孢子，不必结合就形成新个体，与裂体生殖相似。

再生　即动物体的一部分在损坏、脱落后，重新恢复其所丧失的部分，以保证个体完整性。如水螅、扁形动物等。

2. 有性繁殖　这是动物界中比较普遍的生殖方式。它是由两个亲体或雌雄生殖细胞结合而产生新个体的过程。

配子生殖　是由亲体产生的生殖细胞——配子，两两相配成对，互相融合、发育成新个体的生殖方式。亲体产生的配子大小形状相同，仅在生理上有所区别，两个配子相遇互相融合发育成新个体，叫同配生殖。配子大小形状和生理上都不相同而相融合发育为个体叫异配生殖。大多数动物都产生两种完全不同的配子。精子是微小的雄性配子，卵子是形大的雌性配子。由于精子和卵子在外形上极不相像，故称异形配子。异形配子结合所产生的合子通常称受精卵。

接合生殖　仅见于原生动物纤毛虫类。接合时两个个体互相交换核物质，然后分开，各个体再以分裂法进行繁殖。

孤雌生殖　即雌体所产的卵不受精能直接发育成新个体。如轮虫、蚜虫等。

幼体生殖　是指动物个体在未成熟或在幼体阶段就能繁殖。如瘿蝇。

大多数动物只有一种生殖方式，少数兼有两种。在腔肠动物中水螅体行无性生殖叫无性世代；水母体行有性生殖，叫有性世代。两者交替进行，这种现象称世代交替。

（二）动物的个体发育

多细胞动物的个体发育一般是从受精卵或合子起到性成熟的过程。但在个体发育中首先应是雌雄生殖细胞或配子发生和成熟，故常把个体发育全过程人为地概括为胚前期、胚胎期和胚后期。

1. 胚前期

胚前期主要包括性细胞的产生和成熟。雌雄生殖细胞的发生都要经过增殖期、生长期和成熟期。精细胞还必须经过变形阶段才能成为一种高度特化的细胞——精子。增殖期是性腺内精（卵）原细胞经多次有丝分裂，以增加细胞数量。生长期为精（卵）原细胞开始生长，体积增大成为初级精（卵）母细胞。初级精（卵）母细胞在成熟过程中，必须经过两次分裂才能形成精细胞或卵细胞。

成熟的精子极小，蝌蚪形，能运动。常分为头、体、尾三部分，无营养物质。成熟的卵子远比精子大，多呈圆形，无活动能力，富有营养物质或卵黄。根据卵黄的含量和分布情况的不同，卵可以分成均黄卵、端黄卵和中黄卵三种类型。

均黄卵的卵黄少而均匀地分布于卵内，如文昌鱼、海胆等的卵。端黄卵的卵黄较多，集中于卵的一端，卵黄多的一端称植物极，卵黄较少的一端称动物极，如鸟类的卵；中黄卵的卵黄集中在卵的中央，细胞质被挤在卵的表面，如昆虫的卵。

2. 胚胎期

广义的胚胎期是指从受精到变态。其主要阶段为：

（1）受精　卵子的受精是个体发育的开端。受精是指雌雄配子相遇，两者质膜互相融合，随之两个核融合或联合而成为新的合子的过程。

体外受精　雌雄两性个体几乎同时把卵和精子排出体外，并在水中受精。如绝大部分鱼类、两栖类和水生无脊椎动物。

体内受精　通过雌雄性器官交配，然后在雌性生殖道内受精。如爬行类、鸟类和哺乳类。

（2）卵裂　受精卵经过多次有丝分裂，形成很多分裂球的过程，即称卵裂（卵裂所形成的细胞称分裂球）。卵裂与普通细胞分裂不同，主要特点是分裂球本身不生长而迅速进行再一次的分裂。分裂次数愈多，分裂球体积愈小。

由于卵黄的多寡及分布情况不同，卵裂类型也有所不同。主要有以下两种：

全裂　即全部细胞都分裂。分裂后的分裂球形状大小相同的叫等裂。如海胆、文昌鱼等。如分裂成的分裂球有大小之分的叫作不等裂。如海绵动物和蛙类等。不等裂是由于卵细胞内卵黄分布不均匀，卵黄少的一端（动物性极）的分裂球小，卵黄多的一端（植物性极）的分裂球大。

不全裂　又称偏裂，仅卵的一部分发生分裂。分裂只限于一端的叫盘裂，如乌贼，是由于卵黄极多，细胞质和核只集中于一端的缘故。分裂只限于卵的表面的叫表裂，如昆虫卵，是由于大量卵黄集中于卵的中央所致。

（3）形态发生　卵裂产生的许多细胞继续分裂，并且迁移到适当部位，组成有一定构型的细胞群，这种构型的形成即叫形态发生，具体指形成囊胚及原肠胚的形态。

囊胚　卵裂的后期分裂球排成球形，一般形成中空囊状，叫囊胚。囊胚外层称建胚层，内面的腔叫囊胚腔。像这样有腔的囊胚称为腔囊胚，如棘皮动物、两栖类等。而有的动物如水螅类、螺类的囊胚由于分裂球排列紧密，其中间无腔，称为实囊胚。昆虫的卵是中黄卵，它进行表面卵裂，分裂球包在实体卵黄的表面无囊胚腔，这种囊胚又称为表面囊胚。硬骨鱼类、爬行类和鸟类是端黄卵，在盘状卵裂后，其盘状囊胚覆盖在卵黄上，有一狭小的囊胚腔或囊胚下腔，这种囊胚称盘状囊胚。

原肠胚的形成　囊胚期后胚胎继续发育分化形成两层或三层的原肠胚。原肠胚外层的细胞称外胚层，内层的细胞称内胚层。内外胚层不仅细胞形态不同，而且生理功能亦有差异。原肠胚后期，囊胚腔消失，而形成由内外胚层包围的原肠腔，其开孔即胚孔或原口。原肠形成后，胚胎由内、外两个胚层组成。胚胎继续发育，在扁形动物以后的各类动物中内外胚层之间又产生了中胚层。中胚层产生与体腔形成有着密切关系。

（4）组织分化和器官形成　胚层的形成基本上奠定了组织和器官的基础。三胚层继续分化就出现了器官的原基，继而产生组织和完整的器官系统。

外胚层分化成上皮、皮肤腺、羽毛、毛等皮肤衍生物和神经系统、主要感觉器官、消化道的前后两端。中胚层分化成真皮、骨骼、肌肉、循环系统、排泄系统和生殖器官的大部分，以及脂肪组织、结缔组织、体腔膜等。内胚层分化成消化道上皮、消化腺和呼吸器官等。

根据胚胎发育的不同，三胚层的多细胞动物可分为两大类：一类称原口动物，就是由胚胎发育中的原口成为后来成体的口。如扁形动物、纽形动物、线形动物、环节动物、软体动物及节肢动物等。另一类称后口动物，就是胚胎发育中的原口。成为成体的肛门或者被封闭，成体的口是后来产生的。如毛颚动物、棘皮动物、须腕动物、半索动物和脊索动物等。

3. 胚后期

幼体自卵孵化或从母体产出后至个体死亡的全过程，称胚后发育。它包括生长、性成熟及衰老期直至最后死亡。

（1）幼体产出的方式　幼体形成后直接从卵中孵出的称卵生，如大多数低等动物。若胚胎发育期在亲体子宫内完成，其营养由母体供给，待幼体发育到与成体形态相近时才离开母体产出，这种方式称胎生，如哺乳动物。有的动物胚胎虽在母体内完成，但仍依靠卵内营养物质，幼体发育到与成体形态相似时，才从母体产出，这种方式称卵胎生。如田螺、水蚤、鲨鱼等。

（2）胚后发育的类型　根据幼体的形态特点和生活方式以及与成体的差异，大致可分两类：

直接发育　幼体产出时的形态结构与成体基本相似，即不经过明显的变化，直接长为成熟的个体，这种发育称直接发育。如某些昆虫和鸟类、哺乳类等。

变态发育　幼体产出后与成体在体态构造上，甚至生活习性都显著不同，要经过变态才能发育为成体，这种发育称间接发育。如多数昆虫，蛙类等

（三）动物的个体发育与系统发育

个体发育是指每个动物个体的发生的过程，而系统发育是指动物各类群发生、发展的历史过程。关于它们的关系，德国博物学家赫克尔根据动物形态学和胚胎学的研究，在达尔文进化论的影响下，创立重演论或称生物发生律，其中心内容是：在个体发育过程中简短而迅速地重复了系统发育的过程。如多细胞动物的个体发育，始于受精卵，它相当于系统发育中的单细胞动物，而囊胚期相当于群体的单细胞动物或低等的多细胞动物，原肠期则显然与腔肠动物相似。

重演论的创立对研究动物的进化和研究动物自然的分类系统有着很大的意义。尤

其对亲缘关系和分类位置不易确定的，可借其胚胎发育过程研究来解决。但个体发育是否就是简单的重复系统发育呢？这种观点至今看来还是值得商榷的，其实胚胎发育也会因为适应环境条件而发生改变。

思考题

1. 动物的组织都有哪些类型？

2. 动物主要包括哪几大系统？它们在进化过程中是如何形成的，有何特点？

3. 动物的发育包括哪些阶段？每个阶段各有什么特点？

4. 动物的个体发育与系统发育有何关系？

专题五　生物多样性

7.2　地球上存在不同的动物，不同的动物具有许多不同的特征，同一种动物也存在个体差异。

7.3　地球上存在不同的植物，不同的植物具有许多不同的特征，同一种植物也存在个体差异。

7.5　地球上多种多样的微生物与我们的生活密切相关。

一、生物多样性基础知识

（一）生命多样性的概念

生物多样性反映了地球上包括植物、动物、菌类等在内的一切生命都有各不相同的特征及生存环境，它们相互间存在着错综复杂的关系，包括以下三方面内容：

物种多样性　地球上的生命是多种多样的，丰富多彩的，每一样物种都是独特的，从而构成了物种的多样性。物种多样性是用一定空间范围物种数量的分布频率来衡量的，这个范围通常还可以包括整个地球的空间范围。

遗传多样性　世界上所有生命既能保持自己物种的繁衍，又能使每一个个体都表现出差别，这要归功于其体内遗传密码的作用和基因表达的差别。在组成生命的细胞中，DNA是遗传物质，由4种碱基在DNA长链上不同的排列组合，决定了基因及生命的多样性。大自然用了几十亿年的时间，建造起如此浩繁、精致和复杂的基因，任何一个物种的绝灭，都会带走它独特的基因，令我们永远的遗憾。

生态系统多样性　为适应在不同环境下生存，各种植物、动物和菌类与环境又构成了不同的生态系统，这就是生命的家园。在不同的生态系统中，各种生命通过一张极其复杂的食物网来获取和传递太阳的能量，同时完成物质的循环。生态系统的结构、功能、平衡及调节机制千差万别是生物多样性的重要内容。

（二）物种的概念及其命名

1. 物种的概念

物种即种，是分类系统中最基本的单位，是生物界发展的连续性与间断性统一的基本间断形式；对有性生物，物种呈现为统一的繁殖群体，占有一定空间，具有实际或潜在繁殖能力的种群所组成，而且与其他这样的群体在生殖上是隔离的。

从现代遗传学观点来看，可以给物种下一个比较简单的定义：物种是一个具有共同基因库的、与其他类群有生殖隔离的类群。这个定义把有无基因交流作为划分物种的主要依据。家畜、家禽及栽培植物中的许多品种，虽然形态上不同，但可以杂交，因此只是一个物种的不同品种。

2. 种的命名

瑞典植物学家林奈在他的《自然系统》中制定了生物学名的双名法，用拉丁文命名，即属名加种名。属名在前，种名在后。属名是名词，第一个字需大写；种名是形容词，是限制属名的，故小写。在种名之后还应加上定名者的姓氏或其缩写。例如狼的学名应是Canis lupus Linne；人的学名：Homo sapiens L。

（三）分类等级

在自然分类系统中，分类学家将生物划分为自高而低的七个级别，它们的顺序是界、门、纲、目、科、属和种。上述七个级别是最基本的，必要时还可以在某一等级之前增设一个"超级"或在之后增加一个"亚级"，如超纲、亚纲等。

每一种生物都可以通过分类系统，依不同的分类级别，表示出它在生物界的分类地位，反映该种生物的分类属性以及与其他生物之间的亲缘关系。

二、生物的分类代表

（一）病毒

1892年，俄国生物学家伊万诺夫斯基发现烟草花叶病毒，1935年美国生物学家得到该病毒的结晶。

病毒不具有细胞形态结构，它仅仅由核酸和蛋白质构成。病毒是不是生物，长期以来一直存在争议，在各种分界系统中都没有病毒分类地位。但是人们一直又是把病毒当作重要的生物进行研究，因此有人称病毒是分子生物。在自然界中病毒种类很多，形态多样。

病毒具有以下几个方面的特征：（1）体积微小。病毒的大小差异很大，绝大多数介于10—300nm之间，通常只能用电子显微镜才能观察到。最大的病毒如牛痘病毒，体积为300 nm×250 nm，可勉强用光学显微镜观察。（2）结构简单。绝大多数病毒仅由核酸和蛋白质构成，核酸在内，蛋白质（衣壳）在外；核酸只能是RNA或DNA中的一种，不可两者兼有。（3）严格的专性细胞内寄生，不能在一般培养基中生活。（4）对抗生素不敏感。

病毒结构简单，其蛋白质衣壳由数量不等、相同或不相同的亚单位构成，每个亚单位即为衣壳体或粒子，衣壳体按一定规律排列，使各种病毒具有不同的形态。每个病毒的核酸只含有一个DNA分子或一个RNA分子（基因组），DNA和RNA分子或为单链，或为双链。双链DNA有疱疹病毒、痘病毒等；单链DNA有细小病毒等；双链RNA有呼肠弧病毒等；单链RNA有烟草花叶病病毒、脊髓灰白质病毒等。根据所含核酸不同，可将病毒分为DNA病毒和RNA病毒两类。如果根据病毒所寄生的细胞不同，又可将病毒分为动物病毒、植物病毒和噬菌体三类。

（二）原核生物（以细菌为例）

原核生物包括细菌和蓝藻。细菌的形态大致上可分为球状、杆状和螺旋状（弧菌及螺菌）三种。一般球状细菌的直径约$0.5\mu m$，杆状细菌长$0.5—5\mu m$。

细菌共有的结构称一般结构，如细胞壁、细胞膜、细胞质、核区等；非共有的结构称为特殊结构，如鞭毛、菌毛、荚膜、芽孢等。

细菌的细胞壁主要成分是含N-乙酰胞壁酸的肽聚糖，成网状结构。G^+（革兰氏阳性）细胞壁结构以金黄色葡萄球菌为代表，其肽聚糖层厚约20—80 nm，约40层左右。G^-（革兰氏阴性）细菌细胞壁的结构以大肠杆菌为代表，它的肽聚糖含量占细胞壁的10%，一般由1—2层构成，在细胞壁上的厚度仅有2—3 nm。古细菌的细胞壁不含肽聚糖。G^+和G^-细菌细胞壁成分的另一差别是磷壁酸，它为G^+细菌细胞壁所特有，而G^-细菌细胞壁特有的成分却是指多糖。细胞壁的主要功能：固定细胞外形；协助鞭毛运动；保护细胞免受外力的损伤，G⁺细菌细胞壁可抵御1 515.9—2 533.1 kPa（15—25个大气压），G⁻细菌细胞壁可抵御506.6—1 013.3 kPa（5—10个大气压）；阻拦有害物质进入细胞。细菌细胞壁可阻拦相对分子质量超过800的抗生素透入。

细菌具有一些特殊结构，主要有荚膜、鞭毛、芽孢等。

（三）古细菌

古细菌或称古核生物，是20世纪80年代出现的名称。它们主要是一些生长在极端特殊环境中的细菌，过去把它们归属为原核生物是因为其形态结构、DNA结构及其基本生命活动方式与原核细胞相似。1996年，对古核生物产甲烷球菌基因组全序列的测定已完成，为研究古核生物的分子进化奠定了良好的基础。古核细胞没有核膜，其基因组结构为一环状DNA，常常含有操纵子结构，因此人们长期认为古核细胞的遗传结构装置更近似原核细胞，把它们归属于原核细胞的一类。然而近年的研究发现它在细胞壁成分、DNA重复序列、核小体结构、核糖体等方面与真核细胞更相似，说明古细菌比真细菌更可能是真核细胞的祖先，或者可以说明古核细胞与真核细胞曾在进化上有过共同历程。

1. 嗜热细菌

嗜热菌俗称高温菌，广泛分布在温泉、堆肥、地热区土壤、火山地区以及海底火山等地。

兼性嗜热菌最适宜生长温度在50—65℃之间，专性嗜热菌最适宜生长温度则在65—70℃之间。在冰岛，有一种嗜热菌可在98℃的温泉中生长。在美国黄石国家公园的含硫热泉中，曾经分离到一株嗜热的兼性自养细菌——酸热硫化叶菌，它们可以在高于90℃的温度下生长。

近年来，这种细菌已受到了广泛重视，可用于细菌浸矿、石油及煤炭的脱硫。嗜热真菌通常存在于堆肥、干草堆和碎木堆等高温环境中，有助于一些有机物的降解。在发酵工业中，嗜热菌可用于生产多种酶制剂，例如纤维素酶、蛋白酶、淀粉酶、脂肪酶、菊糖酶等，由这些微生物中产生的酶制剂具有热稳定性好、催化反应速率高，易于在室温下保存。

近年来，嗜热菌研究中最引人注目的成果之一，就是将水生栖热菌中耐热的*Taq* DNA聚合酶用于基因的研究和遗传工程的研究，以及基因技术中。

2. 嗜盐细菌

又称作副溶血性弧菌，是生活在高盐度环境中的一类古细菌。

嗜盐细菌通常分布在晒盐场、盐湖、腌制品中以及世界上著名的死海中。嗜盐细菌能够在盐浓度为15%—20%的环境中生长，有的甚至能在32%的盐水中生长。极端嗜盐细菌有盐杆菌和盐球菌，属于古菌。盐杆菌细胞含有红色素，所以在盐湖和死海中大量生长时，会使这些环境出现红色。一些嗜盐细菌的细胞中存在紫膜，膜中含有一种蛋白质，叫作细菌视紫红质，能吸收太阳光的能量。

嗜盐菌能引起食品腐败和食物中毒，副溶血弧菌是分布极广的海洋细菌，也是引起食物中毒的主要细菌之一，通过污染海产品、咸菜、烤鹅等致病。

3. 甲烷细菌

甲烷细菌是微生物学领域内某一类特殊细菌的统称，这类细菌的主要特点是可以通过新陈代谢释放出甲烷气体。

目前，已知产甲烷细菌约有10多种，主要有产甲烷杆菌、甲烷八叠球菌、产甲烷螺菌和瘤胃甲烷杆菌等。这类细菌常见于沼泽、池塘污泥中，在食草动物的盲肠、瘤胃中也有大量的产甲烷细菌，常随粪便排出，所以在沼气池中可用塘泥和牲畜粪便接种。我国农村不少地区已建起了许多小型沼气池，利用沼气做饭、照明，既解决了燃料困难，又减少了环境污染。

（四）真菌

真菌没有光合色素，除黏菌的吞噬营养外，都是以吸收外界有机物质为生，故是腐生性营养或吸收营养。

根据目前的研究，多数真菌学家认为真菌是具有下列特征的一类生物：① 细胞中具有真正的细胞核，没有叶绿素；② 生物体大都为分枝繁茂的丝状体；③ 细胞壁中含有几丁质；④ 通过细胞壁吸收营养物质，对于复杂的多聚化合物可先分泌胞外酶将其降解为简单化合物再吸收；⑤ 主要以产生孢子的方式进行繁殖。

关于真菌界下各级类群的划分，不同时期、不同的学者从不同的观点出发，有不同的分法，其中《菌物词典》中的分类系统得到多数学者的公认。

1. 黏菌门

又称裸菌门，营养体为无壁的原质团。生长在阴湿土壤、木块、腐朽植物体、粪便等上面，细胞没有壁，单核或多核。原生动物学家根据黏菌有变形虫样的单细胞阶段，并能吞食固体颗粒，主张把黏菌放入原生动物之中。但是黏菌有多细胞阶段，它们除吞噬营养外，也能吸收有机物，所以真菌学家也欢迎它们。已知黏菌门下分3个纲，分别是集胞菌纲、黏菌纲和根肿菌纲，黏菌约有500余种。

2. 真菌门

真菌和细菌一样，也是自然界中强大的有机物分解者。它们以动、植物尸体及枯木烂叶为食物源，也可侵入活的生物体内摄取营养。有些真菌可和藻类等他种生物组成互利的结合体。如地衣、菌根等。

除酵母菌等少数单细胞真菌外，大多真菌是多细胞的。这些真菌形态上的一个共同特征是具有菌丝。菌丝是特殊形式的细胞，可长可短，其中有细胞核和细胞质。有些真菌的菌丝中有横隔，将菌丝隔成一系列细胞，每细胞中有一核或二核，随不同真菌而不同。有些真菌的菌丝中无横隔，菌丝成为一个多核细胞。多数真菌细胞壁的主要成分是几丁质。

真菌门分如下5个亚门：鞭毛菌亚门（如水霉）、接合菌亚门（如黑根霉）、子囊菌亚门（如酵母、青霉、曲霉）、担子菌亚门（如平菇、香菇、黑木耳、银耳、茯苓、灵芝）和半知菌亚门（如立枯丝核菌）。

（五）植物

在Whittaker的五界系统中，金藻、甲藻、裸藻和单细胞绿藻等均被划入原生生物界。L.Margulis和K.Schwartz将所有藻类放入原生生物界，只有高等植物，即有胚植物，才属于植物界，这里把它们都列入植物界。

1. 藻类植物

（1）金藻门

金藻门植物的藻体为单细胞或集成群体，浮游或附着。载色体金褐色，除含叶绿素外，尚含有较多的类胡萝卜素。单细胞游动的种类，无细胞壁。有细胞壁的种类，其组成物质主要为果胶。多具一或二根顶生的鞭毛，鞭毛等长或不等长。贮藏能量为油类和麦白蛋白。繁殖方法有断裂（群体种类）、分裂和产生游动孢子（无鞭毛的种类）。

金藻在淡水中较多、常形成群体。海水咸水中少见。目前存1纲，金藻纲，5目。200属，1 000种。

（2）甲藻门

单细胞藻类，约2 000种，主要生活于海洋中，是海洋浮游生物的主要成员，也是海洋中光合作用的主要成员。淡水池塘、湖泊中也有甲藻。甲藻大多有纤维素外壳，细胞中腰有一横沟，细胞后半有一纵沟。鞭毛2根，一根环绕于横沟中，一根沿纵沟后伸，拖于细胞后端。质体含叶绿素a和少量叶绿素c，有大量β-胡萝卜索。储藏能量除油滴外，主要是淀粉。

赤潮：有时海洋中甲藻大量繁殖，集中于海面，使大面积海水变成红色或灰褐色，即是赤潮。红色是由于某些甲藻产生了红色素之故。赤潮危害严重，甲藻大量集中（赤潮也含有一些其他鞭毛藻），与其他海洋生物争夺氧气，并分泌毒素使多种生物中毒死亡。有些贝类能大量集中这类毒素，人若食用这些贝类，就要中毒。

（3）裸藻门

单细胞藻类，约1 000种，眼虫是本门代表。质体中含叶绿素a和少量叶绿素b，还含有类胡萝卜素。身体前端有储蓄泡，鞭毛从储蓄泡孔伸出体外。储蓄泡和伸缩泡相连，有吞食功能。本门除眼虫等绿色种之外，还包括多种有色的和无色的异养种，所以可全部划入原生动物门中。

（4）红藻门

红藻主要生活于海水中，只有少数生活于淡水溪流中，共4 000余种。红藻大多是多细胞的，呈肉眼可见的丝状或片状体。质体含叶绿素a和β-胡萝卜素。细胞中还含有藻红素及少量藻蓝素。日光照入水中时，只有短波如蓝紫光能透入深水。藻红素吸收这些短波光能的效率远比叶绿素高，因此红藻能在深水中生活。红藻细胞储藏的营养物质称为红藻淀粉，与糖原相似。

红藻有重要的经济价值，微生物学、医学使用的细菌培养基——琼脂，就是从红藻（石花菜等）提取制作而成的。琼脂也可作为食物（洋菜），但实际不能被消化，无营养价值。最熟知的红藻是紫菜，是人们喜爱的食物。

（5）褐藻门

大多海产，少数几种产于淡水，共约1 500种。褐藻是最大的多细胞藻类，有些可长达100 m。海带是最熟知的褐藻。褐藻的光合色素有叶绿素a、少量叶绿素c和一种特殊的叶黄素，即岩藻黄素。岩藻黄素掩盖了叶绿素的绿色，所以藻体呈褐色。岩藻黄素有吸收蓝光和绿光的能力，从而使褐藻能在海底生活。褐藻细胞储存的营养物是一种称为褐藻淀粉的多糖、油类和甘露醇等。多数褐藻的细胞中含碘量很高。例如，海带所含的碘占海带鲜重的0.3%（海水中碘的含量只是0.000 2%）。

裙带菜、鹿角菜都是可食的褐藻。墨角藻也是一种褐藻。

（6）绿藻门

绿藻共约7 000余种，主要分布于淡水水域，有些绿藻和真菌共生，组成地衣。绿藻或为单细胞，或为多细胞。叶绿体含叶绿素a、b和类胡萝卜素。这和高等植物一样，其他藻类都不含或只含少量叶绿素b。绿藻储藏的营养物是淀粉和油类，这也和高等植物一样。根据这些特征，大多植物学家主张高等植物是由类似于现代绿藻的祖先进化而来的。

衣藻：单细胞，沟渠、池塘等淡水水域以及潮湿土壤中均可找到。细胞呈卵形，有较厚细胞壁，鞭毛2根，等长。叶绿体一个，杯状，占据细胞大部分，叶绿体底部埋有一个圆形颗粒，即淀粉核。叶绿体前端或侧面有一红色眼点，红色来自一种类胡萝卜素的衍生物。细胞核位于细胞中央。

水绵：这是淡水中一种丝状多细胞绿藻，细胞顺序排列而成长丝。细胞圆柱形，有一至多条长带状的叶绿体，螺旋盘绕于细胞外周。秋季开始有性生殖：2个水绵丝靠拢并列，细胞分别向对方长出管状突起，双方突起相遇、打通，而成一系列接合管。细胞中原生质收缩成圆球，相当于配子。一个水绵丝中的配子从接合管进入另一水绵丝的细胞中，与其中配子融合而成二倍性的合子，合子外有厚壁，能耐受干旱和严寒。第二年春，合子减数分裂而产生单倍性的水绵丝。

有人将水绵这样进行接合生殖的绿藻单独列为一门，即接合藻门。

2. 苔藓植物

苔藓植物门是高等植物中最简单、最低等的一类，大多数生活在水边和阴暗之处。它们属过渡性的陆生植物，由于没有维管组织，缺乏长距离输送物质和水分的能力，所以植物体矮小。植物体有假根和类似茎叶的分化。在苔藓植物的生命周期中有明显的世代交替现象。我们经常见到的苔藓植物体是单倍性（n）的配子体，配子体在世代交替中占优势，二倍性（2n）的孢子体寄生在配子体上。苔藓植物门可分为苔纲和藓纲两个纲，共约23 000种。苔纲植物的代表是地钱。藓纲植物最常见的是葫芦藓，为雌雄同株，雌雄生殖器官分别生长在不同的枝上。

3. 维管植物

维管植物是具有维管系统的植物的统称，包括蕨类和种子植物（包括裸子植物和被子植物）。它们与藻类、菌类、地衣、苔藓植物不同之处在于具有发达的维管系统；维管系统主要由木质部和韧皮部组成，木质部中含有运输水分及无机盐的管胞或导管分子，韧皮部中含有运输有机物的筛胞或筛管。

（1）蕨类植物门

现有的蕨类植物约有12 000种，我国约有2 600种。蕨类植物比苔藓植物进化特征突出，孢子体发达，配子体退化，有明显的根茎分化，出现了较原始的维管组织。由于出现了物质运输系统因而进一步适应了陆地生活的环境，在地球上曾出现过高大的植物体，统治着地球。煤多由原始蕨类植物形成。维管组织主要由木质部和韧皮部构成。木质部中含有运输水分及无机盐的管胞或导管分子，韧皮部中含有运输有机物的筛胞或筛管。蕨类植物的生殖仍较原始，仍具有世代交替现象，由配子体产生精子器和颈卵器。精子有鞭毛，受精作用仍要借助水。配子体独立生活一段时间后枯萎。孢子囊长在叶的背面、腹面或叶腋间，带有孢子囊的叶称孢子叶。某些蕨还出现了大小孢子，因而出现了大小孢子囊和大小孢子叶的区别。孢子叶聚生在茎顶端形成了孢子叶球，这为以后花的产生奠定了基础。

（2）种子植物门

距今约35 000万年前的石炭纪是蕨类植物最繁茂的时期。当时气候温暖，水泽丰沛，季节性变化不大，最适于蕨类植物生长。到了其后的二叠纪（距今约28000万年前），地球逐渐干燥起来，种子植物才逐渐繁茂，到了中生代就取代了蕨类。种子植物的一个突出特点是形成种子，依靠种子实现繁殖。种子外面有种皮，使种子内的幼胚得到严密保护而经得起干旱的"考验"。种子中有充足的养分，可保证幼胚萌发之所需。此外，种子植物的风媒和虫媒等传粉方式适于在干燥的环境中完成受精作用，结构简单的配子体存在于孢子体内而得到孢子体的保护等，这些都是种子植物适应于陆地生活的一些特性。

种子植物是植物界中最繁盛的一类。按照它们的结构形态和生活史上的特点，种子植物分为裸子植物和被子植物两类。裸子植物的种子裸露在外，被子植物的种子藏在果皮中。

① 裸子植物亚门

裸子植物的特征：孢子体特别发达，均为多年生木本，多数为单轴分枝的高大乔木。孢子叶集聚成球果状，称孢子叶球。孢子叶球通常是单性，同株或异株。小孢子叶（雄蕊）聚生成小孢子叶球（雄球花），每个小孢子叶下面生有贮满小孢子（花粉）的小孢子囊（花粉囊）；大孢子叶（心皮）丛生，聚生成大孢子叶球（雌球花），胚珠裸露，不为大孢子所形成的心皮包被，大孢子常变态为珠鳞（松柏类）、珠领（银杏）和羽状大孢子叶（苏铁），而被子植物的珠被则被心皮所包被，这是裸子植物和被子植物重要的区别。裸子植物保留着颈卵器，传粉时花粉直到胚珠，1个雌配子体上的几个或多个颈卵器，其中卵细胞如同时受精，则形成多胚；如1个受精卵，在发育过程中，由胚原组织分裂为几个胚，这样形成的多胚称裂生多胚现象。

裸子植物的类群及代表种：裸子植物是比较古老的植物类群，出现在3.45—3.95亿年前，历经地球史上气候的重大变化，裸子植物随之发生变化和更替，老的种类相继灭绝，新的种类陆续演化出来。现有800多种，我国约有236种。分为苏铁纲（如苏铁）、银杏纲（如银杏）、松柏纲（如雪松、侧柏）、红豆杉纲（如红豆杉）、买麻藤纲（如麻黄）。

②被子植物亚门

被子植物又称开花植物，是植物界最进步、最繁盛的类群。最早的被子植物化石来自白垩纪地层，到了新生代，被子植物发展成陆地植物区系的优势植物，直到今天。

被子植物的生活史和裸子植物生活史比较，有如下主要特征：孢子叶（即雄蕊和构成子房的心皮）特化程度高，已不像叶子；胚珠包在子房中，而不是裸露在外；配子体更退化，雄配子体（花粉粒和花粉管）只有3个核，雌配子体只有8个核，裸子植物的雌配子体一般可有上千个细胞；传粉方式多样化，如风媒、虫媒、水媒等；有柱头专门接受花粉；双受精，胚乳是三倍性的；有果实。裸子植物是单受精，一个精子退化，胚乳是单倍性的，没有果实。

被子植物分为双子叶植物纲和单子叶植物纲两个纲，有300多科，8 000多属，约有220 000种。

（六）动物

动物分布广泛，种类繁杂，已知的大约150多万种。根据其形态特点，如细胞数量及分化、体型、胚层、体腔、体节、附肢和内部器官的布局、特点等，可分为若干门。据大多数学者的观点，将动物界分为34门。

1. 原生动物门

原生动物门是最原始、最简单、最低等的单细胞动物或单细胞动物群体。分布广泛，营自由或寄生生活。身体微小，需要显微镜才能看见。长为30—300μm，最小的利什曼原虫只有2—3μm，最大的某些孔虫可达10 cm左右。一般认为有30 000—44 000多种，其部分种类亦是介于动物和植物之间，分类争议较大。本门采用较传统的分类方法，根据运动胞器、细胞核以及营养方式，将原生动物门分为鞭毛纲（如绿眼虫、锥虫）、肉足纲（如变形虫）、孢子纲（如疟原虫）和纤毛纲（如草履虫）4个纲。

2. 腔肠动物门

腔肠动物身体呈辐射对称，有的为两辐射对称；两胚层和原始消化腔；细胞出现原始的组织分化；网状神经系统（扩散或散漫神经系统）；特有的刺细胞；水螅型和水母型；有性和无性生殖，有世代交替现象，海产种类有浮浪幼虫期。

腔肠动物除极少数种类为淡水生活外，绝大多数种均为海洋生活，多数在浅海，少数为深海种，现存约11 000种，一般分为3个纲：水螅纲（如水螅）、钵水母纲（如海月水母、海蜇、霞水母）、珊瑚纲（如珊瑚和海葵）。一般认为水螅虫纲是最原始的。

3. 扁形动物门

扁形动物开始出现发达的中胚层，并出现两侧对称；有肌肉系统，感受器亦趋于完善，摄食、消化、排泄等机能也随之加强；由中胚层形成的间叶组织，亦称实质组织，充满体内各器官之间，能输送营养和排泄废物；组织细胞还有再生新的器官系统的能力。这些在动物进化上都具有重要意义。多数雌雄同体、异体受精，少数种类雌雄异体。海产种类个体发育经牟勒氏幼虫期。

扁形动物中自由生活种类广泛分布在海水和淡水的水域中，少数在陆地上潮湿土中生活。大部分种类为寄生生活。约2万种，一般分为3纲：涡虫纲（如涡虫）、吸虫纲（如日本血吸虫）、绦虫纲（如猪肉绦虫）。

4. 线形动物门

线形动物身体细长，体通常呈长圆柱形，两端尖细，不分节，由三胚层组成。有原体腔，消化道不弯曲，前端为口，后端为肛门。雌雄异体，自由生活或寄生。

线形动物是无脊椎动物中一个很大的类群，不但种类多，而且数目也极大，估计全球约有1万5千余种。大多数线虫营自生生活，广泛分布在淡水、海水、沙漠和土壤等自然环境中；营寄生生活的只是其中很少的种类，常见的寄生于人体并能导致严重疾患的线虫约有10余种，如蛔虫、钩虫、蛲虫、旋毛虫等。

5. 环节动物门

环节动物的身体出现分节。身体分节是动物进化的一个重要标志，也是高等无脊椎动物的一个重要标志。分节的出现是与运动有关的，环节动物属于同律分节。同律分节指除了前两节和尾节以外，身体各节的结构和机能基本相同。环节动物的同律分节现象不单表现在外部，它的分节是源于中胚层的，是由外到内的分节，因此其内部的器官也是按节排列的。

环节动物出现了真体腔（又称次生体腔）。体腔的形成过程中，靠近外侧的中胚层分化为肌肉层和壁体腔膜，与外胚层共同构成体壁，靠近内侧的中胚层分化为肌肉层和脏体腔膜，与内胚层共同构成肠壁。这时形成的体腔就是位于体壁中胚层和肠壁中胚层之间的广阔空间。环节动物的体腔内充满体腔液。真体腔的出现加强了肠的蠕动、消化和吸收的机能，排泄系统得到进一步的发展，导致了循环系统的形成，在动物进化史上具有重要的意义。

多数环节动物每个体节都具有刚毛，海产的环节动物每1个体节都有1对疣足。疣足和刚毛的出现使运动效能大大增强，使运动范围加大，增强了它对环境的适应。

环节动物的循环系统为闭管循环。神经系统进一步发达，为梯形神经系统，使神经系统更趋于集中。

环节动物有约15 000多种。它们分别属于多毛纲（如沙蚕）、寡毛纲（如蚯蚓）和蛭纲（如水蛭）。

6. 软体动物门

软体动物为左右对称，体柔软不分节，身体一般分为头、足和内脏团三部分。

头部位于身体的前端，是感觉和摄食的中心。足位于身体腹面，为运动和捕食器官。内脏团位于足的背上方，是内脏器官，如消化系统、循环系统、排泄系统、生殖系统等所在之处。外套膜是身体背侧的皮肤延伸成膜片状，包围整个内脏团和鳃甚至足。外套膜包围着的腔为外套腔。外套膜外表皮层腺体发达，向外分泌贝壳来保护柔软的身体，内表皮表面具有纤毛，纤毛摆动，有利于气体交换和滤食。内、外表皮之间为结缔组织，内表皮有丰富的毛细血管通过，可以进行气体交换。因此外套膜也是呼吸器官。

大多数的软体动物有1个或多个石灰质的贝壳，故软体动物也可简称为贝类。

软体动物是动物界中仅次于节肢动物的第二大类，约有13万种。软体动物分为无板纲（如新月贝、龙女簪）、多板纲（如石鳖）、单板纲（如新蝶贝）、腹足纲（又称螺类，如丁螺）、掘足纲（如角贝）、瓣鳃纲（又称贝类，如扇贝）和头足纲（如乌贼、章鱼）7个纲。

7. 节肢动物门

节肢动物是动物界中最大的一门，已定名的有110万种，至少占动物总数目的75%。节肢动物不仅数量多，而且分布很广，海洋、湖泊、土壤、地面、空中以及动植物体内均有分布，适应各种各样的生活环境和气候。节肢动物之所以种类多、数量大，这与它们的形态结构特征是分不开的。

节肢动物身体为异律分节，附肢也分节。身体可以分为几部分：昆虫分头、胸、腹三部分，甲壳动物分头胸部和腹部，有的则分为头部和躯干部。异律分节的结果，使身体明显地分为各个部分，器官系统趋于集中，机能亦相应地分化，身体各部分有了进一步的分工。

节肢动物具有外骨骼，可以防止水分蒸发、支持身体的体形、保护虫体免受化学或机械损伤，且与运动有密切的关系。从功能上讲，节肢动物的外骨骼与脊椎动物的骨骼相类似，但它来源于外胚层，而脊椎动物的骨骼来源于中胚层。

节肢动物在发育过程中，真体腔退化，形成生殖腺腔。真体腔的裂隙和原体腔的血窦合并成混合体腔。节肢动物为开管式循环，因此混合体腔中充满血液，因此又称为血腔。节肢动物的消化系统比较完全，分前肠、中肠和后肠3部分。节肢动物的呼吸器官有多种类型，包括鳃、足鳃、书鳃、书肺、气管等。节肢动物的排泄器官主要有两种类型：一种是由肾管演变而成的，它们的末端有端囊，是退化了的体腔，与此相通的管就是体腔管，有排泄管通到体外。另一种类型如昆虫或蜘蛛的马氏管，它是肠壁向外突起而成的，其排泄物须经消化管从肛门排出体外。

节肢动物的神经系统与环节动物的神经系统基本上是相同的，同属于链状结构。节肢动物的感觉器官相当复杂，有司平衡、触觉、视觉、味觉、嗅觉和听觉的感觉器官。节肢动物一般为雌雄异体，且往往雌雄异形。

节肢动物分为有鳃亚门、有螯亚门、有气管亚门。其中有鳃亚门包括三叶虫纲（如三叶虫）和甲壳纲（如虾和蟹），有螯亚门包括肢口纲（如鲎）和蛛形纲（如蜘蛛、蝎子），有气管亚门包括原气管纲（如栉蚕）、多足纲（如蜈蚣、马陆、蚰蜒）和昆虫纲（蝉、蝗虫、蝇等）。

8. 棘皮动物门

棘皮动物是无脊椎动物中最高级的一门。棘皮动物的幼虫时期是左右对称的，发育为成虫后才变为五辐射对称。在整个动物界中只有棘皮动物幼虫是两侧对称，成体是五辐射对称。棘皮动物的内脏器官也是按照五幅对称的方式排列和分布的。

棘皮动物具有中胚层形成的内骨骼，包在外表皮下面，并且常向外突形成棘，因此称为棘皮动物。这一骨骼来源和脊椎动物骨骼的来源相同，而和无脊椎动物所具有的"骨骼"有所不同。棘皮动物独有的水管系统是由体腔形成的一系列管道组成。棘皮动物为后口动物，消化系统是由口、食道、胃、肠和肛门组成的完全消化系统。棘皮动物有3套各自独立的神经系统，它们分别是外神经系统、下神经系统和内神经系统。

已知的棘皮动物有约6 200多种，它们分属于海百合纲（如海百合）、海星纲（如海星、海盘车）、蛇尾纲（如海蛇尾）、海胆纲（如海胆）和海参纲（如海参）五个纲。

9. 脊索动物门

脊索动物门是动物界中最高等的一门。现在世界上已知的脊索动物约7万余种，生活方式多样，形态构造复杂，差异大，但作为同一门的动物，它们所具有的共性特征也是显著的。

动物体幼时或终生具有脊索或类似脊索的构造，脊索动物门即以此得名。脊索是由含胶质的细胞组成的，是一条支持身体纵轴的棒状结构，位于神经索腹侧，消化管的背方。无椎骨的脊索动物大多终生保留脊索或仅幼体时有脊索；脊椎动物只在胚胎时期出现脊索，成体时即由分节的脊柱所取代。

动物体具背神经索。背神经索呈管状，位于消化管背方。脊索或脊柱位于背神经索的腹面。脊椎动物的神经索前端扩大并分化为脑，脑后的部分形成脊髓；无脊椎动物（非脊索动物）神经索位于消化管的腹面。

具咽鳃裂。消化管前端咽部两侧有成对排列的鳃裂，直接或间接和外界相通，又称咽鳃裂。咽鳃裂是一种呼吸器官，无椎骨的脊索动物及鱼类的鳃裂终生存在，高等脊椎动物仅见于某些幼体（如蝌蚪）和胚胎时期有鳃，后完全消失。脊索动物除具有脊索、背神经索、鳃裂三大特征外，大多还具有位于肛门后的尾、起源于中胚层的内骨骼及心脏位于消化管腹面等特征。

（1）尾索动物亚门

本亚门动物是无椎骨的脊索动物，均为海产，营自由生活或附着生活，单体或群体。脊索和神经索只存在于幼体，成体包围在被囊中。本亚门分为3纲：尾海鞘纲（如住囊虫）、海鞘纲（如柄海鞘、菊海鞘）和樽海鞘纲（如樽海鞘）。

（2）头索动物亚门

终生具有脊索、背神经索和咽鳃裂三个主要典型特征。由于脊索纵贯身体全长并直达身体最前端，头索动物亚门即以此得名。本亚门动物体呈鱼形，表皮只有1层细胞，体节明显，多鳃裂。头索动物亚门只包含1个纲，即头索纲。所有种类均为海栖，如文昌鱼。

（3）脊椎动物亚门

脊椎动物是脊索动物中数量最多，分布最广，结构最复杂，进化地位最高，最重要的一个亚门。现代生存的中型及大型动物，几乎均为脊椎动物。

脊椎动物的体制为左右对称。全身可分为头、颈、躯干及尾4部分。头显著，故有"有头动物"之称，有别于其他脊索动物。颈显著或不显著，尾存在或不存在。除少数种类外，均具有成对的附肢。脊索通常只出现于胚体时期，以后逐渐退化，为脊柱所代替。神经索位于消化管的背侧。神经索的前端分化成构造复杂的脑，并有颅骨保护，后端分化成脊髓。消化系统在脊索的腹面，具肝和胰。除无颌类外都具有上、下颌，增强了对口部的支持和主动摄食作用。其下颌上举，使口闭合，为脊椎动物所特有。脊椎动物中，低等的水生类群，呼吸器官为成对的鳃，高等的群类只在胚胎时期出现鳃裂，成体则用肺呼吸。血液循环系统完善。出现了肌肉构成的能收缩的心脏，位于消化道的腹侧。排泄器官为一对肾，大大提高了排泄的机能。脊椎动物中，除极少数种类为雌雄同体外，绝大多数均为雌雄异体，有性生殖。

① 圆口纲

为脊椎动物中最原始种类,生活于海水或淡水中。没有上下颌,又称无颌类,也没有成对的复肢。身体分头、躯干、尾等3部分。头、躯干圆形,尾部侧扁。它的神经系统、骨骼、循环系统、消化系统都较原始,对环境适应能力较差,有一些种类靠寄生在鱼类体内生活。现存圆口纲动物种数不多,仅50种左右,如产于中国东北的七鳃鳗。

② 鱼类

终生在水中生活,体表有鳞,用鳃呼吸,用鳍游泳,心脏有一个心房、一个心室、一条血液循环路线。在水中产卵,体外受精。鱼类在脊椎动物中种数最多,现存种类约26 000多种。分为软骨鱼纲(如鲨、鳐、鲛)和硬骨鱼纲(如澳洲肺鱼、矛尾鱼、鲤、鲫、黄鱼、带鱼等)。

③ 两栖纲

是从水生过渡到陆生的脊椎动物,具有水生脊椎动物与陆生脊椎动物的双重特性。它们既保留了水生祖先的一些特征,如生殖和发育仍在水中进行,幼体生活在水中,用鳃呼吸,没有成对的附肢等;同时幼体变态发育成成体时,获得了真正陆地脊椎动物的许多特征,如用肺呼吸,具有五趾型四肢等。两栖类动物约有4 000多种,分为3目:有尾目(如蝾螈、大鲵)、无尾目(如青蛙、蟾蜍)和无足目(如鱼螈、蚓螈)。

④ 爬行纲

爬行动物身体已明显分为头、颈、躯干、四肢和尾部。颈部较发达,可以灵活转动,增加了捕食能力,能更充分发挥头部眼等感觉器官的功能。骨骼发达,对于支持身体、保护内脏和增强运动能力都提供了条件。用肺呼吸,心脏由两心耳和分隔不完全的两心室构成,逐步向把动脉血和静脉血分隔开的方向进化。爬行动物卵的结构和胚胎发育也出现一些变化,卵外包着坚硬的石灰质外壳,能防止卵内水分的蒸发,同时是体内受精,摆脱了生殖发育中受精时对水的依赖。胚胎发育中出现羊膜和羊水,胚胎可以在羊水中发育,既可防止干燥,又能避免机械损伤。

现存种类约5 000多种,分为原蜥亚纲(现只存有新西兰的楔齿蜥一种)、有鳞亚纲(如蜥蜴、蛇等)、龟鳖亚纲(如龟、鳖等)和鳄亚纲(如鳄)四个亚纲。

⑤ 鸟纲

鸟全身披羽毛,前肢变成翅,胸肌发达,绝大多数善飞。躯体呈流线型,能减少飞行阻力。骨骼坚硬而轻,空腔内贮有空气,可增加浮力,减轻体重。肺较发达,与许多气囊相通,气囊遍布全身内脏、肌肉之间和骨髓腔里,能贮藏空气,辅助呼吸并增加浮力。心脏有两个心房和两个心室，动脉血和静脉血被分隔开，为飞翔提供更充足的氧气和能量。肠道短小，不积存粪便，可以减轻体重。

鸟类的种类很多，现存种数约为9 000种。鸟纲分古鸟亚纲和今鸟亚纲两个亚纲，现存的鸟纲都可以划入今鸟亚纲的三个总目：古颌总目、楔翼总目和今颌总目。我国现存的鸟类都属于今颌总目。古鸟亚纲包括始祖鸟，今鸟亚纲除了现存的三个总目外，还包括已经灭绝的齿颌总目。鸟纲是陆生脊椎动物中出现最晚，数量最多的一纲，比哺乳动物种类几乎要多一倍。

⑥ 哺乳纲

是脊椎动物亚门中最高等的类群。身体一般分头、颈、躯干、尾和四肢五个部分。体腔分胸腔和腹腔两个部分；体表一般有毛；齿有门齿、犬齿和臼齿的区别；恒温；心脏分两心耳和两心室；以乳汁哺育幼儿。哺乳类的身体结构和生理功能对生活环境的适应能力超过其他类群，有陆栖、穴居、飞翔和水栖等各种生活方式，成为脊椎动物中身体结构、功能和行为最复杂的一个高等动物类群。

哺乳动物现存4 000多种，我国现存的共有450余种。哺乳动物分为原兽亚纲（如鸭嘴兽、针鼹）、后兽亚纲（如大袋鼠、灰袋鼠、袋熊、袋貂）和真兽亚纲（如虎、狮、狗、兔等）三个亚纲

思考题

1. 什么是物种，对于某一物种如何命名？生物是如何分类的？
2. 以图表的形式总结生物的主要类群特点及代表生物。

专题六　生命的延续——遗传与变异

11.3　生物体的后代与亲代非常相似，但也有一些细微的不同。

一、生殖细胞的形成（以精子和卵细胞为例）

精子和卵细胞是怎么形成的呢？这就牵涉到一种特殊的有丝分裂——减数分裂。减数分裂是生殖细胞中染色体数目减半的分裂方式，性细胞分裂时，染色体只复制一次，细胞连续分裂两次，染色体数目减半的一种特殊分裂方式。减数分裂不仅是保证物种染色体数目稳定的机制，同且也是物种适应环境变化不断进化的机制。

通过减数分裂，一个精原细胞可以形成四个精子，但是一个卵原细胞分裂后只能形成一个卵细胞和三个极体。三个极体没有受精能力，最后退化被吸收。

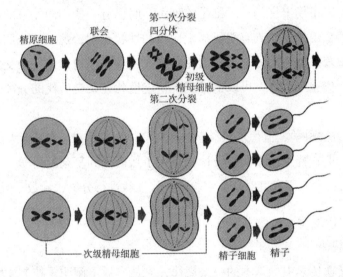

精子的形成过程

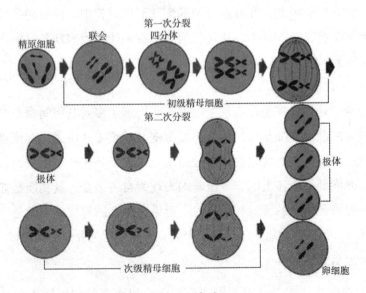

卵细胞的形成过程

二、生物的遗传

"龙生龙凤生凤，老鼠的儿子会打洞"，这种现象我们称为遗传现象。所谓遗传，是指生物体通过生殖繁衍后代，子代和亲代之间总是有相似或者类同的现象。遗传学的奠基人是孟德尔。

（一）孟德尔的遗传规律

1.孟德尔成功的主要原因

（1）选择的实验材料恰当。孟德尔选择豌豆作为实验材料，这是因为豌豆是严格的自花授粉植物，市场出售的种子都是纯种；当时已有一些不同品系的豌豆种子，由不同品系种子培育出的植株具有明显易于比较的性状差别；豌豆的花比较大，便于人工除去原有的雄蕊，并利用另一植株的花粉做人工异花授粉，进行杂交实验；每次杂交后，产生的后代完全可育，可以追踪观察特定性状在杂交后代的分离情况，总结出遗传规律。

（2）研究方法科学。孟德尔对科学的热爱和执著的追求，善于从早期的研究者那里吸取经验和教训；特别注重实验设计，采用了从简单到复杂的科学方法；将数学和统计学应用于遗传学的研究，对杂交实验的子代性状进行分类、计数和数学归纳。

2.孟德尔遗传规律

（1）分离规律

分离规律是遗传学中最基本的一个规律，它从本质上阐明了控制生物性状的遗传物质是以自成单位的基因存在的。基因作为遗传单位在体细胞中是成双的，它在遗传上具有高度的独立性。因此，在减数分裂的配子形成过程中，成对的基因在杂种细胞中能够彼此互不干扰，独立分离，通过基因重组在子代继续表现各自的作用。这一规律从理论上说明了生物界由于杂交和分离所出现的变异的普遍性。

（2）自由组合规律

自由组合规律是在分离规律基础上，进一步揭示了多对基因间自由组合的关系，解释了不同基因的独立分配是自然界生物发生变异的重要来源之一。该规律认为，当具有两对（或更多对）相对性状的亲本进行杂交，在子一代产生配子时，在等位基因分离的同时，非同源染色体上的非等位基因表现为自由组合。其实质是非等位基因自由组合，即一对染色体上的等位基因与另一对染色体上的等位基因的分离或组合是彼此间互不干扰的，各自独立地分配到配子中去。因此也称为独立分配规律。

（二）连锁与互换规律

1900年孟德尔遗传规律被重新发现后，人们以更多的动植物为材料进行杂交实验，其中属于两对性状遗传的结果，有的符合独立分配定律，有的不符。摩尔根以果蝇为实验材料进行研究，最后确认所谓不符合独立遗传规律的一些例证，实际上不属独立遗传，而属另一类遗传，即连锁遗传。于是继孟德尔的两条遗传规律之后，连锁遗传成为遗传学中的第三个遗传规律。所谓连锁遗传规律，指在生殖细胞形成过程中，位于同一染色体上的基因是连锁在一起，作为一个单位进行传递，称为连锁律。在生殖细胞形成时，一对同源染色体上的不同对等位基因之间可以发生交换，称为交换律或互换律。连锁遗传定律的发现，证实了染色体是控制性状遗传基因的载体。通过交换的测定进一步证明了基因在染色体上具有一定的距离的顺序，呈直线排列。这为遗传学的发展奠定了坚实的科学基础。

三、生物的变异

"一母生九子，九子各不同"这种现象说的是变异。同种生物之间、亲代与子代之间存在的差异称为变异，变异是生物界的普遍现象。

在自然界中，每种生物都可能发生变异。对于生物自身来说，有的变异有利于生物的生存，有的变异不利于生物的生存。

（一）不可遗传的变异

不可遗传的变异是由环境引起的，遗传物质没有发生变化。例如无子番茄是在未受精的雌蕊柱头上涂抹一定浓度的生长素溶液，生长素促进子房膨大，形成了果实。所以遗传物质未改变，不能遗传。

（二）可遗传的变异

1. 染色体畸变

染色体畸变指的是染色体数目或者结构上的变化。每种生物体体内染色体的数目和结构都是相对稳定的，这是区别于不同物种的一个特征。但是有时候染色体的结构和数目也会发生变异，一旦发生变异，必然使得这部分基因所控制的性状发生相应的变化。如人的21号染色体三体综合征。

引起染色体畸变的因素主要包括以下几个方面：

放射线　人类染色体对辐射甚为敏感，孕妇接触放射线后，其子代发生染色体畸变的危险性增加。

病毒感染　传染性单核细胞增多症、流行性腮腺炎、风疹和肝炎等病毒都可以引起染色体断裂，造成胎儿染色体畸变。

化学因素　许多化学药物、抗代谢药物和毒物都能导致染色体畸变。

遗传因素　染色体异常的父母可能遗传给下一代。

2. 基因突变

基因突变是由于DNA分子中发生碱基对的增添、缺失或替换，而引起的基因结构的改变。一个基因内部可以遗传的结构的改变，又称为点突变，通常可引起一定的表型变化。

基因突变通常发生在DNA复制时期，即细胞分裂间期，包括有丝分裂间期和减数分裂间期。同时，基因突变和脱氧核糖核酸的复制、DNA损伤修复、癌变和衰老都有关系，也是生物进化的重要因素之一，所以研究基因突变除了本身的理论意义以外还有广泛的生物学意义。基因突变为遗传学研究提供突变型，为育种工作提供素材，所以它还有科学研究和生产上的实际意义。

四、人类遗传病

遗传病是指遗传物质发生改变或者由致病基因所控制的疾病，通常具有垂直传递和终身性的特征。因此，遗传病具有由亲代向后代传递的特点，这种传递不仅是指疾病的传递，最根本的是指致病基因的传递，所以遗传病的发病表现出一定的家族性。

（一）染色体遗传病

染色体病是由于染色体异常所致的遗传病，目前发现的有近500种，如先天愚型（伸舌样痴呆）、原发性小睾症、先天性卵巢发育不全症、两性畸形等。人群中患病人数约占1%左右。染色体遗传病可以分为染色体显性遗传和染色体隐性遗传。

染色体显性遗传病，是指病的致病基因在常染色体上呈现显性遗传，如多指、并指、结肠息肉等。常染色体隐性遗传病则是致病基因在常染色体上呈现隐性遗传，如苯丙酮尿症、先天聋哑、高度近视等。

（二）单基因遗传病

单基因遗传病是指受一对等位基因控制的遗传病，有3 000多种，对人类健康构成了较大的威胁。

1. 常染色体显性遗传病

致病基因在常染色体上，呈显性，杂合状态下即可发病。致病基因可以是生殖细胞发生突变而新产生，也可以是由双亲任何一方遗传而来的。此种患者的异常性状表达程度可不尽相同，在某些情况下，显性基因性状表达极其轻微，甚至临床不能查出，这种情况称为失显。由于外显不完全，在家系分析时可见到中间一代人未患病的隔代遗传系谱，这种现象又称不规则外显。还有一些常染色体显性遗传病，在病情表现上可有明显的轻重差异，纯合子患者病情严重，杂合子患者病情轻，这种情况称不完全外显。常染色体显性遗传病常见者有Marfan综合征、Ehlers-Danlos综合征、先天性软骨发育不全、多囊肾、结节性硬化、Huntington舞蹈病、家族性高胆固醇血症、神经纤维瘤病、肠息肉病以及视网膜母细胞瘤等。

2. 常染色体隐性遗传病

致病基因在常染色体上，基因性状是隐性的，即只有纯合子时才显示病状。此种遗传病父母双方均为致病基因携带者，故多见于近亲婚配者的子女。子代有1/4的概率患病，子女患病概率均等。常见的常染色体隐性遗传病有溶酶体贮积症，如糖原贮积症、脂质贮积症、黏多糖贮积症；合成酶的缺陷如血γ球蛋白缺乏症、白化病；苯丙酮尿症、肝豆状核变性（Wilson病）及半乳糖血症等。

3. 伴性遗传病

位于性染色体上的致病基因引起的疾病称为伴性遗传病。此病分为伴X遗传病和伴Y遗传病两大类。

（1）伴X显性遗传病

本病是由位于X染色体上的显性致病基因所引起的疾病。其特点是：① 不管男女，只要存在致病基因就会发病，但因女子有两条X染色体，故女子的发病率约为男子的两倍。因为没有一条正常染色体的掩盖作用，男子发病时，往往重于女子。② 病人的双亲中必有一人患同样的病（基因突变除外）。③ 可以连续几代遗传，但患者的正常子女不会有致病基因再传给后代。④ 男性患者将此病传给女儿，不传给儿子，女性患者（杂合体）将此病传给半数的儿子和女儿。

常见的伴X显性遗传病还有：深褐色齿，牙珐琅质发育不良，钟摆型眼球震颤，脂肪瘤，脊髓空洞症，棘状毛囊角质化，抗维生素D佝偻病等。

（2）伴X隐性遗传病

这类遗传性疾病是由位于X染色体上的隐性致病基因引起的。女子的两条X染色体上必须都有致病的等位基因才会发病。但男子因为只有一条X染色体，Y染色体很小，没有同X染色体相对应的等位基因。因此，这类遗传病对男子来说，只要X染色体上存在致病基因就会发病。伴X隐性遗传病的特点是：① 患病的男子远多于女子，甚至在有些病中很难发现女患者，这是因为两条带有隐性致病基因的染色体碰在一起的机会很少所致。② 患病的男子与正常的女子结婚，一般不会再生有此病的子女，但女儿都是致病基因的携带者；患病的男子若与一个致病基因携带者女子结婚，可生出半数患有此病的儿子和女儿；患病的女子与正常的男子结婚，所生儿子全有病，女儿为致病基因携带者。③ 患病的男子双亲都无病时，其致病基因肯定是从携带者的母亲遗传而来的，若女子患此病时，其父亲肯定是有病的，而其母亲可有病也可无病。④ 患病女子在近亲结婚的后代中比非近亲结婚的后代中要多。⑤ 通常表现为隔代遗传。

常见的伴X隐性遗传病有色盲、血友病、蚕豆病和遗传性慢性肾炎等。

（3）伴Y遗传病

这类遗传病的致病基因位于Y染色体上，X染色体上没有与之相对应的基因，所以这些基因只能随Y染色体传递，由父传子，子传孙，如此世代相传。因此，被称为"全男性遗传"。这类遗传病的特点是：① 致病基因只位于Y染色体上，无显隐性之分，患者后代中男性全为患者，女性全正常。② 致病基因由父亲传给儿子，儿子传给孙子，具有世代连续性，也称限雄遗传。

常见的伴Y遗传病有人类外耳道多毛症、鸭蹼病等。

（三）多基因遗传病

多基因遗传病是通过两对以上致病基因的累积效应所致的遗传病，其遗传效应较多地受环境因素的影响。

与环境因素相比，遗传因素所起的作用大小叫遗传度，用百分数表示。如精神病中最常见的也是危害人类精神健康最大的疾病——精神分裂症，是多基因遗传病，其遗传度为80%，也就是说精神分裂症的形成中，遗传因素起了很大作用，而环境因素所起的作用则相对较小。

多基因遗传病一般有家族性倾向，如精神分裂症患者的近亲中发病率比普通人群高出数倍，与患者血缘关系越近，患病率越高。多基因遗传病的易患性是属于数量性状，它们之间的变异是连续的。孟德尔式遗传即单基因遗传性状是属于质量性状，它们之间的变异是不连续的。

（四）遗传病的预防

遗传病的预防工作，必须在胎儿出生前就要进行。一般的分为一级预防和二级预防，一级预防为胚胎发育前的预防，二级预防为胚胎形成后的预防。如果一级预防失败，接着要进行二级预防。

1.胚胎形成前的预防

（1）禁止近亲结婚

近亲是指3代以内有共同的祖先。如果他们之间通婚，就称为近亲婚配。近亲婚配的夫妇有可能从他们共同祖先那里获得同一基因，并将之传递给子女。如果这一基因按常染色体隐性遗传方式，其子女就可能因为是突变纯合子而发病。因此，近亲婚配增加了某些常染色体隐性遗传疾病的发生风险。

（2）控制环境因素

要做好环境保护，防止环境污染。目前，环境污染已经成了一个全球的社会性问题。由于环境污染造成的新的遗传病越来越多。环境污染具体包括：水污染、大气污染、噪声污染、放射性污染等。

（3）及时检出携带者

携带者本身不发病，尤其是携带隐性致病基因的隐性杂合体，如果能及时检出就可以防止遗传病患儿的出生。应该加强婚姻指导，做好遗传咨询。

（4）婚姻指导和遗传咨询

医生或者遗传学家根据患者遗传病的类型，确定该病的遗传方式和概率，使患者家族了解病因和后果，劝阻能引起遗传病的婚姻和生育，对患者家庭提出合理化的建议，阻止遗传病在家族中的遗传。

2.胚胎形成后的预防

（1）羊膜穿刺术

羊膜穿刺术是研究人员用于产前诊断胎儿遗传检测的一种方式。用一根长针穿刺子宫羊膜，抽取羊水，羊水中含有胚胎细胞，在显微镜下检查这些细胞，就能发现正在发育过程中的胚胎是否患有遗传性疾病。这种检测能查出二百多种遗传性疾病，但是这种检查方法也有一定危险性。

（2）胎儿显像

利用超声波、核磁共振显像和胎儿镜检查，可以查出异常胎儿，如无脑儿、脑积水、脊柱裂、兔唇、短肢侏儒、多囊肾等畸形胎儿。胎儿镜除能辨别畸形外，还可以取活体组织和标本，诊断血友病、血红蛋白病、隐眼综合征等。

（3）节制生育

生育次数越多，产生患儿的可能性就越大，要动员遗传病携带者节制生育，或者妊娠期间做治疗性流产，防止患儿的出生。

思考题

1.以精子或卵细胞为例说明生殖细胞的形成过程。

2.简述遗传学的三大规律的主要内容。

3.简述生物变异的主要类型及其特点

4.简述人类遗传病的主要类型与特点。

专题七　生命与环境

9.2　动物能够适应季节的变化。

9.3　动物的行为能够适应环境的变化。

10.5　生活习惯和生存环境会对人体产生一定影响。

12.1　动物和植物都有基本生存需要，如空气和水；动物还需要食物，植物还需要光。栖息地能满足生物的基本需要。

12.2　动物的生存依赖于植物，一些动物吃其他动物。

12.3　动物会给植物的生存带来影响。

12.4　自然或人为干扰能引起生物栖息地的改变，这种改变对于生活在该地的植物和动物种类、数量可能产生影响。

一、生态因子的概念

生态因子指对生物有影响的各种环境因子。常直接作用于个体和群体，主要影响个体生存和繁殖、种群分布和数量、群落结构和功能等。各个生态因子不仅本身起作用，而且相互发生作用，既受周围其他因子的影响，反过来又影响其他因子。

生态因子很多，也很复杂，就其性质来说，可以分为三类：一类是无机或物理因子，包括光照、温度、湿度、土壤等因子；另一类是有机或生物因子，包括各种生物之间的关系（种内和种间）；第三类是人的因子，即人类活动的影响，这其实也属于生物因子，只是由于人类对于环境的影响越来越大，因而，人的因子被划出而列为第三类。

二、生态因子对生物的作用和生物的适应

（一）光的生态作用与生物的适应

光是一个十分复杂而重要的生态因子，包括光强、光质和光照长度。光因子的变

284

化对生物有着深刻的影响。

1. 光强的生态作用与生物的适应

光对植物的形态生成和生殖器官的发育影响很大。植物的光合器官叶绿素必须在一定光强条件下才能形成，许多其他器官的形成也有赖于一定的光强。在黑暗条件下，植物就会出现"黄化现象"。在植物完成光周期诱导和花芽开始分化的基础上，光照时间越长，强度越大，形成的有机物越多，有利于花的发育。光强还有利于果实的成熟，对果实的品质也有良好作用。不同植物对光强的反应是不一样的，根据植物对光强适应的生态类型可分为阳性植物、阴性植物和中性植物。

光照强度与很多动物的行为有着密切的关系。有些动物适应在白天的强光下活动，如灵长类、有蹄类和蝴蝶等，称为昼行性动物；另一些动物则适应在夜晚或早晨黄昏的弱光下活动，如蝙蝠、家鼠和蛾类等，称为夜行性动物或晨昏性动物；还有一些动物既能适应于弱光也能适应于强光，白天黑夜都能活动，如田鼠等。

2. 光质的生态作用与生物的适应

植物的光合作用只能利用光谱中可见光区（400—760 nm），这部分辐射通常称为生理有效辐射，约占总辐射的40%—50%。可见光中红、橙光是被叶绿素吸收最多的成分，其次是蓝、紫光，绿光很少被吸收，因此又称绿光为生理无效光。此外，长波光（红光）有促进延长生长的作用，短波光（蓝紫光、紫外线）有利于花青素的形成，并抑制茎的伸长。

大多数脊椎动物的可见光波范围与人接近，但昆虫则偏于短波光，大致在250—700 nm之间，它们看不见红外光，却看得见紫外光。而且许多昆虫对紫外光有趋光性，这种趋光现象已被用来诱杀农业害虫。

3. 光照长度与生物的光周期现象

长期生活在昼夜变化环境中的动植物，借助于自然选择和进化形成了各类生物所特有的对日照长度变化的反应方式，叫生物的光周期现象。

根据对日照长度的反应类型可把植物分为长日照植物、短日照植物、中日照植物和中间型植物。长日照植物是指在日照时间长于一定数值（一般14小时以上）才能开花的植物，如冬小麦、大麦、油菜和甜菜等，而且光照时间越长，开花越早。短日照植物则是日照时间短于一定数值（一般14小时以上的黑暗）才能开花的植物，如水稻、棉花、大豆和烟草等。中日照植物的开花要求昼夜长短比例接近相等（12小时左右），如甘蔗等。在任何日照条件下都能开花的植物是中间型植物，如番茄、黄瓜和辣椒等。

许多动物的行为对日照长短也表现出周期性。鸟、兽、鱼、昆虫等的繁殖，以及鸟、鱼的迁移活动，都受光照长短的影响。

（二）温度的生态作用与生物的适应

任何生物都是在一定的温度范围内活动，温度是对生物影响最为明显的环境因素之一。

生物正常的生命活动一般是在相对狭窄的温度范围内进行，大致在零下几度到50℃左右之间。温度对生物的作用可分为最低温度、最适温度和最高温度，即生物的三基点温度。不同生物的三基点温度是不一样的，即使是同一生物不同的发育阶段所能忍受的温度范围也有很大差异。

温度低于一定数值，生物便会受害，这个数值称为临界温度。在临界温度以下，温度越低生物受害越重。低温对生物的伤害可分为寒害和冻害两种。寒害是指温度在0℃以上对喜温生物造成的伤害。植物寒害的主要原因有蛋白质合成受阻、碳水化合物减少和代谢紊乱等。冻害是指0℃以下的低温使生物体内（细胞内和细胞间）形成冰晶而造成的损害。植物在温度降至冰点以下时，会在细胞间隙形成冰晶，原生质因此而失水破损。极端低温对动物的致死作用主要是体液的冰冻和结晶，使原生质受到机械损伤、蛋白质脱水变性。昆虫等少数动物的体液能忍受0℃以下的低温仍不结冰，这种现象称为过冷却。过冷却是动物避免低温的一种适应方式。

生物对温度的适应是多方面的，包括分布地区、休眠、形态行为等。低温对生物分布的限制作用更为明显。对植物和变温动物来说，决定其水平分布北界和垂直分布上限的主要因素就是低温。温度对恒温动物分布的直接限制较小，常常是通过其他生态因子（如食物）而间接影响其分布。

（三）水的生态作用与生物的适应

水是生物最需要的一种物质，水的存在与多寡，影响生物的生存与分布。

1. 干旱与涝害对生物的影响

在干旱时植物气孔关闭，减弱蒸腾降温作用，抑制光合作用，增强呼吸作用，三磷酸腺苷酶活性增加破坏三磷酸腺苷的转化循环，引起植物体内各部分水分的重新分配。

在涝害时土壤水分过多或积水时，由于土壤孔隙充满水分，通气状况恶化，植物根系处于缺氧环境，抑制了有氧呼吸，阻止了水分和矿物质的吸收，植物生长很快停止，叶片自下而上开始萎蔫、枯黄脱落，根系逐渐变黑、腐烂，整个植株不久就枯死。水涝对动物的影响，除直接的伤害死亡外，还常常导致流行病的蔓延，造成动物大量死亡。

2. 生物对水的适应

水生植物生长在水中，长期适应缺氧环境，根、茎、叶形成连贯的通气组织，以保证植物体各部分对氧气的需要。水生植物的水下叶片很薄，且多分裂成带状、线状，以增加吸收阳光、无机盐和CO_2的面积。生长在陆地上的植物统称陆生植物，可分为湿生、中生和旱生植物。湿生植物多生长在水边，抗旱能力差。中生植物适应范围较广，大多数植物属中生植物。旱生植物生长在干旱环境中，能忍受较长时间的干旱，其对干旱环境的适应表现在根系发达、叶面积很小、发达的贮水组织以及高渗透压的原生质等。

对于水生动物来说，主要通过调节体内的渗透压来维持与环境的水分平衡。陆生动物则在形态结构、行为和生理上来适应不同环境水分条件。动物对水因子的适应与植物不同之处在于动物有活动能力，动物可以通过迁移等多种行为途径来主动避开不良的水分环境。

（四）生物因素——生物彼此间的关系

每一生物周围的各种生物和它的体表、体内的各种生物都是这一生物生活中的生物因素。在一个生物群落中，如一个池塘中，所有各种生物都是互为生物因素的，它们彼此之间的关系十分复杂，包括同种生物之间的关系和不同生物之间的关系等，这是生物间最常见的关系。

1. 互惠　是指对双方都有利的一种关系，但这种关系并没有达到彼此相依为命的程度，如果彼此分开后各自都能生活，如海葵和寄居蟹，蚜虫和蚂蚁。

2. 共生　是物种之间相依为命的一种互利关系，这种互利已经达到了如此密切的程度，以致如果失去一方，另一方不能生存，如白蚁和它消化管内的鞭毛虫，地衣中的菌和藻。

3. 共栖　是指对一方有利，对另一方无利也无害的种间关系，这种关系也叫偏利。如双锯鱼与海葵；偕老同穴与俪虾。

4. 植食　是指动物吃植物，是生物相互关系中最常见的现象。

5. 捕食　指动物吃动物，也是物种间最基本的相互关系之一。

6. 寄生　寄生者和寄主的关系，虽然也是一方受害，一方受益的关系，但是在自然界，两者竞争或协同进化的结果，使两者达到了平衡。

7. 竞争　当两个物种利用同一短缺资源时就会发生竞争，竞争的结果总是一个物种战胜另一个物种，甚至导致一个物种完全被排除。如大草履虫和双核小草履虫的竞争。

8. 化学互助和拮抗　除上述关系外，动、植物之间还有一些间接关系，如通过化学物质而实现的互助或拮抗关系。一种生物产生的化学物质促进另一种生物或同种生物的生长繁殖，谓之化学互助。例如生物在土壤中杂居共处时，有些生物产生一些物质，如生长素、维生素等，对其他生物有促进生长的作用。一种生物产生并释放某些物质，抑制另一些生物或同种生物的生长繁殖，谓之为化学对抗或拮抗。化学拮抗最突出的例子就是抗生素，化学对抗又称偏害共栖。

三、生物的生态适应类型及对环境的影响

（一）生物的生态适应类型

生物在与环境长期的相互作用中，形成一些具有生存意义的特征。依靠这些特征，生物能免受各种环境因素的不利影响和伤害，同时还能有效地从其生存环境获取所需的物质、能量，以确保个体发育的正常进行，这种现象称为"生态适应"。生态适应是生物界中极为普遍的现象，一般区分为趋同适应和趋异适应两类。

1. 趋同适应（生活型）

趋同适应是指不同种类的生物，由于长期生活在相同或相似的环境条件下，通过变异、选择和适应，在形态、生理、发育以及适应方式和途径等方面表现出相似性的现象。

蝙蝠与鸟类，鲸与鱼类等，是动物趋同适应的典型例子。另外，在植物中的趋同现象如生活在沙漠中的仙人掌科植物、大戟科的霸王鞭以及菊科的仙人笔等，分属不同类群的植物，但都以肉质化来适应干旱的生存环境。按趋同作用的结果，可把植物划分为不同的生活型，如将植物分为乔木、灌木、半灌木、木质藤本、多年生草本、一年生草本等。

2. 趋异适应（生态型）

趋异适应是指亲缘关系相近的同种生物，长期生活在不同的环境条件下，形成了不同的形态结构、生理特性、适应方式和途径等。趋异适应的结果是使同一类群的生物产生多样化，以占据和适应不同的空间，减少竞争，充分利用环境资源。

植物生态型是与生活型相对应的一个概念，是指同种生物内适应于不同生态条件或区域的不同类群，它们的差异是源于基因的差别，是可遗传的。根据引起生态型分化的主导因素不同，可把生态型划分为气候生态型、土壤生态型和生物生态型等。

（二）生物对环境的影响

在生物与环境的相互关系中，由于环境的复杂多变，生物似乎总是处于从属、被

支配的地位，只能被动地去适应、逃避。事实上，这只是二者关系的一个方面。生命作为一个整体，不仅能够被动地适应环境，而且还能主动地影响环境，改造环境，使环境保持相对稳定，向有利于生物生存的方向发展。关于生物对环境的主动作用，英国科学家J. Lovelock于20世纪60年代提出了Gaia假说，即大地女神假说。该假说认为，地球表面的温度和化学组成是受地球表面的生命总体（生物圈）主动调节的。地球大气的成分、温度和氧化还原状态等受天文的、生物的或其他的干扰而发生变化，产生偏离，生物通过改变其生长和代谢，如光合作用吸收CO_2释放O_2，呼吸作用吸收O_2释放CO_2，以及排泄废物、分解等，对偏离做出反应，缓和地球表面的这些变化。

Gaia假说具有十分重要的现实生态学意义，正受到越来越多的关注。人类自工业化革命以来，各种环境、资源问题日益突出，温室效应、酸雨、水土流失、森林锐减等等严重威胁着人类的可持续发展。森林，尤其是热带雨林，有"地球之肺"的美誉，对于调节气候、维持空气O_2和CO_2的平衡、保持水土有着不可替代的作用。森林的减少，意味着调节能力的减弱。目前大气CO_2浓度的升高，一方面与大量燃烧化石燃料有关，另一方面森林面积的急剧减小也是一个重要因素。

四、生态系统

（一）生态系统的概念

生态系统是生态学的一个概念。生态学是一门研究生物及其生活环境相互关系的科学，是生物学的主要分支之一。

一个物种在一定空间范围内的所有个体总和在生态学里称为种群，所有不同种的生物总和为群落，生物群落连同其所在的无机环境共同构成生态系统。因此，生态系统是指在一定的空间内生物的成分和非生物的成分通过物质循环、能量流动和信息传递而互相作用、相互依存所构成的一个具有自我调节功能的生态学功能单位。生态系统具有等级结构，即较小的生态系统组成较大的生态系统，简单的生态系统组成复杂的生态系统，最大的生态系统是生物圈。

（二）生态系统的结构与功能

1. 生态系统的结构组成

任何一个生态系统都由生物群落和非生物环境两大部分组成。阳光、氧气、二氧化碳、水、植物营养素（无机盐）是非生物环境的最主要要素，生物残体（如落叶、秸秆、动物和微生物尸体）及其分解产生的有机质也是非生物环境的重要要素。非生物环境除了给活的生物提供能量和养分之外，还为生物提供其生命活动需要的媒质，如水、空气和土壤。而活的生物群落是构成生态系统精密有序结构和使其充满活力的关键因素，各种生物在生态系统的生命舞台上各有角色。生态系统的生命角色有三种，即生产者、消费者和分解者，分别由不同种类的生物充当。

生产者在生物学分类上主要是各种绿色植物，也包括化能合成细菌与光合细菌，它们都是自养生物，植物与光合细菌利用太阳能合成有机物，化能合成细菌利用某些物质氧化还原反应释放的能量合成有机物。比如，硝化细菌通过将氨氧化为硝酸盐的方式利用化学能合成有机物。

生产者在生物群落中起基础性作用，它们将无机环境中的能量同化，同化量就是输入生态系统的总能量，维系着整个生态系统的稳定。生产者是生态系统的主要成分，是连接无机环境和生物群落的桥梁。

消费者指以动植物为食的异养生物。消费者的范围非常广，包括了几乎所有动物和部分微生物（主要有真细菌），它们通过捕食和寄生关系在生态系统中传递能量。其中，以生产者为食的消费者被称为初级消费者，以初级消费者为食的被称为次级消费者，其后还有三级消费者与四级消费者。同一种消费者在一个复杂的生态系统中可能充当多个级别，杂食性动物尤为如此，它们可能既吃植物（充当初级消费者）又吃各种食草动物（充当次级消费者），有的生物所充当的消费者级别还会随季节而变化。

一个生态系统只需生产者和分解者就可以维持运作，数量众多的消费者在生态系统中起加快能量流动和物质循环的作用。

分解者又称"还原者"，它们是一类异养生物，以各种细菌和真菌为主，也包含屎壳郎、蚯蚓等腐生动物。分解者可以将生态系统中的各种无生命的复杂有机质（尸体、粪便等）分解成水、二氧化碳、铵盐等可以被生产者重新利用的物质，完成物质的循环。因此分解者、生产者与无机环境就可以构成一个简单的生态系统。分解者是生态系统的必要成分，也是连接生物群落和无机环境的桥梁。

2. 生态系统的功能

生态系统的功能主要包括能量流动、物质循环和信息传递。

（1）能量流动

能量流动指生态系统中能量输入、传递、转化和丧失的过程。能量流动是生态系统的重要功能，在生态系统中，生物与环境，生物与生物间的密切联系，可以通过能量流动来实现。能量流动两大特点：能量流动是单向的，能量逐级递减。

生态系统的能量来自太阳能。太阳能以光能的形式被生产者固定下来后，就开始了在生态系统中的传递，被生产者固定的能量只占太阳能的很小一部分。在生产者将太阳能固定后，能量就以化学能的形式在生态系统中传递。

能量在生态系统中的传递是不可逆的，而且逐级递减，传递效率为10%—20%。能量传递的主要途径是食物链与食物网，能量在传递到每个营养级时，同化能量的去向为：未利用（用于今后繁殖、生长），代谢消耗（呼吸作用、排泄），被下一营养级利用（最高营养级除外）。

（2）物质循环

生态系统的能量流动推动着各种物质在生物群落与无机环境间循环。这里的物质包括组成生物体的基础元素：碳、氮、硫、磷等。生物维持生命所必需的化学元素虽然为数众多，但有机体的97%以上是由氧、碳、氢、氮和磷五种元素组成的。

1）碳循环　生物圈中的碳循环主要表现在绿色植物从空气中吸收二氧化碳，经光合作用转化为葡萄糖，并放出氧气（O_2）。在这个过程中少不了水的参与。有机体再利用葡萄糖合成其他有机化合物。碳水化合物经食物链传递，又成为动物和细菌等其他生物体的一部分。生物体内的碳水化合物一部分作为有机体代谢的能源经呼吸作用被氧化为二氧化碳和水，并释放出其中储存的能量。由于这个碳循环，大气中的CO_2大约20年就完全更新一次。

2）氮循环　在自然界，氮元素以分子态（氮气）、无机结合氮和有机结合氮三种形式存在。大气中含有大量的分子态氮。但是绝大多数生物都不能够利用分子态的氮，只有像豆科植物的根瘤菌一类的细菌和某些蓝绿藻能够将大气中的氮气转变为硝态氮（硝酸盐）加以利用。植物只能从土壤中吸收无机态的铵态氮（铵盐）和硝态氮（硝酸盐），用来合成氨基酸，再进一步合成各种蛋白质。动物则只能直接或间接利用植物合成的有机氮（蛋白质），经分解为氨基酸后再合成自身的蛋白质。在动物的代谢过程中，一部分蛋白质被分解为氨、尿酸和尿素等排出体外，最终进入土壤。动植物残体中的有机氮则被微生物转化为无机氮（氨态氮和硝态氮），从而完成生态系统的氮循环。

3）磷循环　磷在生物圈中的循环过程不同于碳和氮，属于典型的沉积型循环。生态系统中磷的来源是磷酸盐岩石和沉积物以及鸟粪层和动物化石。这些磷酸盐矿床经过天然侵蚀或人工开采，磷酸盐进入水体和土壤，供植物吸收利用，然后进入食物链。经短期循环后，这些磷的大部分随水流失到海洋的沉积层中。因此，在生物圈内，磷的大部分只是单向流动，形不成循环。磷酸盐资源也因而成为一种不能再生的资源。

（3）信息传递

生态系统的信息主要包括物理信息、化学信息和行为信息等。

物理信息指通过物理过程传递的信息，它可以来自无机环境，也可以来自生物群落，主要有声、光、温度、湿度、磁力、机械振动等。眼、耳、皮肤等器官能接受物理信息并进行处理。植物开花属于物理信息。许多化学物质能够参与信息传递，包括：生物碱、有机酸及代谢产物等，鼻及其他特殊器官能够接受化学信息。行为信息可以在同种和不同种生物间传递。行为信息多种多样，例如蜜蜂的"圆圈舞"以及鸟类的"求偶炫耀"。

生态系统中生物的活动离不开信息的作用，信息在生态系统中的作用主要表现在三个方面：（1）保证生命活动的正常进行。如许多植物（莴苣、茄子、烟草等）的种子必须接受某种波长的光信息才能萌发；蚜虫等昆虫的翅膀只有在特定的光照条件下才能产生；（2）保证种群的繁衍。如光信息对植物的开花时间有重要影响；性外激素在各种动物繁殖的季节起重要作用；（3）调节生物的种间关系，以维持生态系统的稳定。如在草原上"绿色"为食草动物提供了可以采食的信息。

思考题

1. 什么是生态因子？常见的生态因子有哪些？

2. 生态因子对生命有何作用？生命又是如何适应这些生态因子的？

3. 什么是生态系统？生态系统的结构和功能如何？

专题八　生物技术改变人类生活

16.2　工程和技术产品改变了人们的生产和生活。

18.1　工程是以科学和技术为基础的系统性工作。

一、现代生物技术的概念

现代生物技术（biotechnlogy），简称为生物技术，也称生物工程（biengineering），是指人们以现代生命科学为基础，结合其他基础学科的科学原理，采用先进的工程技术手段，按照预先的设计改造生物体或加工生物原料，为人类生产出所需产品或达到某种目的。

生物技术是由多学科综合而成的一门新学科。就生物科学而言，它包括了微生物学、生物化学、细胞生物学、免疫学、育种技术等几乎所有与生命科学有关的学科，特别是现代分子生物学的最新理论成就更是生物技术发展的基础。现代生命科学的发展已在分子、亚细胞、细胞、组织和个体等不同层次上，揭示了生物的结构和功能的相互关系，从而使人们得以应用其研究成就对生物体进行不同层次的设计、控制、改造或模拟，并产生了巨大的生产能力。

二、生物技术的种类及其相互关系

根据生物技术操作的对象及操作技术的不同，生物技术主要包括以下五项技术（工程）。

（一）基因工程

基因工程是现代生物技术的核心技术。其主要原理是应用人工方法把生物的遗传物质，通常是脱氧核糖核酸（DNA）分离出来，在体外进行切割、拼接和重组。然后将重组了的DNA导入某种宿主细胞或个体，从而改变它们的遗传品性，并能使之稳定地遗传给后代；有时还使新的遗传信息（基因）在新的宿主细胞或个体中大量表达，以获得基因产物（多肽或蛋白质）。这种通过体外DNA重组创造新生物并给予特殊功能的技术就称为基因工程，也称DNA重组技术。

DNA重组技术是基因工程的核心技术，是利用生物体遗传物质，或者是人工合成的基因，经过体外切割后与适当的载体连接起来，形成重组DNA分子，然后将重组的DNA分子导入受体细胞，使外源基因在受体细胞中得以表达，该种生物就可以按照人类事先设计好的蓝图表现出另外一种的生物的某种性状。

人类掌握基因工程的时间并不是很长，但是已经获得了一些具有实际应用价值的成果。例如，我国科学家把杀虫蛋白质基因转入棉花，成功培育出了转基因抗虫棉，我国因而也成为继美国之后第二个能够自主培育抗虫棉的国家。

（二）细胞工程

关于细胞工程的定义和范围还没有一个统一的说法。一般认为，细胞工程是指以细胞为基本单位，在体外条件下进行培养、繁殖，或人为地使细胞的某些生物学特性按人们的意愿发生改变，从而达到改良生物品种和创造新品种，或加速繁育动植物个体，或获得某种有用的物质的目的。所以细胞工程应包括动植物细胞的体外培养技术、细胞融合技术（也称细胞杂交技术）、细胞器移植技术、克隆技术、干细胞技术等。

在细胞培养中，组培是经常被人们提到的一个技术名词。目前，在植物组培基础上产生的植物快繁技术，正给农业生产带来巨大的发展。

所谓植物的组织培养是根据植物细胞具有全能性这个理论，近几十年来发展起来的一项无性繁殖的新技术。植物的组织培养广义又叫离体培养，指从植物体分离出符合需要的组织、器官或细胞、原生质体等，通过无菌操作，在人工控制条件下进行培养以获得再生的完整植株或生产具有经济价值的其他产品的技术。狭义的组培指用植物各部分组织，如形成层、薄壁组织、叶肉组织、胚乳等进行培养获得再生植株，也指在培养过程中从各器官上产生愈伤组织的培养，愈伤组织经过再分化形成再生植物。

（三）酶工程

酶工程是利用酶、细胞器或细胞所具有的特异催化功能，对酶进行修饰改造，并借助生物反应器和工艺过程来生产人类所需产品的一项技术。它包括酶的固定化技术、细胞的固定化技术、酶的修饰改造技术及酶反应器的设计等技术。

酶工程的生产大致经历了四个阶段。最初是从动物内脏中提取酶，例如从猪的胰脏中提取a-淀粉酶。随着酶工程的进展，人们开始利用大量培养微生物来获取酶，例如用一种芽孢杆菌来生产a-淀粉酶，从1 000 L的芽孢杆菌培养液里获取的a-淀粉酶，相当于几千头猪的胰脏中酶的含量。在基因工程诞生后，通过基因重组来改造产酶的微生物，例如将芽孢杆菌合成的a-淀粉酶的基因转移到一种繁殖更快、生产性能更好的枯草杆菌内，进而这种枯草杆菌也能生产a-淀粉酶，使产量提高了数千倍。

（四）发酵工程

发酵工程利用微生物生长速度快、生长条件简单以及代谢过程特殊等特点，在合适条件下，通过现代化工程技术手段，由微生物的某种特定功能生产出人类所需的产品称为发酵工程。

现代发酵工程不但生产酒精类饮料、醋酸和面包，而且生产胰岛素、干扰素、生长激素、抗生素和疫苗等多种医疗保健药物；生产天然的杀虫剂、细菌肥料和微生物除草剂等农用生产资料；在化学工业生产氨基酸、香料、生物高分子、酶、维生素和单细胞蛋白等。

（五）蛋白质工程

蛋白质工程是指人工生产自然界原来没有的、具有新的结构和功能的、对人类生活有用的蛋白质分子。目前，蛋白质工程主要着重于在已有的蛋白质基础上，进行局部的改造，使合成的蛋白质变得更加符合人类的需要。

五项工程技术并不是各自独立的，彼此之间是互相联系、互相渗透的。基因工程和细胞工程是两大核心技术，它能带动其他技术的发展。

三、现代生物技术的应用

（一）生物技术在工业方面的应用

1.生物塑料的研制是塑料工业中发展的新方向

化学塑料制品在给人类带来各种方便的同时，也给人们带来难以想象的麻烦。由于有些废弃塑料在自然条件下不会降解，燃烧又会释放出有害气体，给生态环境造成了难以治理的污染。因此，各国科学家开始研制可以自行分解的自毁或自溶塑料，以解决这个问题。有人把它称作"绿色塑料"。许多国家的公司都推出自己的生物自毁塑料。

美国密歇根大学生物学家最早提出了"种植"可分解塑料的设想，他们用土豆和玉米为原料，植入塑料的遗传基因，使它们能在人工控制下生长出不含有害成分的生物塑料。美国帝国化学工林公司利用细菌把糖和有机酸制造成可生物降解的塑料。目前的生物塑料具有安全无毒、在土壤内迅速降解，以及根治"白色污染"的能力。

2.纤维素转化为酒精

科学家利用生物技术，通过一系列转化，将纤维素转化为酒精，然后在汽油中加入10%的酒精，在汽车上就可以应用，并且直接以酒精为燃料的发动机也已经产生了。制燃料酒精的木质生物原料主要来源于木本类植物、草本类植物、工业和农业废物。

（二）生物技术在农业和畜牧业方面的应用

运用基因工程技术，不但可以培养优质、高产、抗性好的农作物及畜、禽新品种，还可以培养出具有特殊用途的动、植物。比如，通过植物组培技术可以快速繁殖蝴蝶兰。蝴蝶兰（Phalaenopsis hybrid）又称蝶兰，其株型美观、色彩艳丽、花期持久，在热带中有"兰花皇后"之美称，是兰科植物中栽培最广泛、最普及的种类之一，是国际上最具有商业价值的四大观赏热带兰之一。世界上多采用组织培养来繁殖种苗。蝴蝶兰微体快速繁殖是利用植物组织培养技术进行的一种快速营养繁殖方法。

生物技术在农业和畜牧业方面的优势：（1）提高作物的产量，袁隆平的杂交水稻使得水稻的产量大幅提高，他本人被称为"杂交水稻之父"。（2）牛胚胎分割和移植技术，每头良种母牛原来一生只能繁殖大约10头牛犊，但是采用胚胎分割技术和移植技术，就能使得原本一生只能生下10头后代的母牛变得每年可以产50头以上的小牛。

（3）转基因番茄，华中农大的专家利用生物技术，培育出的转基因番茄具有耐储藏、产量高、品质优良等特点。

（三）生物技术在医药方面的应用

1. 基因工程药品的生产

许多药品的生产是从生物组织中提取的。受材料来源限制产量有限，其价格往往十分昂贵。微生物生长迅速，容易控制，适于大规模工业化生产。若将生物合成相应药物成分的基因导入微生物细胞内，让它们产生相应的药物，不但能解决产量问题，还能大大降低生产成本。例如，胰岛素是治疗糖尿病的特效药，长期以来只能依靠从猪、牛等动物的胰腺中提取，100 kg胰腺只能提取4—5 g的胰岛素，其产量之低和价格之高可想而知。将合成的胰岛素基因导入大肠杆菌，每2 000 L培养液就能产生100 g胰岛素。大规模工业化生产不但解决了这种比黄金还贵的药品产量问题，还使其价格降低了30%—50%。同样的方法可以通过基因工程生产被称为治疗病毒感染"万能灵药"的干扰素和基因工程乙肝疫苗。

2. 基因诊断与基因治疗

DNA诊断技术是利用重组DNA技术，直接从DNA分子水平做出人类遗传病、肿瘤、传染性疾病等多种疾病的诊断。DNA诊断技术具有专一性强、灵敏度高、操作简便等优点。比如，当前可以运用基因工程设计制造的"DNA探针"检测肝炎病毒等病毒感染及遗传缺陷，不但准确而且迅速。通过基因工程给患有遗传病的人体内导入正常基因可"一次性"解除病人的疾苦。

思考题

1. 什么是现代生物技术？
2. 生物技术的种类有哪些，它们之间的相互关系如何？
3. 现代生物技术有何应用？

模块五
自然科学研究综述

专题一　科学、技术与社会

衔接小学科学课程标准

1. 科学、技术、社会与环境的总目标及学段目标。
2. 科学技术与社会发展的联系。

科学与技术，一方面它们是两个不同的学科，二者具有不同的研究对象和研究方法。另一方面，科学与技术又是两个关系非常密切的学科，这既指人们很难把科学与技术，特别是现代科学与技术完全分离开来，也指科学和技术一体化的趋势在当今时代越来越明显。

一、科学与技术的相互关系

（一）科学与技术的区别

科学与技术经常被人们联系在一起使用，简称为"科技"。但是也应该注意到，科学与技术既是两种不同的现象，也是两个不同的学科，二者是有区别的。忽视二者的区别会引起一系列的误解和失误。

科学属于认识范畴，它的主要任务是回答有关"是什么""为什么"的问题，目的是建立相应的知识体系；技术属于实践范畴，它的主要任务是解决有关客观世界（研究对象）"做什么""怎么做"的问题，目的是建立相应的操作体系。

科学或科学研究活动，是对未知世界的探索，所用的方法主要包括观察、实验、收集与整理感性资料、假说、逻辑推理和验证等技术，或具体的技术活动，是在已有理论指导下的实践性探索，所用的方法主要是设计、模拟、类比、试验、放大、制作、标准化、程序化和试用（验收）等。

对于科学或科学的成果，评价的标准是其符合性（理论的最终结果与实验事实是否相符以及符合的程度）、创新性（在理论上是否有突破、是否有创造性）和逻辑性（理论体系的结构是否严谨、自洽）；对于技术或技术产品，评价的标准是其效用性（是否有用以及效用的大小）、可行性（可否实施、实施的条件是否苛刻）和经济性

（投入产出比如何、市场前景如何）。

科学与经济只有间接的关系，虽然科学的成果对经济可能具有长远的影响，但是一般而言，科学在短期之内并不会对经济产生直接的影响。与此相反，技术与经济具有直接的关系，技术产品对经济可能会产生立竿见影的影响。当然，技术对经济的影响也可能是长远的，因为技术一般是保密的，特别是在技术发明的初期是受专利保护的。

（二）科学与技术的联系及相互转化

科学与技术的联系表现或发生在多个方面及不同层次，主要包括以下方面：科学是技术（主要指科学性技术）产生与形成的基础，并为科学性技术的发展不断提供新的知识源泉。技术的需要是科学发展最重要的动力之一。技术为科学研究及其进展提供必要的手段及条件。经验性技术包含一些科学的因素，它的提炼与升华是科学创造的一类源泉。科学可以改进或提升经验性技术。在技术中存在科学问题（"是什么""为什么"），对这些问题的研究将形成技术科学。在科学中存在技术问题（"做什么""怎么做"），这些问题的解决将推动科学发展或产生新的技术，出现了"科学技术化""技术科学化"和"科学技术一体化"的趋势。

科学与技术之间的转化包括科学向技术的转化和技术向科学的转化两个方面。历史上，技术向科学的转化曾经是科学产生与发展的重要途径。但是，20世纪现代科学体系建立以后，科学向技术的转化已成为科学与技术之间相互转化的主流，虽然仍然存在技术向科学转化的现象。

由于科学与技术分属不同范畴（科学属认识和理论范畴，技术属实践与操作范畴），且科学存在着不同的层次（基础科学、技术科学和生产科学），技术也存在着不同的等级（实验技术、专业技术、生产或工程技术等），所以，科学向技术的转化必然要经过一系列的中间环节，并有着方方面面的联系。

二、科学技术与社会的相互关系

科学技术始终是一种在历史上起推动作用的、进步的革命力量。科学技术本身是社会的产物，但是科学技术在推动社会发展方面起着重要作用。科学技术与社会发展是关系人类命运走向的两个重要课题。

20世纪以来人类历史发展与科学技术的竞争，更加深刻地揭示了这样一个道理：科学技术是人类社会发展的"助推器"和"牵引机"，而人类社会发展又是科学技术进步的"实验室"和"加速场"，科学技术与社会发展的有机结合可以促进人类文明的进步。

在人类思想史上，马克思主义创始人最先注意到科学技术对整个社会历史进程的巨大影响并给予了科学的论证。他们在研究这个关系时，确认人类社会的历史首先是生产力发展的历史。作为反映人与自然关系的生产力的实际内容（即社会生产是人类的"第一历史发源地"），是真正的"历史发源地"。而自然科学的成果，恰恰是人与自然相互作用的理论结果。

马克思对自然科学和技术进行考察，并把它作为研究人类社会历史进程的出发点之一，由此提出了一系列观点，主要有：科学技术是提高劳动生产力的要素；科学技术是生产力；技术的本质是人对自然的能动关系，科学技术的力量被资本家无偿占有，成为资本的力量，从而提高剩余价值率，导致无产阶级贫困化；资本主义生产方式中，大规模技术更新及固定资本更新是资本主义再生产周期的物质基础；资本主义制度中，科学技术是社会发展动力、条件及后果。

马克思认为，劳动生产力是随着科学和技术的不断进步而不断发展的。历史上每一次技术革命都是以自然科学理论的革命为先导、以生产工具的改革为标志的，科学和技术的密切结合是推动生产力发展的巨大动力。构成生产力的要素是生产资料、劳动力和科学技术，其中科学技术是决定性因素，它不但渗透在生产资料和劳动力之中，而且还作为一个独立的部分，在生产中发挥着重要的作用。

1989年，邓小平提出："科学技术是第一生产力；科学是了不起的事情，要重视科学，最终可能是科学解决问题。"江泽民也指出："科学技术是生产力发展的重要动力，是人类社会进步的重要标志。"

纵观人类文明的发展史，科学技术的每一次重大突破，都会引起生产力的社会变革和人类社会的巨大进步。

（一）科学技术是社会发展的核心动力

要使社会发展水平大幅度提高，主要是依靠科学技术进步。科学技术可以丰富劳动者的科学文化知识，从而提高他们的劳动技能与水平；可以不断扩大劳动对象的开发范围，从而提高应用能力；可以使劳动组织与管理手段科学化，从而提高劳动过程各个环节之间的协调功能与动作水平。总之，科学技术已经成为社会发展的核心力量，已经成为社会发展强有力的思想武器。

1.科学技术推动经济快速发展

科学技术渗透到社会生产力的各个要素中，引起了它的性质和结构的变化，大大提高了生产力水平，带来生产力的革命性变革。劳动资料是人类劳动经验、技能和科学技术知识的结晶，劳动资料的水平表现了科学技术发展水平。科学技术不仅使人们对自然的开发和利用更加充分有效，而且研制开发出新型材料，使人类的活动范围逐渐扩大，如可再生能源的发现和利用，大大减少了社会生产对一次性非再生能源的依赖，大量人工合成材料的研制成功，为人类提供了许多性能良好的可再生的新材料。

2. 科技进步促进政治民主化

首先，科技进步推动国家关系的调整。科学技术日新月异的变化，使世界一体化的趋势越来越明显，任何一个国家要想在世界占有一席之地，都应该积极参与国际交流、竞争与合作。各国都必须调整战略，主动加强与世界各国及地区的对话与合作，共同关心和解决威胁人类社会发展的各种问题。其次，科技进步加快各国民主化的进程。借助科技成果传媒事业得到飞速的发展，广播、电视、网络等已在百姓中普及，大众传媒的流行不仅开拓了人们的视野，提高了民众的文化素养，而且提高了人们参政议政的热情和能力。特别是信息技术的发展，使得政府的有关精神、建议、决议得以迅速传播，百姓通过网络、电话、广播等可以把自己真实的想法、意见和建议快速传达给政府有关部门，有利于政府政务的公开化、民主化和科学化。

3. 科技发展带动社会道德进步

科学技术是推动社会变革、道德变化的一种内在动力，是推动社会进步、道德提升的一个重要动因。第一，科学技术的广泛应用引起产业变化和新产业诞生，使社会关系发生巨大变化，促使调整社会关系的道德内容不断丰富和发展。第二，运用现代科学技术认识和改造世界，人们的思维方式必定发生变革，促进社会道德理性的提高。第三，科技发展带来丰富的物质财富和先进的技术载体，为人们从事道德教育提供良好条件，有助于社会文明程度的提高。

（二）社会发展是科学技术进步的主要源泉

社会发展与科学技术有着密不可分的联系，人类社会要想摆脱贫穷落后，实现美好崇高的理想，需要科学技术，这种需要就成为推动科学技术进步的主要源泉。

首先，社会发展的需要是科学技术得以产生应用的根本原因。离开了社会发展的需要，科学技术的发展就将成为无源之水、无本之木。在科技发展史上，随着人类维持生存的需要，出现了农业生产技术和机器技术；随着人类对传递信息的需要，出现了信息技术。总之，随着人类各种需要的不断出现和提升，现代科学技术便迅速渗透到人类社会的各个领域，从而使科学技术得以全面地、快速地发展。

其次，社会发展的需要，是科学技术得以纵向深入发展的重要驱动力。社会发展程度的不断提高，使科学技术向纵深发展有了广阔的前景。例如，人类早期的计算活动，使用的是"结绳术"，随着计算活动的复杂化需要，又发明了算盘；随着计算活动的快速化需要，又发明了机械计算机；为了适应更复杂、更快速的计算需要，又研发了第一代电子计算机；为了代替人脑部分功能，把人类从大量重复性的繁重脑力劳动中解放出来，为了能代替更多的人类工作，完成人类在规定时间内无法完成的工作，又发明了第二代、第三代与第四代电子计算机。电子计算机就是适应着社会发展的需要而不断提高，使其原来仅能从事计算工作的单一能力，发展成为可以代替人工绝大部分工作，而活跃在社会各个领域。显然，离开了社会发展的需要，科学技术的深入发展也就无从谈起。

（三）科学技术与社会发展二者密不可分

科学技术与社会发展在某种程度上，可以说是一种鱼与水的相互依存关系。没有科学技术，社会发展必将寸步难行；没有社会发展，科学技术也就没有立足的市场。

在现代社会，一个国家的发展水平如何，关键在于科学技术与社会发展的有机结合程度。科学技术与社会发展能否有机结合，是一个国家发展速度快慢的一个重要影响因素。比如：20世纪60年代，科学技术发展十分迅猛，我国由于种种原因，没有能为科学技术的发展提供一个良好的社会环境与社会条件，丢掉了把我国社会发展与科学技术发展潮流相对接的众多难得机遇，致使我国在发展市场经济过程中，受到种种的挑战，面临重重的困难。

（四）对我国科学技术与社会发展的启示

1. 科技与经济社会共同繁荣

一方面，我们要大力发展科技促进社会主义物质文明和精神文明进步。现代科技对经济社会的促进是全方位的，"现代科技革命的实质是生产力革命"，科学技术不仅使生产力在量上增加，更重要的是使其产生了质的飞跃。科学技术引起了生产力因素的巨大变革，包括生产资料的飞跃、劳动对象的拓展以及劳动者素质的提升。现代科技还促进了社会精神文明进步，当代科技日新月异，带给人类很多关于自身价值和责任问题的思考，从而拓展了我们的精神视野，促进了道德观念的变革。

另一方面，我们要营造良好的社会环境使科技健康发展。首先，实现科学技术的健康发展，要求有稳定的政治环境。当今社会，和平与发展成为时代主旋律，在改革的同时，我们要对外加强团结，对内协调一些因发展产生的利益矛盾和冲突。其次，要建立和健全一套适合科技发展的科学技术体制，其中包括科学奖励、技术专利制度以及科技中介服务体系。最后，我们要大力实施科教兴国战略，把经济发展转到依靠科技进步和提高劳动者素质的轨道上来，真正把教育摆在优先发展的战略地位，努力提高全民族的思想道德和科学文化水平。

2.加快科技体制改革

我国的科技体制改革大力促进了科技创新和先进科研成果的研究工作，但这些进步和发达国家相比是远远不够的，它受到诸多因素的制约和影响，主要有以下几个方面：第一，科技资源分配有限。科技资源是科技发展之本，而我国科研经费的投入相对于发达国家微乎其微。第二，陈旧的科研管理模式。科技在发展，时代在进步，管理模式也须不断完善。企业单位要转向以课题研究和开发为中心的模式，采取公平有效的人才竞争机制，不断完善科技评价体系，大力推进科技创新，给科技人员提供更好的科研平台。

3.合理利用科技"双刃剑"，实现可持续发展

英国的贝尔纳曾经说过："人们过去总是认为科学研究的成果会导致生活条件的不断改善，但是世界大战，接着是经济危机，都说明了把科学用于破坏和浪费的目的也同样是很容易的。"事实的确如此，传统发展观因为缺乏整体协调观念，忽视了环境和生态系统的承受力，片面追求科技发展与GNP增加，因此引发了诸如人口膨胀、空气污染、生物多样性锐减等一系列问题。科技是一把双刃剑，在造福人类的同时，由于人类的不合理利用也给人类带来了灾难，我们应当在实践中充分利用和发挥它的正面效用，设法减弱其负面效应。要做到科学合理利用科技手段实现可持续发展，既要求人与自然之间的协调发展，又要求人与人之间的和谐。

科学技术与社会发展是相互联系，相互促进的，科技的进步离不开社会的发展，社会的发展离不开科技的推动作用。正确地分析和理解科学技术和社会的关系，对于针对我国科技与社会发展的现状采取相应的发展策略，具有十分重要的意义，能够帮助我国走出一条具有本国特色的科技发展之路。

思考题

1.科学与技术有哪些区别和联系？二者之间是如何转化的？

2.如何理解科学技术与社会发展之间的关系？

专题二　科学素养、技术素养与科技教育

1. 小学科学课程的总目标是培养学生的科学素养。
2. 科学探究的总目标及学段目标。

当今世界，科学技术蓬勃发展，深刻改变着人们的生产方式、生活方式和思维方式，提升国民的科学与技术素养凸显得更加重要和迫切。科技教育是提高公众科学素养和技术素养最基本的途径和最主要的手段。

一、科学素养

（一）科学素养概念发展的进程

最早使用科学素养（scientific literacy）这一概念的是美国著名教育家、化学家科南特（Conant）。他在1952年出版的《科学中的普通教育》一书里首次使用这个词，把科学素养定位于普通教育的层面上，这为后来的科学素养研究明确了方向。但是，科南特没有进一步阐述科学素养的具体含义和内容。在这方面做出突破的是著名科学教育家赫德（Hurd）。赫德在1958年发表的题为《科学素养：对美国学校的启示》的文章里把科学素养解释为"理解科学及其在社会中的应用"。在赫德之后还有多位学者对科学素养进行了研究，但总的说来，这一时期的研究多属于个人经验性总结，并没有成形的理论出现。

20世纪60年代中期，美国威斯康星大学科学素养研究中心的佩勒（Pella）对前期发表科学素养概念的文章进行了综合概括，发现科学素养涉及的主题内容有六个方面：科学与社会的关系、科学的伦理、科学的本质、概念性知识、科学和技术、人文中的科学。70年代中期，俄亥俄州立大学的肖瓦特（Showalter）进一步概括科学素养应包括七个方面：科学的本质、科学中的概念、科学的价值、科学过程、科学和社会、对科学的兴趣、与科学有关的技能。70年代末，世界著名的综合科学课程——《苏格兰科学课程》（1977年版）对科学素养的阐释为：科学素养应该包括"关于周围世界的

知识、概念和原理、客观地观察、科学思维的能力、对科学文化的意识、对科学的兴趣和从中得到的欢愉"。

　　进入20世纪80年代，科学素养不再仅仅作为一个概念或理念在理论范围内讨论，而是作为科学教育目标明确提出。美国科学教师协会在1982年发表了题为《科学—技术—社会：80年代的科学教育》的年度报告。在这个报告中，科学素养的基本成分被概括为以下几个方面：科学和技术过程和探究技能；科学和技术知识；科学、技术知识在个人和社会决策中的作用；对科学和技术的态度、价值观和鉴赏能力；在与科学有关的问题中的科学和技术的相互作用。这一时期众多的科学素养理论中，影响最大的是科学素养国际发展中心（芝加哥）主任米勒（Miller）教授在1983年提出的三维模式：关于科学概念的理解；关于科学过程和科学本质的认识；关于科学、技术和社会的相互关系的认识。米勒这一模式具有一定的实证数据作为基础，加上它简洁明确，抓住了科学素养的核心，因而在学术界得到较为普遍的认同。后来，多个国家（包括中国）的学者依据这一理论模型设计问卷或量表对普通公民的科学素养进行了测量。

　　到了80年代中后期，科学素养由目标层次转向教育政策，使科学素养由理念到实践又推进了一步。如美国科学促进会（AAAS）在1985年发起了"2061计划"；加拿大科学会在1983年出版了《科学素养：学校科学课程目标的平衡问题》；以色列科学教学中心在1986年出版了《大众的科学和技术素养：对未来以色列教育的挑战》；90年代初，联合国教科文组织发起了旨在提高全体公民的科学和技术素养的"2000+计划"；到90年代中期，美国《国家科学教育标准》（NSES）更把科学素养教育推向一个新的高潮。下面主要介绍美国"2061计划"和"国家科学教育标准"中的科学素养内容。

　　"2061计划"认为，科学素养应包括多方面的特征，一个具有科学素养的人应该：熟悉自然界，尊重自然界的统一性；懂得数学、技术学和各门自然科学相互依赖的一些重要方式；理解一些重要的科学概念和原理；有科学思维的能力；认识到科学、数学和技术是人类共同的事业并认识到它们的长处和局限；能够运用科学知识和科学思维方法处理个人和社会问题。科学素养可以提高人们敏锐观察事件能力、全面思考能力以及领会人们对事物所做出各种解释的能力。此外，这种理解和思考可以构成人们决策和采取行动的基础。

　　1996年，美国颁布《国家科学教育标准》，对科学素养给出了描述性定义：有科学素养是指了解和深谙进行个人决策、参与公民事务和文化事务、从事经济生产所需要的科学概念和科学过程。有科学素养还包括以下一些特定门类的能力：能对日常所见所经历的各种事物发现、提出、回答因好奇心而引发出的一系列问题；有能力描述、解释甚至预言一些自然现象；能读懂通俗报刊刊载的科学文章，能参与就有关结论是否有根据的问题所做的社交谈话；能识别国家和地方决定所赖以为基础的科学问题，并提出有科学技术根据的见解来；能根据信息源和产生此信息所用的方法来评估科学信息的可靠程度，有能力提出和评价有论据的论点，并能恰如其分地运用从这些论点所得出的结论。

（二）我国社会所理解的科学素养

随着我国素质教育运动的深入，科学素养（亦称为科学素质）的概念也传播和发展开来。20世纪80年代，华东师范大学钟启泉出版了《现代教学论发展》，他认为科学素养包括四个方面：概念性的知识；科学的理智；科学的伦理；科学与人文和技术的相互关系。这可能是中国学者最早全面介绍西方科学素养的理论。

20世纪90年代，南京大学张红霞对科学素养的概念作了本土化的思考。她认为，我国科学素养理论应该结合中国传统文化在以下几方面予以强调：

1. 在认知方面，要注意如下几点：

（1）知道什么是科学知识。分清经验与科学之间的差异；分清迷信与科学之间的差异；分清宗教、艺术与科学之间的差异。知道任何问题都有科学的解决办法或通向科学办法的途径；并能运用一定的科学知识对实际问题进行判断和抉择。

（2）学会科学地分析问题和处理问题的方法。说话、办事能够以事实为根据；尽量避免个人偏见与感情用事；防止个人意愿干扰客观观察；在讨论问题和表达自己观点时，能够做到前后概念一致。当说不清楚的时候，不使用诡辩术。

（3）处理好规则意识与以人为本的关系。通过科学概念的学习和运用，培养人的规则意识。规则是科学研究、科学交流、科学管理的基础。

（4）处理好传统人文精神与现代人文精神的关系。至少从策略上讲，鉴于我们过去长期片面强调传统人文精神，如中庸、忍让、无为，目前应该注重那些与科学理性一致的人文精神，如自主、创新、合作、进取、质疑、诚信、规则意识。以理性思维为基础的人文精神与以情感和信仰为基础的人文精神的联系在于，理性思维是保证情意素质健康发展的重要条件，也是进行有效的、成功的创造性思维的前提。科学素养不能产生所有的人文精神，但科学理性的分析方法与习惯的培养可以辨别和有助于产生先进的为全人类共享的人文精神。

2. 在情意方面要注意如下几点：

（1）注意意志的自主性培养。在意志的四个品质（即自主性、果断性、坚韧性和自制性）中，我们习惯于强调自制性和坚韧性而忽视自主性和果断性。所谓自主性，就是能够主动地提出自己行动的目的，并且能发动符合目的的某些行动，同时又能克制不符合这个目的的另一些行动。具体地讲，要处理好独立人格和集体主义的关系。

（2）鼓励创新精神和质疑态度。在知识经济模式中，只有创新的知识才能产生经济效益；科研成果只有第一，没有第二。而创新精神来源于质疑的态度，科学真理的相对性呼唤质疑精神。科学不怕犯错误，因为科学研究的过程，就是不断否定过去，探索未来的过程。具有科学理性的人，善于发现错误，勇于承认错误，认真纠正错误。

（3）处理好宽容精神与竞争意识的关系。无为而治的时代已经过去了，不进则退。但在公平竞争的同时，要具备现代意义上的以自尊为基础的宽容品质和谦虚精神。要善于合作与交流。要以现代化的团队精神为目标，在竞争中建立"双赢"机制、伙伴关系。

2006年3月，国务院颁布的《全民科学素质行动计划纲要》指出：科学素质是公民素质的重要组成部分。公民具备基本科学素质一般指了解必要的科学技术知识，掌握基本的科学方法，树立科学思想，崇尚科学精神，并具有一定的应用它们处理实际问题、参与公共事务的能力。

（三）我国公民的科学素养现状

中国科协借鉴国际通用的测试公众科学素养的指标体系和方法，从1992年到现在进行了九次全国范围内的中国公众科学素养调查。2015年9月19日，中国科协发布了第九次中国公民科学素质调查结果。调查显示，2015年我国具备科学素质的公民的比例达到6.20%，比2010年的3.27%提高了近90%，进一步缩小了与西方主要发达国家的差距。这一比例日本1991年为3%，加拿大1989年为4%，欧盟1992年为5%，美国2000年为17%。

目前我国公民科学素质水平与发达国家相比仍有较大差距，全民科学素质工作发展还不平衡，不能满足全面建成小康社会和建设创新型国家的需要。主要表现在：面向农民、城镇新居民、边远和民族地区群众的全民科学素质工作仍然薄弱，青少年科技教育有待加强；科普技术手段相对落后，均衡化、精准化服务能力亟待提升；科普投入不足，全社会参与的激励机制不完善，市场配置资源的作用发挥不够。

"十三五"时期是实施创新驱动发展战略的关键时期，是全面建成小康社会的决胜阶段。科学素质决定公民的思维方式和行为方式，是实现美好生活的前提，是实施创新驱动发展战略的基础，是国家综合国力的体现。进一步加强公民科学素质建设，不断提升人力资源质量，对于增强自主创新能力，推动大众创业、万众创新，引领经济社会发展新常态，注入发展新动能，助力创新型国家建设和全面建成小康社会具有重要战略意义。

二、技术素养

随着科技发展和社会进步，技术素养的内涵发生着变化，手工技术时代人们认为手工技能就是技术素养；工业技术时代则认为精深的技术知识是技术素养。正是人们对于技术以及对生活质量不断提高的渴求，推动了技术素养在全球的推广、研究与应用。

据 Gagel考证，技术素养这一术语最早是由美国工艺教育学者Tower 等人在1966年提出的，该词自提出后便指向所有公众素养。1972年，美国学者C. Dale Lemon首先从工业技术领域提出了技术素养，并阐述了技术教育的新目的是为能成为分析技术与社会问题的公民做准备，开始将技术与社会发展问题联系起来。

1985年，美国"2061计划"中首先尝试阐述重要的技术概念和技能并将其作为科学素养的一部分，它突破了过去陈旧的科学概念，建议所有学生学习关键的技术概念，如设计、控制和系统，以及科学与技术的关系。同时还要求理解专门技术的相关概念（如材料、通信、农业技术），这是美国科学与技术教育之间第一次正式的相互作用。

美国1995年出版的《Technology For All America》一书中定义技术素养是使用、管理和理解技术的能力。使用技术的能力包括对当今主要系统的成功操作、知道存在宏观系统的组成和人类合适系统的组成以及这个系统是如何运转的；管理技术的能力包括确保所有技术活动都是有效的和准确的；理解技术不仅包括理解事实和信息，而且还包括综合这些信息并迁移到新视野。

2001年颁布的美国《国家技术教育标准》则进一步认为：技术素养，指的是使用、管理、评价和理解技术的能力。我国一些学者则认为技术素养是一种对技术的全面综合理解与应用的能力，包含辨别不同技术及其用途的能力、知晓技术不仅有正面也有负面效果的能力、有效地使用技术并为人类谋福利的能力等。辨别不同技术及用途的能力包含了对技术的使用与评价的能力，知晓技术不仅有正面也有负面效果的能力就是对技术的评价与理解能力，有效地使用技术并为人类谋福利的能力则包含了对技术的使用和管理的能力。因此，我们可以看出随时代的发展技术素养的内涵也会有所变化，不同文化背景的国家和个人对技术素养也有不同的解释。

2006年，美国技术素养委员会、国家工程协会、国家研究委员会所做的报告提出了分析技术素养的三个维度：技术知识、技术能力、技术思考与行为的方式。这三个方面相互联系、相互影响，形成一个综合性、整体性的素养结构。

技术知识对于技术素养的形成是不可或缺的，技术知识是技术素养的基础。同时，就技术知识本身来讲，它强调技术知识的基础性。它是社会多数人通过学习可以比较轻松和容易地获取的，并在多数人的日常生活中有所应用的知识，而非特定专业领域的专门知识。

技术思想和方法是技术本身所固有的思维方式，是思考、解决技术问题的方式、方法。技术思想和方法是技术素养的灵魂，占据着技术素养思维层面的制高点。它从宏观理论层面上提供了解决技术问题的思路和处理技术问题的方法。技术思想和方法可以在技术知识、技术行为能力获得的过程中得以发展，技术思想和方法也促使技术知识、技术行为能力进一步完善。技术思想和方法的形成需要立足于实践。

技术能力是人们使用技术和运用技术原理解决技术问题的能力，技术行为能力是技术素养的核心。技术行为能力以技术知识为基础，同时离不开技术思想和方法的指导，技术行为能力的形成不能脱离具体的技术实践。应当指出，技术行为能力与具体技术领域中所要求的专业技术能力是有区别的，拥有娴熟的专业技术能力并不意味着拥有完善的技术行为能力，更不意味着拥有完善的技术素养。

三、科学教育与技术教育

理解科学教育与技术教育的关系，不仅关系到科学教育与技术教育在教育领域的定位问题，也关系到未来我国人才资源的组成状态。

（一）科学教育与技术教育的本质区别

科学教育即对科学的教育，是致力于科学技术时代公民所必需的科学素养的一种养成教育，是将科学的知识与能力、过程与方法、情感态度与价值观作为整体，并使其内化成为受教育者的理念与行为的教育活动。

技术教育是一种探讨有关技术的方法、演进、运用和重要性，探讨有关工业组织、人事、制度、资源和产品，以及有关"技术与工业"对社会文化冲击的综合性、行动本位之教育课程。

科学教育与技术教育因为其教育的内容本质上存在的差异，也必然导致其教育形式、目标、评价等具体的教育层面上的差异。如科学教育的目标是培养学生科学素养的教育，包括培养科学的精神与态度，获得科学的方法和知识，增强科学的意识与能力。技术教育的目标包括培养劳动观点、基本技术操作技能，并培养和发展技术发明和技术革新的意识及能力。

（二）科学教育与技术教育的发展历程

1. 科学教育的发展大致经历了与三次科学革命相适应的三个阶段。三次科学革命对科学教育的内容进行了革新，表现出时代特性。同时，从教育的角度，科学教育的发展又表现出受不同时代的教育思潮的影响的特点。其中，以斯宾塞、杜威、布鲁纳的科学教育理论最为瞩目，这些理论对科学教育的实践活动起到了广泛而深刻的影响作用。

斯宾塞顺应时代发展的潮流，对传统的古典主义教育进行了猛烈抨击，充分估计了科学的价值及科学教育在学校教育中的重要性，极大地推动了近代科学教育的产生和发展。但是，斯宾塞的科学方法教育主要体现在他所提倡的新教学方法中，这些方法主要是为掌握系统的书本知识服务的，他还远没有认识到科学方法教育在培育与发展学生的智力和能力上的巨大作用。

杜威主张让儿童搞科学，而不只是学习科学知识，更要重视科学方法的掌握。这在一定程度上克服了斯宾塞的科学教育理论的缺陷。但是，杜威走向了另一个极端：过分重视教育就是生活，忽视了教育为生活做准备的方面；过分重视儿童及其活动，忽视了教材的地位和作用；过分重视科学方法教育，忽视了系统科学知识的掌握。

布鲁纳在强调掌握学科基本结构的同时，还积极提倡发现法。他认为，发现的方法就是一种学习的方法，通常称作发现学习，并无高深莫测之意。他解释道："发现不限于寻求人类尚未知晓的事物，确切地说，它包括用自己的头脑亲自获得知识的一切方法。"他认为"学习就是依靠发现"。他要求学生利用教师和教材所提供的某些材料，亲自去发现应得的结论或规律，成为"发现者"。

2. 技术教育的三阶段论

（1）原始技术教育。在这个阶段的技术教育与劳动教育保持同一性，原始人在生存劳动过程中向后代传授必备的生存劳动技能，此时技术教育是简单的、生存性的。

（2）师徒式培养工匠的技术教育阶段。随着社会分工的出现，依靠工具制作人们生产生活中所需物品的手工工匠行业逐渐形成了师父在生产实践中传授徒弟技艺的技术教育方式。

（3）工业革命以来的近现代技术教育阶段。当技术教育演进到第三阶段，技术教育也经历了200多年的发展变革，最初仅仅培养满足机器化工业所需的单一的技术工人。

1850年，英国政府设立了矿山学校，开展了维持矿山的安全所必需的专门技术的教育训练。随着工业化的进程，技术教育逐渐脱离劳动场所，以学校教育的方式展开。技术教育不再仅限于培养单一的技术工人，而是向着现代教育的多层次复杂结构发展。为了完成这样更高层次的目标，技术教育开始与科学教育、人文教育相结合。

（三）从科学教育到科技教育

随着"现代科学的技术化"和"现代技术的科学化"这种一体化趋势的加强，现代的科学教育与技术教育正呈现出一种合流的趋势，综合成为科技教育。这样，科技教育就包括数学、自然科学等科学教育内容与技术科学、工程技术以及农业、医学等技术教育内容。今天，国际科技教育界虽然有时仍然沿用"科学教育"一词，但实际上其所指已不再是以往的"纯"科学教育了，而是赋予了其新的内涵，即科技教育。

思考题

1. 科学素养与技术素养的内涵包括哪些方面？
2. 当代社会为何要全面提升公民的科学素养与技术素养？
3. 对我国公众科学素养有怎样的本土化解释？
4. 怎样理解科学素养与技术素养在科技教育中的地位？

专题三 西方科技发展历程

1. 工程和技术产品改变了人们的生产和生活。
2. 技术发明通常蕴含着一定的科学道理。

科学技术发展的历史源远流长。二三百万年以前地球上开始有了人类，人从动物界分化出来的标志是工具的制造。人类在制造工具、进行生产劳动的过程中，做出了一系列有重大意义的技术创造，掌握了改造自然的技能，同样取得了一些经验知识。就是在这样的过程中，科学技术的幼芽萌发了。

科学技术发展史是人类认识自然、改造自然的历史，也是人类文明史的重要组成部分。学习了解科技发展史，可以帮助我们熟悉科学家研究科学的心路历程，学习科学家的思维方式，培养对科学现象的洞察力，以及增强分析问题和解决问题的能力。

东、西方的科技发展基本都经历了古代、近代、现代三大阶段。本专题主要介绍西方科技发展历程。

一、公元前的科技发展

公元前的科学研究，对后世影响深远的应属亚里士多德（Aristotle）、欧几里得（Euclid）及阿基米德（Archimedes）。亚里士多德发表《动物自然史》《动物结构学》《动物发生学》及《论灵魂》等书，记载了500多种动物。现代科学可以说是建立于阿基米德的研究之上的。阿基米德是历史上的一位工程师与伟大的数学家，也是对力学有着明显、直接贡献的古代希腊人。今日科学是建立在阿基米德对科学的钟爱以及对基础理论的认知之上，这些基础理论可以直接用数学或是一种物理现象描述。历史上的一些知名科学家，如牛顿、伽利略等人都强烈受到阿基米德及欧几里得等人的影响。

1. 欧几里得和数学基础

欧几里得（公元前330—公元前275）的几何是教导学童进入物理世界的第一个且是最基本的数学工具，但其中几个公理的简单特性可能被误导。早期牛顿曾略读欧几里得的陈述，根据他的一个学生提到的"怀疑为何有人为自娱而写出其演证"，牛顿很快发现自己的错误，再回去仔细阅读《几何学原理》，终于得出他的流数理论（或称为微积分）。

欧几里得的《几何学原理》由13本书组成，前六本以精美的方式介绍平面几何定理；第一本包括重要的毕达哥拉斯定理，它可以说是以几何解释自然的基本原理。接下来的三本是关于数字理论及欧几里得有关全数及质数的讨论，第十本是有关欧都斯讨论过的无理数，最后三本则讨论固体几何。

在西方文化的发展中，欧几里得的几何在物理世界的重要性，可说是非常特别、难以估计的。欧几里得几何只有在非常大的量及距离下，才会有明显误差，它是一种普通感觉世界的数学，而其限制也是近两个世纪以来才变得明显。爱因斯坦就是把欧几里得的概念作为开始，探讨众所周知的相对论的。

2. 阿基米德与科学的兴起

阿基米德（公元前287—公元前212）生长于西西里岛的西那库斯城市，父亲菲狄亚斯是一位天文学家，阿基米德是当时国王亥厄洛二世的朋友。阿基米德曾经游历埃及，并求学于当时希腊的文化及学术中心——亚历山大城。

阿基米德的成就包含他的数学研究论文及特殊发明。《平面的平衡》一书中详细记载了阿基米德对于杠杆原理的证明以及对物体重心的研究。在《球体与圆柱》一书中，记载了阿基米德的球体表面积及球体体积的计算方式。同时，阿基米德对于数学的研究也已接近微积分理论，这些研究工作后来成为17世纪时牛顿及莱布尼兹等人研究工作的基础。在《数砂器》一书中，阿基米德几乎完成对数理论的研究，同时他也用科学记数法记录天文数字，在此书中阿基米德估算约用10^{63}个沙子可以填满宇宙！

阿基米德《浮体》一书记载了他最著名的有关浮力的阿基米德定律，此定律叙述当一物体浸入水中时，此物体所受浮力等于物体排开水的重量。阿基米德叙述了浮力的原理，这也是后来流体静力学的基础。

阿基米德有一些实用的发明，最有名的就是阿基米德螺旋，一种长而长得像螺旋的管子，可以将地下或河流中的水汲取到岸上。另外，他发明了一种球体，构造像太阳系的星球，是一种天体运转的模型，运用水力来驱动，构造十分精密。还有一项发明是利用折亮度量测太阳直径的装置。

在阿基米德著名的数学几何证明中，其中一项是关于圆锥、球体及圆柱之间的关系的，他证明了如果上述三项均具有相同的半径，且其高度等于直径的情况下，圆锥、球体及圆柱的体积比为1∶2∶3；另外，球体的表面积等于圆柱表面积的2/3。这个结果使阿基米德非常着迷，所以在阿基米德的墓碑上就刻画着这个结果。

阿基米德并非第一个发现杠杆原理的人，但他是第一个将杠杆及滑轮组合在一起的人。阿基米德说过一句著名的话："给我一个支点，我可以撬起地球。"

二、公元后至黑暗时代的科技发展

中世纪（公元476—公元1453），随着罗马帝国的衰落，西欧进入黑暗时代。这个名称算是颇为贴切，因为大部分的罗马文明在这段时期受到破坏，并且被所谓蛮族文化所取代，造成随后的10个世纪变成昏昏沉沉的时期。这个时期的欧洲没有一个强有力的统治政权，封建割据带来频繁的战争，这造成科技和生产力发展停滞，人民生活在毫无希望的痛苦中。这个名称的使用，也是因为从这个时代开始，只有少数的历史文献流传下来，让人们仅能借由微光一窥当时发生的种种事件。西罗马帝国崩溃后，北方蛮族入主欧洲大陆，文化发展中断，少数的学术思想仅在教会中流传，一般人民生活在庄园制度下，形同农奴，终日但求温饱。整个社会呈现封闭保守的状态，科学和艺术停滞不前。有人统计，黑暗时代欧洲只出版了1 000本书。在这么长时间内，西方文明的进展非常慢，只有在医学方面有比较突出的研究成果，这是因为医学是属于实用的科学，统治者一般不会去干预。这时候最为著名的医学发展，有2世纪的罗马医学家盖仑（Galen）在解剖、生理、胚胎、病理、医疗、药物等领域的新发现，著述也很多；10世纪的阿拉伯阿维森纳（Avicenna）发表《医典》一书，对以后6个世纪影响很深。

三、文艺复兴时代的科技发展

文艺复兴是14至16世纪在欧洲兴起的思想文化运动，同时带来科学与艺术的革命，揭开了现代欧洲历史的序幕，被认为是中古时代和近代的分界。当时，以地球为宇宙中心的观念，是源自于2世纪杰出的希腊天文学家托勒密（Ptolemy）的数学系统。托勒密的系统深具说服力，且持续了数百年之久，他的系统被用来解释自由落体以及星和云的移动。在神学上，托勒密系统则是用来阐述人类在宇宙中地位的中心理论。

到了16世纪，人类探索世界的发现之旅为多元的世界带来更多的证据，同时罗马教会的权威日渐微弱，使得托勒密系统出现裂隙，1543年哥白尼的身后之作《天体的革命》终于使托勒密系统崩溃。再加上伽利略及开普勒等人的努力，现代天文学得到发展；牛顿的运动理论亦是植根于他们的基础之上。

该时期的伟大科学家及主要成就：

1. 哥白尼与以太阳为中心的宇宙

哥白尼1473年出生在波兰王国托兰的一个富有家庭，10岁时父亲过世，交由舅舅抚养。哥白尼接受了严谨的教育，1491年就读于克雷坷大学，1496年转学到波隆纳大学继续学习希腊文、数学、哲学和天文学。在那个时期，哥白尼曾经受到天文学教授多门尼可·罗维拉的影响，罗维拉教授是早期托勒密系统的批评者，1497年哥白尼曾和他一起目击月食。

哥白尼早在1514年就开始传布他宇宙观的摘要手稿，他伟大的研究则在1530年完成。哥白尼强烈且持续地反驳托勒密有关地球不动的理论，他以自然为本以偏见的谐调为由，批判托勒密认为地球是宇宙中心的学说。哥白尼的著作《天体的革命》流入欧洲有学之士的手中，早期读者对此书的数学部分不甚满意，但更加深了他们对托勒密天文学说的不完整的不满。教会当时并未反对此书，直到1616年，因为伽利略的成功，哥白尼的《天体的革命》遭禁。

哥白尼的生平鲜为人知。他的朋友雷堤可斯虽保留有哥白尼大部分的信件，但其中的传记部分早已遗失。据说哥白尼在死前的病床上才收到《天体的革命》一书。由于罹患中风，他无法亲自订正。不过可以欣慰的是至少在死前他能握着自己的著作。

2. 伽利略与新的科学观

伽利略（Galileo）1564年2月15日出生于意大利的比萨。1581年他进入比萨大学，在1585年获得学位前离开了大学，回到佛罗伦萨教书。1592年，父亲死后，他搬往博德继续教书以及研发军用罗盘等其他事物。

1609年，伽利略发明望远镜，借助望远镜可看见比肉眼所见还要近1 000倍的物体。他用自己制作的望远镜来观察月球，发现这颗地球的卫星有许多麻点，看见了月球上的山峰及河谷，还看见了他所谓的海。他也发现银河似乎是由许多星星所组成的。这与原来托勒密天文学的夜空迥然不同。

这些发现于1610年的《星夜先知》发表后造成了轰动。历史学家罗芬兹将这本小册子喻为"大概是至今通俗科学中最经典的，也是宣扬哥白尼系统中最精湛的杰作"。各地的学者纷纷购买与阅读，五年后甚至有传教士将其翻译成中文版。伽利略的发现中最有趣也最引人注目的就是四个似乎在绕着木星旋转的物体，并一夜又一夜地变换它们的位置。对他而言，这些就是卫星以及一个类似哥白尼结构的缩影。

《星夜先知》的成功，将伽利略向更进一步的发现推近，同样地也将他卷入与天主教教廷的冲突中。他成为名人后，受到教宗的接见，并获得鼓励与支持。之后他又获得曾经受教于他数学与哲学的学生塔斯卡尼公爵寇莫斯二世的资助。1612年，伽利略的漂浮物体论创立了流体静力学。1613年，他发表一系列讨论他观察太阳黑子的文章，公开地承认哥白尼的学说，并且为惯性原理做初步的公式化处理。此时的伽利略已激怒了教廷人士。

1616年，当他访问罗马时，教廷发布反对他的正式教令，警告伽利略不可以教授哥白尼的太阳中心说。伽利略的研究并没有被判定为异端邪说，并为这个处境做出特有的乐观评价。评论家将此事记载为众多纷争的源头。

1623年，伽利略发表了一篇讨论彗星性质的《分析者》，并将其献给早期曾经支持他的新教宗厄班八世。伽利略希望教宗能解除1616年的禁令，但他的资助者寇莫斯二世此时过世了，这使得伽利略处境更加的困难了。1632年，伽利略发表《两大世界观的对话》。由这项科学杰作不难看出，伽利略强烈地想要与其父亲的著作《古典与新潮音乐的对话》看齐，这种心理因素也让他忽略思考他真正的工作重心。1633年，三月《两大世界观的对话》发表后获得了相当大的成功。但六个月后由于教廷裁判长介入干预，《两大世界观的对话》被取缔，稍后伽利略再被传唤到罗马并被监禁。他曾对教宗以及审问他的裁判长提出许多讨论的理由作为申辩，但教廷最后还是宣判他不服从1616年的教令。1637年，伽利略完成了他最后的科学发现"月球的摇晃"。《两大世界观的对话》虽然被查禁，但很快就在整个欧洲的新教徒中传开了。

伽利略死后三个半世纪，1992年，教宗约翰·保罗二世愿意承认教廷在"哥白尼法规"的错误，这代表伽利略曾遭受过天主教教廷不合理的对待，但这似乎只是为了公共关系。为此《纽约时报》给予了一个讽刺的标题——350年后梵蒂冈才表明伽利略是正确的：他们终于行动了。1989年10月，以伽利略命名的太空探测器由美国亚特兰大号航天飞机运载送入385年前伽利略发现有四颗卫星的木星。

3. 开普勒与行星运动定律

乔汉尼斯·开普勒（Johannes Kepler）1571年12月27日生于德国威尔。他于土宾恩上大学，成为梅斯特林的学生，是哥白尼的崇拜者。

开普勒于1597年公开出版了他的理论《神秘的宇宙结构》，支持哥白尼的宇宙太阳中心论。开普勒和传统天文学思想的差异，是以力学的观念提出可以解释行星运动的法则。这是天文学史中自哥白尼以来所没有的概念，而且相当精准地预测行星的运行。

经过不断的实验和纠正错误，开普勒发现行星运动的法则：连接太阳到行星的向量半径，在相等时间内扫过相等的面积。这就是人们所熟知的开普勒第二定律。在哥白尼架构下的第二定律被发现后，行星运行轨道的真实形状尚待确立。在相当多的研究后，开普勒领悟到椭圆形的用处，一个古代时就已知道的形状，它符合精密弧形的预测，遂形成了开普勒第一定律：行星轨道为椭圆形，而太阳正位于其中之一的焦点上。开普勒将第一定律、第二定律写在他1609年出版的《天文学新星》内，开启了对天文学的目标和方法基础性的再教育。

1619年，开普勒出版《世界的和音》，这本书包括了一项基本的科学发现：开普勒第三定律。该定律说明行星运动，行星绕行太阳的周期的平方和行星与太阳的平均距离的立方成正比，以后便能根据行星周期计算行星与太阳的距离。

除了天文学方面的理论，他还发表了两项有关光学的重要论文。《天文缩影》是1619到1621年间出版的，但很快被教会列入禁书的黑名单。1627年，他出版以布拉赫的数据为基础的已知星球的表格，名为《罗多菲表》，该表之后被使用了一个世纪。

4. 牛顿与运动定律

艾萨克·牛顿（Isaac Newton）是西方科学历史中最有影响力的人物。他一直被认为是位具有高智慧的英雄，300多年来在科学界一直美誉永垂，未曾逊色。牛顿并不是科学革命的开创者，然而他的贡献是提供具体可行的模式，并注入基本的知识，使现代人了解物理科学。

1642年12月25日，牛顿出生于英国林肯乡，1661年进入剑桥的三一学院，1664年他被选为三一学院的学者，该大学于1665年关闭。后来他回忆说："那是我发挥我的发明潜力，启蒙我的数学与哲学造诣最重要的时期。"他就在当年根据笛卡特的几何学发明了一套基础微积分，这是数学中用以计算运动变化率的工具。1667年，牛顿回到三一学院，被选为剑桥大学的院士。1669年，牛顿任数学教授。他制造首座反射望远镜，在当时的社会引起了轰动。1672年，他被推选入皇家社团。1684年，牛顿出版了

《De motus Corporum》，数年后完成了更复杂的著作《Philosophiae Natural is Principia Mathematica》。牛顿最得意的著作《原理》（*Principia*）于1687年出版，代表牛顿科学成就的最高峰，也是他科学改革的最终点。

如达尔文所述："牛顿揭发了自然现象的发生与结果，而且完全解开了自然界的潜在的定律。"牛顿死后，亚历山大在教宗曼诺（Woolsthorpe Manor）房间上题字："自然与自然法规全归于他的光，上帝说，让牛顿一身是光。"

牛顿的主要科学成就可归纳为：

（1）微积分奠定了近代数学的基础。1666年，《论流数》一文手稿被发现，这是最早的关于微积分的论述。

（2）光谱分析奠定了近代光学的基础。1666年，牛顿用三棱镜做分光实验；1704年，牛顿出版《光学》一书。

（3）力学三定律奠定了经典力学的基础。1682年，牛顿发表《自然哲学的数学原理》，阐明了运动三定律和万有引力定律。

（4）万有引力定律奠定了近代天文学的基础。

四、工业革命时期的科技发展

瓦特（Watt）发明蒸汽机后，引发了工业革命。一般认为，蒸汽机、焦炭、铁和钢是促成工业革命技术加速发展的四项主要因素。此时期西方科技快速进步，也使得欧洲国家侵略及殖民其他国家。1628年，英国的哈维（Harvery）发表"心血运动论"，发现血液循环。1665年，英国的虎克（Hooke）制成显微镜，观察到植物细胞，首次提出细胞的概念。1771年，英国的普利斯特利（Priestley）首次观察到老鼠在有绿色植物的密闭钟罩内可延长生命，发现植物呼出氧气的现象。1863年，英国的赫胥黎（Huxley）发表《人类在自然界的位置》一书，明确论证了人是猿猴进化而来的观点。1864年，法国的巴斯德（Pasteur）确立消毒灭菌方法；1881年，他采用病原菌毒素的接种法，防治一些疾病，开创了医学上的免疫学。

此时期具有代表性的重要科学家及主要成就：

1. 瓦特与蒸汽机

瓦特1736年1月19日生于苏格兰西部格里诺克，十几岁到伦敦当学徒，学习机械制造。1756年，瓦特回到苏格兰的格拉斯哥，在格拉斯哥大学谋得了一个机修工的职位。在大学里，他认识了著名的物理学家布莱克，从他那里学到了许多热学知识。1763年，他受命修理格拉斯哥大学的一台纽可门蒸汽机，得以仔细研究纽可门机的结构。1769年，他造出了第一台原型机，并获得发明冷凝器的专利。1781年，他改变了蒸汽机只能直线做功的状态，用一个齿轮装置将活塞的直线往复式运动转化为轮轴的旋转运动。1782年，他进一步设计出了双向汽缸，使蒸汽轮流从活塞的两端进入，使热效率又提高了一倍。经过进一步改进后的瓦特蒸汽机，成了效率显著、可用于一切动力机械的万能"原动机"。蒸汽机改变整个世界的时代正式到来了。

到1790年，瓦特机几乎全部取代了老式的纽可门机，瓦特因而受到尊崇。瓦特后来又发明了离心调节器，它使输入的蒸汽不致太多或太少。1800年，瓦特被选入皇家学会，格拉斯哥大学授予他名誉博士学位。

瓦特的发明引发了第一次工业革命。瓦特的主要成就有：

（1）世界上第一台完整的蒸汽机于1776年由瓦特发明。

（2）1781年，瓦特发明"太阳—行星机构"，使往复运动转换成旋转运动。

（3）1788年，瓦特发明离心式调速器，以保证转速的稳定。

（4）1794年，瓦特发明蒸汽压力指示器，以防锅炉爆炸。

2. 达尔文与进化论

查尔斯·罗伯特·达尔文（Charles Robert Darwin）出生于1809年2月12日，8岁时母亲去世，1825年进入爱丁堡大学学医，1827年进入剑桥大学的基督学院就读，跟着植物学家约翰·斯蒂芬·韩斯洛求学，收集甲虫类昆虫，1831年毕业。没多久，他得到了一份到世界各地旅行的工作，在1831年的12月27日登上猎犬号出发，并在5年后返回。达尔文这次与猎犬号的旅行在科学文献上占有一个特殊的地位。

最初他的兴趣在地质学上，而影响他最深的是旅途中所读的书——查尔斯·莱尔的《地质学原则》。达尔文也收集动物与植物，并保持做记录的习惯，他注意到加拉巴哥群岛上的鸟类及龟和邻近岛屿的有微小的差异。他之后写道："我觉得我该感谢这趟远行，它是我的心灵第一次得到真正的训练。它让我注意到植物学的一些分支，并增进我的观察力，即使我已有不错的能力。"

猎犬号在1836年10月2日返回英格兰。1837年，在对旅程仍记忆犹新之时，达尔文开始从大量的记录中归纳出理论性的部分。1838当他读到马尔萨斯的学说时，开始有了他的天择说，也就是生物为了活命而留下有益生存的特色的想法。然而在当时他并没有发表他的理论，而是继续地累积更多资料。之后，他出版了三部有关他观察珊瑚礁、火山岛及其他地质现象的作品，这些作品更加确立了达尔文的专业声望。后来，他又陆续出版了《物种原始》《适者生存》及数本和天择论有关的书，其中有1871年出版的《进化论》、1872年出版的《人类、动物的情感表达》以及1880年出版的《植物变动力量》。

3. 孟德尔与遗传定律

葛内格·孟德尔（Gregor Mendel）生于1822年7月22日，后来就读于欧慕兹大学。21岁时他进入布诺的奥各斯汀尼修道院，1844年至1848年学习完神学、农业及植物学后，他被安排神职。1851至1853年，孟德尔在维也纳大学学数学和自然科学。自1854年开始，他在一所学校任教达14年。

1856年，孟德尔开始用菜豆做一连串的实验。在两年的时间内，他培植豆子以产生有七种特性的纯种，这些特性是选取看得见的性质，如大小、颜色、形状及结构等，然后他交叉培植有不同特性的豆子，如高的和矮的、光滑的和皱的等，期望一个混合的结果。但是，结果显示出不同的特性能各自遗传，有些植物高高的，有的矮矮的，有些豆子光滑，有的是皱的。由此产生的独立分离定律成为三个孟德尔遗传定律中的第一个。孟德尔也发现个别的特性而非全部的性质在复制过程中传下去，七种特性中任何一对各自独立影响。这理论的许多方面在基因的结构建立后有些误差，但孟德尔幸运地使用了豆子，它的外在特性属于不同的分类，这成为孟德尔的第二定律——独立支配定律。孟德尔的第三定律——显性定律，述说在一对遗传特性中，一个多是显性，而另一个是隐性，这个定律是有一定比例的作用，但今日已知其可利用性范围很小。

1865年，孟德尔把实验的结果送至布诺自然历史学会，并于次年发表论文，这篇论文没引起注意。1900年，即孟德尔死后16年，他的论文被荷兰的德弗里斯（De Vries）、德国的柯伦斯（Correns）及奥地利的丘歇马克（Tscherm Enegg）三位植物学家重新发现。创造基因名称的剑桥科学家贝替森（Bateson）把孟德尔的定律引用到他的遗传研究中，贝替森舍弃达尔文的逐渐形成品种的学说，而孟德尔的实验可用来解释他的突变设计。在20世纪30年代，新一代的基因科学家的研究，使有关孟德尔的贡献的困扰得以进一步厘清。孟德尔的理论被认为解释了特性遗传的基本过程，现成为自然选择的一部分，并因染色体的发现而更受到支持。

五、近现代的科技发展

因两次世界大战的军事科技需求，和近代计算机科技的辅助，现代科技的发展在20世纪以后日新月异、突飞猛进。奥地利的兰斯坦纳（Landsteiner）发现人类的A型、B型、O型血型，建立了血液分类学的基础；英国的萨顿（Sutton）确立了孟德尔法则的细胞学基础；波兰的居里夫人（Curie）发现放射性物质；爱因斯坦（Einstein）提出相对论，促成后来核能科技的发展；威格纳（Wegener）提出地壳板块移动的理论，说明地质及生物的分布关联。在现代，科技的研究已经是群体的工作，大规模的人力及物力投入及分工精细，使得科技更加快速地发展。

（一）该时期伟大的科技成就：

1. 提出了四大基础理论：量子力学、相对论、基因理论、系统理论。

2. 形成了五大基本模型：宇宙演化的大爆炸模型；粒子物理的标准模型、DNA双螺旋结构模型、图灵的计算机模型、地壳结构的板块模型。

3. 打造了三大基本技术：物质变化技术、能量转化技术、信息控制技术。

（二）该时期的重要科学家及其主要贡献：

1. 玛丽·居里与放射性物质

玛丽·居里（Marie Curie）1867年11月7日生于华沙的玛亚，1883年高中毕业，1886年开始当女家庭教师并在巴黎完成教育。1891年她在巴黎大学修学位，1893年以优异成绩毕业，是索邦大学第一位拿到物理学位的女性，一年后她又取得数学学位。1895年她与比她大8岁的皮埃尔·居里（Pierre Curie）结婚。

1896年，伦琴发现X射线及贝尔革勒对铀之奇特性质的探讨，戏剧性地影响了物理学发展的路径及玛丽·居里的一生。1897年，她决定以贝尔革勒的放射线研究作为博士论文的题目。1898年4月，居里首次提出她的研究报告，7月发表另一篇论文，居里夫妇报告发现新的元素，他们建议称之为钋，较贝尔革勒的放射线由某些物质产生，显然具有深一层的意义，是一种广泛自然界现象之一，居里夫妇称之为放射性。

由于他们的研究，居里夫妇和贝尔革勒共同分享了1903年的诺贝尔奖。1906年，皮埃尔意外死亡，玛丽接替皮埃尔在索邦大学的教职，成为该大学第一位女性教授。在居里夫妇进行研究时，尚不知放射线的危险性，因此他们并未小心处理他们发现的新元素，1934年7月4日，玛丽·居里死于和放射线中毒有关的白血球症。

2. 爱因斯坦与相对论

阿尔伯特·爱因斯坦（Albert Einstein）生于1879年3月14日德国的乌姆，12岁时就自学几何学，他少年时不寻常的梦想就是揭开宇宙奥妙之谜，他17岁时进入瑞士科技学院，1900年毕业。1902年，爱因斯坦在瑞士专利公司当一名初级专利员。这段时间虽然与物理学界隔离，却也是他发觉物理界现代思想发展的一段重要时期。

1901年至1904年间，爱因斯坦在德国权威杂志《物理学年鉴》上发表了5篇有关热力学和黑体辐射等方面的研究。

1905年，爱因斯坦奇迹般地发表了5篇文章：1905年3月，《关于光的产生和转变的一个启发性观点》发表，文中提出光量子学说和光电效应的基本定律，并在历史上第一次揭示了微观物体的波粒二象性，从而圆满地解释了光电效应（为此获得1921年诺贝尔物理学奖）；1905年4月，《分子尺度的新测定》发表（获苏黎世大学哲学博士学位）；1905年5月，《根据分子运动论研究静止液体中悬浮微粒的运动》发表（有力地提供了原子真实存在布朗运动的证明）；1905年6月，长篇文献《论动体的电动力学》发表（完整提出了著名的狭义相对论理论，开创了物理学的新纪元）；1905年9月，《物体惯性和能量的关系》发表（提出了质量和能量的关系 $E = mc^2$，为原子核能的释放和利用奠定了理论基础）。

当他的文章被物理界认知后，爱因斯坦1909年离开瑞士专利公司，转入祖力克大学任教。1911年他进入布拉格大学，1912年回到祖力克大学，1914年转入柏林大学，此后有更多时间致力于研究。1916年爱因斯坦发表《广义相对论基础》，提出了大质量物体的存在可引起时空连续场的弯曲，为黑洞、大爆炸等新的宇宙论提供了理论依据。1933年爱因斯坦的书籍被德国纳粹烧掉，财产也被没收。爱因斯坦当时在美国任教，从此再未回过德国，后接受普林斯顿高等研究院的终生职位。1955年4月11日，爱因斯坦签署一项和平主义者反原子能的宣言，由哲学家卢塞尔（Russell）送出传阅。1955年4月18日，爱因斯坦在新泽西普林斯顿去世。

3. 巴登与超导现象

约翰·巴登（John Bardeen）1908年5月23日出生于美国威斯康星州的麦迪逊。1923年他进入威斯康星大学就读，对数学、物理学感兴趣。1928年他拿到工程学学位，1929年获得硕士学位，1936年获得数学物理学博士学位。1945年，他在贝尔实验室做固态物理研究。1948年，巴登和布莱登使用锗结晶发明了能扩大音频信号的"点接触"装置，1956年，巴登、夏克里和布莱登共同获得诺贝尔奖。

1950年开始，巴登研究以不同温度制造某些超导性元素的同位素，或者不同形式者。1957年，巴登与纽约的科学家库珀（Cooper）、研究生施里弗（Schrieffer）共同发表BCS理论，该理论是解释常规超导体的超导电性的微观理论，是以三位发现者的名字首字母命名的。因为BCS理论，1972年三人共同获得诺贝尔物理奖，巴登成为第一位在相同的领域得到两次诺贝尔奖的科学家。

4. 沃森与脱氧核糖核酸的结构

詹姆士·沃森（James Watson）1928年4月6日出生于美国伊利诺伊州的芝加哥。1943年他进入芝加哥大学主修动物学，1947年获得学士学位，1950年在印第安纳州获得博士学位，后到哥本哈根做博士后研究。1951年，沃森遇见英国物理学家弗朗西斯·克里克，两人开始合作，于1951年底提出了第一个模型。这个模型是一个由三股链组成的螺旋结构，但后来发现由于少算了DNA的含水量而设想的三股链是不对的，第一个模型失败了。

1952年7月，沃森提出了碱基配对的思想。1953年2月，沃森决定建立一个二链成对的DNA双螺旋模型。1953年4月，他将新的DNA结构模型在《自然》杂志上公之于世。这是一个成功的DNA分子结构模型，它由两条右旋但反向的链绕同一个轴盘而成，像一个螺旋形的梯子，生命的遗传密码就刻在梯子的横档上。

DNA双螺旋结构模型的提出是生物学史上划时代的事件，宣告了分子生物学的诞生。以此为开端，生物学各个领域均发生了巨大的变化。沃森、克里克和维尔金斯因此获得1962年的诺贝尔医学与生理学奖。

沃森1965年第一次发表基因的分子生物学，1983年发表微分子生物学，从1988年10月开始致力于人类基因的研究，直到1992年4月辞职为止。

思考题

1. 世界科技发展史上，公元前的科技发展代表人物有哪些？

2. 文艺复兴时期的著名科学家及其主要成就有哪些？

3. 近现代时期的著名科学家及其主要成就有哪些？

专题四 中国科技发展历程

衔接小学科学课程标准

1. 工程和技术产品改变了人们的生产和生活。

2. 技术发明通常蕴含着一定的科学道理。

中国是四大文明古国之一，我们的科技发展与西方一样，也基本经历了古代、近代、现代三大阶段。

一、中国古代的科技发展

中国古代科学技术在世界科技发展史上有重要的历史地位。它的发展从远古时代开始原始积累，春秋战国奠定基础，两汉、宋元达到两次高潮，中经魏晋南北朝的充实提高和隋唐五代的持续发展，至明万历以后虽比同时期的西方已经大为落后，但仍有缓慢进展，也出现了一系列集大成的著作，传统科学思想从高峰走向总结。

中国古代社会从五帝、夏、商、周直至清末，近4 000年的时间一直绵延不断，既不曾发生过像罗马帝国那样中断无继的历史悲剧，也不曾经历西欧中世纪的黑暗时代。这就使中国古代科学技术的发展得以世代相传、连续积累，并在这个基础上走向自己的巅峰。

世界著名科学史学家李约瑟撰著的多卷本《中国科学技术史》，花费了近五十年心血，通过丰富的史料、深入的分析和大量的东西方比较研究，全面、系统地论述了中国古代科学技术的辉煌成就及其对世界文明的伟大贡献，内容涉及哲学、历史、科学思想、数、理、化、天、地、生、农、医及工程技术等诸多领域。

李约瑟把中国古代各个时期的重要科技成就作为纵线，世纪年代作为横线，制作了一幅科技发展的示意图，它清楚地表明：无论是以前4 000年，还是近500年来，中国科学技术"事实上一点儿没有退步"；而是"一直在稳缓地前进"。他在《中国与西方的科学与社会》一文中还指出："我常喜欢用一种相对来说缓缓上升的曲线来说明中国的演变，显然这曲线比欧洲同一时期，譬如说公元2世纪至15世纪的演变过程的曲线上升得高，有时高得多。"

我国四川大学周仲壁与四川科学技术出版社的周孟璞两位先生在《中国近代科技落后原因初探》一文中也以中国的自然科学大事、西欧的自然科学大事和著名科学家的人数作为纵坐标，世纪年代为横坐标，制作了三条增长曲线，中国的那条曲线同样显示出我国古代科学技术的发展是缓慢而连续的。在4 000年漫长的历史长河中，春秋战国、两汉（尤其是东汉）与宋元（尤其是北宋）时期，中国古代科学技术的发展基于政治、经济、文化、社会等方面的内外因素又都显示出阶段性的高潮。

（一）春秋战国时期

春秋战国时期可以说是我国古代科学技术的全面奠基时期，也是第一次大发展时代，由于新兴封建制度优于奴隶制度，其成就不仅赶上而且超过了早期科学技术最发达的古希腊。

春秋末期出现了块炼铁渗碳钢，战国时期又出现了白口铁处理技术，这些冶铁技术的发明，是一个突出的标志，正是它大大促进了农业和手工业的发展。在农业方面形成了以精耕细作为主要内容的中国传统农业，战国末年写成的《吕氏春秋》，其中的《上农》《任地》《辩土》《审时》等篇称得上是农业科技的论文开端。以都江堰、郑国渠两个大型灌溉工程的兴建为标志，展现出为农服务水利工程设施的空前

发展。

《考工记》中生产工具、乐器、建筑、交通运输、皮革制造、染色、玉器等36项专门实用工艺技术的记述，显示了这一时期手工业内部的细密化及其技术的规范化与科学化程度已达到相当高的水平。它记载了大量实用力学知识，是我国古代第一部工程技术知识的总汇。

《墨经》中包含有关于力学、光学、声学、几何学、逻辑学以及对物质结构的猜测等科学成就，它不仅是我国第一部几何光学著作，而且在世界上也是领先的，比欧几里德几何光学要早百余年。同时，它也是古代力学与光学论说的代表作，"力"概念的提出及光直线传播思想的揭示，更为这部著作增添了亮丽的光彩。

可以这样说，《考工记》与《墨经》是我国古代经验科学出现的标志，是春秋战国时期人们将生产、生活实践中取得的丰富经验进行抽象概括的成果。

数学、天文学与历法方面都有了广泛的发展与进步。十进位值制和筹算制度不断得到完善，为后世具有中国特色的计算数学体系的形成确定了基础。有关天象观测的记载详尽准确，即使在今天仍不失为天文研究的宝贵历史资料。

在地学方面，《山海经》《禹贡》《管子·地员》等著作的出现，标志着人们的地理知识已从地理资料的积累，上升到进行某种形式的综合论述与区域对比，以服务于当时的政治、经济需要。

在医学方面，以《黄帝内经》等著作为代表，以人体器官整体观、阴阳五行论与脏腑经络学说为理论基础，以人体解剖、生理、病理、病因诊断等的研究与实践为重点，兼及针灸、经络、卫生保健等诸多方面，构成了我国特有的医学体系的最初基础，并在临床上显示出杰出的贡献。

我国人民寻求对自然界物质本源的认识，继五行、阴阳说之后，元气说与原子论是两大发展线索，它们的确立都分别肇始于这个时代的荀况与墨翟。

（二）两汉时期

两汉时期是我国古代科学技术发展的又一高峰期。一方面，科技本身经过了春秋战国的长期酝酿、积累和实践，到这时量变达到了足以引起质变的地步。另一方面，社会政治上的统一与安定，经济的恢复与持续发展，为科技活动和科技新高潮的到来创造了良好的外部条件。这时期科技人才辈出，科技著作大批问世，科技成果辉煌，科技对生产的渗透与协调日益显著。

《九章算术》以及《周髀算经》的成书显示出以算盘为计算工具的独特数学体系的形成，形数结合，数学算术化是其特征。今天，由于计算机的出现，算术化倾向于现代数学中的作用已日渐显著，中国古代算术的思想与方法和现代计算机科学与技术正相融合，为此它将重新焕发青春，以崭新的面貌重现，在数学发展中扮演重要角色。

这个时期已确立了我国后代历法体系、规范和基本内容的原始框架，而以张衡为代表对天文仪器的研制和对天象的观察与记录以及论天三家为代表的宇宙论则形成了中国古代天文的固有传统。

《汉书·地理志》的出现，开拓了沿革地理研究的新领域。《神农本草经》是我国秦汉以来药物知识的总结，它为后世本草学奠定了基础；《伤寒杂病论》不仅确立了辨证论治的医疗原则，而且大为充实了中医药体系的内容，更加切合医疗的实际应用。

《氾胜之书》可以说是对农业知识的总结。《论衡》《淮南子》《淮南万华术》《周易参同契》《尔雅》等书中也包含了丰富的物理、化学或生物学知识。在生产技术方面，像冶铁、纺织机械、农具制造、造纸工艺、漆器工艺、船舶制造等都已出现，并达到了相当的水平，成为我国古代只有传统特色的主要技术。赵过的铁脚耧车、杜诗的水排、梯级船闸设计的原理与方法、木结构建筑风格、竖炉冶炼法、实测基础上绘制的地图等都是突出的成果。造纸术更是汉代一项最重大的发明，也是我国对世界文明的一大贡献。牛耕的推广与代田法、区田法耕作制度的创新，则在当时条件下起到解放和促进生产力发展的重要推动作用。

以王充为代表的元气论与董仲舒为代表的"天人感应"说的对立与斗争，是我国科学思想史发展的又一里程碑。

（三）宋元时期

宋元时期是我国古代科学技术达到高度发展阶段的又一高潮时期。

我国的科学技术自两汉而后，经魏晋南北朝的充实和提高，到隋唐五代技术发展，并呈现一股继续高涨的趋势。前者对中国古代科技的贡献，可以刘徽与祖冲之的数学、裴秀与郦道元的地学、贾思勰的农学、王叔和与皇甫谧等的医药学、葛洪的化学等为标志；后者主要有李淳风、僧一行等的天文学、李淳风与王孝通的数学、孙思邈的医药学以及柳宗元与刘禹锡等人的天人论与宇宙观等。

这种趋势因宋元时期经济发展、文化昌盛、理学形成、战争和其他需要而得到强化。统治阶级为满足自身、政权和社会对科学技术的多方面需要，通过完善教育体系，举行多元化考试，奖励发明创造和培养扶植科技人才等措施，助长、推动和促进了科技的发展，而安定与富裕的社会环境和发达的出版业则又提供了良好的研究条件。求索物理，格物致知，怀疑、探索、创新的学风催促知识分子中具有务实思想的人考察和研究自然事物以及如何使之有利于国计民生。国内各民族之间的文化交流与国外的文化交流，也加速着科技的发展。这一切使宋元时期成为中国古代科技发展的黄金时代，天文、地学、生物、数学、物理、化学均有突出成就。

作为世界古代文明标志的指南针、火药和印刷术三大发明的出现和大规模使用均始于北宋，以沈括、苏颂、郭守敬、李冶、秦九韶、杨辉、朱世杰、赵友钦、毕昇、陈旉、王祯、李杲、李诫、曾公亮等为代表的科技名家辈出，硕果累累，以《梦溪笔谈》《营造法式》《四元玉鉴》《武经总要》《王祯农书》《陈旉农书》《革象新书》等为代表的科技著作纷纷面世。正是诸多科技前辈先后在各方面的努力，不断将宋元时期的科学技术推进到一个新的高度。

以宋元秦九韶、李冶、杨辉、朱世杰为代表的数学四大家，使宋元数学在中国古代以筹算为主要计算工具的传统数学的发展达到登峰造极的阶段。大规模的恒星观测，各种天文观测仪器的研制成功把我国古代天文学推向它的发展高峰。沈括在磁学方面的成就在当时是处于世界领先水平的。金元时期的四大医学学派和相应的医学流派使中国医药学得到全面发展。

《陈旉农书》与《王祯农书》，先后总结了宋元时期的农业生产实践经验，后者所附录的"农器图谱"展示了我国古代农业生产器具方面的重要成就，成为后世记述农具图书的范本，反映了当时农学的高度发展。

宋代动植物志、谱录大量出现并形成出书高潮，吴简和宋景《欧希范五脏图》、杨介《存真图》显示了解剖学上的发展，应该说这时的生物学成就也是不小的。

在这一时期，地学方面的成就也很突出。元代朱思本的《舆地图》不仅总结了唐宋以来的地理学成就，还根据实地调查，在制图方面取得成绩，其精确度已达较高水平，《舆地图》成为明清时期我国舆图的范本。杜绾的《云林石谱》的出现，反映了矿物学在宋代已较前有了很大进展。在这些学科发展的同时，水利、冶金、印刷、瓷器、机械制造、建筑、纺织、交通工具、兵器等方面也呈现出蓬勃发展的势头。

以张载为代表的唯物主义的气—元论自然观、以沈括为代表"验迹原理"和科学方法、朱熹的"格物致知"的科学方法，无疑是北宋时哲学和科学发展所取得的重大成就，对宋元时期的科学技术的发展产生了重大影响。当然，朱熹的理—元论的自然观对当时科技的影响也是不可低估的。

（四）明清时期

明清时期虽相对于前发展趋势明显下降，但这一阶段也有一些著作问世，像李时珍的《本草纲目》、朱载育的《乐律全书》、徐光启的《农政全书》与徐霞客的《徐霞客游记》。

宋应星的《天工开物》更是一部百科全书式的科学技术著作，不仅是我国科技史上的一颗明珠，也是世界科技史上光彩夺目的瑰宝。王夫之、王廷相、戴震的元气本体论使张载的自然观更臻完善和具体化。

兵器制造家龚振麟在鸦片战争爆发后，眼见大好山河被英国侵略者践踏，刻苦钻研科技、改良兵器，自觉投身于反侵略战争中，他亲身奔赴甬东战场，仔细观察英军火轮，制成用人力驱动的叶轮击水"车轮船"和"车轮战船"。在林则徐"戴罪立功"于浙江期间，他被调到炮局工作，造出了"枢机新式炮架"，使大炮能够四面转动，灵活射击。

李善兰的《方圆阐幽》是清代的数学著作，其内容是关于幂级数展开式方面的研究。李善兰创造了一种"尖锥术"，并把"尖锥术"用于对数函数的幂级数展开；用求诸尖锥之和的方法来解决各种数学问题。虽然他在创造"尖锥术"的时候还没有接触微积分，但他实际上已经得出了有关定积分的公式。英人伟烈亚力认为李善兰所著书中，"其理有甚近微分者"。李善兰的这一成就表明，即使没有西方传入微积分，中国数学也会通过自己特殊的途径，运用独特的思想方式达到微积分，基本上完成由初等数学到高等数学的转变。

明末清初中西科学成就交融与会通的起步以及清代传统科技仍然缓慢推进也是清晰可见的。

二、中国近代的科技发展

近代科学技术自19世纪传入中国以来，经历了一段非同寻常的曲折过程。从19世纪中叶自强运动中开始的"师夷之长技"和"求强求富"，到20世纪初年的"科学救国""实业救国"思潮，从20世纪50年代的"向科学进军"，到20世纪末叶的"科教兴国"战略，中国人对科学技术给予了无限的希望、梦想和憧憬！

（一）20世纪上半叶

1. 詹天佑和京张铁路

1905年，清政府任命詹天佑为总工程师，主持修建京张铁路，1909年京张铁路全线竣工。这是近代中国人自行设计和施工的第一条铁路干线。这也是詹天佑率领全体筑路工人，将精准审慎的科学态度与艰苦奋斗的民族传统相结合，为振兴中华，谱写成的一曲壮丽凯歌。

京张铁路1905年9月4日开工，12月12日开始铺轨。1906年9月30日第一段工程全部通车。1908年9月完成了第二段工程。1909年4月2日火车通到下花园。经过四年建设后，1909年8月11日全部建成，10月2日通车。施工时间比原定时间缩短了两年，而建造成本亦比原来预算节省了三十五万两白银（也有一说是节约了二十八万两）。总费用只有外国承包商过去索取价银的五分之一，可谓花钱少，质量好，完工快。在事实面前，外国人也不能不折服。

京张铁路是中国人自行设计和施工的第一条铁路干线，是中国人民和中国工程技术界的光荣，也是中国近代史上中国人民反帝斗争的一个胜利。

1909年，京张铁路举行了通车典礼仪式，在昌平南口火车站，有上万的中外嘉宾到场参加庆典。在众人的欢呼和庆贺声中，詹天佑也发表了演说，他高度评价铁路工人的贡献："非有体力魄力，心灵手敏之人，莫克竣工。"京张铁路的建成，不仅为詹天佑在世界上赢得了声誉，更重要的是为整个中国铁路工程技术界在世界上赢得了地位。

2. 冯如与中国第一架飞机

冯如，原名冯九如，广东恩平人。他是中国从事飞机研制、设计、制造和飞行的第一人。冯如是中国第一位飞机设计师、制造家和飞行家，冯如研制的飞机，飞行高度、时速和航程均创当时世界纪录。

1906年，冯如在纽约学习机器制造之后，重返三藩市，开始招徒制造机器，同时也开始收集有关设计、制造和驾驶飞机的资料。终于在1909年9月，即世界第一架飞机问世不到6年的时间内，完成了中国人自己设计、自己制造的第一架飞机，从而跻身于早期世界航空之林，称为"冯如1号"。1911年1月他研制成功了一架新型飞机，称为"冯如2号"，并于1月18日试飞成功。

1911年1月至2月期间，冯如驾驶飞机在海湾多次环绕飞行，其最高时速为104千米，飞行高度达200余米，性能达到了当时世界的先进水平。1911年2月22日，冯如率助手朱竹泉、司徒璧如和朱兆槐携带飞机和设备乘轮船回国。

1911年10月10日，震撼世界的武昌起义爆发。11月9日，广州光复，广东革命政府成立。冯如毅然率助手参加革命，并被任命为广东革命政府飞机长，成为中国第一个飞机长。他立即在广州燕塘建立广东飞行器公司，这是中国国内的第一个飞机制造厂。经过3个月的努力，于1912年3月，制成一架与"冯如2号"相似的飞机，这也是中国国内制成的第一架飞机，揭开了中国航空工业史的第一页。因此，冯如也是我国近代航空事业的创始人和开拓者。

1912年8月25日，冯如在广州燕塘公开进行飞行表演。冯如急于升高，操纵过猛，致使飞机失控坠地，机毁人伤。经医院抢救无效死亡，冯如以身殉国，时年仅29岁。

（二）20世纪下半叶

新中国成立后，我国科技事业突飞猛进。国家在快速恢复国民经济的基础上，加大了对科技的投入力度，取得了一系列重大科技成就，涌现出了"中国导弹之父"钱学森、"两弹元勋"邓稼先、"杂交水稻之父"袁隆平等一批杰出科学家，尤其是国防科技成就最为突出。"如果60年代以来中国没有原子弹、氢弹，没有发射卫星，中国就不能叫有重要影响的大国，就没有现在这样的国际地位。这些东西反映一个民族的能力，也是一个民族、一个国家兴旺发达的标志。"这是邓小平对新中国成立以来中国国防科技所取得重大成就的高度评价。

新中国成立后，取得的重大科技成就：

1. 50年代：武汉长江大桥落成；第一座实验性原子反应堆正式运转。

2. 60年代：万吨水压机制造成功；第一颗原子弹爆炸成功；人工合成牛胰岛素结晶成功；第一颗氢弹爆炸成功。

3. 70年代：我国第一颗人造卫星"东方红1号"发射成功。

4. 80年代：首次用一枚火箭发射三颗人造卫星；潜水艇水下发射运载火箭成功；"银河Ⅰ型"巨型计算机系统研制成功；同步实验通信卫星发射成功；北京正负电子对撞机首次对撞成功；葛洲坝工程全部建成。

5. 90年代："银河Ⅱ型"计算机研制成功；大亚湾核电站1号机组启动运转，这是我国目前最大的核电站。

思考题

1. 比较中西方科技发展历程的异同及各自优势。

2. 中国古代的科技发展分哪几个时期？各有何特点？

3. 举例说明中国近代的科技发展成就及代表人物。

专题五　现代科技的发展及其成就

接近小学科学课程标准

1. 工程和技术产品改变了人们的生产和生活。
2. 技术发明通常蕴含着一定的科学道理。
3. 工程是科学和技术为基础的系统性工作。
4. 工程的核心是设计。
5. 工程设计需要考虑可利用的条件和制约因素，并不断改进、完善。

一、现代科技的发展趋势

（一）科学技术发展的高速多元化

现代科学技术的发展，在宏观上朝着科学前沿和尖端技术的方向高速发展，一个个科学谜团被不断地解开，一个个技术极限接连被突破；在微观上呈现出多元化发展的状况，大量的边缘学科、综合学科和尖端、高新技术纷纷涌现，体现了现代科学技术蓬勃发展的态势。

（二）科学技术发展的快速普及化

现代科学技术"理论—技术—应用"的周期在不断地缩短，科学技术的成果越来越趋向于大众化、普及化和实用性。例如，计算机、通信设备等高科技产品，一方面在技术上科技含量不断提高，更新换代不断加快。另一方面在使用上越来越经济、实用和方便，面向大众的趋势越来越突出。

（三）科学技术发展的国际合作化

现代科学技术的研究开发在许多领域呈现出高投入、高风险、高科技和综合化的状况，许多前沿课题的研究往往需要通过广泛的国际协作共同完成。例如，人类基因组计划的实施和空间技术的开发等，使科学技术的发展不断地超越地域和国界的限制。

（四）科学技术发展的综合系统化

现代科学技术的研究，往往不再是单个专业和学科闭门造车，而是多领域、多专业和多技术的合作研发，形成庞大的系统工程。例如，空间技术的开发涉及物理学、材料学、医学、自动控制、电子技术、计算机技术、喷气技术、真空技术、低温技术、半导体技术和机械制造工艺等各个领域。

二、现代科技的新成就

（一）21世纪十年间照亮世界的十大科技成就

1. 火星、月球发现有水

2004年1月4日和1月25日，美国"勇气号"和"机遇号"火星车分别在火星登陆。两辆火星车的最大成就是共同发现了火星上曾经有水的证据。同时，在环火星轨道上运行的欧洲"火星快车"探测器也发现火星南极存在冰冻水。这是人类首次直接在火星表面发现水。在经历9个多月的太空旅行后，美国"凤凰号"火星探测器于2008年5月25日成功降落在火星北极附近区域，这是第一个在火星北极附近着陆的人类探测器。按照计划，"凤凰号"着陆后展开了为期3个月的火星地面探测。同年7月30日，"凤凰号"的机械臂把一份土壤样本递送到热量和释出气体分析仪中。在样本加热时，分析仪鉴别出其中有水蒸气产生。这是火星上存在水的最直接证据。

2009年11月，科学家们肯定地表示，月球上有水而且数量可观。2009年10月9日，美国航空航天局利用火箭在月球表面撞出一个直径100英尺的坑，并在产生的碎片中测量到25加仑以水蒸气和冰的形式存在的水。

2. 人类基因组序列图完成

2000年6月26日，时任美国总统克林顿和时任英国首相布莱尔联合宣布：人类有史以来的第一个基因组草图已经完成。

2001年2月12日，中、美、日、德、法、英等6国科学家和美国塞莱拉公司联合公布人类基因组图谱及初步分析结果。

人类基因组计划中最实质的内容，就是人类基因组的DNA序列图，人类基因组计划起始、争论焦点、主要分歧、竞争主战场等都是围绕序列图展开的。在序列图完成之前，其他各图都是序列图的铺垫。也就是说，只有序列图的诞生才标志着整个人类基因组计划工作的完成。

2003年4月15日，在DNA双螺旋结构模型发表50周年前夕，中、美、日、英、法、德6国元首或政府首脑签署文件，6国科学家联合宣布：人类基因组序列图完成。

人类基因组图谱的绘就，是人类探索自身奥秘史上的一个重要里程碑，它被很多分析家认为是生物技术世纪诞生的标志。也就是说，21世纪是生物技术主宰世界的世纪，正如一个世纪前量子论的诞生被认为揭开了物理学主宰的20世纪一样。

3. 细胞重新编程技术

美国《科学》杂志评选出的2008年十大科学进展，细胞重新编程"定制"细胞系方面的进展名列第一位。

《科学》杂志说，这些细胞系以及"定制"它们的有关方法，为科研人员理解甚至未来治愈一些医学上的顽疾提供了工具，比如帕金森氏症、Ⅰ型糖尿病等。

所谓细胞重新编程，是指通过植入新的基因，改变细胞的发育"记忆"，使其回到最原始的胚胎发育状态，就能像胚胎干细胞那样进行分化，这样的细胞被称作"诱导式多能干细胞"。

2008年，有两个科研小组从罹患不同疾病的患者身上提取细胞，重新编程，使其"变身"为干细胞。他们选取的疾病大多数是很难或者不可能用动物模型来进行研究的，这就使得获取人类细胞系进行研究的需求变得更为迫切。

《科学》杂志认为，这些新的细胞系将成为科研人员理解疾病如何发生、发展的重要工具，另外对医学领域筛选潜在药物可能也有帮助。如果科学家将来完全掌握细胞重新编程技术，能够更准确地控制这一技术，使其变得更加有效、安全，那么患有不同疾病的患者将有可能用自体健康细胞来治病。

4. 人类最早祖先确定

身高4英尺（约合1.21米）的"阿尔迪"成为迄今为止人类发现的最古老原始人。她生活在440万年前，直到1992年才被发现。经过17年的探寻和研究，科学家将埃塞俄比亚出土的100多块碎片拼接起来，并成功复原了她的骨骼模型。

2009年10月，科学家公布了这一成果。令人吃惊的是，作为人与黑猩猩的共同祖先，"阿尔迪"却与黑猩猩大不相同。此外，尽管生活在森林中但能够直立行走的事实，推翻了此前有关空旷草原地形对于人类两足发展至关重要的理论。

5. 证实宇宙暗物质存在

2003年，美国匹兹堡大学斯克兰顿博士领导的一个多国科学家小组，借助了美国"威尔金森微波各向异性探测器"卫星的观测数据以及另一项名叫"斯隆数字天宇测量"的观测计划的结果进行了对比分析。观测分析得出的结论认为，宇宙中仅有4%是普通物质，23%是暗物质，73%是暗能量。2006年，一个美国天文学家小组通过美宇航局的"钱德拉"X射线太空望远镜等设备观测遥远星系的碰撞，发现了宇宙暗物质存在的最直接证据。2007年，欧洲和美国的科学家在《自然》杂志上发表了首次为宇宙暗物质绘出的三维图。

6.干细胞研究成果丰富

2000年，克隆和干细胞研究取得进展。在克隆方面，科学家克隆成功了最难克隆的动物之一——猪。

2002年，以色列科学家将人体"肾脏前体细胞"移植到老鼠体内后，该细胞发育成与老鼠本身肾脏大小差不多的、具有一定功能的类似器官。

2003年，美国科学家首次对人类胚胎干细胞完成了基因工程操作，在干细胞应用于医疗研究上前进了一大步；日本科学家首次培育出人体胚胎干细胞；中国科学家首次将人类皮肤细胞与兔子卵细胞融合，培植出人类胚胎干细胞。

2006年，澳大利亚科学家在世界上首次成功利用单个干细胞使实验鼠体内新长出乳腺。英国科学家首次利用脐带血干细胞培育出微型人造肝脏。

2007年，美国和日本两个独立研究小组分别宣布，他们成功地将人体皮肤细胞改造成了几乎可以和胚胎干细胞相媲美的干细胞。这一成果有望使胚胎干细胞研究避开一直以来面临的伦理争议，从而大大推动与干细胞有关的疾病疗法研究。

7. 纳米技术重要应用

2001年，纳米技术领域获得多项重大成果。继在2000年开发出一批纳米级装置后，科学家再进一步将这些纳米装置连接成为可以工作的电路，这包括纳米导线、以纳米碳管和纳米导线为基础的逻辑电路以及只使用一个分子晶体管的可计算电路。分子水平计算技术的飞跃有可能为未来诞生极微小但极快速的分子计算机铺平道路。

2003年，美国加利福尼亚大学伯克利分校的科学家用碳纳米管研制出世界上最小的纳米电动机。

2006年，美国佐治亚理工学院教授王中林等人成功地在纳米尺度范围内将机械能转换成电能，研制出世界上最小的发电机——纳米发电机。

8. 欧洲强子对撞机启动

欧洲大型强子对撞机是目前世界上最大的强子对撞机。2008年9月1日，对撞机正式启动。9月19日，对撞机因事故被迫停止运作。

2009年11月20日，对撞机重新启动，并实现了第一束质子流贯穿整个对撞机。2009年11月30日，创造了质子加速的新世界纪录。对撞机将两束质子流加速到了1.18万亿电子伏特的能级，打破了美国费米国家实验室加速器2001年创下的0.98万亿电子伏特的纪录,这使得大型强子对撞机真正成为世界上"最强的机器"。2009年12月8日晚,又成功实现一次总能量高达2.36万亿电子伏特的质子流对撞,再次创下能级最高纪录。

欧洲大型强子对撞机从20世纪90年代初开始设计,来自包括中国在内的80多个国家和地区的约7 000名科学家和工程师参与建设。它位于日内瓦附近瑞士和法国交界地区地下100米深处总长约27千米的环形隧道内。

9. 人类探测器创最远纪录

欧洲航天局官员2005年1月15日凌晨宣布,地面控制中心已收到来自"惠更斯号"探测器经由"卡西尼号"飞船传回的信号,表明"惠更斯号"已成功登陆土卫六。这创造了人类探测器登陆其他天体最远距离的新纪录。

"惠更斯号"探测器是1997年10月由美国"卡西尼号"飞船携带发射升空的,经过7年约35亿千米的飞行后进入土星轨道,并于2004年12月25日分离。

10. 庞加莱猜想被证明

2006年6月3日,经过美国、俄罗斯和中国数学家30多年的共同努力,两位中国数学家——中山大学的朱熹平教授和美国里海大学教授及清华大学兼职教授曹怀东,最终证明了百年数学难题——庞加莱猜想。

1904年,法国学者亨利·庞加莱提出了一个猜想:在一个封闭的三维空间,假如每条封闭的曲线都能收缩成一点,这个空间一定是一个圆球。庞加莱的短短几行字,成为数学界100多年未能证明的难题。庞加莱猜想和黎曼假设、霍奇猜想等一样,被并列为七大数学世纪难题之一。

(二)21世纪初中国的科技成就

1. 人类基因研究成就巨大

2000年6月26日,人类有史以来第一个基因组草图终于绘制完成,我国科学家参与并高质量地完成了人类基因组工作草图绘制百分之一的测序任务。这表明中国科学家有能力跻身国际科学前沿,并做出重要贡献。

2. 航空航天技术发展迅速

2000年12月21日,我国自行研制的第二颗"北斗导航试验卫星"发射成功,它与2000年10月31日发射的第一颗"北斗导航试验卫星"一起构成了"北斗导航系统"。这标志着我国将拥有自主研制的第一代卫星导航定位系统,这个系统建成后,主要为公路交通、铁路运输、海上作业等领域提供导航服务,对我国国民经济建设将起到积极的作用。

1992年9月，中国载人飞船正式列入国家计划，这项工程后来被命名为"神舟号"飞船载人航天工程，并选拔了航天员。

【神舟一号】实现天地往返重大突破

1999年11月20日凌晨，中国载人航天计划中发射的第一艘无人实验飞船"神舟一号"飞船在酒泉卫星发射基地顺利升空，经过21小时的飞行后顺利返回地面。

【神舟二号】中国第一艘正样无人飞船

中国第二艘无人飞船"神舟二号"于2001年1月10日1时0分3秒在酒泉卫星发射中心发射升空，按预定计划，在太空飞行了6天零18小时（108圈）。2001年1月16日19时22分，飞船返回舱在内蒙古中部地区成功着陆。"神舟二号"是第一艘正样无人飞船。

【神舟三号】载人航天安全性提高

2002年3月25日，"神舟三号"飞船发射升空，于4月1日返回地面。"神舟三号"飞船采用了许多新的先进技术，进一步提高了载人航天的安全性和可靠性。

【神舟四号】突破中国低温发射的历史纪录

2002年12月，"神舟四号"在经受了−29℃低温的考验后，于30日0时30分成功发射，突破了中国低温发射的历史纪录。2003年1月5日，飞船安全返回并完成所有预定试验内容。

【神舟五号】中国首位航天员进太空

2003年10月15日，中国第一艘载人飞船"神舟五号"成功发射，中国首位航天员杨利伟成为浩瀚太空的第一位中国访客，实现了中华民族"飞天"的千年梦想。

"神舟五号"21小时23分钟的太空行程，标志着中国已成为世界上继俄罗斯和美国之后第三个能够独立开展载人航天活动的国家，这是我们中华民族的骄傲。

【神舟六号】实现"多人多天"飞行任务

2005年10月12日，中国第二艘载人飞船"神舟六号"成功发射，航天员费俊龙、聂海胜被顺利送上太空。17日凌晨，在经过115小时32分钟的太空飞行后，飞船返回舱顺利着陆。

【神舟七号】航天员出舱在太空行走

2008年9月25日21时10分，中国第三艘载人飞船"神舟七号"在酒泉卫星发射中心成功发射，"神舟七号"飞船载有三名宇航员，分别为翟志刚（指令长）、刘伯明和景海鹏，主要任务是实施中国航天员首次空间出舱活动，同时开展卫星伴飞、卫星数据中继等空间科学和技术试验。27日，翟志刚身着中国研制的"飞天"舱外航天服顺利完成出舱任务，实施了中国首次空间出舱活动。

【神舟八号】与"天宫一号"实现空间无人交会对接

"神舟八号"飞船是一艘无人飞船，2011年11月1日5时58分10秒顺利发射升空。升空后2天，"神舟八号"与此前发射的"天宫一号"目标飞行器进行了空间交会对接，2011年11月16日18时30分成功分离，返回舱于2011年11月17日19时许返回地面。

【神舟九号】首次载人交会对接

"神舟九号"飞船于2012年6月16日18时37分从酒泉卫星发射中心成功发射，这是长征火箭的第165次发射，也是神舟飞船的第四次载人飞行。中国人民解放军航天员大队男航天员景海鹏、刘旺和女航天员刘洋组成"神舟九号"飞行乘组，第一次入住"天宫"。33岁的刘洋也成为中国第一个飞向太空的女性。

【神舟十号】我国首次航天器绕飞交会试验

北京时间2013年6月11日17时38分许，中国"长征二号"F改进型运载火箭在酒泉卫星发射中心载人航天发射场点火起飞，将"神舟十号"载人飞船发射升空。中国航天员聂海胜、张晓光、王亚平搭乘飞船出征太空，在太空飞行15天。

【神舟十一号】为中国建造载人空间站做准备

"神舟十一号"飞船于2016年10月17日7时30分搭乘"长征二号"F运载火箭在中国酒泉卫星发射中心成功发射，飞行乘组由两名男性航天员景海鹏和陈冬组成，景海鹏担任指令长。"神舟十一号"的飞行任务是中国持续时间最长的一次载人飞行任务，总飞行时间长达33天。2016年11月18日下午，"神舟十一号"载人飞船顺利返回着陆。

【嫦娥奔月计划】整个探月工程分为"绕""落""回"3个阶段。

一期工程：2007年发射探月卫星"嫦娥一号"，绕月飞行，对月球表面环境、地貌、地形、地质构造与物理场进行探测。

二期工程：2007年至2010年，目标是研制和发射航天器，以软着陆的方式降落在月球上。

三期工程：2011年至2020年，目标是月面巡视勘察与采样返回。

我国首颗探月卫星"嫦娥一号"发射：2007年10月24日18时05分，搭载着我国首颗探月卫星"嫦娥一号"的"长征三号甲"运载火箭在西昌卫星发射中心三号塔架点火发射。24日18时29分，"嫦娥一号"卫星准确入轨，此次发射圆满成功。

北京时间2010年10月1日18时59分57秒，中国在西昌卫星发射中心用"长征三号丙"运载火箭，将"嫦娥二号"卫星成功送入太空。这标志着中国探月工程二期任务迈出坚实的一步。

3. 在纳米技术领域屡创佳绩

我国科学家在纳米科技研究方面，居于国际科技前沿。最近的一次，我国科学家在世界上首次直接发现纳米金属的"奇异"性能——超塑延展性，纳米铜在室温下竟可延伸50多倍而不折不绕，被誉为"本领域的一次突破，它第一次向人们展示了无空隙纳米材料是如何变形的"。从总体看，目前我国有关纳米论文总数排行世界第四，在纳米材料研究方面已在国际上占一席之地。

4. 超级计算机智能化

2000年11月29日，我国独立研制的第一台具有人类外观特征、可以模拟人行走与基本操作功能的类人型机器人，在长沙国防科技大学首次亮相。类人型机器人的问世，标志着我国机器人技术已跻身国际先进行列。

5. 国家"863"计划15周年成就展览举行

2001年3月，国家在北京展览馆举办了"863"计划15周年成就展。"863"计划自1986年3月实施以来，共获国内外专利2 000多项，发表论文47 000多篇，累计创造新增产值560多亿元，产生间接经济效益2 000多亿元。"863"计划重点支持的高技术领域的研究开发水平与世界先进水平的整体距离明显缩小，开始在世界高技术领域占有一席之地，60%以上的技术从无到有，如今已进入或接近国际先进水平，另有25%仍然落后于国际先进水平，但在原来的基础上也有很大进步。

（三）2017年中国令人瞩目的科技成就

1. 具有完全自主知识产权的中国高铁列车"复兴号"服役。由中国铁路总公司牵头组织研制、具有完全自主知识产权、达到世界先进水平的中国标准动车组"复兴号"，在京沪高铁正式双向首发。在高速动车组254项重要标准中，中国标准占84%，标志着中国铁路成套技术装备已经走在世界前列。

"复兴号"动车组

2. 研制和成功发射首颗量子卫星"墨子号"。中国科学院联合研究团队宣布成果，他们将量子纠缠分发的世界纪录从百公里级提高到千公里级，并以每秒1对的速度在两个地面站间建立量子纠缠。中国科学家用严格

"墨子号"量子卫星

"慧眼" X射线天文卫星

中国成为全球第一个实现海域可燃冰试开采连续
稳定国家

C919客机成功起飞

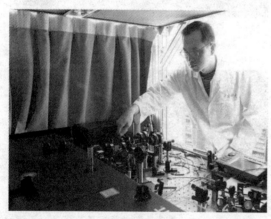

光量子计算机

的科学实证，回答了爱因斯坦的"百年之问"，改变了爱因斯坦"百思不得其解"的量子理论"还不完备"一说。以后中国的通信，将是绝对保密了。

3. 成功发射首颗X射线天文卫星"慧眼"。"墨子号"并不孤单。我国科学家在浩瀚宇宙架起了一台属于中国人自己的真正意义上的太空望远镜。"慧眼"是中国第一颗X射线天文卫星，它的成功研制和发射意味着中国在空间高能天体物理领域长期没有自主观测数据的历史即将结束。

4. 可燃冰技术取得突破性进展。可燃冰被科学家们称之为天然气水合物，被认为是21世纪最具潜力的接替煤炭、石油和天然气的新型洁净能源之一。中国在世界上首次实现可燃冰试采成功，标志着我国成为全球第一个实现了在海域可燃冰试开采中获得连续稳定产气的国家。

5. 新一代喷气式大型客机C919在上海浦东机场成功起飞。我国自主研制的新一代喷气式大型客机C919在上海浦东机场成功起飞。C919大飞机是中国自主研制的新一代喷气式干线客机，最大载客人数174人，最大航程超过5 000千米，可以与波音737、空客320相媲美了！

6. 世界上第一台超越早期经典计算机的光量子计算机诞生。这个"世界首台"是货真价实的"中国造"光量子计算机，中国科学院率先宣告了在该领域的突破性进展——世界上第一台超越早期经典计算机的量子计算机的诞生，意味着我国在量子技术上的霸主地位在不断加强！

7. 我国首艘国产航母在大连正式下水。这是中国的首艘国产航母，它的下水，意味着中国在航母制造业上又向前迈了一大步，象征国家的军事建设迈向一个新的里程碑，对于维护世界和平和亚太地区安全具有重要意义。

中国首艘国产航母

8. 新型万吨级驱逐舰首舰下水。有航母自然也要有护航的舰队，这艘中国完全自主研制的，且达到了世界同类舰艇先进水平的海军新型万吨级驱逐舰首舰下水，标志着我国驱逐舰发展迈上了一个新的台阶，中国的海军编队正在走向世界。

中国新型万吨级驱逐舰首舰

9. 全球首创N2爆弹。南京理工大学化工学院胡炳成教授团队成功合成世界首个全氮阴离子盐，占领新一代高能含能材料研究国际制高点。全氮类超高能含能材料（炸药）的能量可达3倍TNT以上，具备高密度、高能量、爆轰产物清洁无污染、稳定安全等特点。

全球首创N2爆弹

10. 全球首台25MeV质子直线加速器通过测试。全球首台25MeV质子直线加速器研制成功，标志着我国先进核裂变技术获得突破，该技术可以将铀资源利用率由不到1%提高到95%，有望使核裂变能从目前的百年变为近万年可持续、安全、清洁的战略能源。

全球首台25MeV质子直线加速器

"深海勇士"号载人潜水器

"中国天眼"地面射电望远镜

11."深海勇士号"载人潜水器成功返航。在南海完成全部海上试验任务后，潜水器10月3日随"探索一号"母船顺利返航三亚港。通过本次海试，进一步全面检验和验证了4 500米载人潜水器的各项功能和性能，海试的成功标志着研制工作取得圆满成功，成为又一壮举！

12."天眼"已经走出世界，走向更远的太空。被誉为"中国天眼"的500米口径球面射电望远镜（FAST）经过一年紧张调试，已实现指向、跟踪、漂移扫描等多种观测模式的顺利运行，并确认了多颗新发现的脉冲星。这是我国天文望远镜首次发现脉冲星。

思考题

1. 现代科学技术的发展趋势是什么？
2. 中国现代科学技术的发展成就有哪些？
3. 列举中国2017年的重大科技成果。

专题六　现代自然科学研究思想

1. 工程和技术产品改变了人们的生产和生活。
2. 技术发明通常蕴含着一定的科学道理。
3. 技术包括人们利用和改造自然的方法、程序和产品。
4. 工具是一种物化的技术。

　　彼得·阿金斯是牛津大学的化学教授，也是著名的通俗科学作家。在他的新书《伽利略的手指》中，他列举了科学史上最伟大的十个思想。作者声称，任何受过教育的人，都应该熟悉这些现代科学的核心思想。在这本书中，阿金斯带领读者一览这些概念产生出现的原原本本，揭示了科学研究的方法，让人们看到简单的思想如何产生了巨大的后果。书名中借用了对近代科学产生了推动性影响的科学家——伽利略的名字，他的一只手指现在正保存在意大利佛罗伦萨的密封容器中。正是他的手指，指点人们走出中世纪的愚昧，开始渐渐揭开关于我们的宇宙、我们的世界和我们自身的秘密。

一、十大现代科学思想

（一）自然选择导致进化

　　自然选择是科学界最伟大的思想成就之一，它的描述虽然异常简单，却产生了无限的复杂的后果。它认为有机体随着自身对环境的适应，会积累起微小的变化，这话说起来容易，但它所产生的是整个生物圈。现代新达尔文合成论大师、著名遗传学家多布赞斯基曾极具慧眼地指出，若没有进化论的光辉照耀，我们就无法理解生物学。正是达尔文认识并揭开了进化的机制。当然，进化论也存在难题，但是对于这么一个普适的、根本性的理论，存在问题是再自然不过的事了。其中的一大难题就是性别的起源，因为复杂的生物体要求从一个异性身上获取基因，混合产生新的生物体，这中间必然有巨大的利益在起作用——即如此产生的后代应该具有生存上的优势。诸位若是喜欢抽象的智力游戏，那么我们就可以沿着自然选择的方向，从物种到个体，再到基因，进行一番探求，最终发现自己会把进化论当成一种纯粹的信息传播机制。

（二）DNA包含遗传代码

也许这算不上是思想，但解释了困扰人们很长时间的问题。它使我们理解了生物是如何通过繁殖实现不朽的。当然不朽的不是我们，而是那些特别的分子，那些在我们身体的每个细胞里都盘踞着的DNA。破译遗传密码的意义几乎和揭示双螺旋结构的意义同等重大。现在，人类已经能够解读自身的构成，就像一位将军能够解读战役的进展顺序一样。遗传理论的社会学后果也难以预料，它既可以用来拯救人的生命，也能改变未降生的人的某些特点。

（三）能量守恒

人人都提起它，人人都以为自己了解它，但仅有少数人能说出它到底是什么。大科学家牛顿对能量一无所知，因为他的研究重心是力。但是整个19世纪科学研究的核心，是对能量的抽象化。其后果一直影响到现在。能量是守恒的，它既不能被创造出来，也不能被破坏，只是从一种形式转换成另一种形式，或从一个地方转移到另一个地方，这一认识对时空对称产生了重要的影响。建立起能量守恒概念的维多利亚时代的物理学家，在不知不觉中，已经揭示了时间的面貌。

（四）一切变化，都是能量和物质趋于耗散所导致的后果

没有任何其他科学定律像热力学第二定律那样给人类带来如此巨大的渴望。有人认为它是最高的自然法则，因为它能解释任何事物的发生原理。诸如气体为何会扩散、热的东西为何会变凉，为什么会产生蛋白质，为什么会产生意见，等等。它是理解变化的深层结构的根源，它为我们揭示出宇宙逐渐消亡的大趋势如何能够在某时某地产生美妙的后果。它是所有变化、所有的善和恶、所有日常活动的根源。我们周围的万事万物，包括进化也受热力学第二定律的推动。但是，和其他伟大的思想一样，这一定律的核心思想出奇的简单。这个优美的定律显示了简单的事物的潜能，可它本身，却是通过对吱嘎作响的笨重蒸汽机的观察得来的。看来，细心思考，必有所获。

（五）物质由原子构成

化学家对物质进行分割，也必然有个终止。就终止在固然还能继续分割，但是经过反应后还能保持它们作为可识别元素的特性的基本粒子。这些元素也并非是无关的东西任意拼凑而成的：它们组成家族，显示出周期性，就好像音阶里的音符那样循环往复。元素周期表就是这些关系的总结，或者说是一种深层的对称性质的公告，它是化

学界最持久的一个贡献：让我们对于物质有了深刻理解，也让化学家们能对物质施以神奇"魔术"。

（六）对称性限制、引导并推动事物发展

能量守恒是时间形态的表现。这只是对称性冰山的一角，因为当我们继续寻求更多的美，就会发现，其他的守恒定律显示出空间形态的美。当我们进入了粒子世界，就会发现对称性不再是有形的，而成了世界上各种力量的源泉。不仅如此，当我们把原子继续分割出更基本的粒子来，就会发现它们也体现了对称性。时空的问题也变得易于理解，如果我们不再墨守成规而是想一想具有大量维数的时空的对称性，它们中的一些在宇宙形成的时候措手不及，永远不能展开。美就存在于物质的中心。

（七）粒子与波相生相形

从来没有其他关于物质和辐射的理论像量子论那样，能够做出那么精确的预言：即粒子和波相生相形，能量只能以粒子束的形式传递。这一理论所面临的麻烦是没有人真的明白它。不过，仅仅是听听这其中的道理，我们就会看到，量子论展现了这个世界一幅极其简单的图景。但这并不意味着就不存在问题：有些人想修修补补出一套伪正统版本的理论，来解决那些超出量子论解决范围的任务；还有些人已经表明，过去一度属于哲学思考范畴的东西也可以用实验这一最有力的手段来解决。量子论总是无往而不胜，所到之处，总会彻底改变我们对世界的认识。

（八）宇宙膨胀说

面对宇宙膨胀学说，我们既感到自身的伟大，又感到卑微。伟大，是因为我们人类的大脑竟然能发现宇宙也有开端；说卑微，是因为我们意识到在宇宙万物中，人类只不过是一个毫不起眼的星系里的毫不起眼的位置上的一颗毫不起眼的恒星附近的毫不起眼的行星上的居民，而且，我们所处的宇宙，很可能也是无限多个宇宙中的一个毫不起眼的宇宙。但是人的思维，竟然能够回溯到宇宙产生的那一刻——当我们意识到宇宙的起源更像是一锅迸裂的意大利面条而不是爆炸的小麦粉时，就大事不好了。

（九）时空弯曲

爱因斯坦对人类思维的贡献，显示出几何学的力量。通过思考一些简单的实验我们就能把时间和空间结合起来，形成统一的时空观念。通过时空关系的几何学，我们就能理解 $E = mc^2$ 这个最著名的科学公式是如何起源的。通过几何学来了解物质，使我们能够窥视到将来，并了解人类是何其有幸，生活在两个境界之间——之前是绝对的虚无，之后是万物死寂的扁平的时空关系。这个理论尚不完善，因为量子论尚无法和万有引力定律统一起来。但是我们可以预见，一旦两大理论得以统一，人类对世界的

理解将会大大深入。

（十）协调一致的算法是不完善的

宇宙最显著的特色，是数学这一人类大脑的产物，似乎是阐释、理解它的最佳语言。爱因斯坦认为，宇宙最不可思议的一面，就是它竟然能被人"思议"。但是数学究竟是什么？如果对其研究过深，会不会失效？数学究竟是抽象的缩影，还是用来丈量业已存在的时空关系的工具？如果数学最终会失效，那么这个人类所有语言中的王后也许无法帮我们解决所有问题。哥德尔定理确实实为我们道出了数学的局限性，如该定理所证，数学这个在所有科学中最抽象的一门（如果它算是科学的话），在揭示任何知识的形式系统的结构时可能都存在着限制。

二、著名科学家的科学思想方法

（一）伽利略的科学思想方法

伽利略对运动的研究，创造了一套对近代科学的发展很有效、很具体的程序。这个程序由下列环节构成：对现象的一般观察→提出假设→运用数学和逻辑的手段得出推论→通过物理的或思想的实验对推论进行检验→对假设进行修正和推广；等等。例如在自由落体运动的研究中，开始，他提出速度增量正比于通过距离的假设，经过简单的推理就否定了这一假设。然后又提出速度增量正比于时间间隔的假设，因为无法用实验直接检验这一假设，因此他由这一假设推导出距离与时间的关系，再用实验来验证这个关系，最后把由斜面实验证实了的这一结论推广到自由下落的情形。

伽利略实质上使用了把实验和理论和谐地结合起来的方法，从而有力地推进了人类科学认识活动的发展。伽利略充分认识到这个研究方法的价值。他在《两门新科学》中写道："我们可以说，大门已经向新方法打开，这种将带来大量奇妙成果的新方法，在未来的年代里会博得许多人的重视。"

值得注意的是，在一些物理教科书和科普读物中广为流传着这样一种观点：伽利略靠在比萨塔上所做的落体实验奠定了运动学的基础。这个传说不仅违反了历史事实，而且是对伽利略研究方法的错误认识。事实表明，在整个研究过程中，逻辑推理、抽象分析、数学演绎、科学假设、理想实验等理性思维方法起了决定性的作用。特别是理想实验方法在伽利略手中成了科学创造的一个奇妙的工具。他用"落体佯谬"的理想实验，从亚里士多德的"重物的下落比轻物为快"的原理导出了"重物的下落比轻物为慢"的悖论。他用"对接斜面"的理想实验推翻了亚里士多德关于"外力是物体维持其运动的原因"的教条，提出了"惯性原理"。可以这样说，这些理性思维的方法是他从对运动现象的观察通向发现运动规律的途径。

爱因斯坦在为伽利略的《关于两个世界体系的对话》英译本写的序言里，曾经特别指出："常听人说，伽利略之所以成为近代科学之父，是由于他以经验的、实验的方法来代替思辨的、演绎的方法。但我认为，这种理解是经不起严格审查的，任何一种经验方法都有其思辨概念和思辨体系；而且任何一种思辨思维，它的概念经过比较仔细的考察之后，都会显露出它们所赖以产生的经验材料。把经验的态度同演绎的态度截然对立起来，那是错误的，而且也不代表伽利略的思想……况且，伽利略所掌握的实验方法是很不完备的，只有最大胆的思辨才有可能把经验材料之间的空隙弥补起来。"总而言之，伽利略的方法是理论和实验相结合的方法。

我们看到，伽利略在运动学和动力学上所做的工作，无论在历史上、科学上还是方法论方面都获得了伟大的成就。他在《两门新科学》中谦逊地说："我认为更重要的是一门博大精深的科学已经出现，我的工作仅是一个开端，头脑比我敏锐的人们将开辟更多的途径和方法，以探知它深邃的奥秘。"对于伽利略所做出的奠基性的重要贡献，霍布斯（Hobbes）评价说："他是第一个给我们打开通向整个物理领域的门的人。"爱因斯坦和英费尔德（Infeld）在《物理学的进化》中评论说："伽利略的发现以及他所应用的科学的推理方法是人类思想史上最伟大的成就之一，而且标志着物理学的真正开端。"

（二）开普勒的科学思想方法

开普勒关于天文学研究方法的特点，表现在尊重观察到的事实这种客观的态度上。起初他坚持把5种正多面体作为解释行星轨道大小的主要工具，后来改为依据第谷的观测数据讨论行星的轨道，在先验的圆形轨道模型与观测数据不一致时，他就抛弃了这一模型，采用了与观测数据吻合的椭圆轨道模型。他在《哥白尼天文学概要》一书中指出，对假说的唯一限制是这些假说必须是合理的。他认为提出假说的主要目的是"说明现象，及其在日常生活中的用途"。如果一个假说明显违背观察到的事实，决不允许用一些方便的假设去掩盖这一矛盾。在这个意义上，开普勒的科学属于现代科学，他比任何前人更加恭顺地服从准确而定量的观测证据。

开普勒的另一个特点是他企图以几何和代数的语言即以数学公式来表达物理定律并获得成功。开普勒定律的表述是在科学史上物理定律应用于物体运动的第一个例子，也是运动物体动力学和数学紧密联系的第一个例子。自从开普勒的时代起，方程就作为物理定律的数学表示式自然地发展起来。

开普勒的第三个特点是他不仅从事运动学的研究，而且还从事天体动力学的研究。他有这样的正确看法：尽管太阳不在几何学的中心点上，但是依然是物理学意义上的中心。在开普勒看来，支配着行星的力在太阳上，这种力就像光一样从太阳发出。

1605年，开普勒在给一个朋友的信中写道："我的目的在于证明：天上的机械不是一种神圣的，有生命的东西，而是一种像钟表那样的机械，正如一座钟的所有运动都是由一个简单的摆锤造成的那样，几乎所有的多重运动都是由一个最简单的磁力的和物质的动力造成的。我也要证明，何以应当用数字和几何来表达这些物理原因。"这一设想虽然是错误的，但是开普勒把可观察的实验现象作为出发点，从事实本身去寻求运动原因，这标志着近代物理学的主要特征之一。

开普勒定律不仅使得人们有可能比较详细地进一步研究行星运动的"运动学"问题，而且还有利于研究行星运动的"动力学"问题。它与伽利略对地上运动的研究一起为牛顿定律及其世界体系的建立奠定了基础。

（三）牛顿的科学思想方法

牛顿定律及其世界体系的建立，是人类认识客观世界过程中的一次飞跃。美国科学史家Kuhn把它称为科学革命。如果日心说是第一次科学革命，牛顿力学就是第二次科学革命。科学革命是技术革命的先导，在牛顿的科学革命之后大约一百年，出现了18世纪末19世纪初的工业革命或产业革命。

牛顿在《原理》中提出了力学的三大定律和万有引力定律，把地面上物体的运动和太阳系内的行星的运动统一在相同的物理定律之中，从而完成了人类文明史上第一次自然科学的大综合。它不仅是16、17世纪科学革命的顶点的标志，也是人类文明、进步的划时代标志。它不仅总结和发展了牛顿之前物理学的几乎全部重要成果，而且也是后来所有科学著作和科学方法的楷模。牛顿的科学思想和科学方法对他以后三百年来自然科学的发展产生了极其深远的影响。

牛顿的科学观是因果决定论的科学观。他认为天体运动的原因就是万有引力，行星运动的规律是由万有引力定律决定的。他根据万有引力定律成功地解释了行星、卫星和彗星的运动，直至最微小的细节，同样也解释了潮汐和地球的进动。在牛顿力学中只要知道质点在初始时刻的位移和速度，根据牛顿定律就可以预言其后时刻的运动情况，这是典型的因果描写。

但是，在牛顿以前往往并不用因果论来解释自然现象，而用目的论来解释自然现象，即按照某种目的或结果来解释运动现象，而不是用力的原因作解释。牛顿采用因果性的解释在物理学的发展中是重要的一步。爱因斯坦指出："在牛顿以前还没有实际的科学成果来支持那种认为物理因果关系有完整链条的信念。"牛顿建立了物理因果性的完整体系，从而揭示了物理世界的深刻特征。

在因果决定论科学观的基础上，牛顿确立了他的物理框架。所谓物理框架就是对物理现象解释的一种标准。牛顿框架的核心是力和力所决定的因果性，认为找到了力的规律就是找到了对运动现象的解释。

然而，在牛顿以前并不使用力的框架，而是"和谐性"的框架。在哥白尼—开普勒时期，他们追求的是和谐性，即寻找运动的和谐，认为找到了和谐就找到了解释，这种思想在这一时期发展到了顶峰。哥白尼之所以怀疑托勒密体系，主要是他认为托勒密体系很不和谐，在托勒密体系中行星有时逆行。如果将中心从地球移到太阳，则行星的运动更加和谐。正如哥白尼说得显示了"令人欣赏的对称性"和"清晰的和谐性"。

到了牛顿一代，不再采用和谐性框架，不再认为寻找"和谐"就是寻找对运动现象原因的解释，牛顿认为找到了力才是找到了对运动现象的解释。以后的物理学家主要依据力的框架进行工作。爱因斯坦指出："直到19世纪末，它一直是理论物理学领域中每个工作者的纲领。……这个物理学框架在将近二百年中给予科学以稳定性和思想指导。"沿用牛顿的框架发展到顶峰的是麦克斯韦，麦克斯韦坚持牛顿的力的框架，他建立了电磁学的力学模型，企图用以太中的力来解释电磁现象，发展电磁理论，后来，他不再采用力学模型，而是用电磁场的概念来分析问题，这反映出框架的变化。

牛顿在科学研究中坚持以经验为基础，他认为在没有从观察和实验中发现引力之原因时，决不杜撰假设。牛顿的"不杜撰假设"具有方法论的意义，这种方法论与他同时代的大多数人所遵循的方法迥然不同。牛顿的同时代人都追随笛卡儿探索自然现象的原因，构筑引力的机制。而牛顿则不然，他所关心的不是引力"为什么"会起作用，而是"如何"在起作用。他的目的是寻求引力所遵从的规律，提出准确的数学描述，证明行星系统如何依赖于引力定律。

牛顿所遵循的认识途径是从实验观察到的运动现象去探讨力的规律，然后用这些规律去解释自然现象。正如他在《原理》一书的前言中写道："我奉献这一作品，作为哲学的数学原理，因为哲学的全部责任似乎在于——从运动的现象去研究自然界中的力，然后从这些力去说明其他自然现象。"爱因斯坦对牛顿的科学认识道路给予了高度的评价。他在《自述》一文中写道："你（指牛顿）所发明的道路，在你那个时代，是一位具有最高思维能力和创造力的人所能发现的唯一的道路。"

牛顿的科学认识道路对以后物理学的发展产生了深刻的影响，许多物理学家都沿着牛顿的道路进行工作。1827年，安培在《电动力学理论》一书中，阐述了他处理电磁现象的方法：从观察事实出发，撇开力的性质的假说，推导出这些力的表达式，确立一般规律。最后他明确指出："这就是牛顿所走过的道路，也是对物理学做出重大贡献的法兰西知识界近来普遍遵循的途径。"

牛顿研究方法的一大特点是对错综复杂的自然现象敢于简化，善于简化，从而建立起理想的物理模型。宇宙间星体的相互影响是无限复杂的，每个星体都是一个引力中心，所以它是一个相互作用的多元的复杂系统；而且每个星体都有一定的形状和大小；每个"行星既不完全在椭圆上运动，也不在同一轨道上旋转两次"。面对这一情况，不采用简化模型予以分别处理是极为困难的。1684年，牛顿在《论微粒》一书中指出："同时考虑所有这些运动之起因，是整个人类智力所不能胜任的。"牛顿是怎样对这一复杂系统进行简化的呢？他采用的简化模型的步骤是：从圆运动到椭圆运动，从质点到球体，从单体问题到两体问题。他一次又一次地将他的理想模型与实际比较，再适当加以修正，最后使物理模型与物理世界基本符合。所以牛顿的万有引力定律既解释了为什么行星的运动近似地遵守开普勒定律，又说明了为什么它们又是那样或多或少偏离开普勒定律。

牛顿把一切物体间的引力归结为粒子间引力的思想，对以后的物理学家影响很大，19世纪20年代，毕奥、萨法尔和安培在研究电流之间的作用时，总是把它们归结为电流元之间的作用力。

牛顿研究方法的另一特色是运用形象思维的方法，进行创造性的思维活动，他构思了一些神奇理想实验，创造了新的物理图像，来揭示天体运动与地面上物体运动的统一性。

牛顿在他的《原理》第三篇一开始处，就写出了4条"哲学中的推理法则"，高度地概括了他的研究方法。

法则1　寻求事物的原因，不得超出真实和足以解释其现象者。

法则2　对于相同的自然现象，必须尽可能地寻求相同的原因。

法则3　物体的特性，若其程度既不能增加也不能减少，且在实验所及范围内为所有物体所共有，则应视为一切物体的普遍属性。

法则4　在实验哲学中，我们必须将由现象所归纳出的命题视为完全正确的或基本正确的，而不管想象所可能得到的与之相反的种种假说，直到出现了其他的或可排除这些命题，或可使之变得更加精确的现象之时。

以上的法则1可称为简单性法则，用牛顿的话说就是"自然界喜欢简单性"。他创建的牛顿运动定律和万有引力定律在内容和数学形式上都体现了简洁性。不作"多余原因的侈谈"，"言简意赅才见真谛"。法则2和法则3可称为统一性法则。牛顿正是按照这两条法则把天上运动和地上运动统一起来，并确立了引力普适性的概念。法则4是关于认识的真理性法则，牛顿认为从现象归纳出的命题，从它们源于实验又为实验所证明来看，是"精确真实的"，"完全正确的"，从实验证明的局限性来看，从在每一认识阶段上人们都是在根据部分的或有限的资料从事工作上来看，又是不完备的，有待于发展的。

关于法则4里所讲的归纳方法，牛顿还在《光学》书末最后一条疑问里，做出如下较详细的说明："在自然哲学里，应当像数学里一样，在研究困难的事物时，总是先用分析的方法，再用综合的方法。这种分析方法包括进行实验和观察，并且用归纳法从中推出普遍结论……用这样的分析方法，我们可以从复合物推知其中的成分，从运动推知产生运动的力；并且一般地说，从结果推知原因，从特殊原因推知更普遍的原因，一直到最普遍的原因为止。这就是分析的方法；而综合的方法则包括设定已经发现的原因，并且把它们确立为原理，再用这些原理去解释由它们而发生的现象，并且证明这些解释的正确性。"

这里牛顿所讲的分析和综合的方法，就是归纳和演绎的方法。凭着这一方法，就可以完成从特殊到一般，再从一般到特殊的认识过程。人们在探索物质运动规律的过程中，归纳的过程就是通过对运动的研究，探索自然界力的规律的过程，演绎的过程就是运用已知力的规律，去计算物体的运动，做出明确预见的过程。万有引力定律的建立和海王星的发现就是运用归纳—演绎法的一个光辉的范例。牛顿的科学思想和科学方法不仅使他少走弯路，发现了万有引力定律，而且深刻地影响着以后物理学家的思想、研究和实践的方向。这说明科学思维方法的极端重要性。从物理学的重大发现中吸取科学思想、科学方法的营养，对提高我们提出问题、分析问题和解决问题的能力都是大有裨益的。

牛顿对人类的贡献是巨大的。然而牛顿却能清醒地评价自己的一生。他对自己所以能在科学上有突出的成就以及这些成就的历史地位有清醒的认识。他曾说过："如果说我比多数人看得远一些的话，那是因为我站在巨人们的肩上。"在临终时，他还留下了这样的遗言："我不知道世人将如何看我，但是，就我自己看来，我好像不过是一个在海滨玩耍的小孩，不时地为找到一个比通常更光滑的卵石或更好看的贝壳而感到高兴，但是，有待探索的真理的海洋正展现在我的面前。"

（四）爱因斯坦的科学思想方法

爱因斯坦在青年时代之所以能够在科学上做出划时代的贡献，是与他的科学思想、科学方法分不开的。他一生都非常关注对科学发现中的认识论和方法论的讨论，他晚年在"自述"中写道："像我这种类型的人，一生中主要的东西，正是在于他想的是什么和他怎样想的，而不在于他所做的或者所经受的是什么。"这说明科学思想和

科学方法对于他取得的科学成就的巨大作用。

爱因斯坦的科学思想与科学方法有以下基本特点。

第一，他坚持了自然科学的唯物主义传统。这表现在他的认识论和自然观上，他相信在我们之外有一个独立于我们的客观世界。据他在"自述"中回忆说，12岁时读了一部通俗的自然科学读物后，就相信："在我们之外有一个巨大的世界，它离开我们而独立存在，它在我们面前就像一个伟大而永恒的谜，然而至少部分的是我们的观察和思维所能及的。对这个世界的凝视和深思，就像得到解放一样吸引着我们……在向我们提供的一切可能范围里，从思想上掌握这个在个人以外的世界，总是作为一个最高目标而有意无意地浮现在我的心目中。"爱因斯坦在他整个的科学探索过程中，始终坚持着这一信念，这是他的科学探索方法的一个前提。

他在科学研究中坚持以实验事实为出发点，反对以先验的概念为出发点。他在"自述"中谈到，他在大学时代的大部分时间是在实验室中度过的，"迷恋于同经验直接接触"。他反对以先验的概念为出发点，提倡"唯有经验能够判定真理"。当迈克逊实验的零结果使物理学家大为震惊、失望，纷纷起来修补经典理论基础这个旧船的漏洞的时候，爱因斯坦大声疾呼："让我们仅仅把它当作一个既成的实验事实接受下来，并由此着手去做出他应得到的结论。"他在1921年谈到他的相对论时说："这理论并不是起源于思辨；它的创建完全由于想要使物理理论尽可能适应于观察到的事实。"

爱因斯坦不仅把实验事实作为认识的出发点，而且也把它作为定义基本物理量的方法。他指出牛顿的绝对时间概念之所以错误，就在于它不是以实验事实来定义，不能被观察到。他借助于量尺、时钟和假想的物理实验，得到了"同时"或"同步"以及时间的操作定义。爱因斯坦这一思想方法对后来量子力学的建立产生了很大的影响。海森伯（Heisenberg）在创建矩阵学时就强调要以可观察量为出发点，批判了旧量子论中以不可观察的原子内部的电子轨道为出发点。

第二，爱因斯坦的科学思想体现了物质世界统一性的思想。自19世纪能量守恒定律发现后，许多物理学家都相信物质世界的统一性。爱因斯坦则把探索和理解自然界的这种统一性作为他的最高目的，并贯穿于整个探索过程中。正是因为他对自然界的统一性具有强烈的深挚的信念，所以他在1905年发表的几篇文章，都具有同一风格，在文章的起始都提出了不对称性问题，即统一性遭到破坏的问题。狭义相对论的第一篇论文《论动体的电动力学》开头的第一句就是："大家知道，麦克斯韦方程应用到运动的物体上时，就要引起一些不对称，而这些不对称似乎不是现象所固有的。"这里说的"不对称"，是指牛顿力学中普遍成立的伽利略变换在电动力学中不成立。他认为这种不对称并不是自然界所固有的，问题出在这一变换所赖以建立的基础——牛顿的绝对时间、绝对空间的概念。经过时空观念上的初步变革，确立了时间和空间的内在联系，建立了洛伦兹变换，这种不对称就消失了。狭义相对论的建立进一步暴露了惯性系和非惯性系在物理理论中的不对称地位，经过时空观念上的彻底变革，确立了时空与运动着的物质之间的不可分割的联系，即建立了广义相对论后，这种不对称又消失了。

第三，爱因斯坦具有追求真理的探索精神。他善于运用思维的洞察力，深入揭露事物的本质。他往往在别人习以为常的现象中看出了不平凡，在别人认为没有问题的地方看出了问题。晚年在普林斯顿时，德国物理学家弗朗克（Frianck）问他是怎样创立相对论的，他回答道："空间时间是什么，别人在很小的时候早就已搞清楚了；但我智力发育迟，长大了还没有搞清楚，于是一直在揣摩这个问题，结果也就比别人钻研得深一些。"他并不早慧，但想得很深。他从小富有探索精神，"追光"这一问题就使他沉思了10多年。他常用德国剧作家莱辛的一句名言来勉励自己："对真理的追求要比对真理的占有更为重要。"

第四，爱因斯坦注意发展创造性思维能力和独立思考能力。他曾说："提出一个问题往往比解决一个问题更重要，因为解决一个问题也许仅是一个数学上或实验上的技能而已。而提出新的问题，新的可能性，从新的角度去看问题，都需要有创造性的想象力，而且标志着科学的真正进步。"他还说："发展独立思考和独立判断的一般能力，应当始终放在首位。如果一个人掌握了他的学科的基础理论，并且学会了独立思考和工作，他必定会找到自己的道路，而且比起那种主要以获得细节知识为其培训内容的人来，他一定会更好地适应进步和变化。"这段话，一方面说明了知识与能力的密切关系，同时更强调了能力的重要性。他说："科学的现状不可能具有终极的意义"，因此对于前人的科学文化遗产就应当批判地加以继承。当旧的理论、旧的概念与新的现象和事实相矛盾的时候，就应当独立思考，独立分析，独立判断，冲破传统观念的束缚，开辟科学的新天地。爱因斯坦创立狭义相对论的过程就是突出的一例。

爱因斯坦的逻辑思维能力和创造能力是惊人的。他本人对天才的解释是 $A = x + y + z$，A 表示成功，x 表示艰苦劳动，y 表示正确的方法，而 z 则表示少说空话。这个公式概括了爱因斯坦的科学生涯。

爱因斯坦不仅在物理学上做出了杰出的贡献，在科学思想、科学方法上给我们许多启迪，而且他关于人与社会关系的观点也是非常富有教育意义的。1945年5月他在《为什么要社会主义》一文中说："是社会供给人以粮食、衣服、住宅、劳动工具、语言、思想形式和大部分的思想内容；通过过去和现在亿万人的劳动和成就，他才可能生活，而这亿万人全部都隐藏在'社会'这两个小小字眼的背后。"他在30年代初写的《社会和个人》一文中指出："个人之所以成为个人，以及他的生存之所以有意义，与其说是靠着他个人的力量，不如说是由于他是伟大人类社会的一个成员，从生到死，社会都支配着他的物质生活和精神生活。"由此，我们清楚地看到，爱因斯坦对人与社会的关系有十分明确的观点，就是个人不能离开社会而存在，个人的存在依赖于整个社会从历史到现实，从物质到精神的创造成果。

正是在这样的社会历史观的基础上，爱因斯坦在他的《我的世界观》一文中指出："人是为别人而生存的。""我的精神生活和物质生活都依靠着别人的劳动，我必须尽全力以同样的分量来报偿我所领受的和至今还在领受着的东西。"又说："一个人的价值首先取决于他的感情、思想和行动对增进人类利益有多大作用。"爱因斯坦的这种人的价值观在我们今天这个社会里也是具有教育意义的。爱因斯坦的著名格言是："人只有献身于社会，才能找出那实际上是短暂而有风趣的生命的意义。"

思考题

1. 简述十大现代科学思想的基本内涵。

2. 简述伽利略、开普勒、牛顿和爱因斯坦的科学研究思想的主要内容。

3. 简述伽利略、开普勒、牛顿和爱因斯坦科学思想方法的特点。

专题七　现代自然科学研究方法

1. 科学探究总目标及学段目标。

2. 技术包括人们利用和改造自然的方法、程序和产品。

一个成熟的科学理论的形成包括提出问题、收集证据、提出假说、检验假说、修正假说和形成理论等六个步骤。每一个步骤都有不同的特征，完成这个步骤都需要科学方法和科学思维，这些科学方法和科学思维的综合就构成了科学精神的全部内涵。

科学方法是研究主体和客观对象发生关系并正确反映客观事物本质和规律的主要手段。在科学研究中，人们总要应用一定的方法，遵循一定的规则和步骤，才能获得一定的认识。

广义的科学方法大体分三个层次：一是个别领域和学科中所采用的特殊研究方法，如物理学中的光谱分析方法、化学中的比色方法、生物学中的同位素示踪方法等；二是自然科学的一般研究方法，这种方法是一部分学科或一大类学科都采用的研究方法，如观察方法、实验方法、假说方法、归纳演绎方法、分析综合方法；三是适用于一切科学的哲学方法，哲学世界观又是方法论，它适用于自然界、社会和思维领域。

科学方法的三个层次既互相区别，又紧密联系。哲学方法作为最普遍的方法，无论是对一般科学方法还是对特殊科学方法都有指导意义；一般科学方法虽然和特殊科学方法相比有一般性，但和哲学方法相比又带有特殊性；一般科学方法对特殊方法提供指导，又以特殊方法为基础，而哲学方法也要从一般科学方法和各种特殊方法中汲取营养。

哲学方法、一般科学方法和特殊科学方法的应用范围也不是一成不变的，而是可以相互转化的，特殊的科学方法在一定情况下，随着科学的发展，可以转化为一般的科学研究方法，反之亦然。一般的科学研究方法在一定条件下，也可转化为哲学方法。如系统方法，就有可能转化为哲学方法。

自然科学方法论实质上是哲学上的方法论原理在各门具体的自然科学中的应用。作为科学，它本身又构成了一门软科学，它是为各门具体自然科学提供方法、原则、手段、途径的最一般的科学。自然科学作为一种高级复杂的知识形态和认识形式，是在人类已有知识的基础上，利用正确的思维方法、研究手段和一定的实践活动而获得的，它是人类智慧和创造性劳动的结晶。因此，在科学研究、科学发明和发现的过程中，是否拥有正确的科学研究方法，是能否对科学事业做出贡献的关键。正确的科学方法可以使研究者根据科学发展的客观规律，确定正确的研究方向；可以为研究者提供研究的具体方法；可以为科学的新发现、新发明提供启示和借鉴。因此现代科学研究中尤其需要注重科学方法论的研究和利用，这也就是我们要强调指出的一个问题。

一、科学实验法

科学实验、生产实践和社会实践并称为人类的三大实践活动。实践不仅是理论的源泉，而且也是检验理论正确与否的唯一标准，科学实验就是自然科学理论的源泉和检验标准。特别是现代自然科学研究中，任何新的发现、新的发明、新的理论的提出都必须以能够重现的实验结果为依据，否则就不能被他人所接受，甚至连发表学术论文的可能性都会被取缔。即便是一个纯粹的理论研究者，他也必须对他所关注的实验结果，甚至实验过程有相当深入的了解才行。因此，可以说，科学实验是自然科学发展中极为重要的活动和研究方法。

（一）科学实验的种类

科学实验有两种含义：一是指探索性实验，即探索自然规律与创造发明或发现新东西的实验，这类实验往往是前人或他人从未做过或还未完成的研究工作所进行的实验；二是指人们为了学习、掌握或教授他人已有科学技术知识所进行的实验，如学校中安排的实验课中的实验等。实际上两类实验是没有严格界限的，因为有时重复他人的实验，也可能会发现新问题，从而通过解决新问题而实现科技创新。但是探索性实验的创新目的明确，因此科技创新主要由这类实验获得。

从另一个角度，又可把科学实验分为以下类型：

定性实验：判定研究对象是否具有某种成分、性质或性能；结构是否存在；它的功效、技术经济水平是否达到一定等级的实验。一般说来，定性实验要判定的是"有"或"没有"、"是"或"不是"，从实验中给出研究对象的一般性质及其他事物之间的联系等初步知识。定性实验多用于某项探索性实验的初期阶段，把注意力主要集中在了解事物本质特性的方面，它是定量实验的基础和前奏。

定量实验：研究事物的数量关系的实验。这种实验侧重于研究事物的数值，并求出某些因素之间的数量关系，甚至要给出相应的计算公式。这种实验主要是采用物理测量方法进行的，因此可以说，测量是定量实验的重要环节。定量实验一般为定性实验的后续，是为了对事物性质进行深入研究所应该采取的手段。事物的变化总是遵循由量变到质变的规律，定量实验也往往用于寻找由量变到质变关节点，即寻找度的问题。

验证性实验：为掌握或检验前人或他人的已有成果而重复相应的实验或验证某种理论假说所进行的实验。这种实验也是把研究的具体问题向更深层次或更广泛的方面发展的重要探索环节。

结构及成分分析实验：它是测定物质的化学组分或化合物的原子或原子团的空间结构的一种实验。实际上成分分析实验在医学上也经常采用，如血、尿、大便的常规化验分析和特种化验分析等。而结构分析则常用于有机物的同分异构现象的分析。

对照比较实验：指把所要研究的对象分成两个或两个以上的相似组群。其中一个组群是已经确定其结果的事物，作为对照比较的标准，称为"对照组"，让其自然发展。另一组群是未知其奥秘的事物，作为实验研究对象，称为实验组，通过一定的实验步骤，判定研究对象是否具有某种性质。这类实验在生物学和医学研究中是经常采用的，如实验某种新的医疗方案或药物及营养品的作用等。

相对比较实验：为了寻求两种或两种以上研究对象之间的异同、特性等而设计的实验。即把两种或两种以上的实验单元同时进行，并作相对比较。这种方法在农作物杂交育种过程中经常采用，通过对比，选择出优良品种。

析因实验：是指为了由已知的结果去寻求其产生结果的原因而设计和进行的实验。这种实验的目的是由果索因，若果可能是多因的，一般用排除法处理，一个一个因素去排除或确定。若果可能是双因的，则可以用比较实验去确定。这就与谋杀案的侦破类似，把怀疑对象一个一个地排除后，逐渐缩小怀疑对象的范围，最终找到谋杀者或主犯，即产生结果的真正原因或主要原因。

判决性实验：指为验证科学假设、科学理论和设计方案等是否正确而设计的一种实验，其目的在于做出最后判决。如真空中的自由落体实验就是对亚里士多德错误的落体原理（重物体比轻物体下落得快）的判决性实验。

此外，科学实验的分类中还包括中间实验、生产实验、工艺实验、模型实验等类型，这些主要与工业生产相关。

（二）科学实验的意义和作用

1. 科学实验在自然科学中的一般性作用

人类对自然界认识的不断深化过程，实际是由人类科技创新（或称为知识创新）的长河构成的。科学实验是获取新的、第一手科研资料的重要和有力的手段。大量的、新的、精确的和系统的科技信息资料，往往是通过科学试验而获得的。例如，"发明大王"爱迪生，在研制电灯的过程中，他连续13个月进行了2 000千多次实验，试用了1 600多种材料，才发现了白金比较合适。但因白金昂贵，不宜普及，于是他又实验了6 000多种材料，最后才发现炭化了的竹丝做灯丝效果最好。这说明，科学实验是探索自然界奥秘和创造发明的必由之路。

科学实验还是检验科学理论和科学假说正确与否的唯一标准。例如，科学已发现宇宙间存在四种相互作用力，它们之间有没有内在联系呢？爱因斯坦提出"统一场论"，并且从1925年开始研究到1955年去世为止，一直没有得到结果，因此许多专家怀疑"统一场"的存在。但美国物理学家温伯格和巴基斯坦物理学家萨拉姆由规范场理论给出了弱相互作用和电磁相互作用的统一场，并得到了实验证明而被公认。这表明理论正确的标准是实验结果的验证，而不是权威。

科学实验是自然科学技术的生命，是推动自然科学技术发展的强有力手段，自然界的奥秘是由科学实验不断揭示的，这一过程将永远不会完结。

2. 科学实验在自然科学中的特殊作用

自然界的事物和自然现象千姿百态，变化万千，既千差万别，又千丝万缕地相互联系着，这就构成错综复杂的自然界。因此在探索自然规律时，往往会因为各种因素纠缠在一起而难以分辨。科学实验特殊作用之一是：它可以人为地控制研究对象，使研究对象达到简化和纯化的作用。例如，在真空中所做的自由落体实验，羽毛与铁块同时落下，其中就排除了空气阻力的干扰，从而使研究对象大大地简化了。

科学实验可以凭借人类已经掌握的各种技术手段，创造出地球自然条件下不存在的各种极端条件进行实验，如超高温、超高压、超低温、强磁场、超真空等条件下的实验。从这些实验中可以探索物质变化的特殊规律或制备特殊材料，也可以发生特殊的化学反应。

科学实验具有灵活性，可以选取典型材料进行实验和研究，如选取超纯材料、超微粒（纳米）材料进行实验。生物学中用果蝇的染色体研究遗传问题同样体现了科学实验的灵活性。

科学实验还具有模拟研究对象的作用，如用小白鼠进行的病理研究等。科学实验可以为生产实践提供新理论、新技术、新方法、新材料、新工艺等。一般新的工业产品在批量生产前都是在实验室中通过科学实验制成的，晶体管的生产就是如此。

科学实验就是自然科学研究中的实践活动，尊重科学实验事实，就是坚持唯物主义观点，无视实验事实，或在实验结果中弄虚作假，都是唯心主义的做法，最终必然碰壁。任何自然科学理论都必须以丰富的实验结果中的真实信息为基础，经过分析、归纳，从而抽象出理论和假说来。一个科学工作者必须脚踏实地，这个实地就是科学实验及其结果，因此，唯物主义思想是每一个自然科学工作者都应该具备的基本素质之一。

二、数学方法

数学方法有两个不同的概念，在方法论全书中的数学方法指研究和发展数学时的思想方法，而这里所要阐述的数学方法则是在自然科学研究中经常采用的一种思想方法，其内涵是：它是科学抽象的一种思维方法，其根本特点在于撇开研究对象的其他一切特性，只抽取出各种量、量的变化及各量之间的关系，也就是在符合客观的前提下，使科学概念或原理符号化、公式化，利用数学语言（即数学工具）对符号进行逻辑推导、运算、演算和量的分析，以形成对研究对象的数学解释和预测，从而从量的方面揭示研究对象的规律性。这种特殊的抽象方法，称为数学方法。

（一）运用数学方法的基本过程

在科学研究中，经常需要进行科学抽象，并通过科学抽象，运用数学方法去定量揭示研究对象的规律性，其基本过程是：1. 先将研究的原型抽象成理想化的物理模型，也就是转化为科学概念；2. 在此基础上，对理想化的物理模型进行数学科学抽象（科学抽象的一种形式），使研究对象的有关科学概念采用符号形式的量化，初步建立起数学模型，即形成理想化了的数学方程式或具体的计算公式；3. 对数学模型进行验证，即将其略加修正后运用到原型中去，对其进行数学解释，看其近似的程度如何。近似程度高，说明这是一个较好的数学模型，反之，则是一个较差的数学模型，需要重新提炼数学模型。

数学方法又称数学建模法，之所以其第一步要抽象为物理模型，这是因为数学方法是一种定量分析方法，而自然科学中的量绝大多数都是物理量，因此数学模型实质表达的是各物理量之间的相互关系，而且这种关系需要表达成数学方程式或计算公式。而验证过程则通常为研究对象中各种物理量的测定（通过实验）过程。因此，数学建模过程的第一步又常称为物理建模，换言之，就是说没有物理建模就难以进行数学建模；但是，若只有物理建模，就难以形成理论性的方程式或计算公式，就难以达到定量分析研究的目的。

（二）数学方法的特点

1. 高度的抽象性。各门自然科学乃至社会科学虽然都是抽象的科学，都具有抽象性，可是数学的抽象程度更高，因为在数学中已经没有了事物的其他特征，仅存在数和符号，它只表明符号之间的数量关系和运算关系等，也只有这样才能定量地揭示出研究对象的规律性。

2. 高度的精确性。这是因为可以通过数学模型进行精确的计算，而且只有精确（即近似程度高）的数学模型才是人们最终所需要的数学模型。

3. 严密的逻辑性。这是因数学本身就是一门逻辑严谨的科学，同时运用数学方法解决和研究自然规律时，一般总是在已掌握大量的、充分和必要的数据（即实验信息）的基础上，并首先运用逻辑推理方法建立物理模型之后才去建立数学模型的，因此数学模型中必然会包含更加严密的逻辑性。

4. 充满辩证特征。因为在数学模型中的量往往是一个符号，如 $F = ma$ 就代表了牛顿第二定律，这其中的三个量的大小既是可以变化的，又是相互关联的。因此数学模型本来就体现了辩证关系的两大主要特征：变化特征和联系特征。

5. 具有应用的广泛性。华罗庚教授曾指出："宇宙之大，粒子之微，火箭之速，化工之巧，地球之变，生物之谜，日用之繁，无处不用数学。"这是因为世上万物的变化无不由运动而产生，无不遵从由量变到质变的规律性，因此只有通过定量研究才能更深刻揭示自然规律，才能更准确地把握住量变到质变的关键——度的问题。

6. 随机性。随机性是指偶然性中有必然性，实验信息是偶然的，通过数学建模，从多个偶然数据（分立的）中往往可以给出必然的结果（量之间连续变化的关系），即规律性的结论。

（三）数学方法的种类

1. 自然事物和现象的分类

数学方法及数学建模的应用依赖于自然事物和现象的性质，而自然事物和现象的种类繁多，数量是无限的。在大千世界中，无法找到两个完全一样的东西，这是指再相仿的东西之间也必然会有差别。因此定量研究事物规律性时，数学模型不可能是针对某一个别事物而建立的，而总是针对同一类事物和现象所具有的共同规律性而建立的。这就要求：根据数学建模的需要，按一定的因素把事物进行分类，以便更方便地运用数学方法。

概括起来，自然界中多种多样的事物和现象一般可分为四大类：第一类是有确定因果关系的，称为必然性的自然事物和现象；第二类是没有确定因果关系的，称为随机的自然事物和现象；第三类是界限不明白，称为模糊的自然事物和现象；第四类是突变的自然事物和现象。必然性事物和现象就如同种豆得豆、种瓜得瓜一样，因果关系完全确定。而随机事物和现象就如同气体分子的相互碰撞一样，其中某两个分子是否很快会发生碰撞，没有必然性，但气体分子间确实经常发生碰撞，所以可以说分子间发生碰撞是必然的，但某两个分子的碰撞是随机的。对模糊的事物和现象的理解，也可以用一个实例说明：许多国界都是以河流的主河道中线划分的，中线究竟在哪里，只能是一个模糊的界限，无法严格划分。因为河水有多的时候，也有少的时候，河水在流动，波浪在不断地拍打着河岸，因此不可能进行绝对精确的测量，所以其界限是模糊的。地震的突然发生、桥梁的突然断裂等则属于突变的事物和现象。

2. 数学方法的分类

按照自然事物和现象的类型，根据理论计算和解决实际问题的需要，人们创立了许多种数学方法，概括起来主要有以下几种：

常量数学方法：古今初等数学所运用的方法，便是常量数学方法，主要有算术法、代数法、几何法和三角函数法。常量数学方法被用于定量揭示和描述客观事物在发展过程中处于相对静止状态时的数量关系和空间形式（或结构）的规律性。

变量数学方法：它是定量揭示和描述客观事物运动、变化、发展过程中的各量变化与量变之间的关系的一种数学方法。其中最基本的是解析几何法和微积分法。解析几何法由数学家笛卡尔创立，是用代数方法研究几何图形特征的一种方法。微积分（通常称为高等数学）方法是牛顿和莱布尼茨创立的，这种方法主要应用于求某种变化率（如物体运行速率、化学反应速率等）、求曲线（曲面）、切线（切平面）、求函数极值、求解振动方程和场方程等问题。

必然性数学方法：这种方法应用于必然性自然事物和现象。描述必然性自然事物和现象的数学工具，一般是方程式或方程组。其中主要有：代数方程、函数方程、常微分方程、偏微分方程和差分方程等。利用方程可以在遵循推理规律和规则的条件下，从已知数据推算出未知数据，如用这种方法可以根据热力学方程计算出炼钢炉各部分的温度分布，因而可通过理论计算，确定和选取炼钢炉的最佳设计方案。

随机性数学方法：指定量研究、揭示和描述随机事物和随机现象领域的规律性的一种数学方法。它主要含概率论方法和数理统计方法。

突变的数学方法：指定量研究只揭示和描述突变事物和突变现象规律性的一种数学方法。它是20世纪70年代由法国数学家托姆创立的。托姆用严密的逻辑和数学推导，证明在不超过四个控制因素的条件下，存在着七种不连续过程的突变类型，它们分别是：折转型、尖角型、燕尾型、蝴蝶型、双曲脐点型、椭圆脐点型、抛物脐点型。这些突变数学方法和突变理论，对于解决地质学研究领域中的复杂性突变事件（如地震预测）和现象十分有用。有专家预言：突变的数学方法，可能成为解决地质学领域复杂问题的一种强有力的数学工具。

模糊性数学方法：指用定量方法去研究、揭示和描述模糊事物和模糊现象和规律性的一种数学方法。自然界存在着大量模糊事物、模糊现象和模糊信息，无法用精确数学方法处理。模糊数学方法的创立，使人类找到了处理该类问题的有效方法，人们称这种方法的效果是"模糊中见光明"。"模糊数学"并非数学的模糊，这种数学本身仍是逻辑严密的精确数学，只是因用于处理模糊事物而得名。

公理化方法：指从初始科学概念和一些不证自明的数学公理出发遵循逻辑思维规律和推理规则，运用正确逻辑推理形式，对一些相关问题进行处理，从而建立起数学模型的一种特殊方法。公理化方法由古希腊数学家欧几里得首创，并构成了欧氏几何学理论体系，公理化方法的核心是研究如何把一种科学理论公理化，进而建成一个公理化理论体系。这种体系是首先建立公理，即把某学科中一些初始科学概念公理化，然后由公理推演出定理及其他，从而构成一个公理化理论体系。

（四）提炼数学模型的一般步骤

所谓提炼数学模型，就是运用科学抽象法，把复杂的研究对象转化为数学问题，经合理简化后，建立起揭示研究对象定量的规律性的数学关系式（或方程式）。这既是数学方法中最关键的一步，也是最困难的一步。

提炼数学模型，一般采用以下六个步骤完成：

第一步：根据研究对象的特点，确定研究对象属哪类自然事物或自然现象，从而确定使用何种数学方法与建立何种数学模型。即首先确定对象与应该使用的数学模型的类别归属问题，是属于"必然"类，还是"随机"类；是"突变"类，还是"模糊"类。

第二步：确定几个基本量和基本的科学概念，用以反映研究对象的状态。这需要根据已有的科学理论或假说及实验信息资料的分析确定。例如在力学系统的研究中，首先确定的基本物理量是质量（m）、速度（v）、加速度（a）、时间（t）、位矢（r）等。必须注意确定的基本量不能过多，否则未知数过多，难以简化成可能的数学模型，因此必须选择出实质性、关键性的物理量才行。

第三步：抓住主要矛盾进行科学抽象。现实研究对象是复杂的，多种因素混在一起，因此必须变复杂的研究对象为简单和理想化的研究对象，做到这一点相当困难，关键是分清主次。如何分清主次只能具体问题具体分析，但也有两条基本原则：一是所建数学模型一定是可能的，至少可给出近似解；二是近似解的误差不能超过实际问题所允许的误差范围。

第四步：对简化后的基本量进行标定，给出它们的科学内涵。即标明哪些是常量，哪些是已知量，哪些是待求量，哪些是矢量，哪些是标量，这些量的物理含义是什么。

第五步：按数学模型求出结果。

第六步：验证数学模型。验证时可根据情况对模型进行修正，使其符合程度更高，当然这以求原模型与实际情况基本相符为原则。

（五）数学方法在科学中的作用

1.数学方法是现代科研中的主要研究方法之一

数学方法是各门自然科学都需要的一种定量研究方法，尤其在当今世界科学技术飞速发展的时代，计算机已得到广泛应用，即使一个极其复杂的偏微分方程的求解问题也同样可以通过离散化手段进行求解。如航磁法、地震法探矿的数据处理问题就异常复杂，其数学模型就是一个偏微分波动（场）方程。当然此类问题都需要在超大型专门计算机构进行的。正因为如此，许多过去无法进行定量研究的问题，现在一般都可以通过数学建模进行定量研究。当然，研究中的关键就是如何建模的问题了。同时，只有通过定量研究才能更深刻、更准确地揭示自然事物和自然现象内在的规律性。否则，一切科学理论的建立和理论研究的精确化就难以实现。马克思曾指出："一种科学只有当它达到了能够运用数学时，才算真正发展了。"这正如我国数千年的传统中药，因其药效及有效成分没能达到定量研究的程度，因而其发展迟缓。目前世界各主要国家都在对中国的中药进行定量分析研究，某些中药已被他国制成精品并申请了专利向我国倾销，这充分体现了定量研究的重要意义。

2. 数学方法为多门科研提供了简明精确的定量分析和理论计算方法

数学语言（方程式或计算公式）是最简明和最精确的形式化语言，只有这种语言才能给出定量分析的理论和计算方法，通过理论计算给出的信息，可以给人们提供某种预测、某种预言。这种预示性的信息，既可能带来某种发现、发明和创造，也可能导致极大的经济和社会效益，从而使人们格外地感受到它的分量。

3. 数学方法为多门科学研究提供逻辑推理、辩证思维和抽象思维的方法

数学作为自然科学研究的可靠工具，是因为它的理论体系是经过严密逻辑推证得到的，因此它也为科学研究提供了众多逻辑推理方法；同时数学也是一种辩证思维和抽象思维的语言，因此也同样为科学研究提供了辩证思维和抽象思维的方法。

三、其他方法

（一）系统科学方法

系统科学是关于系统及其演化规律的科学。尽管这门学科20世纪上半叶才产生，但由于其具有广泛的应用价值，发展十分迅速，现已成为一个包括众多分支的科学领域。系统科学包括：一般系统论、控制论、信息论、系统工程、大系统理论、系统动力学、运筹学、博弈论、耗散结构理论、协同学、超循环理论、一般生命系统论、社会系统论、泛系分析、灰色系统理论等分支。这些分支，各自研究不同的系统。

自然界本身就是一个无限大、无限复杂的系统，在自然界中包括许许多多不同的系统，系统是一种普遍存在。一切事物和过程都可以看作组织性程度不同的系统，从而使系统科学的原理具有一般性和较高的普遍性。利用系统科学的原理，研究各种系统的结构、功能及其进化的规律，称为系统科学方法。它已得到各研究领域的广泛应用，目前尤其在生物学领域（生态系统）和经济领域（经济管理系统）中的应用最为引人注目。

系统科学研究有两个基本特点：其一是它与工程技术、经济建设、企业管理、环境科学等联系密切，具有很强的应用性；其二是它的理论基础不仅是系统论，而且还依赖于各有关的专门学科，与现代一些数学分支学科有密切关系。正因为如此，人们认为系统科学方法一般指研究系统的数学模型及系统的结构和设计方法。

常用的系统科学方法有功能分析法、黑箱方法、历史方法、功能模拟法、网络分析法等。

（二）复杂性科学研究方法

科学在20世纪得到了空前的发展，量子力学为我们打开了神秘的微观世界之门，相对论把我们的视野引到浩茫的宇宙星空，计算机的广泛应用打开了智能开发的宝库，另一场新的科学革命又在20世纪末叶悄悄来临，这就是复杂性科学革命。作为复杂性科学，较之量子力学和相对论都尚鲜为人知，但其重要性绝不亚于前两次革命。因为复杂性科学所研究的问题正是人类面对的大千世界中最复杂的体系中最复杂的问题。诸如生命的起源，气液表面大量的紊乱运动着的气体分子、液体分子以及液体中溶解的其他分子，在状态不断变化的情况下将如何演化的问题以及社会经济发展中众多问题，它们都包含着极大的复杂性。

复杂性科学是一个由众多分支组成的群体性科学。其中，每个分支都在探索复杂性这个方向上齐头并进，同时又各具特色和侧重。普里高津（Prigogin）于1969年建立的耗散结构理论揭开了复杂性科学的序幕，而后，哈肯（Haken）的协同学、艾根（Eigen）的超循环理论以及混沌学、分形理论相继建立，为复杂性研究提供了多种不同的方法，这就构成了多分支的复杂性科学。

复杂性科学研究的主要对象是远离平衡态的开放系统，如何通过自发组合演化为有组织的状态的可能性及演化规律。复杂性科学正在编汇一套特别丰富的科学词汇，诸如开放系统、非平衡态、分叉、涨落、相变等等。尽管不少词汇是从物理学中借用的，但它们在复杂性科学中还具有一些全新的含义。

思考题

1. 科学实验法有哪些？对自然科学研究有何意义？

2. 自然科学研究中的数学方法是什么？

3. 应用数学建模法的基本步骤是什么？

专题八　科学精神

16世纪以来，先后发生了深刻改变人们宇宙观、方法论的两次科学革命。从此，科学便成为人类文明进步的一面旗帜，科学精神成为一切社会生活中的精神导引。

要给科学精神下一个十分准确而完整的定义、对科学精神的内涵做出精确的解释和说明是一件困难的事情，因为科学本身就是难以定义的。

像人们可以把广义的科学定义为一种累积的知识体系、研究方法、生产力要素或者社会建制一样，广义的科学精神可以从多个视觉、多个层次来考察。

对广义科学精神的经典描述来自于默顿，他提出了四条基本规范，即普遍性（Universalism）、共有性（Communalism）、无偏见性（Disinterestedness）、合理的怀疑性（Organized Skepticism）。

普遍性是指科学独立于种族、肤色、信仰和国家；共有性是指科学知识为公共知识，研究结果必须公开，科学家可以自由地进行交流信息；无偏见性是指科学必须是客观的，不受个人或团体利益、意识形态操纵；合理的怀疑是指科学不承认绝对的权威和永恒的真理，科学家可以对科学进行自由的质疑和批判。

后来，齐曼又加上原创性（Originality）作为科学研究的基本规范。原创性意味着科学研究必须是创新的，一项不能对现有知识提供新内容的科学研究对科学就没有任何贡献。齐曼把五项基本规范的英文大写第一个字母合在一起简称为"CUDOS"，以方便记忆。

狭义的科学精神是指在自然科学的科学研究活动中应该遵守的思维方式、行为准则、价值取向。如科学理论的形成、技术发明的创造和工程技术的应用过程中人们应该遵守的思维方式、行为准则、价值取向，也就是说狭义的科学精神可以称为"科学研究精神"。以下论述的是狭义的科学精神，同时这里所说的科学方法和科学思维也特指科学研究活动中科学家应该和必须具备的方法和思维模式。科学方法是科学精神

的核心部分。

一、科学精神的基本内涵

1. 非科学与科学之间存在着不可逾越的界限，但科学假说与科学理论之间不存在不可逾越的界限，因此需要把"科学与非科学"和"科学假说与科学理论"区分开来。科学精神拒绝的是不具备经验证据基础的、超自然的非科学，而不是带有探索性质的科学假说，因此对待非科学应当严格，对待科学假说应该宽容。

2. 科学理论的形成要经历不同的过程，不同的过程对科学家的思维有不同的要求，因此必须把"发现的非理性思维"与"辩护的非理性思维"分开来〔有的哲学家简单地把科学活动分为"发现"与"证明（辩护）"两部分〕。科学精神不拒绝个别科学家某个阶段思维的突发奇想，如鼓励科学家依靠好奇心、直觉等提出原创性问题。科学精神拒绝的是科学家在假说检验与评价过程的非理性。

3. 科学理论需要的经验证据必须是有效的，因此既要保证通过自身观测和实验的经验证据是真实可靠的，也要保证采用的权威证据的来源是真实可靠的。科学精神要求科学家在收集证据时严格按照科学规范进行，不仅不能伪造、任意修改经验证据，也要防止因疏忽造成的经验证据失真。

4. 一个科学理论的形成需要较长和复杂的检验过程，任何科学家不能借助任何非科学的手段（比如媒体、广告、权威人物等）自我或者立即宣称一个科学假说为一个科学理论，这就要求科学家不管为自己的假说辩护还是反驳他人的假说时都要有开放的心态、等待验证的耐心和平等的权利，也就是说科学精神要求科学家坚毅执着但不固执己见。

5. 在现代大科学时期，一个科学家往往只能完成一个步骤甚至只是一个步骤的一部分，因此科学研究活动提倡合作交流的团队精神，在这个团队中以多种形式（紧密的或松散的、实质的或者虚拟的）尽可能地集合起完成各个步骤所需要的科学家，这样才能尽快地完成科学理论形成的全过程。

例：量子力学的发展

量子力学是逐步发现和形成的。1909年，德国人普朗克首先提出光量子论；1905年，德国人爱因斯坦用光量子论解释了光电现象；1913年，丹麦人玻尔提出电子轨道的量子化，用它解释了原子结构和原子光谱；1916年，德国人索末菲改进了玻尔模型，计算了电子的椭圆轨道；1923年，法国人德布罗意提出电子也是一种波动。1925年，德国人海森堡引进矩阵作为力学量，德国人玻恩、约尔丹和海森堡建立起量子矩阵力学体系；1926年，德国人薛定谔提出量子波动力学，证明波动力学和矩阵力学等价，同年玻恩提出了波函数的统计解释；1927年，德国人约尔丹和英国人狄拉克证明了普遍的变换定理，海森堡提出测不准关系，玻尔提出互补原理，量子力学理论的构建就完成了，并迅速成功地应用于原子、分子和固体结构的研究。

量子力学发展的速度虽然很快，却是在激烈的学术争论中展开的。薛定谔提出薛定谔之猫的悖论和爱因斯坦与波多尔斯基和罗森提出EPR佯谬，长期不同意海森堡的理论和玻恩的统计解释。爱因斯坦甚至终身都不认为量子力学是一个完备的理论，而是致力于寻找一种具有确定性的统一理论。贝尔提出了贝尔不等式，证明了EPR的基本原理与量子理论不相容。量子力学的解释与爱因斯坦的诘难究竟谁对谁错只有等待实践去检验。

二、什么是科学精神

（一）科学精神是怀疑精神

科学的态度首先就是怀疑，它要求人们凡事都要问一个"为什么"，追问它"究竟有什么根据"，打破砂锅问到底，而决不轻易相信。科学史上传闻，牛顿看见苹果坠地这件很平常的事，这件事却引起他的疑问：苹果为什么会坠地呢？经过长期的艰苦探索，终于发现万有引力定律。所以，著名的科学方法论学者波普尔说："正是怀疑、问题激发我们去学习、去发展知识、去实践、去观察。"在这个意义上可以说，科学的历史就是通过怀疑提出问题并解答问题的历史。

应该指明，科学的怀疑精神，绝不是否定一切。怀疑的目的在于：一是要从熟悉的现象进入未知的领域。这是科学史上常有的事，如苹果坠地导致万有引力定律的发现；沸腾的水把壶盖提升导致蒸汽机的发明。二是去伪存真，把原来不正确的东西逐步纠正过来。如原子模型从汤姆孙模型到卢瑟福模型，再到波尔模型，认识由不正确到正确，由不完善到完善。

辩证唯物主义正是总结了科学认识史，认为科学的怀疑精神，决不可与否定一切的绝对怀疑论等同。绝对的怀疑论由于否定一切，什么都不相信，从而导致不可知论和诡辩，陷入主观主义；科学的怀疑精神则是辩证的否定，它不是否定一切，而是通过否定得到肯定的东西。因而科学的怀疑精神虽然也认为，一切知识都是相对的，都值得怀疑，但它不是主观的相对主义，而是客观的相对主义，即"它不是在否定客观真理的意义上，而是在我们的知识向客观真理接近的界限，受历史条件制约的意义上，承认我们一切知识的相对性"（列宁）。

一部科学史就是科学通过它的怀疑精神，不断前进的历史；如果对什么事情都轻信盲从，如轻信盲从所谓的"世界末日"之类的荒诞不经之说，那就根本谈不上科学精神。

（二）科学精神是求真精神

科学研究的目的是求真，是获得客观的、真实的知识，用哲学的语言来说就是追求真理。什么是真理？真理是人的认识与客观实际相符合。

1. 在求真问题上，首先必须承认两个前提

（1）认识对象是客观存在的。对自然科学来说，它的认识对象是自然界，伟大的科学家爱因斯坦强调指出，自然界是在我们之外的一个巨大的世界，这个世界离开我们人类而独立存在。他说，从思想上掌握这个在个人之外的、客观存在的世界，是科学的一个最高目标。同这个唯物主义观点相对立的有神论观点则认为，人们认识的对象是虚无缥缈的上帝，或无所不能的神，或其他形形色色虚幻的影像。

（2）认识对象是可知的。爱因斯坦说："相信世界在本质上是有秩序的和可认识的这一信念，是一切科学工作的基础。"用哲学的语言来说这叫可知论。正如恩格斯所说，在科学和以科学为基础的工业的发展过程中，既然我们能够根据有机化学原理，按照它的条件，用便宜得多、简单得多的方法从煤焦油里提炼出茜素来，并使它为我们的目的服务，从而证明我们对这一过程的认识是正确的，那不可捉摸的、不可知的"自在之物"就完结了。

2. 求真必须有科学的方法

科学的方法主要有两个：一个是理性的逻辑演绎方法，一个是经验的实验归纳方法。这两个方法实际上就是两个认识过程：前一个方法是从一般到特殊，后一个方法是从特殊到一般。"人类的认识总是这样循环往复地进行的，而每一次循环（只要是严格地按照科学的方法）都可能使人类的认识提高一步，使人类的认识不断地深化。"

在科学与迷信长期斗争的过程中，同求真精神相对立的一个手法，是虚构根本不存在的认识对象，如神、鬼之类，让人们去顶礼膜拜。这种违反科学求真精神的做法必然要弄虚作假。另一个手法是借用科学的名词，用纯粹思维的方法去杜撰所谓的"理论"，诱导人们脱离现实去闭门幽居、冥思苦练。殊不知，科学理论只有通过科学的方法（由特殊到一般与由一般到特殊）才能产生，正如毛泽东说的，"真正的理论在世界上只有一种，就是从客观实际抽出来，又在客观实际中得到了证明的理论"。如果不是从客观实际（特殊）上升到理论（一般），最后又从理论回到客观实际中去检验，那就不能称之为科学。脱离客观实际，靠纯粹思维，丝毫不能给我们任何关于客观实在的知识，正是"由于伽利略看到了这一点，尤其是由于他向科学界孜孜不倦地教导了这一点，他才成为近代物理学之父——事实上也成为整个近代科学之父"

（爱因斯坦）。

（三）科学精神是人文精神

科学是人类在认识世界、改造世界的过程中，形成与发展起来的一种系统的、有组织的、特殊的活动。在当代，科学已经成为人类文明的主流，它广泛地渗透到政治、经济、法律、文化领域之中。这是因为，科学归根结底是和人类的切身利益和长远利益息息相关的，因而，近代科学从培根的"知识就是力量"开始，人文精神就成为它固有的精神。

马克思站在社会发展史的高度指出，科学是一种在历史上起推动作用的、革命的力量。针对当时蓬蓬勃勃地进行的工业化运动，他指出，作为19世纪特征的伟大事实是，产生了以往人类历史上任何一个时代都不能想象的工业和科学的力量，它大大改变了世界的面貌。

爱因斯坦说得更具体，他认为，如果没有科学，人民群众就不会有像样的家庭生活，不会有铁路和无线电，不会有防治传染病的办法，不会有廉价书籍，不会有文化，不会有艺术的普遍享受，也就不会有把人从生产生活必需品的苦役中解放出来的机器。

一切蛊惑人心的歪理邪说，打着科学的旗号，实际上却干着反人民、反社会、昧良心的肮脏勾当；它们用所谓"天国""圆满"之类的神话，企图把人们引入歧途，脱离活生生的、蓬勃进行的、伟大的社会主义事业，这同科学的人文精神是根本对立的，是反科学的。

（四）科学精神是创新精神

创新是科学的生命，没有创新，就没有科学，没有创新，科学将停滞不前！

强调创新当然应注意到，创新和继承是分不开的。一方面，没有创新，科学便成为万古不变的教条，成为让人逐字逐句背诵的经典。另一方面，如果没有刻苦认真地学习、继承前人的工作，就不可能有所发现，有所发明，有所创新，科学史上这样的例子难道还少吗？相对论、量子力学、现代综合进化论等现代科学的伟大成就，不就是在继承前人成果的基础上产生与发展起来的吗？

其次，创新要真正成为科学的成果，载入科学的史册，必须具备两个条件：一是逻辑论证；二是实验检验。

没有第一个条件，便是单凭经验、非常蔑视思维的经验主义。恩格斯在《神灵世界中的自然科学》（1878年）中早就指出，那位鼎鼎大名的英国唯物主义哲学家、现代实验科学的始祖培根，"曾经渴望应用他的新的经验归纳法来首先达到延年益寿，某种程度上的返老还童，改容换貌，脱胎换骨，创造新种，呼风唤雨"。这种不相信一切思维的最肤浅的经验论，是从自然科学到神秘主义的最可靠的道路。

没有第二个条件，便是单凭思维、非常蔑视经验的唯理主义。哲学史上的代表是笛卡尔。他把思维理性摆在首要地位，贬低和抹杀感性知觉在认识中的作用，这是唯理论的认识论。和它相反，辩证唯物论的认识论认为，人的正确思想只能从社会实践中来，一切思想都是对社会实践经验加以概括与总结的结果；它们是否正确，还必须回到社会实践中去检验。一般说来，成功了的就是正确的，失败了的就是错误的。爱因斯坦在谈到物理学理论时，明确指出，纯粹的逻辑思维不能给我们任何关于自然界的知识；一切自然科学理论，都是从经验开始，又终结于经验。所以，他认为观察与实验事实毫无疑问是科学理论真伪性的最高裁决者。

一切自命为拥有绝对真理、"法力无边"的至高至善者，都是对科学的创新精神的嘲弄！

思考题

1. 科学精神的基本内涵是什么？
2. 简要说明什么是科学精神。
3. 在小学教学中应如何培养小学生的科学精神？

模块六

学生实验

实验一　星空观测

目的和要求：

（1）了解四季具有代表性的星座，掌握辨认主要亮星的方法，观测当地当时有代表性的星座和主要亮星。

（2）了解八大行星的基本特征，掌握识别和观测行星的方法，观测当地当时易观测的大行星。

（3）了解农历一个月内月相的变化规律，选取合适的时间观察月相的变化并做记录。

实验二　主要矿岩标本的辨识

目的和要求：

（1）观察认识三大类岩石标本，巩固有关岩石的基本知识，掌握三大类岩石的基本特征。

（2）观察认识常见造岩矿物、主要金属矿产和能源矿产的标本，巩固有关矿物的基本知识，掌握常见造岩矿物的形态、颜色、光泽、硬度等物理性质。

实验三　原电池的原理、金属的电化学腐蚀及自制水果电池

一、实验目的

1. 了解原电池原理，认识金属电化学腐蚀的原因。

2. 能用自制的水果电池让音乐卡片响起来并理解其原理。

二、实验用品

烧杯、试管、滴管、导线、电流计；稀硫酸、硫酸铜溶液、锌粒、锌片、铜片、粗锌等；西红柿、苹果、菠萝等。

三、实验步骤

1. 原电池原理

把一块纯净的锌片插入盛有稀硫酸的烧杯里，观察发生的现象，再插入一块铜片，观察铜片上有无现象发生。用导线把锌片和铜片连接起来，观察铜片上有何现象发生。在导线中间接上一个电流计，观察指针是否偏转。对上述实验现象进行解释，并写出各个电极反应式及原电池反应的化学方程式。

2. 金属的电化学腐蚀

在一支试管里放一小块纯锌，在另一支试管里放一小块粗锌，然后向两支试管里各注入约2 mL稀硫酸。观察现象，并解释原因。

向上述盛有纯锌和稀硫酸的试管里，注入少量的硫酸铜溶液。观察现象，并解释原因。

3. 自制水果电池

把用导线连接起来的锌片和铜片平行插入各种水果中，在导线中间接上一个电流计，观察指针是否偏转。想办法接到没有电池的音乐卡片上，观察音乐卡片能否响起来，并解释原因。

四、思考题

1. 如果用铁片代替锌片做原电池原理的实验，会有什么现象发生？

2. 试解释铁在空气中被腐蚀的原因。

3. 铜–锌原电池反应中，锌片上应无气泡产生，分析实验中产生气泡的原因。

实验四　配制一定浓度的溶液

一、实验目的

1. 学会配制物质的量浓度和质量百分比浓度的溶液。

2. 学会实验过程中用到的各种仪器的使用方法。

二、实验用品

烧杯、量筒、容量瓶、胶头滴管、药匙、玻璃棒、托盘天平和砝码；浓盐酸、氯化钠固体。

三、实验内容与步骤

1. 配制250 mL 1 mol/L盐酸溶液

先计算配制250 mL 1 mol/L盐酸溶液，需要12 mol/L浓盐酸多少毫升。

（1）量取盐酸溶液。用量筒量取所需的浓盐酸，然后沿玻璃棒慢慢倒入盛有大约50毫升蒸馏水的烧杯中，用玻璃棒轻轻搅拌均匀。

（2）配溶液。将上述烧杯中已冷却的盐酸沿玻璃棒转移到250 mL容量瓶中。每次用30mL蒸馏水洗涤烧杯，共洗2—3次，洗涤液也注入容量瓶里，并加以振荡，使溶液混合均匀。然后向容量瓶中加蒸馏水，直到液面接近容量瓶刻度1—2 cm处时，改用胶头滴管滴加蒸馏水至溶液的凹液面正好与刻度线相切。将容量瓶用瓶塞盖紧，一手按住瓶塞，一手托住瓶底，来回反转，反复摇匀。

2. 配制100 mL 0.5 mol/L氯化钠溶液

先计算配制100 mL 0.5 mol/L氯化钠溶液所需氯化钠的质量。

（1）称量。先在托盘两边各放一张纸片，把托盘天平调整好，使两边平衡，左盘放氯化钠，右盘放砝码，准确称取所需氯化钠的质量并放入一小烧杯中。

（2）配溶液。往盛氯化钠的烧杯中加入约30 mL蒸馏水，用玻璃棒搅动使其溶解并冷却。然后将溶液沿玻璃棒转移到100 mL容量瓶中，每次用20 mL蒸馏水洗涤烧杯，共洗2次，洗涤液也注入容量瓶里，并加以振荡，使溶液混合均匀，最后加水至刻度线（操作方法和要求跟配盐酸溶液时相同）。这样就配成了100 mL 0.5 mol/L氯化钠溶液。

3. 配制40 g质量分数为3%的氯化钠溶液

先计算配制40 g质量分数为3%的氯化钠溶液所需氯化钠的质量。

（1）称量。先在托盘两边各放一张纸片，把托盘天平调整好，使两边平衡，左盘放氯化钠，右盘放砝码，准确称取所需氯化钠的质量并放入一小烧杯中。

（2）配溶液。往盛氯化钠的烧杯中加入38.8 mL蒸馏水，用玻璃棒搅动使其溶解并冷却。这样就配成了40 g质量分数为3%的氯化钠溶液。

把上面配成的250 mL 1 mol/L盐酸溶液、100 mL 0.5 mol/L氯化钠溶液、40 g质量分数为3%的氯化钠溶液分别倒入指定的容器里。

4. 用量筒准确量取4.5 mL溶液并放入试管中给液体加热至沸腾。

四、思考题

1. 简述配制物质的量浓度溶液的步骤。

2. 简述配制质量百分比浓度溶液的步骤。

实验五　双臂电桥测低值电阻

一、实验目的

1. 了解伏安法测低值电阻时对其产生影响的因素及其消除方法。
2. 掌握用双臂电桥测低值电阻的工作原理及其方法。
3. 理解双臂电桥的结构特点。
4. 学会用双臂电桥测量金属材料电阻率的方法。

二、实验仪器

双臂电桥、开关、电源、导线、待测金属材料等。

三、实验原理

用单臂电桥测电阻时没有考虑接触点的电阻和导线电阻的影响，这对中值电阻（10—106Ω）出现的误差还可以忽略，但对低电阻，其误差是不可忽视的。

1. 伏安法测低值电阻时，引线电阻、接触电阻的影响及消除

设 R 为待测金属棒的低电阻，通过电流表 A 的电流 I 分成 I_1 和 I_2，对 A 点而言，其中 I_1 经过电流表 A 至 R 的引线和接触电阻 γ_1 流入 R，I_2 经过电流表至毫伏表的引线和接触电阻 γ_3 流入毫伏表，对 B 点也可作同样分析。这样，毫伏表的示值为 γ_1、γ_2 及 R 上电压降之和（其中 γ_3、γ_4 与毫伏表内阻比较可忽略），但 γ_1、γ_2 与 R 具有相同数量级，不能忽略。虽然接触电阻仍然存在，但由于所处位置与前不同，毫伏表内阻远大于 γ_3、

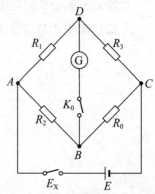

γ_4，所以电流表、电压表的示值相当准确地反映了电阻 R 上的电参数，这样利用伏安法就可准确测出 R 值。可见，测低值电阻时，必须把能通电流的接头 C_1、C_2 与测电压接头 P_1、P_2 分开，这样才可避免接触电阻的影响。

2. 双臂电桥的结构和原理

双臂电桥的结构所示。其中 R_X 和 R_0 电流接头 C_2、C_3 用粗导线 γ 相连，R_A、R_B、R_a、R_b 分别是几百欧姆的电阻，这样 P_1、P_2、P_3、P_4 处的接触电阻与这些大电阻串联就分别归于这些大电阻中，所以可忽略。同理，C_1、C_2、C_3、C_4 处的接触电阻分别与电源、γ 串联，也可归于这些电阻中，从而使接触电阻、引线电阻可以忽略。若将 C_2、γ、C_3 视为一个短路点，因其电阻很小，而把 R_a、R_b 并联归于检流计的限流电阻中，则可视 R_A、R_B、R_X、R_0 为一单臂电桥，又因 R_X、R_b 为远小于 R_A、R_B、R_a、R_b 的低值电阻，若视 R_X、R_0 为短路接点，则 R_A、R_B、R_a、R_b 又为另一单臂电桥，所以图称为双臂电桥。

当检流计电流为零，即电桥平衡时，流过 R_A、R_B 的电流相等，设为 I_1；流过 R_X、R_0 的电流也相等，设为 I_2；流过 R_a、R_b 的电流相等，设为 i；由于检流计两端电位相等，所以有：

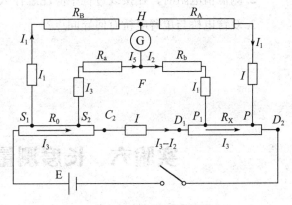

双臂电桥测纸电阻原理图

$$I_2 R_X + i R_a = I_1 R_A$$

$$I_2 R_0 + i R_b = I_1 R_B$$

$$i\,(R_a + R_b) = (I_2 - i)\,\gamma$$

整理上面三式可得：

$$R_X = \frac{R_A}{R_B} R_0 + \frac{\gamma R_b}{R_a + R_b + \gamma}\left(\frac{R_A}{R_B} - \frac{R_a}{R_b}\right)$$

制作双臂电桥时，若使满足 $\dfrac{R_A}{R_B} - \dfrac{R_a}{R_b}$ 则有：

$$R_X = \frac{R_A}{R_B} R_0$$

四、实验内容

1. 按图接好被测电阻。

2. 测出四种金属线的电阻。

3. 测量导体的电阻率。

4. 导体的电阻，其中 l 是导体的长度，S 是横截面积，如果导线的截面直径是 d，则导线的电阻率为：

$$R = \rho \frac{l}{S} \qquad \rho = R \frac{\pi d^2}{4l}$$

五、注意事项

标准电阻与被测电阻之间的连线电阻应小于0.001Ω，导线两头应有可以夹紧的接头，并具有良好的清洁表面，同时 R_x 与 R_0 的电压端的接线电阻也应尽量减小。

六、思考题

1.在测量电阻过程中应尽量使通电时间短，为什么？

2.测低值电阻时，在接线过程中应注意什么？

3.双臂电桥与单臂电桥有何异同点？

实验六　长度测量仪器的使用

一、实验目的

1.掌握游标卡尺的测量原理与使用方法。

2.掌握螺旋测微器的测量原理与使用方法。

二、实验仪器

游标卡尺、螺旋测微器、圆柱体、小钢珠。

三、实验原理

1.游标卡尺的原理及读数方法

游标卡尺是一种能准确到0.1 mm以上的较精密量具，用它可以测量物体的长、宽、高、深及工件的内、外直径等。它主要由按米尺刻度的主尺和一个可沿主尺移动的游标（又称副尺）组成。常用的一种游标卡尺的结构如图1所示。D为主尺，E为副尺，主尺和副尺上有测量钳口AB和$A'B'$，钳口$A'B'$用来测量物体内径，尾尺C在背面与副尺相连，移动副尺时尾尺也随之移动，可用来测量孔径深度，F为锁紧螺钉，旋紧它，副尺就与主尺固定了。

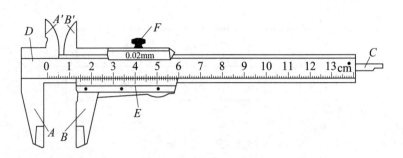

图1　游标卡尺构造图

游标卡尺的分度原理：如果用 a 表示主尺最小分度值，用 N 表示游标分度数。通常设计 N 个游标分格的长度与主尺上（$vN-1$）个分格的总长度相等，利用 v 倍主尺最小刻度值（va）与游标上最小刻度值之差来提高测量的精度。

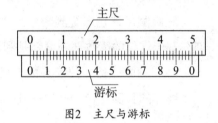

图2　主尺与游标

游标上最小刻度值为 b，则有

$$Nb = (vN-1)a$$

其差值为

$$va - b = va - \frac{vN-1}{N}a = \frac{1}{N}a$$

倍数 v 称为游标系数，通常取1或2。由此可知，

a一定时，N 越大，其差值（$va-b$）越小，测量时读数的准确度越高。该差值 $\frac{a}{N}$ 通常称为游标的分度值或精度，这就是游标分度原理。不同型号和规格的游标卡尺，其游标的长度和分度数可以不同，但其游标的基本原理均相同。本实验室所用的是游标系数为1的50分度游标卡尺。$N=50$，$a=1\,\text{mm}$，分度值为 $\frac{1}{50}=0.02\,\text{mm}$，此值正是测量时能读到的最小读数（也是仪器的示值误差）。如图2所示。

读数时，待测物的长度 L 可分为两部分读出后再相加。先在主尺上与游标"0"线对齐的位置读出毫米以上的整数部分 L_1，再在游标上读出不足1 mm的小数部分 L_2，则 $L=L_1+L_2$。$L_2=k\frac{1}{N}\,\text{mm}$，$k$ 为游标上与主尺某刻线对得最齐的那条刻线的序数。

如图3所示的游标卡尺读数为 $L_1 = 0$，$L_2 = k\dfrac{1}{N} = \dfrac{12}{50} = 0.24$ mm，所以 $L = L_1 + L_2 = 0.24$ mm。许多游标卡尺的游标上常标有数值，L_2 可以直接由游标上读出。如图3，可以从游标上直接读出 L_2 为 0.24 mm。

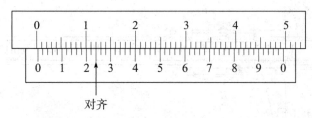

对齐

图3　50分度游标卡尺

2. 螺旋测微计（千分尺）的原理与读数方法

螺旋测微计是螺旋测微量具中的一种，其他还有读数显微镜、光学测微目镜及迈克尔孙干涉仪的读数部分也都是利用螺旋测微原理而制成的。

螺旋测微计是一种较游标卡尺更精密的量具，常用来测量线度小且准确度要求较高的物体的长度。较常见的一种螺旋测微计的构造如图1-4所示。

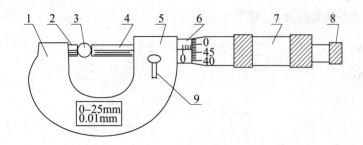

0-25mm
0.01mm

图4　螺旋测微计构造图
1-尺架　2-固定测砧　3-待测物体　4-测微螺杆　5-螺母套管
8-固定套管　7-测分筒　8-棘轮　9-锁紧装置

该量具的核心部分主要由测微螺杆和螺母套管所组成，是利用螺旋推进原理而设计的。测微螺杆的后端连着圆周上刻有N分格的微分筒，测微螺杆可随微分筒的转动而进、退。螺母套管的螺距一般取0.5 mm，当微分筒相对于螺母套管转一周时，测微螺杆就沿轴线方向前进或后退0.5 mm；当微分筒转过一小格时，测微螺杆则相应地移动 $\dfrac{0.5}{N}$ mm距离。可见，测量时沿轴线的微小长度均能在微分筒圆周上准确地反映出来。

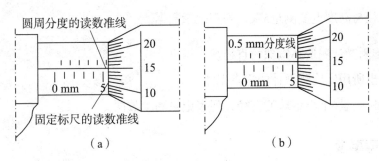

圆周分度的读数准线

固定标尺的读数准线

（a）

0.5 mm分度线

（b）

图5　螺旋测微计测量长度

比如 $N = 50$，则能准确读到0.5/50 = 0.01 mm，再估读一位，则可读到0.001 mm，这正是称螺旋测微计为千分尺的缘故。实验室常用的千分尺的示值误差为0.004 mm。

读数时，先在螺母套管的标尺上读出0.5 mm以上的读数，再由微分筒圆周上与螺母套管横线对齐的位置上读出不足0.5 mm的数值，再估读一位，则三者之和即为待测物的长度。如图5所示。则a、b的读数分别为：

（a）$L = 5 + 0.5 + 0.150 = 5.650$ mm　　（b）$L = 5 + 0.150 = 5.150$ mm

螺旋测微计的零点误差：

螺旋测微计因为机械构造的原因会存在零点误差，在使用的时候首先应该找出零点误差，然后利用零点误差对测量结果进行修正，零点误差指的是在不夹取物体的时候使测砧与测杆接触上，此时观察一下微分筒"0"线与螺母套管的横线是否对齐，如果不对齐则存在零点误差。按微分筒"0"线在螺母套管的横线的上方还是下方零点误差可以分为两类——"负"或"正"。

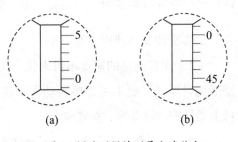

图6　螺旋测微计测量小球体积

如图6所示，这两种情况下，螺旋测微计的零点误差分别为：

（a）$D_0 = 0.021$ mm

（b）$D_0 = -0.029$ mm

四、实验内容

1.用游标卡尺（50分度）测量圆柱体的直径与高度。

（1）用外量爪测圆柱体直径 D 和高度 H，左手拿待测物，右手持尺，大拇指轻转小轮，使待测物轻轻卡住即可读数。不要使物体在被卡住时用力移动，以免损坏量爪。

（2）直径与高度重复测量5次，列表记录数据。

2.用螺旋测微计测量小钢珠的直径。

（1）找出所用螺旋测微计的零点误差。

（2）随机测量6个小钢珠的直径，列表记录测量数据。

五、注意事项

1.游标卡尺使用注意事项

（1）游标卡尺是比较精密的测量工具，要轻拿轻放，不得碰撞或跌落地下。使用时不要用来测量粗糙的物体，以免损坏量爪，不用时应置于干燥地方防止锈蚀。

（2）测量时，应先拧松紧固螺钉，移动游标不能用力过猛。两量爪与待测物的接触不宜过紧。不能使被夹紧的物体在量爪内挪动。

（3）读数时，视线应与尺面垂直。如需固定读数，可用紧固螺钉将游标固定在尺身上，防止滑动。

（4）游标卡尺使用完毕，用棉纱擦拭干净。长期不用时应将它擦上黄油或机油，两量爪合拢并拧紧紧固螺钉，放入卡尺盒内盖好。

2.螺旋测微器使用注意事项

（1）测杆前进的速度不可太快，否则由于惯性会使接触压力过大使被测物变形，造成测量误差，更不可直接转动大旋钮去使测杆夹住被测物，这样往往压力过大使测杆上的精密螺纹变形，损伤量具。

（2）被测物表面应光洁，不允许把测杆固定而将被测物强行卡入或拉出，那会划伤测杆和测砧的经过精密研磨的端面。

（3）轻拿轻放，防止掉落摔坏。

（4）用毕放回盒中，存放中测杆和测砧不要接触，长期不用，要涂油防锈。

六、思考题

1.卡尺的测量准确度为0.01 mm，其主尺的最小分度的长度为0.5 mm，则游标的分度数（格数）为多少？

2.千分尺（又名螺旋测微计）是如何提高测量精度的？其最小分度值和示值误差各为多少？其意义是什么？

3.千分尺的零点值在什么情况下为正？什么情况下为负？

4.试比较游标卡尺、螺旋测微计放大测量原理和读数方法的异同。

实验七　环境微生物的检测

一、实验目的

1. 了解周围环境中微生物的分布情况。
2. 懂得无菌操作在微生物实验中的重要性。
3. 了解四大类微生物的菌落特征。

二、实验材料

人体表和空气中的微生物。

三、实验器材与试剂

器材：恒温培养箱、无菌平皿、电炉、酒精灯、火柴、无菌棉签和记号笔。

试剂：牛肉膏蛋白胨琼脂培养基、酵母膏葡萄糖培养基（简称YPD）、高氏一号培养基和查氏培养基。

四、实验操作步骤

（一）融化培养基

将装有无菌培养基的三角瓶置水浴中煮沸，待培养基融化后取出，当冷至40—50℃左右时，进行下一步。

（二）倒平板

有持皿法和叠皿法，操作要点如下：

1. 持皿法

（1）将无菌培养皿叠放在酒精灯左侧，以便拿取。

（2）点燃酒精灯。

（3）酒精灯旁，左手握三角瓶底部，倾斜三角瓶，右手旋松棉塞，用右手小指与小尾鱼际（即小指边缘）夹住棉塞并将其拔出（切勿将棉塞放在桌上），随之将瓶口周缘在火焰上过一下（不可灼烧，以防爆裂），以杀死可能沾在瓶口的杂菌。然后将三角瓶从左手换至右手（用拇指、食指和中指拿住三角瓶的底部）。操作中瓶口应保持在离火焰2—3 cm处，瓶口始终向着火焰，以防空气中微生物的污染。左手拿起一套平皿，用无名指和小指托住皿底，用中指和拇指夹住皿盖，食指于皿盖上为支点，在火焰旁，打开皿盖，让三角瓶伸入，随后倒入培养基。一般倒入15 mL左右培养基即可铺满整个皿底。盖上皿盖，置水平位置待凝。然后将三角瓶移至左手，瓶口再次过火并塞紧瓶盖。

2.叠皿法

此法适于在超净工作台上操作，基本步骤同持皿法。不同之处是左手不必持皿，而是将平皿叠放在酒精灯的左侧并靠近火焰。按上述方法用右手拿三角瓶，左手打开最上面的皿盖，倒入培养基，盖上皿盖后即移至水平位置待凝。再依次倒下面的平皿。操作中瓶口始终向着火焰，以防空气中微生物的污染。

（三）贴标签

待培养基完全凝固后，在皿底贴上标签，注明检测类型、组别及日期等（也可用记号笔书写在皿底）。

（四）检测方法

环境中微生物种类多样，检测方法也各异，现选几种列举如下：

1.空气

检测实验室空气中微生物时，只要打开无菌平板的皿盖，让其暴露在空气中一段时间（5—15 min），然后将皿盖盖上即可。

2.桌面

检测实验台桌面微生物时，可用一根无菌棉签，先在无菌平板的一个区域内湿润和试划几下，然后用其擦抹桌面等物体表面，再以此棉签在平板的另一区域作来回画线接种（图1）。本操作应以无菌操作要求进行，即在火焰旁用左手拿起平板，用中指、无名指和小指托住皿底部，用食指和大拇指夹住皿盖并开成一缝，右手持棉签在培养基表面画线接种，无菌棉签湿润和试划区可作为无菌对照。

图1　含菌棉签平板画线示意图
左：开启皿盖法　右：画线示意图

3. 头发

移去放在桌面上无菌平板的皿盖，使头发部位位于平板的上方，并用手指拨动头发数次，再盖上皿盖即可。

4. 手指

可用未洗的手指先在无菌平板的培养基一侧（约一半的面积）作画线接种，并在皿底做好标记。然后用肥皂、流水洗手，用洗净的手指于平板培养基的另一侧作同样的画线接种，盖好皿盖。待培养后比较两边杂菌生长的情况。

5. 口腔

打开无菌平板培养基的皿盖，使口对着平板培养基的表面，以咳嗽或打喷嚏的方式接种，然后盖上皿盖。

（五）培养

将以上各种检测平板倒置于培养箱28℃中培养，至下周实验时观察并计数各平板上的菌落数。

（六）观察

注意观察不同类型菌落的大小、外形和颜色等特征，观察结果记录在实验报告上。

（七）清洗

观察记录完毕后，将含菌平板放在沸水中煮30 min以上，杀死培养基表面生长的各种微生物，然后清洗并晾干培养皿。

五、思考题

1. 本实验中哪些步骤属无菌操作？为什么？
2. 如何描述菌落的形态特征？

实验八　叶绿体色素的提取、分离和理化性质

一、实验原理

叶绿体色素是植物吸收太阳光能进行光合作用的重要物质，主要由叶绿素a、叶绿素b、胡萝卜素和叶黄素组成。它们与类囊体膜相结合成为色素蛋白复合体。这两类色素都不溶于水，而溶于有机溶剂，故可用乙醇、丙酮等有机溶剂提取。提取液可用色谱分析的原理加以分离。因吸附剂对不同物质的吸附力不同，当用适当的溶剂推动时，混合物中各种成分在两相（固定相和流动相）间具有不同的分配系数，所以移动速度不同，经过一定时间后，可将各种色素分开。

当叶绿素分子吸收光量子而转变成激发态时，分子很不稳定，当它变回到基态时发射出红光量子，称为荧光现象。叶绿素是一种二羧酸——叶绿酸与甲醇和叶绿醇形成的复杂酯，因而可与碱起皂化作用，产生的盐可溶于水中，利用此法可将叶绿素与类胡萝卜素分开。

叶绿素分子中的镁可被 H^+ 所取代而形成褐色的去镁叶绿素。后者遇铜则形成绿色的铜代叶绿素很稳定，在光下不易被破坏，故常用此法制作标本；叶绿素分子的化学性质也很不稳定，易受强光破坏，特别是当叶绿素与蛋白质分离后，破坏更快。

二、实验材料、试剂与仪器设备

（一）实验材料　新鲜植物叶片

（二）试剂　95％乙醇（或丙酮）、碳酸钙、石英砂、汽油（纯净无色的）、苯、醋酸铜粉末、50％醋酸、氢氧化钾甲醇溶液（20 g 氢氧化钾用 100 mL 甲醇溶解，盛在具塞的试剂瓶中）醋酸铜–醋酸溶液（用50％醋酸100 mL溶入醋酸铜6 g，再加蒸馏水4倍稀释）。

（三）仪器设备　天平、剪刀、研钵、漏斗、培养皿一套（底和盖直径相同）、蒸发皿、滤纸条（2 cm×5 cm左右）、圆形滤纸、蒸发皿、电热吹风机、小烧杯、试管、酒精灯、铁三脚架、石棉网、移液管、滴管、玻棒。

三、实验步骤

1. 叶绿体色素的提取和荧光现象的观察

称取菠菜或其他植物新鲜叶片2—3 g，去掉中脉剪碎，放入研钵中，加入少量石英砂及碳酸钙粉，加5 mL 95％乙醇，研磨成匀浆，再加5 mL 95％乙醇，提取3—5 min，过滤于试管中，再用3 mL 95％乙醇冲洗残渣。对浓的叶绿体色素提取液观察透射光和反射光的颜色，解释其原因。

2. 叶绿体色素的分离

（1）取一张圆形滤纸（最好用色层析滤纸剪成圆形）。在滤纸的圆心戳一圆形小孔，另取一张滤纸条（2 cm×5 cm左右，纸条的宽度主要根据培养皿的高度确定），用滴管吸取浓叶绿素提取液滴在纸条的一边，使色素扩展的宽度限制在0.5 cm以内，用电热吹风机吹干后，再重复操作数次，然后将纸沿着长轴的方向卷成纸捻，这样浸过叶绿体色素的一边恰在纸捻的一端。

（2）将纸捻带有色素的一端插入圆形滤纸的小孔中，与滤纸刚刚平齐（勿凸出）。

（3）在培养皿中放蒸发皿，蒸发皿内加入适量汽油和2—3滴苯，将插有纸捻的圆形滤纸平放在培养皿上，使滤纸的下端（无色素的一端）浸入汽油中，迅速用同一直径的培养皿盖上。此时，叶绿体色素在推动剂的推动下沿着滤纸向四周移动，不久即可看到被分离的各种色素的同心圆环。

（4）待汽油将要到达滤纸边缘时，取出滤纸，待汽油挥发后，用铅笔标出各种色素的位置和名称。

3. 叶绿体色素的其他理化性质

将本实验步骤1中提取的叶绿体色素溶液用95％乙醇稀释1倍，进行以下实验：

（1）皂化作用（叶绿素与类胡萝卜素的分离）

用移液管吸取叶绿体色素提取液5 mL于试管中，加入1.5 mL 20％氢氧化钾甲醇溶液，充分摇匀。片刻后，加入5 mL苯，摇匀，再沿试管壁慢慢加入1.5 mL蒸馏水，轻轻混匀（不要激烈摇荡），静置在试管架上，可看到溶液逐渐分为两层，下层是稀乙醇的溶液，其中溶有皂化叶绿素 a 和 b，上层是苯溶液，其中溶有胡萝卜素和叶黄素。

（2）H^+ 和 Cu^{2+} 对叶绿素分子中 Mg^{2+} 的取代作用

① 取2支试管，第一支试管中加叶绿体色素提取液2 mL，作为对照。第二支试管中加叶绿体色素提取液5 mL，再加入数滴50％醋酸，摇匀，观察溶液的颜色变化。

② 当溶液变褐色后，倒出一半于另一试管中，加入醋酸酮粉末少许，于酒精灯上微微加热，观察溶液的颜色变化，与未加醋酸铜的一半相比较。

③ 另取醋酸铜溶液20 mL左右，加入烧杯中。取新鲜植物叶片2片，放入溶液中，用酒精灯缓缓加热，观察并记录叶片的颜色变化，直至颜色不再变化为止。解释原因。

（3）光对叶绿素的破坏作用

① 取4支小试管，其中两支各加入5 mL用水研磨的叶片匀浆，另外两支各加入2.5 mL叶绿体色素乙醇提取液，并用95％乙醇稀释1倍。

② 取1支装有叶绿体色素乙醇提取液的试管和1支装有水研磨叶片匀浆的试管，放在直射光下，另外两支放到暗处，40 min后对比观察颜色有何变化，解释其原因。

③ 另取本实验中用圆形滤纸层析分离成的色谱一张，通过圆心裁成两半，一半放在直射日光下，另一半放在暗中，半小时后比较两张色谱上的四种色素的颜色各有何变化。

四、注意事项

1. 叶绿体色素对光、温度、氧气环境、酸碱及其他氧化剂都非常敏感。色素的提取和分析一般都要在避光、低温及无酸碱等干扰的情况下进行。乙醚使用前应重蒸除去过氧化物。

2. 使用低沸点易挥发有机溶剂要注意实验室安全。实验室要保持良好的通风条件，不得靠近明火操作。

3. 提取液不宜长期存放，必要时应抽干冲氮避光低温保存。

参考文献

［1］解恩泽等.自然科学概论.长春：东北师范大学出版社，1988

［2］张民生.自然科学基础（第二版）.北京：高等教育出版社，2008

［3］林成滔.科学的故事.北京：中国档案出版社，2001

［4］文祯中.自然科学概论.南京：南京大学出版社，2012

［5］童鹰.现代科学技术史.武汉：武汉大学出版社，2000

［6］刘伟胜.自然科学概论.石家庄：河北科学技术出版社，2001

［7］徐辉.科学·技术·社会.北京：北京师范大学出版社，1999

［8］金祖孟等.地球概论（第三版）.北京：高等教育出版社，1997

［9］刘南威.自然地理学.北京：科学出版社，2000

［10］苏宜.天文学新概论.武汉：华中科技大学出版社，2002

［11］陈静生 汪晋三.地学基础.北京：高等教育出版社，2001

［12］周淑贞.气象学与气候学（第三版）.北京：高等教育出版社，1997

［13］黄锡荃.水文学.北京：高等教育出版社，2001

［14］伍光和 田连恕等.自然地理学（第三版）.北京：高等教育出版社，2000

［15］师兆忠，王方林，陈改荣.基础化学实验.化学工业出版社，2006

［16］何义和.大学物理导论（上、下册）.北京：清华大学出版社，2000

［17］尹国盛，张果义，李蕴才等.大学物理精要.郑州：河南科技技术出版社，1997

［18］武际可.力学史.重庆：重庆出版社，2000

［19］屠庆铭.大学物理.北京：高等教育出版社，2006

［20］马问蔚.物理学（上、中、下册）.北京：清华大学出版社，2000

［21］郭连权.大学物理（上、下册）.北京：清华大学出版社，2006

［22］程守洙 江之永.普通物理学（一、二、三册）第三版.北京：高等教育出版社，2010

［23］李难.进化论教程.北京：高等教育出版社，1990

［24］北京大学生命科学学院.生命科学导论.北京：高等教育出版社，2003

［25］翟中和.细胞生物学（第二版）.北京：高等教育出版社，2000

［26］刘凌云.普通动物学（第三版）.北京：高等教育出版社，1997

［27］金银根.植物学（第2版）.北京：科学出版社，2010

［28］石春海.现代遗传学概论.杭州：浙江大学出版社，2007

［29］杨玉珍，汪琛颖.现代生物技术概论.开封：河南大学出版社，2004

［30］那日苏等.科学技术哲学概论.北京：北京理工大学出版社，2006

［31］刘啸霆.现代科学技术概论.北京：高等教育出版社，1999

［32］陈忠伟，胡省三，施若谷.现代科学技术发展概述.上海：华东师范大学出版社，1997

［33］曾少潜.世界著名科学家简介.上海：科学技术文献出版社，1981

［34］庄荣，谢世如.星空初探.武汉：湖北教育出版社，1997

［35］魏冰.科学素养教育的理念与实践.广州：广东高等教育出版社，2006

［36］王素.科学素养与科学教育目标比较［J］.外国教育研究，1999，（2）

［37］赵中建.面向全体美国人的技术－－美国《技术素养标准：技术学习之内容》述评［J］.全球教育展望，2002（9）

［38］徐帆，叶明.科学教育与技术教育的辨析［J］.科教导刊，2015，（7）

［39］中华人民共和国教育部，《义务教育小学科学课程标准》，2017.01.19

图书在版编目（CIP）数据

自然科学概要 / 李玲主编. －－ 济南 ：山东人民出版社，2018.4（2022.7重印）

ISBN 978-7-209-11409-7

Ⅰ．①自… Ⅱ．①李… Ⅲ．①自然科学－高等学校－教材 Ⅳ．①N43

中国版本图书馆CIP数据核字(2018)第067809号

自然科学概要

李 玲 主编

主管单位 山东出版传媒股份有限公司
出版发行 山东人民出版社
社　　址 济南市市中区舜耕路 517 号
邮　　编 250003
电　　话 总编室（0531）82098914
　　　　　市场部（0531）82098027
网　　址 http://www.sd-book.com.cn
印　　装 青岛国彩印刷股份有限公司
经　　销 新华书店

规　　格 16开（184mm×260mm）
印　　张 24.75
字　　数 500千字
版　　次 2018年4月第1版
印　　次 2022 年 7 月第 4 次
印　　数 8001-9000
ISBN 978-7-209-11409-7
定　　价 46.00元
　　　　　如有印装质量问题，请与出版社总编室联系调换。